原子力のリスクと安全規制

福島第一事故の"前と後"

[著] 阿部清治
Kiyoharu Abe

Nuclear Risks and Regulation

第一法規

まえがき

　2011年3月11日、東北地方太平洋沖地震が発生し、それによって起きた地震動と津波によって福島第一原子力発電所では「発電所停電事故（Station Blackout Accident：SBO）」が起きた。同発電所の6基の原子炉のうち、出力運転中であった1、2、3号機すべてで炉心が溶融し、大量の放射性物質が環境中に放出された。

　原子力安全の確保とは、言い換えれば、原子力のリスクを適切に管理することである。私は、旧日本原子力研究所（原研）、旧原子力安全・保安院（保安院）、旧原子力安全基盤機構（JNES）に勤務し、原研とJNESに在籍していた時は旧原子力安全委員会（原安委）の専門委員も務めた。40年以上原子力安全の仕事に従事し、規制側の立場で原子力のリスク管理に係わってきた。
　福島での事故が起きる前まで、日本の原子力は、いろいろ問題はあるにしても、十分安全なものだと思っていた。そして、原子力安全はどのように確保されるか、それを規制側はどう確認するかを、本書の表題である「原子力のリスクと安全規制」なる文書にまとめて、保安院やJNESの職員など、わが国の原子力安全規制に直接関係する人や、東京工業大学の学生あるいはベトナムから派遣されてきた人等、多くの人に説明してきた。
　しかしながら、実際に事故が起きてみれば、安全の確保に必要な個々の活動において、いかに多くの瑕疵があったかが明らかになった。私は事故の直後からその分析に係わったが、事故を見れば見るほど、例えば安全設計において、あるいは事故時対策や防災において、数多くの欠陥が見られた。欠陥の中には、私を含め、多くの原子力関係者が気づかなかったり軽視したりしていたためのものがあった。また、従来「当然こうなっているはず」と思ってそう説明もしてきたことが、実際は不十分なままに放置されていたものもあった。もはや、事故前に書いた文書では実際の原子力安全の説明はできなくなった。

本書の第1部（1章から10章まで）「原子力安全はどうすれば得られるか」は、福島第一事故が起きる前に書いたものである。そこでは、安全確保の基本的な考え方として「深層防護」があること、安全は安全設計と安全管理によって担保されること、しかし、十分な安全設計・安全管理をしてもなお残ってしまうリスクがあること、このリスクを定量評価する確率論的安全評価手法があること、そうした評価の結果を参考にして、原子力のリスクを合理的に最小化することが図られていることなどを説明している。第2部とのつながりを良くするために部分的には加筆・修正したところもあるが、事故前の原子力安全に係る状況や雰囲気を示すために、極力元のままにしている。

　これに対して第2部（11章から20章まで）「原子力安全はどうして失われたのか」は、事故が起きてから書いたものである。福島第一事故そのもの解説書は既に幾つも書かれているが、私は、第1部に書いた深層防護の説明に沿って、どこに欠陥があったのか、それは今後どのように是正されるべきかについてまとめてみた。事故が露わにした問題すべてをカバーするものではないが、今後「本来あるべき安全確保のありよう」を確立する上で、幾らかでも関係者の参考になればよいと願っている。

　第1部は福島第一事故の前に書いてあったものなので、そこで引用している組織名や規制基準名は当時のままになっている。組織については、2012年9月18日に保安院と原安委は廃止され、翌日に原子力規制委員会（規制委）とその事務局である原子力規制庁が発足している。また、2014年3月1日には、JNESが規制庁に統合されている。規制のための指針・基準も、全面的な見直しがなされている。

　しかし、それらの説明はすべて第2部ですることとし、第1部では原安委の安全審査指針や保安院の基準についての説明をそのまま残す。規制委の新規制基準は旧基準に比べてはるかに強化されているが、それであっても、第1部の主題である原子力安全を確保・確認する基本的な考え方が変わることはない。

　なお、規制委は発足以来様々な規制改革を進めているが、本書は2013年末までの情報に基づいており、それ以降の規制については記述していない。

まえがき

　巻末には5編の付録をつけてある。付録A、C、Eは福島第一事故以前に、付録B、D、Fは事故以後に書いたものである。付録Aは、原子力安全に関する私個人の主張である。付録Bはシビアアクシデント、アクシデントマネジメント、防災に関する用語集である。付録Cは、2005年7月16日の中越沖地震のあとで柏崎刈羽原子力発電所を訪問したときの感想である。事故や故障の間にはある種の関連や継続性があると感じるので添付してある。付録Dは、福島第一事故時のプラントパラメータ等の伝達に係るもので、事故のさなか、重要な情報が関係者に伝わらなかった問題をまとめたものである。付録Eは福島第一事故より前に、わが国の防災がERSSとSPEEDIという計算コードに過度に依存する実効性のないものであることを批判したものである。付録Fは、付録Eで示したSPEEDIに関する懸念が、福島第一事故時にほとんどそのまま現実のものになったことを示すものである。

　最後に。本書は第1部、第2部合わせれば、10年ほどにわたって少しずつ書きためてきたものである。すべて私個人の経験に基づくもので、私個人の視点でのものである。

　ただ、保安院に審議官として在籍していた3年4か月の情報と、それ以外の期間に得た情報とでは質が違う。規制当局の中枢にいたときは、規制に関する重要な情報はすべて遅滞なく入ってきたし、規制上の判断に直接加わることが多かった。しかし、保安院を離れてからはそういうことはないので、入手する情報も断片的になっている。そういう状況の違いから、第2部に書いた内容は第1部に比べて個人的な感想になっているものが多いことをお断りしておく。

目次

まえがき

第1部　原子力安全はどうすれば得られるか

1. はじめに ……………………………………………………… 3
2. 安全とは何か、リスクとは何か ……………………………… 6
3. 原子力施設の安全確保の考え方 ……………………………… 15
   3.1 本書の対象とする安全問題 ……………………………… 15
   3.2 原子力施設における基本的安全機能と放射性物質放出防止のための多重の障壁 …………………………………… 16
   3.3 深層防護、安全設計、アクシデントマネジメント、防災 … 21
     3.3.1 深層防護の考え方　21
     3.3.2 安全設計　22
     3.3.3 アクシデントマネジメント　25
     3.3.4 シビアアクシデント対処設計の規制要件化　30
     3.3.5 立地及び防災　32
   3.4 事象分類とリスクの適切な抑制 ………………………… 33
     3.4.1 リスク管理と事象分類の関係　33
     3.4.2 「事象」という言葉について　34
     3.4.3 事象分類の考え方（その1）―事象の発生頻度での分類　36
     3.4.4 安全規制で用いている事象分類　38
     3.4.5 事象分類の考え方（その2）―事象の影響での分類　39
   3.5 規制の構造 ………………………………………………… 40
     3.5.1 事業者の責任　40
     3.5.2 規制当局の役割　42

         3.5.3　法令順守の確認と自主保安の奨励　45
　3.6　原子力安全研究 ･･･ 46
　3.7　国際的な原子力安全への取組み ･････････････････････････････ 50

4. 決定論的安全評価と計算コード ････････････････････････････････ 56
　4.1　安全解析と安全評価 ･･ 56
　　　4.1.1　「安全解析」と「安全評価」の定義　56
　　　4.1.2　解析の「時制」　57
　4.2　決定論的安全評価による安全性の判断 ･････････････････････ 59
　4.3　計算コード ･･･ 61
　　　4.3.1　計算コードを構成する3つの要素　61
　　　4.3.2　計算コードの構成の具体例：非常用炉心冷却系の性能
　　　　　　評価コード　63
　　　4.3.3　非常用炉心冷却系の性能評価における判断基準　65
　　　4.3.4　計算モデルに含まれる虚構　65
　　　4.3.5　計算コードの検証　69

5. 確率論的安全評価によるリスクの定量化 ････････････････････ 71
　5.1　確率論的安全評価の概念 ･････････････････････････････････････ 71
　5.2　原子力発電所の確率論的安全評価の手順 ･･･････････････････ 75
　　　5.2.1　確率論的安全評価の手順の概要　75
　　　5.2.2　発端事象の同定と区分　78
　　　5.2.3　内的事象と外的事象　79
　　　5.2.4　レベル1の確率論的安全評価　82
　　　5.2.5　レベル2の確率論的安全評価　84
　　　5.2.6　レベル3の確率論的安全評価とリスクの計算　87
　　　5.2.7　地震起因の事故についての確率論的安全評価　89
　　　5.2.8　時間依存の確率論的安全評価　91
　　　5.2.9　確率論的安全評価手法の標準化　92

5.3 確率論的安全評価の利用 93
　5.3.1 確率論的安全評価から得られる情報　93
　5.3.2 確率論的安全評価の特長　93
　5.3.3 わが国での確率論的安全評価のこれまでの応用　95
5.4 技術論の詳細を離れて、確率論的安全評価とは 100
　5.4.1 確率とは未来予測である　100
　5.4.2 専門家の判断について　101
　5.4.3 不確実さの意味するところについて　102
　5.4.4 PSAはハードウェア指向の解析手法である　105
　5.4.5 PSAは日常的な意思決定のための道具である　106
　5.4.6 PSAの仮定や結果はわかりやすく説明されなければ
　　　　ならない　107

6. 原子力施設の安全審査と決定論的安全評価 108
6.1 段階規制 108
6.2 原子力施設の安全審査の概要 109
6.3 主要な安全審査指針の役割 112
　6.3.1 主要3指針とそれらの間の関係　112
　6.3.2 設計指針と評価指針　113
　6.3.3 立地指針　115
　6.3.4 評価指針と立地指針における事象分類と判断基準　117
6.4 決定論的ルールと確率論的安全評価の関係 119
6.5 確率論的安全評価と決定論的安全評価の関係 121
6.6 高レベル放射性廃棄物地層処分のリスクについて 126
　6.6.1 地層処分にも安全確保のための共通のアプローチが採
　　　　られるべし　126
　6.6.2 人工バリア、天然バリアの役割と設計要件について　127
　6.6.3 閉鎖後の制度的管理について　129
　6.6.4 接近シナリオの評価は可能か　133

7. 技術に伴う事故やリスクとその受容性 ―――――― 136
　7.1 技術のもたらす光と陰 ―――――――――――― 136
　7.2 技術に伴うリスク ――――――――――――― 138
　　7.2.1 種々の技術分野の事故事例　138
　　7.2.2 リスクの比較　146
　7.3 リスクの受容性について ――――――――――― 149
　7.4 確率論的安全目標に関する国際的経緯 ―――――― 154

8. わが国における安全目標の設定と利用 ―――――― 158
　8.1 安全目標設定の背景と検討経緯 ――――――――― 158
　8.2 安全目標案 ―――――――――――――――― 160
　　8.2.1 安全目標案の概要　160
　　8.2.2 安全目標案の示すリスクレベル　161
　　8.2.3 安全目標と比較されるリスク　162
　　8.2.4 原子力発電所を対象としての性能目標案　163
　8.3 安全目標の適用 ―――――――――――――― 164
　8.4 安全目標に係る課題 ―――――――――――― 166

9. 「リスク情報」を活用しての規制 ――――――――― 167
　9.1 「リスク情報」を活用しての規制とは ―――――― 167
　9.2 確率論的安全評価の特性と限界を考慮しての「リスク情報」の利用 ――――――――――――――――― 168
　　9.2.1 確率論的安全評価の対象は「残存リスク」である　168
　　9.2.2 確率論的安全評価の限界についての考慮　170
　　9.2.3 データの適用性を考慮しての利用　171
　9.3 規制での「リスク情報」活用の一般的アプローチ ――― 172
　　9.3.1 決定論的規則基準類の見直し　172
　　9.3.2 不確実さの偏在を考慮しての利用　174
　　9.3.3 各種の変更提案の妥当性を確認するプロセス　176

9.4 「リスク情報」それぞれの使い方 ·· 177
9.5 「リスク情報」の今後の利用についての具体案 ···················· 179

10. 第1部のおわりに　194

第2部　原子力安全はどうして失われたのか

11. 福島第一の事故が起きて ──────────────── 199

12. 福島第一原子力発電所におけるシビアアクシデント ───── 209
    - 12.1 福島第一の事故に関係する設備及び耐津波設計 ───── 209
        - 12.1.1 福島第一原子力発電所の設備　209
        - 12.1.2 耐津波設計　211
    - 12.2 「冷却材ボイルオフ事故」とその進展 ──────── 213
    - 12.3 福島第一の事故進展の記述で参照した主要情報 ──── 219
    - 12.4 福島第一発電所全体としての事故の進展 ─────── 221
    - 12.5 福島第一の各号機における事故の進展 ─────── 223
        - 12.5.1 1号機の原子炉における事故進展　223
        - 12.5.2 2号機の原子炉における事故進展　239
        - 12.5.3 3号機の原子炉における事故進展　254
        - 12.5.4 4号機の使用済み燃料プールにおける事故の進展　259
        - 12.5.5 5号機、6号機の原子炉における事故の進展　261

13. 深層防護の各レベルで判明した欠陥 ─────────── 263
    - 13.1 第1のレベル：設計での想定を超える津波 ────── 263
    - 13.2 第2のレベル：福島第一事故とは関係していない ── 264
    - 13.3 第3のレベル：設計基準の想定を超える長時間SBO と直流電源喪失 ─────────────────── 265
    - 13.4 第4のレベル：想定通りには実施できなかったアクシデントマネジメント策 ──────────────── 267
    - 13.5 第5のレベル：緊急時対応とINES評価に係る問題 ── 269

14. 安全設計、特に外的誘因事象対処設計についての規制 ・・・ 271
14.1 外的誘因事象に対する規制のあり方 ・・・・・・・・・・・・・・・・・・・・ 271
14.2 外的誘因事象に対する設計基準設定の妥当性について ・ 276
14.2.1 津波に対する設計基準　276
14.2.2 外的誘因事象一般についての設計基準　279
14.3 安全設計における多様性について ・・・・・・・・・・・・・・・・・・・・・ 280
14.4 外的誘因事象が深層防護の各レベルに及ぼす影響 ・・・・・・ 282
14.5 外的誘因事象によるシビアアクシデントへの対策について ・・ 284
14.6 複合外的誘因事象の適切な考慮について ・・・・・・・・・・・・・・・ 286
14.7 安全設計に関するその他の検討課題 ・・・・・・・・・・・・・・・・・・・ 287
14.7.1 設計基準事故の想定の妥当性　287
14.7.2 複数基立地サイトにおける共用施設に対する考慮　288
14.7.3 相反する要求についての安全設計　288
14.7.4 事故時計装制御の見直し　291
14.7.5 使用済み燃料貯蔵設備に対する規制　292

15. シビアアクシデント対策の確立 ・・・・・・・・・・・・・・・・・・・・・・・・・・・ 294
15.1 福島第一事故時のアクシデントマネジメント ・・・・・・・・・・ 294
15.2 アクシデントマネジメントに関する幾つかの問題 ・・・・・・・ 296
15.2.1 減圧して低圧ポンプで炉心に注水　296
15.2.2 格納容器ベント　297
15.2.3 原子炉建屋内での水素爆発　300
15.2.4 中央制御室の居住性　300
15.3 シビアアクシデント対策の規制要件化について ・・・・・・・・ 302

16. 原子力防災とINESに係る問題 ・・・・・・・・・・・・・・・・・・・・・・・・・・・ 306
16.1 施設側から見ての原子力防災 ・・・・・・・・・・・・・・・・・・・・・・・・・ 306

         16.1.1 従来の原子力防災の問題点　306
         16.1.2 福島第一事故で顕在化した欠陥　313
         16.1.3 原子力災害対策指針　318
    16.2 INES について ———————————————————— 320
         16.2.1 INES の役割と関係組織　320
         16.2.2 福島第一事故での INES 評価　323
         16.2.3 INES 評価に係る課題とそれへの対応　325

17. 個別誘因事象に対する深層防護について ———————— 327
    17.1 深層防護の考え方の再整理 ———————————————— 327
         17.1.1 深層防護についての福島第一事故の教訓　327
         17.1.2 安全設計及びマネジメントと深層防護の関係　332
         17.1.3 深層防護におけるレベル分け　337
         17.1.4 深層防護各レベルの目的　340
    17.2 深層防護のレベル間の独立性 —————————————— 342
    17.3 外的誘因事象に対する防護設計 ————————————— 347
         17.3.1 グレーデッドアプローチ　347
         17.3.2 外的誘因事象に対する防護の手順　347
         17.3.3 多様性の追求　352
         17.3.4 設計の想定を大幅に上回る事態への対処　354
    17.4. 個別誘因事象を考えての安全重要度分類 ——————— 354
         17.4.1 安全重要度分類の位置づけ　354
         17.4.2 一般的な安全重要度分類と個別誘因事象についての重要度分類　356
         17.4.3 安全重要度分類の対象とする SSC の範囲についての再検討　363
    17.5. 個別誘因事象対策についてのまとめ ——————————— 364

18. リスク情報、運転経験、安全研究の反映 ·················· 370
　18.1 リスクインフォームド規制の確立 ···················· 370
　　18.1.1 確率論的安全評価の方法論の妥当性について　371
　　18.1.2 確率論的安全評価における不確実さ・不完全さを考慮した利用について　372
　　18.1.3 確率論的安全評価の実施状況について　378
　　18.1.4 確率論的安全評価の結果の規制への反映について　380
　　18.1.5 安全目標の再検討　382
　18.2 運転経験の反映 ·································· 384
　　18.2.1 運転経験分析評価の重要性と分析体制　384
　　18.2.2 福島第一事故の前兆事象　385
　18.3 安全研究に関する課題 ···························· 386
　　18.3.1 安全研究のあり方　386
　　18.3.2 安全研究の難しさと本質的な矛盾　392
　　18.3.3 今後懸念される技術基盤喪失への対処　393

19. その他の検討課題 ···································· 396
　19.1 規制行政庁のあり方 ······························ 396
　　19.1.1 日本IRRSでの指摘　396
　　19.1.2 規制の独立性について　398
　　19.1.3 規制当局による判断基準の策定について　402
　19.2 事故調査報告書で同定される課題への対応計画について ···· 404
　19.3 情報共有に関する問題 ···························· 404
　19.4 原子力安全関係者はどうあるべきか ·················· 405
　　19.4.1 傲慢さを捨てよう　405
　　19.4.2 大事なことを率直に述べよう、付和雷同はやめよう　406

20. おわりに ……………………………………………………………… 408

付録
  付録A　原子力安全に関する私自身の主張 …………………………… 414
  付録B　シビアアクシデント、アクシデントマネジメント、防災に係
        る用語の説明 ……………………………………………………… 416
  付録C　柏崎刈羽原子力発電所訪問の感想 …………………………… 422
  付録D　福島第一事故時のプラントパラメータの伝達に係る問題 …… 425
  付録E　原子力防災におけるERSS、SPEEDIの弊害について ……… 433
  付録F　懸念が現実になった福島第一事故でのSPEEDIの使用 ……… 440

参考文献 …………………………………………………………………… 443

謝辞
著者略歴

図表目次

第 1 部
図 2-1 危険を及ぼすものと危険を受ける人が近接している状態 ……… 8
図 2-2 危険を及ぼすものと危険を受ける人を離隔した状態 …………… 9
図 2-3 リスク曲線の例 ……………………………………………………… 12
図 3-1 放射性物質閉じ込めのための多重の障壁とそれを護るための安全設備の例 ……………………………………………………… 18
図 3-2 原子力発電所における深層防護(1)：安全設計 ………………… 22
図 3-3 原子力発電所における深層防護(2)：アクシデントマネジメント …………………………………………………………………… 28
図 3-4 設計基準、AM、シビアアクシデント対処設計と残存リスクの関係 ……………………………………………………………… 31
図 3-5 リスクの抑制法（その 1）発生頻度で事象分類し、各事象の影響を判断基準値以下に抑制 ……………………………………… 37
図 3-6 リスクの抑制法（その 2）影響が一定以上の事象の発生頻度の総和を一定値以下に抑制 …………………………………………… 39
図 3-7 設備の信頼性維持と保安活動の関係 ……………………………… 42
図 3-8 規制の構造 …………………………………………………………… 44
表 3-1 安全審査指針と後段規制の関係 …………………………………… 45
図 3-9 規制の対象と自主保安の対象 ……………………………………… 46
図 3-10 安全研究の位置づけ ………………………………………………… 48
図 3-11 IAEA 安全基準委員会（CSS）の構成 …………………………… 52
図 4-1 決定論的安全評価での安全性の判断手順 ………………………… 60
図 4-2 計算コードの構成要素 ……………………………………………… 61
図 4-3 サブプログラムを含む計算コードの入出力パラメータ ………… 62
図 4-4 冷却材喪失事故時に起きると考えられる諸現象 ………………… 63
図 4-5 "Volume and Junction Model" における "Homogeneous Model" …………………………………………………………………… 66

xvii

図 5-1	イベントツリーによる事故シーケンスの定義	74
図 5-2	原子力発電所の確率論的安全評価の手順（その1）	76
図 5-3	原子力発電所の確率論的安全評価の手順（その2）	77
図 5-4	イベントツリーとフォールトツリーの例	83
図 5-5	格納容器イベントツリーの例	85
図 5-6	事故進展及び核分裂生成物放出・移行解析	86
図 5-7	レベル3のPSA	88
図 5-8	地震起因の事故についての確率論的安全評価の手順	90
図 5-9	地震PSAにおける専門家の知見の反映	95
図 6-1	設計指針、評価指針、立地指針の関係	113
表 6-1	評価指針・立地指針における事象の発生頻度と判断基準に係わる記述	118
図 6-2	設計指針、評価指針とレベル1、レベル2 PSAの関係	120
表 7-1	種々の技術分野での重大な事故の例	140
図 7-1	原子力発電所とその他の技術がもたらすリスクの比較例—1（米）	147
図 7-2	原子力発電所とその他の技術がもたらすリスクの比較例—2（英）	148
表 7-2	ICRPによる放射線防護の3原則	150
表 7-3	米国の安全目標	155
図 7-3	リスクのレベルとその受容性（英国の考え方）	156
図 8-1	既存のリスクと安全目標	162
図 9-1	規制規則への「リスク情報」適用のアプローチ	173
図 9-2	安全評価の精度を考慮しての規制上の意思決定	175
図 9-3	「リスク情報」を用いて変更提案の妥当性を確認するプロセス	176
図 9-4	地震についての確率論的安全評価結果の耐震指針改訂への適用	180
図 9-5	「重要度」と確率論的安全評価の関係	184

図 9-6　安全機能、系統、トレイン、機器の関係 ……………… 189

第 2 部
図 12-1　沸騰水型炉（BWR）の概要 ………………………… 209
図 12-2　炉心ヒートアップ・モデル …………………………… 215
図 12-3　1 号機における主要パラメータトレンドチャート(1) ……… 224
図 12-4　1 号機における主要パラメータトレンドチャート(2) ……… 225
図 12-5　2 号機における主要パラメータトレンドチャート(1) ……… 239
図 12-6　2 号機における主要パラメータトレンドチャート(2) ……… 240
図 12-7　3 号機における主要パラメータトレンドチャート(1) ……… 254
図 12-8　3 号機における主要パラメータトレンドチャート(2) ……… 255
図 13-1　福島第一での事故で見られた「想定外」（その 1）
　　　　　設計での想定を超える津波の襲来 ……………………… 264
図 13-2　福島第一での事故で見られた「想定外」（その 2）
　　　　　設計基準の想定を超える長時間 SBO と直流電源喪失 ……… 266
表 16-1　INES における事象のレベル分け ……………………… 322
図 17-1　深層防護についての再整理（原子力発電所の場合） ……… 333
表 17-1　INSAG-10 と WENRA の深層防護レベル分けの比較 ……… 338
表 17-2　新規制基準における航空機落下対策の要否 ……………… 350
図 18-1　PSA、運転経験、安全研究の活用プロセス ……………… 370

装丁：篠　隆二

原子力安全はどうすれば得られるか

第1部は福島第一原子力発電所の事故の前に書いたものである。事故のあとになって見れば、楽観的に過ぎる記述も多いが、そのまま残してある。

第1部

第1部
プロローグ

†

高校生の時、トルストイの『アンナ・カレーニナ』を読んだ。

誰の訳だったかは覚えていないが、冒頭は次のようであったと記憶している。

「幸福な家庭は皆似通っているけれども、不幸な家庭は一軒一軒違っている。」

どうしてこの文章が記憶に残ったのか定かでないし、

当時この記述の意味するところを理解できていたのかどうかも怪しい。

しかし、原子力安全の仕事に長く従事してきて、

自分なりにこの言葉が理解できたと思う。

1. はじめに

　本書の主たる目的は、原子力発電所が十分安全かどうかはどのような方法で確認するかを解説することである。はじめから難解な技術用語が出てしまうが、安全確認のために既に確立している方法論として、「決定論的安全評価 (Deterministic Safety Assessment：DSA) 手法」と、「確率論的安全評価 (Probabilistic Safety Assessment：PSA) 手法」がある。したがって、本書は決定論的安全評価手法、確率論的安全評価手法とはそれぞれどんな手法なのかを説明するのだが、こうした手法の内容詳細は専門家が知っていればいいこと。本書はむしろ、「原子力の安全ってどうやって確かめるの？」という素朴な疑問を持つ方や、大学で原子力の安全について勉強することになった、あるいは、職場で初めて原子力安全を担当することになった方が、「そうか、おおよそこういうことをやって確かめるのか」とわかってもらうために書いていくつもりである。そのため、両手法の内容以上に、「そもそも安全ってどんなこと？」とか、原子力安全確認の現場、特に国による安全規制の場において、両手法を具体的にどのように使っているのか等の説明をしていきたいと思う。

　説明に先立って、私自身を紹介しながら、2つの手法の概略を説明しておきたい。
　私は1970年4月から2003年11月まで旧日本原子力研究所（以下、「原研」。現在は日本原子力研究開発機構）に勤務したが、そのかなりの期間、原子力発電所の安全評価の仕事に従事した。
　その前半は、原子力発電所で「冷却材喪失事故 (Loss of Coolant Accident：LOCA)」が起きたと想定しての「非常用炉心冷却系 (Emergency Core Cooling System：ECCS)」の有効性評価である。原子炉冷却系の配管が破れて冷却水が

流出すると、炉心が空焚き状態になる。このような事故は、原子力発電所で考えられる最も厳しい事故のひとつである。こうした事故を放置すると炉心は高熱になって極端な場合には溶融に至ってしまう。原子力発電所ではこうした事故に備えて、炉心に緊急に冷却水を注入するECCSを用意している。しかし、1970年代には、この設備が本当に十分炉心を冷却できるのかが疑問視されていた。

ひと口に「冷却材喪失事故」と言っても、原子炉冷却系のどの位置で、どれ程の大きさの破断口が生じるのか、あるいは、事故発生後に運転員がどのような操作を行うかによって、事故の様相はずいぶん違ったものになる。「想定し得るあらゆる事故を評価する」などということは困難だから、「きっと、これ以上厳しい事故はない」と考えられる極端な事故をごく少数個想定する。こうした事故を、その事故に耐えられるように設計を行う、という意味で、「設計基準事故（Design Basis Accidents：DBA）」と呼ぶ。そのように想定した事故が起きると仮定して、事故の進展を解析し、その結果が重大でない、特に、原子炉の炉心が溶融するような状況には至り得ないことを確認する。これが、原子力発電所に対する国の安全審査で要求されている、代表的な「決定論的安全評価」である。

原研での仕事の後半は、原子炉の炉心が溶融するような過酷な事故、シビアアクシデントを対象としての「確率論的安全評価」である。この解析では、シビアアクシデントはどのような原因が重なって起きるかを分析すると共に、事故の発生頻度と発生時の影響を定量化する。原子力施設の安全確保とは、公衆に対する放射線被ばくのリスクを抑制することであるが、確率論的安全評価はこのリスクの直接的な定量化につながるので、その結果は広範に利用し得るものである。

その後2003年11月から2007年3月までは、原子力安全・保安院に勤務した。名刺の肩書きは国際原子力安全担当の審議官であったが、実際に担当した仕事は、①原子力安全に係る国際動向を把握し、②必要な原子力安全研究を実施し、③確率論的安全評価から得られるリスクに係わる情報を参考にして、④規制に必要な規格基準を整備することであった。すなわち、確率論的安全評価

1. はじめに

の結果を規制に「使う」ことが仕事になった。

　長期間の安全評価の仕事を経て、また、確率論的安全評価の結果を現実の規制に反映する立場にも就いて、幾つか思うところがある。
　ひとつには、安全評価とは決して計算コードで難しい計算をすることだけではなく、安全の論証あるいは説明のために、どのように論理を組み立てるかであるということ。それから、安全評価という紙の上での仕事は、原子力施設そのものや規制での実務、あるいは、多岐にわたる実験的研究の成果を理解しない限り成り立たないということである。
　もうひとつは、自分の経験、特に確率論的安全評価の経験に基づいて安全に関する知識体系を見直してみると、昔から言われてきたことと少し違った整理をした方が良いと思われるものがあることである。
　そのため、「安全評価」や「リスク評価」と呼ばれる分野を中心に、従来の安全のセオリーと共に、「私はこう解釈する」ということをまとめてみることにした。したがって、以下に記述する内容は決して従来一般に受け容れられてきた原子力安全のセオリーだけではなく、私個人の意見の混じったものであることをお断りしておく。どういうところが私個人の主張か、主要な事項については巻末の付録Aにまとめてある。

　なお、私がこのような解説書を書くのは初めてではない。確率論的安全評価の手法や利用法については、その仕事に従事していたときに何度も紹介記事を書いている。特に、1995年4月に原研のリスク評価解析研究室長から東京本部企画室に異動した折には、その時点までの確率論的安全評価研究やシビアアクシデント対策についてのレビューを「原子力発電所のシビアアクシデント―そのリスク評価と事故時対処策」なる技術的報告書[A-1]にまとめてある。本書の一部（特に、3章の前半、5章、7章）はそこでまとめたものを転載していることをお断りしておく。

2. 安全とは何か、リスクとは何か

　原子力の安全はどうすれば確認あるいは論証されるのか。こうした問題についてわが国ではじめて解説した書籍は、原子力安全委員会（以下、「原安委」）委員長も務めた佐藤一男が原研在籍中に執筆した『原子力安全の論理』[A-2]（日刊工業新聞社、1984年1月）だと思う（2006年2月にその改訂版である『改訂　原子力安全の論理』[A-3]が出版されている）。
　私は1973年から約10年間、佐藤がリーダーを務めたグループあるいは研究室に所属して同氏の教えを受けた。したがって、私の原子力安全の論理も、元々は佐藤の発想によるものである。この章はもっぱら、『原子力安全の論理』に書かれていることを私なりの言葉でつづるものである。

　『原子力安全の論理』では、まず「安全とは何か」と問いかけ、それは「危険の裏返しである」とする。すなわち、危険でないことをもって安全であるとする。
　全く当たり前と思われてしまう表現かも知れないが、実は、極めて大事な一言である。しばしば、安全とは漠然とした概念でとらえられてしまうが、それを危険の裏返しとしてとらえれば、明瞭な概念となるからである。
　『原子力安全の論理』では更に、「ある種の危険は、危険を及ぼすものと、危険を受ける人が一緒になった時に初めて生じる、境界問題である」とした上で、「危険を考える時は、どのような危険か、誰にとって危険かを定義する必要がある」とする。すなわち、何が誰に対して及ぼすどのような危険かを明瞭にしてはじめて、危険への対処のあり方やその受容について議論ができるとしている。
　以上を私なりに翻訳すると、例えばひとくちに「タバコの危険」と言っても、肺がんになる危険と火災による危険がある。前者は厚生労働省の管轄だし、後者は消防庁の管轄である。肺がんの危険の程度は吸う人と周囲の人では異なるし、それを受け容れるかどうかも吸う人と周囲の人で異なる。火災の危険も、

2. 安全とは何か、リスクとは何か

それによって生じる経済的損失や人の死亡という異なる損害がある。

同様に、「航空機の危険」も、一般には墜落による乗客・乗員の死亡・傷害であるが、戦闘機のパイロットが訓練中に事故を起こして死亡することと、旅客機が事故を起こして乗客が死亡することでは、ずいぶん異なった対応になる。また、航空路下にいる住民にとっては、航空機が自分の頭の上に落ちてこないかとか、騒音はどうかとかが懸念である。この他、高高度を飛ぶ間に乗員乗客が受ける放射線被ばくといった危険もある。

本論の「原子力の危険」についても、放射線被ばくによる従事者や周辺公衆の健康影響が主たる注目点であるが、大規模な事故が起きた時の土地汚染や、あるいは、何の根拠もなしに起きる風評被害等の経済的影響もある。2004年8月に関西電力美浜発電所で起きた2次系配管破損事故[D-7]では、従事者に多数の死傷者を出している。これは決していわゆる「原子力の危険」ではないが「原子力発電所の危険」ではある。

以上述べてきたように、危険には多種多様のものがある。安全問題とは、これらの様々な危険についての問題である。取り扱いは危険の種類毎に異なる。安全問題を扱う時、必ずしもあらゆる危険を同時に扱うわけではない。したがって、まず、「どんな危険の問題を扱うのか」を確認してから始める必要がある。そして、死亡、病気、事故、火災、放射線被ばく、経済破綻といった、多種多様の危険がどれも十分に小さい時に「安全」と言う。

これは、「幸福」とか「平和」についても同じである。貧困、病気、不和、家庭内暴力といった様々な不幸がないことを「幸福」と言う。戦争、暴動、テロ等がないことを「平和」と言う。

脱線するが、麻雀の上がり役のひとつに「平和（ピンフ）」がある。麻雀は点を稼ぐゲームであり、上がった時はまず基礎点を計算しそれを役の大きさで何倍かする。基礎点は役を構成する牌（パイ）の組合せで決めるが、「余計な点」が何もないことをもってピンフなる役になる。

プロローグでアンナ・カレーニナの冒頭の一文を紹介した。不幸にはそれぞれ特定の原因がある。貧しい家庭、病人を抱える家庭、諍いの絶えない家庭、

暴力の横行する家庭。こうした不幸な家庭は一軒一軒違っている。そういうものがない幸福な家庭は皆似通っている。

「境界問題としての危険」というテーマに戻ろう。前述のように、原子力の危険を含め、ある種の危険は、危険を及ぼすものと危険を受ける人が一緒になった時にはじめて生じるものである。こう考えると、例えば、危険を発生し得る例としては、赤ちゃんの目の前に落ちている百円玉がある。危険を発生しそうにない例としては、無人の星の上での核反応がある。

すなわち、「もの」だけでは安全も危険もない。百円玉の安全といったものもなければ、核反応の危険といったものもない。「もの」と「人（あるいは、人が住む社会）」とが接触する場で、はじめてある種の「危険」が生じるのである。

原子力安全の問題では、危険を及ぼすものとは、例えば原子炉の中で起きている核反応やそれによって生じる放射性物質である。危険を受ける人とは、施設の周辺に住む人や施設の中で働く人である。

ところで、危険が境界問題であるということは、必然の結果として、危険は度合い（量）で表せることを意味する。

図2-1は、原子炉（危険を及ぼすもの）と施設周辺住民（危険を受ける人）が近

図2-1　危険を及ぼすものと危険を受ける人が近接している状態

2. 安全とは何か、リスクとは何か

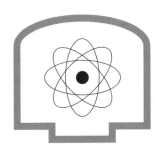

図 2-2　危険を及ぼすものと危険を受ける人を離隔した状態

接している状態である。当然ながら、大きな危険が予測される。

　これを、図 2-2 に示すように、①原子炉と住民の間に十分大きな距離をとり、②原子炉を頑丈な格納容器の中に入れて万一の事故時にも放射性物質が外に出ないようにし、更に、③重大な事故時には公衆の方をコンクリートの建物の中に退避させる、とすれば、当然危険は小さくなる。

　近ければ危険が大きく、遠ざければ危険が小さくなるということは、危険は度合い（量）の概念を持つものであり、その程度は離隔の関数になるということである。すなわち、ものと人の関係は、絶対安全とか絶対危険ということではなく、定量化する技術が存在するかどうかは別として、「どの程度危険」という度合いで表されるということである。

　危険が度合いで表されるということは、一般の生活でもごく普通に体験されていることである。
　例えば車の運転。運転者なら誰でも、高速であるほど危険が増すことは実感しているし、初めての土地で、レンタカーで、悪天候下で運転することは、住み慣れた土地で、自分の車で、好天候下で運転するよりも危険が大きいことも知っている。通常の運転でもあるレベルの危険はあるが、飲酒運転では危険のレベルがずっと高くなることも知っている。

食物にしても大気にしても、化学物質等、人の健康に害になるものが必ず含まれている。それがごく少量なら気にしなくとも、ある量以上になれば重大な健康影響を招く危険になる。
　放射線にしても、我々は元々自然放射線にさらされている。そういうレベルの放射線であっても、何らかの害は生じさせるかも知れないが、通例そういうレベルの危険は問題にされない。しかしながら、高いレベルの放射線は大きな危険を生じさせ得るものであり、厳重な管理が必要になる。

　ところで、実は「安全」は定量化できない。安全とは危険が「ない」状態であり、「ない」ものは定量化のしようがない。定量化できるのは「危険」の方である。様々な危険を定量化して、そのいずれもが十分小さければ安全であると言う。前述のように、「安全は危険の裏返し」なのである。

　危険の度合いを表すためには通例2種類の尺度が用いられる。
　ひとつは、ある危険な状態（原子力安全分野では「事象」と言う）がどれ程起きやすいかである。こちらの方は決まり切った尺度が用いられ、通例は時間あたりの発生回数（発生頻度：Frequency）や行為回数あたりの発生回数（発生確率：Probability）である。例えば、車の運転による運転者の死亡については、概ね運転時間に比例して事故が起きると考えられるから、運転時間当たりの発生回数（頻度）を用いて表現することが普通である。一方、航空機乗客の死亡については、航空機事故はほとんど「危険な11分間（Critical Eleven Minutes）」と呼ばれる離着陸の11分間の間に起きるから、飛行時間当たりの頻度ではなく、飛行1回あたりの事故遭遇回数（確率）として表すのが普通である。
　ちなみに、極めて大雑把な数字だが、車の事故による運転者の死亡頻度は0.5×10^{-6}/h程度、航空機の事故による乗客の死亡確率は10^{-6}/回程度である[A-1]。前者は、車を2時間運転した時の運転者の死亡確率は10^{-6}程度と換算でき、これは航空機1回利用と同程度である。後者は、離着陸時の11分間に限れば、乗客の死亡頻度は10^{-5}/h程度と換算できるから、その時間帯に限れば飛行機は車より10倍危ないと言える。

2. 安全とは何か、リスクとは何か

　危険の度合いを表すもうひとつの尺度は、ある危険な状態（事象）が発生した場合に、それがどれ程の影響（Consequence）を及ぼすかである。こちらの方は様々な影響があり、尺度も様々である。代表例は、事故による直接の死者数、後遺的死者数や、事故による経済的影響等である。

　5章で紹介する確率論的安全評価（Probabilistic Safety Assessment：PSA）では、危険の度合いを「リスク」で表す。ある事象iの発生頻度をF_iとし、その事象による影響をC_iとした時、全リスクR_Tは各事象の発生頻度と影響の積和として次式で表される。

$$R_T = \Sigma\ F_i\ C_i \quad\quad\quad\quad (2\text{-}1)$$

　全リスクとは、時間当たりの損失の期待値である。1例として、ある経済活動をしたとして、

- 千円損する事件が発生するであろう頻度が1年に10回
- 1万円損する事件が発生するであろう頻度が1年に2回
- 10万円損する事件が発生するであろう頻度が2年に1回
- 100万円損する事件が発生するであろう頻度が10年に1回

の損失があるとする（原子力分野ではないので、「事象」ではなく「事件」と表記している）。この例では、1年間の損失の期待値は

　　千円×10＋1万円×2＋10万円×1／2＋100万円×1／10
　　＝1万円＋2万円＋5万円＋10万円
　　＝18万円

となる。すなわち、約束された利益は当然あるとして、年当りの全リスクは18万円である。また、年毎に10回発生する千円の損失よりも、10年に1回し

か発生しない100万円の損失の方がより重大ということもわかる。

リスクを表現するのに、「リスク曲線」を用いることもある。図2-3 は、今述べた例に対するリスク曲線である。横軸に損失の大きさをとって、縦軸にある損失を上まわる事件が発生する頻度をとる。そうすると、右下がりの曲線が得られる。ある行為のリスクは、全リスクやリスク曲線で表される。

ところで、リスクを定量化しようとする時、一番役に立つ情報は、過去の統計である。例えば、上述の例のように、10年間ある経済活動をして、その間に千円損したことが97回、1万円損したことが22回……といった情報である。

しかしながら、統計が過去のデータの集約であるのに対して、確率とそれに伴うリスクは未来に対する予測である。もちろん、未来予測には過去の統計データは有用であるが、未来は過去の単なる延長ではあり得ない。「5.4.1 確率とは未来予測である」で述べるが、過去に地震が多発したから、これからも地

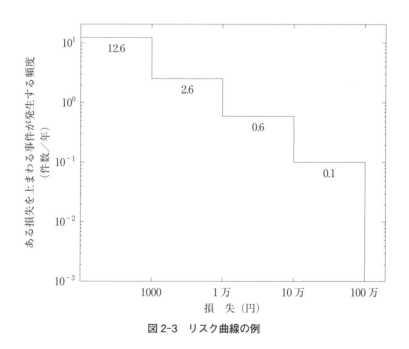

図2-3 リスク曲線の例

2. 安全とは何か、リスクとは何か

震が発生するに違いないと予測することもできるし、歪エネルギーが解放されてしまって、これからは地震は少ないに違いないと予測することもできるのである。すなわち、未来の確率の予測には、必ず予測する人の技術的判断が入る。

つまり、確率やリスクの定量化は、統計的なデータばかりでなく技術的な判断にも基づいてなされているので、定量化の結果には当然のことながら不確実さが伴うことになる。したがって、確率やリスクの定量化結果を見る時も、常にある大きさの不確実さがあることを意識しながら見る必要がある。

さて、前述した理由により、確率論的安全評価で定量化されるのはリスクであって安全ではない。このため米国の専門家を中心として、確率論的安全評価という言葉は適切でなく、確率論的リスク評価(Probabilistic Risk Assessment：PRA)を使うべきだと主張する人もいる。しかしながら我々は、通例安全評価という言葉を用いて危険の度合いを定量化している。「信頼性解析」が実は非信頼性を定量化するのと同じである。本書ではそういう通例にしたがって、確率論的リスク評価（PRA）ではなく確率論的安全評価（PSA）という言葉を使うこととする。

次なるテーマであるが、危険が度合いで表されることは、直ちに次の問題を生じさせる。では、「どの程度安全なら十分安全なのか」(How safe is safe enough?)という問題である。しかし、この問題には明確な答えがない。個々人の価値観によるところが大きいからである。

ひとつの判断基準は、「損失が利益より小さければよい」というものである。すなわち、ある行動なり事業なりを行えば、その結果として、約束された利益、可能性としての利益、約束された損失、可能性としての損失（これが「危険」と呼ばれるものである）をもたらすが、以下の式のように、利益の方が損失より大きければ良い、とするものである。

$$（約束された利益）＋（可能性としての利益の期待値）$$
$$＞（約束された損失）＋（可能性としての損失の期待値） \quad (2\text{-}2)$$

これは、利益も損失もお金だけで表される問題等では比較的合理的に思える。しかし実際には、宝くじや競馬等、利益の期待値が約束された損失より小さくとも人は賭に走るし、一方で、1億円の財産を持った2人が賭をして、勝った方が財産を独り占めするなどという話はあまりない。人にとってのお金の価値は決して金額に比例しないのである。まして、利益の方がスポーツや趣味など人の楽しみである場合は、損失以上に定量化が困難である。
　それから、利益を得る人と損失を被る人が異なる場合もある。例えば、タバコを吸う人は大きな危険を負いつつ喫煙を楽しむが、周りの人にとっては不愉快な上に危険も背負い込むわけで、たとえ危険の度合いが小さくとも「許せない！」となる。
　原子力発電の場合も、一般公衆が電気の利用を通じて受ける快適な生活という便益と、（決して大きなものではないはずであるが）立地地域周辺の人だけが受ける健康リスクとを比較することにはあまり意味を見いだせないであろう。
　しかし一方で、ほとんどあらゆる行為が当事者だけでなく周囲の人にも何らかの危険を及ぼし得るものであることから、最小のリスクは互いに受け容れ合わないと我々の生活が成り立たないのも事実である。
　本章では、リスクの受容にはこうした問題があるということだけに留めて、この問題についての議論は「7. 技術に伴う事故やリスクとその受容性」で再開することにする。

3. 原子力施設の安全確保の考え方

3.1 本書の対象とする安全問題

2章で述べたように、安全の問題を考える時には、どのような危険か、誰にとっての危険かを定義してから始める必要がある。原子力施設でも、以下のような様々な危険がある。

- 原子力施設で重大な事故が起き、施設周辺の公衆が放射線被ばくをし、健康影響を生じる。
- 原子力施設内の放射線・放射能が存在する場での保守や検査等の業務、特に、その間の不適切な放射線防護により、従業員が過大な放射線被ばくをし、健康影響を生じる。
- 原子力施設内外での放射線・放射能とは関係のない作業における事故（例えば、高所からの転落）により、従業員に傷害が生じる。
- 原子力施設で事故が起き、その修復のため、また、修復期間施設が稼働しないため、事業者に大きな経済的損失が生じる。
- 原子力施設の安全について、立地地域の住民や自治体の信頼を得られず、施設が稼働できなくて事業者に大きな経済的損失が生じる。
- 原子力安全規制が不当に過大であり、事業者に人員及び設備について大きな負担が生じる。
- 風評により原子力施設周辺で経済的損失が生じる。

原子力事業者はもとより、規制当局も立地地域の自治体・住民もこうした様々の危険の多くについて注意を払っている。安全管理も規制も、決して放射線災害の防止だけではない。しかしながら、原子力の安全確保及び規制の最大の目的は、公衆に放射線災害をもたらすことを防止することである。例えば、原子炉等規正法[B-1]には、「災害を防止し、及び核燃料物質を防護して、公共の

安全を図るために……必要な規制を行う」とあり、原子力規制の目的が放射線災害の防止と核物質の防護であることが明記されている。本書ではこれ以後、特に断らない限り、「原子力施設で重大な事故が起き、施設周辺の公衆が放射線被ばくし、健康影響を生じる」という危険だけを対象にして論を進めることとする。

3.2 原子力施設における基本的安全機能と放射性物質放出防止のための多重の障壁

前節で述べたように、ここで対象とする危険は、施設で重大な事故が起き、過大な放射性物質あるいは放射線が外部に漏れ、それによって公衆が被ばくすることである。したがって、原子力施設の安全を守るために最も大事なことである「基本的安全機能」は、「放射性物質及び放射線を閉じ込めること」ただひとつである。これは、原子力発電所についても、放射性同位元素（ラジオアイソトープ）を内蔵する小線源についても、あるいは放射性廃棄物の地層処分についても共通である。

原子力発電所の基本的安全機能については、巷間、「止める」、「冷やす」、「閉じ込める」の3つであるとされている。しかしながら、放射性物質が本来あるべき所に閉じ込められ、かつ、そこから発せられる放射線が適切に遮蔽されている限りにおいて、「止める」も「冷やす」も関係ない。

放射性物質の閉じ込めのためには、様々な障壁が設けられる。障壁の数や頑健さは施設によって異なる。

原子力発電所の場合、1次の障壁としては、放射性物質の大部分を閉じ込める燃料ペレット、揮発性の放射性物質を閉じ込める燃料被覆管、放射化した物質を含む冷却材を閉じ込める原子炉圧力バウンダリ（＝Reactor Pressure Boundary とは「原子炉の圧力がかかっているところの境界」という意味であり、原子炉容器や原子炉冷却系配管を指す）がある。その外側には、格納容器、原子炉建家（ここまで、工学的障壁）という2次の障壁があり、更には、敷地境界までの距離等がある。こうした多重の障壁により、放射性物質と公衆との離隔を図る。

3. 原子力施設の安全確保の考え方

　高レベル放射性廃棄物地層処分の場合は、廃棄物をガラス固化体に閉じ込めた上で、それをステンレス製の容器（キャニスター）に入れ、それを更に金属容器（オーバーパック）に入れて、その周りを緩衝材と呼ぶ粘土で覆う。ここまでが人工バリアである。更には、これを地中深く埋めることにより、地層という天然バリアによって放射性物質と公衆との離隔を図る。
　廃棄物地層処分施設の多重バリアについては、IAEA の安全基準ドラフト[F-18]に次の記述がある。

> 「廃棄物の閉じ込めと廃棄物の生物圏からの隔離は、放射性廃棄物について受け容れられている管理戦略である[F-17]。閉じ込めと隔離は、それぞれ異なった時間スケールで有効性を持つ、一連の補完的なバリア、例えば、廃棄物形態自体、廃棄物容器、埋め戻し材、母岩などを通じて用意できる。処分の深さと母岩の地質環境の特徴は、生物圏からの隔離をもたらし、人の不注意な、あるいは許可されない接近の可能性を低減する。加えて、安定な地層内深部に定置することで、気候やその他の自然現象の影響も有意に低減され得る。」

　工学的障壁は、自然に起きる劣化のため、その機能を低下あるいは喪失する可能性がある。このため、障壁自体の設計において運転期間（より正確には、閉じ込め性能を期待される期間）を通しての環境条件に耐えるような材料を選び、容量を確保する。あるいは、定期的な交換によって、常に劣化の進まない状態に障壁の維持を図る。また、この期間内に施設を襲う可能性のある、地震や航空機落下等の外的衝撃に耐えることも求められる。この、期間、環境条件、荷重条件は、施設あるいはサイトにより異なる。
　例えば、高レベル放射性廃棄物の地層処分に関しては、廃棄物を直接格納する人工バリアは約 1,000 年間地層中の環境条件下で健全性を保つことが期待される。そして、その外側の地層（天然バリア）はそれよりはるかに長い間安定に閉じ込め性能を保つことが期待される。

原子力施設においては、経年劣化や外的荷重に対する考慮と共に、事故時に工学的障壁に過大な熱や内圧がかかり、その結果として障壁が破られ得ることにも注意が必要である。原子力発電所を例に採ると、障壁を直接防護するための安全設備（「フロントライン系」と言う）として、原子炉停止系、原子炉冷却系、格納容器冷却系等の安全設備（「止める」、「冷やす」ための設備）を用意する。更には、こうしたフロントライン系の設備を動かすために、電源系や機器冷却系といった、下支えのための安全系（「サポート系」と言う）を用意する。

図3-1に、原子力発電所における放射性物質閉じ込めのための多重の障壁とそれを護るための安全設備の例を示す[G-13]。これらの安全設備は、事故時の環境条件下で高い信頼性をもってその機能を発揮できることが必要である。原子炉が事故を起こすと、その重大性に応じて、一般には、原子炉圧力バウンダリ、被覆管、ペレットの順で密閉性を失っていく。

したがって、原子力安全の確保とは端的に言えばこれらの障壁を守ることで

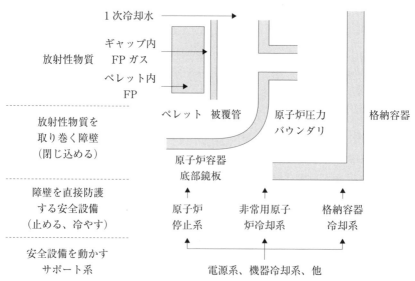

図3-1　放射性物質閉じ込めのための多重の障壁とそれを護るための安全設備の例[G-13]
（FP：Fission Products. 核分裂生成物）

3. 原子力施設の安全確保の考え方

あり、逆に、原子力の危険とはこれらの障壁が破れ、障壁内に閉じ込められていた放射性物質が流出する、あるいは、そうした放射性物質からの放射線が十分に遮蔽されないままに放出されることである。

それから、放射性物質を閉じ込めるための多重の障壁と、深層防護（Defence in Depth）の考え方は、従来「別物」として説明されることが多かった（「そういう区別もつかないのか！」とおっしゃる先生もいた）。
　しかし私は、（ちょっと極端な言い方とは思いつつ、）この2者はむしろ同一のもので、それぞれの障壁を守ることが深層防護のそれぞれのレベルだと思う。
　実際、深層防護の各レベルの妥当性を判断する基準は、ひとつには漏れ出す放射線による被ばく線量であるが、もうひとつには多重の障壁それぞれが健全であるか否かである。これについては後に、「3.4.4 安全規制で用いている事象分類」と「6.3.4 評価指針と立地指針における事象分類と判断基準」のところで説明する。

さて、上述のように、原子力発電所の安全を守るためには、放射能・放射線を閉じ込めるために多重のバリアを用意することや、それらを守るための設備を用意することが必要である。しかし、原子力発電所は電気を起こすための設備であるから、当然そのための設備（例えば、タービンや発電機）も必要である。
　設備の中には安全の観点で重要度が高いものも低いものもある。このため、「発電用軽水型原子炉施設の安全機能の重要度分類に関する審査指針」[B-5]が定められている。

安全機能を有する構築物・系統・機器（Structures, Systems and Components：SSC）はまず、安全機能の性質に応じて2分類される。ひとつは原子炉冷却材を閉じ込めている圧力バウンダリや原子炉冷却材の循環のための設備等、「その機能の喪失により、原子炉施設を異常状態に陥れ、もって一般公衆ないし従事者に過度の放射線被ばくを及ぼすおそれのあるもの」である。これらは「異常発生防止系（Prevention Systems：PS）」と呼ばれる。もうひとつは、異常状

態発生時に原子炉を緊急停止させる設備や原子炉炉心を緊急冷却する設備等、「原子炉施設の異常状態において、この拡大を防止し、又はこれを速やかに収束せしめ、もって一般公衆ないし従事者に及ぼすおそれのある過度の放射線被ばくを防止し、又は緩和する機能を有するもの」である。これらは「異常影響緩和系（Mitigation Systems：MS）」と呼ばれる。

PS及びMSのそれぞれに属するSSCは、「その有する安全機能の重要度に応じ、それぞれクラス1、クラス2及びクラス3に分類」される。

なお、原子炉施設の耐震設計上の施設別重要度は、「発電用原子炉施設に関する耐震設計審査指針」[B-6]において、「地震により発生する可能性のある放射線による環境への影響の観点から」「耐震重要度分類」として定められている。

以上述べたことを整理すると、次のとおりである。

(1) 原子力施設の安全を守るための基本的安全機能は、放射性物質及び放射線を閉じ込めること、ただひとつである。
(2) 放射性物質及び放射線の閉じ込めのためには、工学的なもの、空間的距離や地層など、様々な障壁が設けられる。
(3) これらの障壁は、運転期間を通しての環境条件に耐えるよう、期間、環境条件、荷重条件等、施設あるいはサイトの特徴に応じて設計される。
(4) 工学的障壁が事故時の熱や内圧で破られるのを防止するために、「障壁を護るための安全設備」が必要になることがある。原子力発電所における「止める」、「冷やす」ための設備や、こうした設備を動かすための下支えの設備はこれに該当する。
(5) 原子力安全の確保とは、端的に言えば放射性物質及び放射線に対する障壁を守ることであり、逆に、原子力の危険とは、これらの障壁が破れることである。
(6) 原子炉施設を構成するSSCのうち安全上の機能を有するものについては、「安全重要度分類」、「耐震重要度分類」が定められている。

3. 原子力施設の安全確保の考え方

3.3 深層防護、安全設計、アクシデントマネジメント、防災

3.3.1 深層防護の考え方

安全確保の最大の目的は、原子力施設の周辺における公衆を、放射線災害から護ることである。その基本となる考え方は深層防護（Defence in Depth）の思想である。

深層防護については多くの説明文書があるが、例えば、国際原子力機関（International Atomic Energy Agency：IAEA）の「基本的安全原則」（Fundamental Safety Principles）[F-2] の原則8「事故の発生防止」（Principle 8：Prevention of accidents）には、「事故の影響の防止及び緩和の第一の手段は「深層防護」である」（The primary means of preventing and mitigating the consequences of accidents is 'defence in depth'.）とある。

深層防護とは、ひとつは多段の安全対策を用意しておくことであり、もうひとつは、各段の安全対策を考える時には他の段で安全対策が採られることを忘れ、当該の段だけで安全を確保するとの意識である。ちなみに、後段の対策を考える時は前段の対策がどのように厳重なものであってもそれが突破されると想定することであり、これは「前段否定の考え方」と呼ばれている。ただ、前段の対策を考える時は後段の対策はないと想定しなくてはならないはずであるが、そのことは通例あまり言及されていない。「後段否定の考え方（二の矢はない）」も同時に強調される必要があると思う。

深層防護とは元々軍事戦略の用語であり、重層の守備ラインを引くことであるが、原子力施設の安全戦略を含め、広い分野に共通の戦略である。

例えばサッカーでは、フォワード、ミッドフィールダー、ディフェンダー、ゴールキーパーのそれぞれのレベルで、前段の守備は破られるであろうと考え、かつ、後段の守備には期待しない。守備の各ラインがそれぞれの位置で前段・後段を否定して責任ある守備を行うことが点を取られないことにつながる。逆に、例えばミッドフィールダーが、フォワードはボールを取られないであろうとか、自分が抜かれてもディフェンダーが防いでくれるだろうと考えると、容

易に失点してしまう。これは原子力施設でも同じであり、前段・後段に期待する深層防護はかえって危険である。

原子力施設の多段の安全策は、立地、設計、運転、防災という各分野にまたがる。以下、原子力発電所を例に採って深層防護の具体的内容を説明する。

3.3.2 安全設計

図3-2は、原子力発電所を例にとって、安全設計における深層防護を模式化したものである[A-1]。図に沿って説明すると、施設の安全設計においては、次のような「3レベルの安全性」という考え方が採用されている。

第1のレベル：異常・故障の発生防止
第2のレベル：異常・故障の事故への拡大防止
第3のレベル：事故の影響緩和

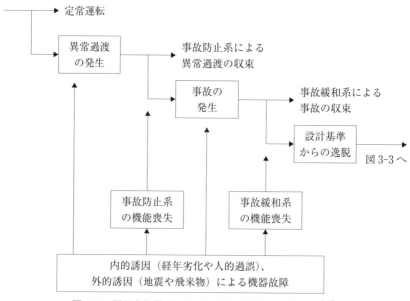

図3-2　原子力発電所における深層防護(1)：安全設計[A-1]

3. 原子力施設の安全確保の考え方

　第1のレベルは、そもそもの発端となる異常や故障等のトラブルの発生を防止することである。そのためには、実証された技術に基づいて十分裕度のある設計を行うこと、必要に応じ地震や飛来物等の外的誘因事象に対する防護設計を行うこと、高い品質管理システムに基づいて保守管理を行うこと等が図られる。

　第2のレベルは、トラブルが起きた場合にそれを直ちに検知して対応することにより、それが事故に発展するのを防ぐことである。具体的には、運転パラメータがある許容範囲を超えた時に制御棒を自動挿入して原子炉を停止すること等である。(ただし、「事故」の中には、軽度なトラブルが発展して事故になるもののほか、原子炉冷却系配管の破断のように、初めから事故のものがある。)

　第3のレベルは、万一の事故に備えて、その影響の緩和を図ることである。例えば、原子炉冷却系の配管が破断し、冷却水が流出して炉心が空焚きになるような事故（冷却材喪失事故。Loss-of-Coolant Accident：LOCA）に対して非常用炉心冷却系（Emergency Core Cooling System：ECCS）を用意しておくこと、また、放射性物質の環境への放出を防ぐために頑丈で機密性の高い格納容器を用意しておくこと、格納容器が内圧によって破損するのを防止するために格納容器冷却系を用意すること等がこれに対応する。

　なお、ある事象の発生防止（Prevention）は、起きるか起きないか、Yes・Noであるのに対し、その事象が起きた後の影響緩和（Mitigation）は、Yes・Noに加えて程度の問題がある。例えば、「異常過渡の発生防止（Prevention of Operating Transient)」の後には「異常過渡の影響緩和（Mitigation of Operating Transient)」が来るが、そこでは影響を可能な限り低減することが図られる。

　ただし、図3-2中に書いたように、このレベルでの影響緩和で最も大事なのが、事故防止系によって異常過渡を収束させることによる「事故の発生防止（Prevention of Accident)」である。「程度の問題」（例えば、トランジェントの時間がどれほど続くか）を無視して単純化すれば、「深層防護のあるレベルでの一番大事な影響緩和は、次のレベルの事象の発生防止」である。

ところで、3.2 節で述べたように、原子力施設の中の諸設備には、安全上重要なものとそうでないものがある。上述の安全機能は、「安全系」として特定された設備だけで果たされることが求められる。そして、各安全設備にはそれぞれ安全上の重要度が与えられ、それに応じた信頼性設計がなされる。ただし、後述するシビアアクシデントに対するアクシデントマネジメントにおいては、こうした安全系のほかに、「常用系」まで活用して事故を収束させることが考えられている。

そのほか、安全設計においては、その信頼性確保のためにさまざまな配慮がなされている。以下、例を挙げる。

- 多重性：同一の機能を有する同一の性質の系統又は機器が 2 つ以上あること（6 章で紹介する「発電用軽水型原子炉施設に関する安全設計審査指針（以下、「設計指針」）」[B-4] での定義）。例えば、ある流量が必要なとき、100% の容量のものを 2 系列用意する、あるいは、50% の容量のものを 3 系列用意することにより、1 系列が故障等の理由で機能を果たさない場合でも残りの系列だけで機能を果たせるようにすること。
- 「多様性」：同一の機能を有する異なる性質の系統又は機器が 2 つ以上あること（「設計指針」での定義）。例えば、非常用の冷却系に電動のものとタービン動のものを用意することにより、単一の原因である機能を果たす複数の系統が同時に故障する可能性を低下させること。
- 独立性：2 つ以上の系統又は機器が設計上考慮する環境条件及び運転状態において、共通要因又は従属要因によって、同時にその機能が阻害されないこと（「設計指針」での定義）。例えば、2 系列の非常用電源系は防火壁で区切られた別々の区画に設置することにより、火災や浸水等の共通原因で同時に機能喪失するのを防ぐこと。
- フェイルセイフ：異常動作が起こっても常に安全側へ作動する設計のこと[B-15]。例えば、沸騰水型炉（Boiling Water Reactor：BWR）では、制御棒駆動装置を働かせる電源は常時 ON の状態になっており、なんらかの

3. 原子力施設の安全確保の考え方

理由で電源が失われた場合には自動的に制御棒の挿入が行われること。
・ インターロック：誤った操作によるトラブルを防止するシステム。例えば、格納容器に出入りするためのドアを2重にしておき、一方が開いているときは他方は開かないようにしておくこと。

3.3.3 アクシデントマネジメント

以上述べてきたことが安全設計を中心としての深層防護の具体化であり、昔はこれよりあとは適切な立地点を選びそこで防災計画を準備しておくことでのみ対応していた。しかしながら、1978年3月28日に米国東海岸のスリーマイル島（Three Mile Island：TMI）2号機で炉心が溶融する過酷な事故、シビアアクシデント（Severe Accident）[D-1]～[D-3]が起きたことを契機に、各国でシビアアクシデントへの対処策、すなわち、アクシデントマネジメント（Accident Management：AM）が用意された。そこでは、シビアアクシデントのリスクを定量的に評価するとともに、施設固有の弱点を同定できる、確率論的安全評価（PSA）の結果が参照された（確率論的安全評価については5章で説明する）。

例えば米国では、TMIの事故以降、原子力規制委員会（Nuclear Regulatory Commission：NRC）の主導で、原子力発電所のシビアアクシデント問題を解決し終結させるための多くの計画が実施された[C-1]が、その一環として、電力会社が個々のプラントについてのPSA（Individual Plant Examination：IPE）[C-2]を実施してプラント特有のリスク寄与因子を同定し、それに基づいてアクシデントマネジメントを整備することが挙げられている。

IPEはまず内的事象（ただし、外的事象のうち内的浸水を含む）だけを対象として開始された。外的事象（内的火災、強風、外的浸水、地震等）を対象としてのIPE（IPE of External Event：IPEEE）は、NRCと産業界側機関であるNUMARCとの協力により評価手法を確立したあとで、1990年に開始された（本書での「内的事象」、「外的事象」の定義は「5.2.3 内的事象と外的事象」で行う）。

わが国では、1987年（昭和62年）に原子力安全委員会（原安委）が原子炉安全基準専門部会に共通問題懇談会を設け、シビアアクシデントに対する考え方、PSA、シビアアクシデントに対する格納容器の機能等について検討することとした。同懇談会は、1992年に最終報告書を原安委に提出し、シビアアクシデントの発生防止及び影響暖和のためのアクシデントマネジメントの整備を勧告した[C-3]。原安委は、わが国でもシビアアクシデントのリスクを更に小さくする上で、この報告書の内容は妥当であるとして、同年5月に「発電用軽水型原子炉施設におけるシビアアクシデント対策としてのアクシデントマネージメントについて」を発表し、電力会社が効果的なアクシデントマネジメントを自主的に整備し、万一の場合にこれを的確に実施することを強く奨励すると共に、アクシデントマネジメントの促進・整備等に関する行政庁の役割を明確化した[C-4]。

これを受けて当時原子力発電所の規制行政庁であった旧通商産業省（以下、「通産省」）は、アクシデントマネジメントに関する検討の進め方について同省の対応方針をまとめ、同年7月に「アクシデントマネジメントの今後の進め方について」を発表した[C-5]。それによれば、同省は、わが国においてはシビアアクシデントの発生の可能性は十分小さいので、アクシデントマネジメントは電力会社が自主保安の一環として実施するものであると位置づけ、したがって、アクシデントマネジメントがなされているか否か、あるいはその具体的対策内容の如何によって、原子炉の設置または運転を制約するような規制的措置を要求しないとした。そして、こうした前提の下で、実施されるアクシデントマネジメントの技術的有効性について確認・評価を行うこととした。その上で、各電力会社に対し以下を要請した。

① 1993年末までに、個々の施設についてのPSA（IPE）を実施し、その安全上の特性を把握し、アクシデントマネジメント策候補の検討を行うこと。

② その後速やかに、この検討結果に基づいてアクシデントマネジメントの整備を行うこと。

3. 原子力施設の安全確保の考え方

③ それより後は、定期安全レビュー（Periodic Safety Review：PSR）等において、アクシデントマネジメントを定期的に評価すること。

1994年3月に、各電力会社はアクシデントマネジメント計画案（IPEの結果を含む）を通産省に提出した[C-6]。通産省では、評価結果の不確実さや、耐震設計や設計基準事象への悪影響の有無等を考慮しつつこれらの報告書をレビューした。そして、各電力会社のIPEとアクシデントマネジメント整備計画を妥当と認め、1994年10月にレビュー結果を原安委に報告した[C-7]。

少し裏話をすると、当時私は通産省の技術顧問として「シビアアクシデント対策検討会」（電力会社のアクシデントマネジメント計画をレビューする委員会）のメンバーであった。そこでは通産省もレビュー委員も、電力会社に対して、「こういうアクシデントマネジメント策を採用すべきだ」との意見は一切言っていない。例えば、欧州ではアクシデントマネジメント策のひとつとして、格納容器破損を防ぎ、環境への放射性物質の放出量を制限することを目的として、フィルタードベント（シビアアクシデント時に格納容器の内圧が高くなったときに、格納容器内の放射性物質を含む気体をフィルターに通して外部に放出する設備）なども考えられていたが、規制側からはそういうものの採用は一切勧告しなかった。

これは前述のように、PSAの結果等から、わが国においてはシビアアクシデントの発生の可能性は十分小さいと推定できたこと、そもそもアクシデントマネジメントは電力会社の自主保安として実施するものであること、したがって、アクシデントマネジメントの内容によって、新たな規制的措置を要求することはないとしていたことによる。電力会社が（多分コストまで考慮した上で）提案してきたアクシデントマネジメント策を受け取って、それについてのレビューを行ったのである。

シビアアクシデントやPSA分野の国外の研究者の中には、アクシデントマネジメントの採用は即フィルタードベントの採用と思い込んでいた人もいて、そういう人には国際会合の機会等に何度も説明をしなければならなかったことを思い出す。

さて、図3-3は、アクシデントマネジメントによるリスクの低減を模式化したものである。図3-2では深層防護のうち3レベルの安全設計を紹介したが、これは、安全設計での想定を超えて原子炉の炉心が損傷するようなシビアアクシデントが、起きそうになってしまった、あるいは、起きてしまったあとの対処策である[A-1]。

対処策の第1は炉心損傷の発生防止である。万一設計の想定を超えた事象が発生し、あらかじめ設計で考えていた安全系の設備だけでは事故の拡大が困難な場合には、安全系以外の既存設備を有効利用することによって、あるいは、新たにつけくわえる設備によって、炉心が損傷するのを防止しようとすることである。

炉心が損傷したあとであっても、その拡大を防止し、影響を緩和するために、様々な対処策が考えられる。

原子炉炉心が溶融すると、その一部分もしくは大部分が原子炉容器の底部に落下すると考えられる(TMIの事故はまさにこういう状況にまで至った事故であった)。溶融炉心からの熱によって原子炉容器底部が溶融貫通すると、事故は著しく複雑なものになる。

例えば、原子炉容器の下部には格納容器に溜まった水を受けるピットである

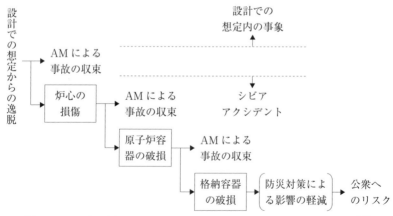

図3-3 原子力発電所における深層防護(2)：アクシデントマネジメント[A-1]

「サンプ」があるが、溶融炉心が水を溜めたサンプに落下するとそこの水と反応して水蒸気爆発を起こし、それによる衝撃圧が格納容器の健全性を脅かす可能性がある。また、溶融炉心が水の溜まっていないサンプに落下すれば、コンクリートを熱分解して多量の非凝縮性ガスを発生させ、格納容器の内圧を高めることになる。原子炉冷却系の圧力が高い状態で容器の破損が起きれば、溶融炉心は背圧を受けて格納容器中に細片化して噴射され、格納容器内気体の温度と圧力を急上昇させる可能性もある。そうなる前に、アクシデントマネジメントによって溶融炉心と原子炉容器を冷却することができれば、その後の対応が困難にならなくて済む。

　次の段階は、放射性物質に対する最後の工学的障壁である格納容器が破損しないための対処策である。例えば、格納容器が内圧で破損するような事態が予見される場合は放射能放出に先立ってあらかじめ格納容器を開放していったん圧力を下げることとか、安全系以外の水源を用いて格納容器を冷却すること、アイスコンデンサ型格納容器（格納容器を冷却するために大量の氷を入れておき、それで蒸気を液化させる型式の格納容器）では水素爆発を防ぐためにイグナイタ（点火器）を取り付けて水素を計画燃焼させること等が考案されている。

　以上見てきたように、深層防護とは、事象が厳しくなっていくのに合わせて、それぞれのレベルで影響の緩和（Mitigation）を図ることであり、それは次のレベルの発生を防止（Prevention）することにつながる。そして、それはまた、それぞれのレベルに関係する放射能障壁を護ることである。

　エピソードをひとつ紹介する。以上述べたように、既設の原子力発電所については一斉にアクシデントマネジメントが整備されたが、この時、新設炉についてもアクシデントマネジメントの整備をすることになった。整備計画の提出時期については、最初は安全審査と同時期とされた。その第1号は、女川3号であった。この時は、安全審査時にPSAとアクシデントマネジメント計画が提出された。その次は、志賀2号だったと思うが、このときになって関係者ははたと気づいた。詳細設計が定まっていなくて、PSAが実施できず、したがってアクシデントマネジメント計画も提出できなかったのである。先の女川3

号の場合は、女川2号と同じ設計だったので、安全審査時に詳細設計まで決まっていたのである。アクシデントマネジメント計画の提出時期は詳細設計の提出時期に変更になった。

3.3.4 シビアアクシデント対処設計の規制要件化

アクシデントマネジメントの整備当時から、国内外の規制関係者は、いずれはシビアアクシデントに設計で対処することが必要と認識していた。例えば、国際原子力機関（IAEA）の安全基準である「原子力発電所の安全：設計安全要求事項」(Safety of Nuclear Power Plants: Design Safety Requirements)[F-4]には次の記述がある。

> 「設計は、その目的のひとつとして、設計基準事故及び選定されたシビアアクシデントの結果としての放射線被ばくの発生を防止し、それに失敗したときは、影響を緩和すること。」
>
> (The design shall have as an objective the prevention or, if this fails, the mitigation of radiation exposures resulting from design basis accidents and selected severe accidents.)

しかし、原子力の停滞とともにこの課題の検討も停滞していた。

近年になって、原子力の復興に伴う新設計炉の提案とともに、シビアアクシデント対処設計を規制要件化することも国際的検討課題になった。特に、次の2つの国際活動では、シビアアクシデント対処設計を含め、今後の発電用原子炉に対する規制要件が広く議論されている。

- 多国間設計評価プログラム
  (Multinational Design Evaluation Program：MDEP)[C-8]
- 西欧原子力規制者会議
  (Western Europe Nuclear Regulator Association：WENRA)[C-9]

3. 原子力施設の安全確保の考え方

そこでは、ある範囲のシビアアクシデントには設計で対処すること、そうした設計の妥当性は規制当局が確認することが必要とされている。こうした状況から、国内でも、この課題について検討が始められている。

MDEPやWENRAの活動とシビアアクシデント対処設計の規制要件化については、日本原子力学会誌の解説記事にまとめてあるので参照されたい[C-10] (注：福島第一事故の前年に著者らが寄稿したものであるが、掲載は事故の翌月になった)。以下、そこからの抜粋である。

シビアアクシデント対策の目的は、アクシデントマネジメントという手段を採ろうと設計で考えようと、「残存リスク（Residual Risk）」の低減である。

ここで残存リスクについて少し説明しておくと、原子力施設の安全は適切な安全設計と事業者による安全管理によって担保される。しかしながら、どんなに安全設計・安全管理を強化しても、絶対安全は確保しがたい。何がしかのリスクは残ってしまう。これが残存リスクである。原子力発電所のPSAで定量評価しているのはこの残存リスクであり、通例単に「リスク」と呼んでいる。

図3-4は、設計基準、アクシデントマネジメント、シビアアクシデント対処設計と、残存リスクの関係を概念として示すものである。

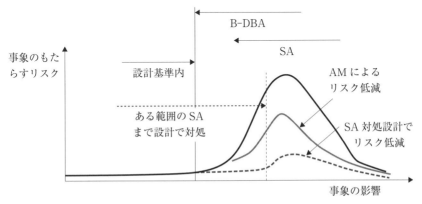

図3-4 設計基準、AM、シビアアクシデント対処設計と残存リスクの関係[C-10]

まず、図の太い実線で示すリスクについて。6章で説明することであるが、安全審査で設計の妥当性を確認するためには、幾つもの設計基準事故（Design Basis Accidents：DBA）を想定し、あらゆるDBAについて解析を行い、その影響があらかじめ設定された判断基準を満足することを確認する。かくして設計基準の範囲内では、事故はシビアアクシデントが起きる手前で収束することになり、リスクは当然ながら十分小さく抑えられる。

しかし、どんなに安全設計・安全管理を強化しても、設計基準を超える事故（Beyond DBA：B-DBA）が起きる可能性は残り、それが進展してシビアアクシデントに至る可能性もある。で、万一設計の想定を超えるような事故が発生したときに、既存設備の有効利用、あるいは最小限の追加設備によってシビアアクシデントの影響緩和、ひいてはリスクの低減を図るのがアクシデントマネジメントである。アクシデントマネジメントにより、リスクは図の細い実線のように低減される。

これに対して、シビアアクシデント対処設計とは、はじめからある範囲のシビアアクシデントを設計で想定する事象に含め、その影響を抑制するための具体的設備を用意することである。これは、図の破線で示すように、設計基準をずっと過酷な側に移すことであり、従来の「3レベルの安全設計」に代えて「4レベルの安全設計」をすることを意味する。新しい設計基準の内側では当然にリスクが抑制されることになる。

設計基準そのものを変えることであるから、用語の方も従来のDBA、B-DBAでは混乱を起こす。IAEAの国際基準委員会（Commission of Safety Standards：CSS）の下部委員会である原子力安全基準委員会（Nuclear Safety Standard Committee：NUSSC）では既にこうした用語の再定義も議論されている（IAEAの安全基準関係の委員会については、「3.7　国際的な原子力安全への取組み」で説明する）。

3.3.5　立地及び防災

十分な安全設計やシビアアクシデントへの対策により、格納容器が破損して大量の放射性物質が環境中に放出される、あるいは、そこまでいかなくとも、

3. 原子力施設の安全確保の考え方

格納容器からの漏洩によりかなりの量の放射性物質が環境中に放出されるような事故の起きる可能性は、ほとんどなくなると考えられる。しかしながら、原子力利用ではそうしたわずかの可能性に対しても、常に最悪のことまで考えて、合理的に実施可能な範囲で対策を考える。深層防護の最後は、立地と防災による事故影響の緩和である。

原子力施設の設置に当たっては、国は、安全設計の妥当性と共に、立地の妥当性について判断する。立地の妥当性を判断するための具体的要求事項については6章で説明するが、要すれば、施設で起き得る重大な事故が公衆に及ぼすリスクを十分小さくするために、施設と公衆との離隔を図ることである。具体的には、施設から敷地境界までの距離を十分大きくとり、公衆の中のいかなる個人であっても過大な被ばくを受けないようにすること、人口密集地を避けることにより、公衆の集団被ばく線量も大きくならないようにすること等である。

更には、防災計画による被ばく線量の低減も図られる。放射性プルーム（大気中を煙のように塊になって流れる気体状の放射性物質）による被ばくは、その放射性物質の濃度、放射線のエネルギー及び放射性プルームによる影響の継続時間に比例するから、放射性プルームによる被ばくを低減化する措置としては、気密性の高い場所への屋内退避、放射線の遮へい効果の高い場所への屋内退避及び放射性プルームに遭遇する場所からの避難が有効である[B-11]。加えて、食物の摂取制限等の措置により、食物連鎖による長期的な被ばくを低減することも図られる。

3.4 事象分類とリスクの適切な抑制

3.4.1 リスク管理と事象分類の関係

原子力施設に対する安全規制の目的は、原子力利用に伴うリスクを適切に抑制することである。IAEAの「基本的安全原則（Fundamental Safety Principles）」[F-2]には、原則5「防護の最適化」（principle 5：Optimization of protection）に次の表現がある。

「安全のために設置者によって投入されるリソースや、規制の対象範囲および厳格さとその適用は、放射線リスクの大きさとその制御可能性に見合ったものでなければならない。」

(The resources devoted to safety by the licensee, and the scope and stringency of regulations and their application, have to be commensurate with the magnitude of the radiation risks and their amendability to control.)

これは、リスクの度合い（グレード）によって対応すべしという、「グレーデッドアプローチ」と呼ばれる考え方である。

では、「リスクが適切に抑制されている」とはどういう状態を言うのだろうか。また、どうすれば達成できるのであろうか。

ひとつの答えは、(2-1) 式で定義した全リスク R_T がある一定値以下であることを確認するものである。

ただ、原子力安全規制では、こうしたひとつのリスク目標値だけで安全性を判断することはしない。「事象分類」の考え方を採用し、比較的頻繁に起きる事象については厳しい許容限度、めったに起きない事象については相対的に緩やかな限度を定めることによって、発生頻度レベル毎にリスクの抑制を図っている。

3.4.2 「事象」という言葉について

ここで「事象」という言葉について説明しておこう。元々は英語の"Event"の訳である。私には「出来事」というのが感覚的に一番近い言葉である。ただ、「出来事」では工学的な説明文等にはいかにも使いにくいので、「事象」と訳されているのだと思う。事故も故障も何から何まで包含する言葉であり、何かことが起きてもその重大性が定まっていない（例えば、起きたことが事故か異常過渡かまだ区別できない）時などに遣うには便利な言葉である。しかし、何となく曖昧な響きを持つ言葉でもあるので、事故が起きた時に「事象」と言うとまるで事故隠しをしているように思われてしまうこともある。

3. 原子力施設の安全確保の考え方

それはともかく、原子力安全の分野でよく使われる「事象」として、次のようなものが挙げられる。

① 施設の運転時に経験された「運転時の事象」(Operational Event)
② 確率論的安全評価（PSA）で用いる「発端事象」(Initiating Event)
③ 決定論的安全評価（DSA）で用いる「想定事象」(Postulated Event)
④ 「内的事象」(Internal Event) と「外的事象」(External Event)

以下、それぞれについて説明する。

なお、PSA での Initiating Event は通例「起因事象」と訳されるが、本書では「発端事象」という言葉を用いる。その理由は「5.2.2 発端事象の同定と区分」で述べる。

①の「運転時の事象」は、原子力施設で実際に起きた出来事であり、多くの場合、望ましくない出来事である。原子力発電所の冷却材喪失事故（LOCA）を例に採れば、例えば、何年何月何日の何時何分にどこどこ発電所何号機のどこどこ配管のどこどこの位置で発生したこれこれなる破断、といった事故である。あるいは、そういう事象を複数まとめたものである。出来事そのものであるから、特段の説明は要すまい。

これに対し、②の「発端事象」と③の「想定事象」はどちらも、将来起きるかも知れない出来事について安全評価を行うために定義するものであり、広範囲の事象スペクトルを代表するものである。将来起き得る事象を正確に予測できるはずはないから、「およそこういう進展をする事象」でひとくくりにする。

例えば LOCA については、大破断 LOCA と小破断 LOCA に大きく２分したりする。ここで大破断 LOCA とは、破断口が大きく、短時間内に大量の冷却材が原子炉冷却系から流出し、原子炉は急速に減圧し、炉心が水位上に露出したりする事故である。こういう事故に対しては、低圧で大容量の非常用炉心冷却系（ECCS）による炉心冷却が図られる。また、小破断 LOCA とは、破断

口が小さく、冷却材の流出量は小さいが、原子炉はなかなか減圧しない事故である。こういう事故に対しては、高圧で小容量のECCSによる炉心冷却が図られる。

　確率論的安全評価における「発端事象」はこういう整理をした時にその群に入る事象の総称でありかつ代表事象である。決定論的安全評価における「想定事象」は、その事象を解析すればその群に入る事象の影響は実際に解析される結果より必ず小さくなる（これを「解析結果に包絡される」と言う）ように選ばれる、その群の代表事象である。

　①～③の「事象」がプラントで起きる過渡変化や事故を指しているのと違って、④の「内的事象」及び「外的事象」が意味する「事象」はその原因事象である。例を挙げれば、機器の経年劣化、運転員の誤操作、メインテナンスでのミス、地震動、津波、航空機落下、といったものである。

　プラントで起きる事象もその原因事象も、「出来事」であるから、どちらも「事象」ではあるけれど、これでは混乱する。本書では後者は「誘因事象」あるいは単に「誘因」と呼ぶことにする。なお、「内的」と「外的」については「5.2.3　内的事象と外的事象」のところで定義する。

3.4.3　事象分類の考え方（その1）－事象の発生頻度での分類

　図3-5は事象分類の考え方を模式化したものである（これは、原子力発電所の規制を念頭に置いて描いたものであるが、単に概念であって、決して実際の規制上の要求事項を表すものではない）。事象の発生頻度を縦軸に、何らかの尺度で表した事象の影響を横軸に取った2次元マップに各事象を●でプロットしてみる。

　このような図を作ってみると、事象を表す●は左下の三角形の部分にだけ現れ、右上の空間にはあるはずがない。もし右上にひとつでも●があったとすると、それは、極めて影響の大きな事象がしばしば発生することであり、そういうものは社会に出てくる前に淘汰されているはずである。逆に、左下には●はあるが、これらは安全上問題にならない。これらの事象は、めったに発生しな

3. 原子力施設の安全確保の考え方

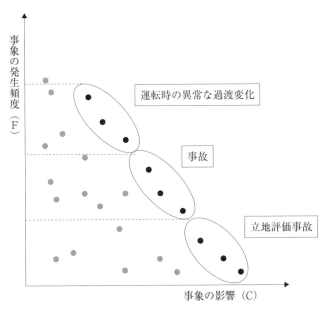

図 3-5　リスクの抑制法（その 1）
発生頻度で事象分類し、各事象の影響を判断基準値以下に抑制

い上に、発生したとしても小さな影響しか及ぼさないからである（図では、規制の直接対象とならない●は色を薄くしてある）。

　スライドを使ってこの図の左下の●について説明するとき、私はしばしばポインターを取り落とす。そしてこのように言う。「皆さん、こういう事象、見たことありますか？　めったにないですよね。そして、ポインターがつま先に当たったんですが、ちっとも痛くありません。この事象は、発生頻度も発生したときの影響も小さいんです。だから安全上の問題にはなりません。」

　結局、安全性を確認する上では、三角形の斜辺上にある事象のみが大事になってくる。言ってみれば、発生頻度はやや大きいが影響の小さい事象、発生頻度も影響も中くらいの事象、めったに起きないが影響の大きい事象、といったものである。

これらの事象がもたらし得るリスクを抑制するためには2通りの方法があり、そのひとつは、図3-5 に示したように、事象を発生頻度によって分類し、それぞれの分類に対してそれらがもたらす影響を一定の基準以下に抑えることである。

3.4.4 安全規制で用いている事象分類

原子力発電所に対する安全規制で採用している事象分類とその影響の抑制水準は次の通りである。影響の抑制水準としては、施設についての要求と公衆の被ばく線量についての要求がある（これらを規定している各安全審査指針については6章で解説する）。

平常運転時に原子力発電所から放出される放射線または放射性物質による公衆の被ばく線量については、これは判断基準ではなく努力目標であるが、年間 50μSv という値が示されている[B-10]。

施設の寿命期間中に発生すると予想される外乱によって生じる異常状態は、「運転時の異常な過渡変化」と分類され、これらに対しては、事象の原因となった故障部等の復旧を除き、格段の修復なしに通常運転に復帰できることが要求される[B-7]。

影響が運転時の異常な過渡変化を超え、発生頻度はまれな事象は、「事故」と分類され、これらに対しては、①炉心が溶融あるいは著しい損傷に至らないことと、②周辺公衆の被ばく線量評価値が5mSvを超えないことが要求される[B-7]。

「事故」より発生頻度の低い事象は、設計では対象とする必要のない事象とされ、「立地評価事故」に分類される。立地評価事故は発生頻度の観点から更に「重大事故」と「仮想事故」に分類される。重大事故の場合には敷地境界にいる公衆が放射線障害を受けないこと、仮想事故の場合は原子炉からある距離の範囲内にいる公衆が、何らかの措置を講じることを前提として、著しい放射線障害を受けないこと等が求められる[B-3]。

このように、発生頻度によって事象を分類し、各分類に対して影響の抑制水

3. 原子力施設の安全確保の考え方

準を示すことにより、リスクの適切な抑制ができる。これが、「6. 原子力施設の安全審査と決定論的安全評価」に示す安全の確認である。

3.4.5 事象分類の考え方（その 2）－事象の影響での分類

リスクを抑制するもうひとつの方法は、図 3-6 に示すように、事象を影響によって分類し、それぞれの分類に対してその発生頻度の総和を一定値以下に抑えることである。これは、もっぱらシビアアクシデントを対象としての分類であり、8 章に述べる安全目標・性能目標に採用されている方法である。すなわち、事象を炉心が損傷するような事故、格納容器が破損するような事故……と、影響の重大さによって分類し、そうした事象の発生頻度の総和を抑えることでリスクを抑制するものである。

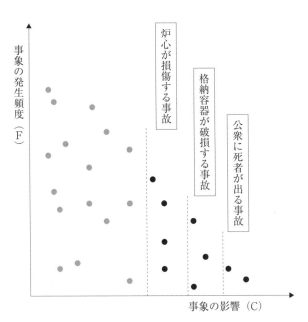

図 3-6　リスクの抑制法（その 2）
影響が一定以上の事象の発生頻度の総和を一定値以下に抑制

3.5 規制の構造

3.5.1 事業者の責任

原子力施設の安全についての第一義的な責任は事業者にある。国際原子力機関（IAEA）の基本的安全原則[F-2]は、IAEAの安全基準の中で最上位に位置する文書であるが、その原則1「安全の責任」（Principle 1：Responsibility for Safety）に以下のように明記している。

> 「安全に対する第一の責任は、放射線リスクをもたらす施設もしくは活動に対して責任を有する個人もしくは組織にある。」
>
> （The prime responsibility for safety must rest with the person or organization responsible for facilities and activities that give rise to radiation risks.）

ところで、安全は何によって確保されるかといえば、安全設計（及び立地）と安全管理である。安全設計と安全管理の両者が適切であって、はじめて安全が担保される（立地は一般には安全設計の範疇外であるが、内容的には、放射性物質及び放射線に対して、例えば敷地境界までの距離を十分大きくとるといったように、適切な障壁を用意することであり、広い意味では安全設計の一部と言える）。

施設を建設し運転しようとする事業者はまず、適切な立地点を選択すると共に、施設の適切な安全設計を行う。立地及び安全設計の妥当性については、安全審査の中で確認されるので、それに合致するように立地・設計を行う。立地と基本的な安全設計については、原安委が策定した以下の安全審査指針、及びこれらの下位指針が参照される（発電炉の場合）。

(1) 原子炉立地審査指針及びその適用に関する判断のめやすについて（以下、「立地指針」）[B-3]

(2) 発電用軽水型原子炉施設に関する安全設計審査指針（以下、「設計指針」）[B-4]

3. 原子力施設の安全確保の考え方

(3) 発電用軽水型原子炉施設の安全評価に関する審査指針（以下、「評価指針」）[B-7]

これらの指針の意味するところや相互関係については6章で述べるが、ここで設計指針と評価指針の関係だけを説明しておくと、私の解釈では、設計指針とは施設を構成する構築物・系統・機器（Structures, Systems and Components：SSC）それぞれについての容量（Capacity）や信頼性（Reliability）の妥当性を判断するためのものであり、評価指針は、そういうSSCで構成された施設が、全体として（システムとして）十分な安全性能を有する設計であることを判断するためのものである。

運転開始後は、事業者は、施設を構成する各SSCが設計時に求められた信頼性を保ち続けていることを確認することと、施設全般にわたって適切な安全管理を実施することが必要である。

設備と安全管理の関係を**図3-7**に示す[B-17]。安全管理のための「保安活動」は図中に示すように以下の6項目からなる。

① 保守管理
② 運転管理
③ 燃料管理
④ 防災管理
⑤ 放射性廃棄物管理
⑥ 放射線管理

事業者が保安活動として実施すべき事項はすべて「保安規定」に記述される。原子力施設の運転開始に先立って、事業者は保安規定を規制当局である原子力安全・保安院（以下、「保安院」）に提出して認可を受け、事業者はそれを遵守する義務を負う。

上述の保安活動のうちの1項目である「保守管理」は、各SSCのメインテ

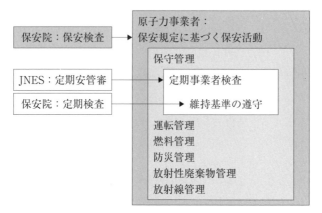

図 3-7　設備の信頼性維持と保安活動の関係
（日本電気協会 JEAC4111-2003[B-17] の図を一部改訂）

ナンスである。運転開始後に各 SSC がその信頼性を維持するために満たさなければならない条件は、保安院の定める「技術基準」[B-12]に記載されており、メインテナンスによってそれへの適合性が保たれる。技術基準の要求事項は、本質的に原安委の設計指針の要求事項と同じものである。

3.5.2　規制当局の役割

それでは、規制当局の役割は何かというと、前項で述べたような事業者の活動が、安全確保の観点から適切になされていることを確認することである。

施設の立地・設計時には安全審査によってその妥当性を確認する。その内容は 6 章で記述する。

施設の運転開始後に規制当局は何をしなければならないかは、図 3-7 に書き込んである。

第 1 には、各 SSC が十分な信頼性を有することを技術基準に基づいて確認することである。主要な SSC 自体の信頼性は保安院の「定期検査」によって確認される。また、事業者は SSC の信頼性維持のために「定期事業者検査」を実施するが、それが適切になされているかどうかは、保安院を技術的にサポ

ートする組織である原子力安全基盤機構（JNES）の「定期安全管理審査」によって確認される（注：2012年に規制委・規制庁が発足し、2014年にJNESが規制庁に統合されたため、定期安全管理審査は規制庁によってなされている）。

第2には、事業者の行う保安活動の妥当性を「保安検査」において確認することである。これは、保安規定に約束された活動が適切に実施されていることの確認である。

そして、本来、施設が健全であり、事業者による保安活動が適切であり、それらが規制当局によって確認されることによって、事故や故障の発生がなくなることが期待されるのであるが、人のやることであるから、最善を尽くしたとしてもトラブルは起き得る。したがって、第3にはトラブルへの対応も必要である。また、重大な事故が起きた場合の防災対策の実施も必要である。

こうした規制の実務（プラクチス）を行うためには、ルール、特に、判断基準が必要である。したがって、第4として、規制のためのルール作りも規制当局がしなければならない仕事である（その他の業務としては、広報や訴訟対策もある）。

すなわち、極めて単純化して言えば、図 3-8 に示すように、規制とは、審査をし、検査をし、ことが起きたときの対応という3つの実務と、それに必要なルール整備である（単純化し過ぎた言い方であるとは承知している。規制の役割についてのより正確な記述はIAEA Safety Standards No. GS-R-1[F-3]にある）。

実際、保安院の原子力発電所に対する規制の直接の担当課を見れば、規制実務を担当する、原子力発電安全審査課、原子力発電検査課、原子力防災課（その中に事故故障対策室がある）と、規制ルールを整備する原子力安全技術基盤課がある。

なお、規制実務を実施する上での判断や、規制ルールの整備のためには、原子力安全に関する広範な知識ベースが必要である。ここで知識ベースとは、安全研究の成果、確率論的安全評価の結果から得られる知見、検査結果や運転経験から得られる教訓等である。これについては次節で説明する。

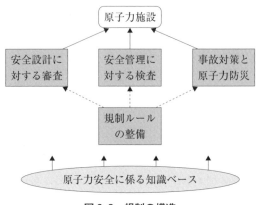

図 3-8　規制の構造

　ここで、これも私の解釈であるが、安全審査で確認することと後段規制で確認することの関係について少し説明しておくと、立地の妥当性は、施設周辺の人口密度が著しく変化したり、施設に影響し得る外的誘因事象が、実際にもあるいは評価上でも著しく変化したりしない限り、いったん立地指針に基づいて妥当という評価がなされれば、その結果は変わらない。また、施設の全体設計の妥当性も、施設の大幅な改造がなされない限り、いったん評価指針に基づいて妥当という評価がなされれば、その結果は変わらない（ただし、古い設計の施設は新しい設計の施設より安全のレベルが低いことが考えられる。10年に1度の頻度で実施される定期安全レビュー（PSR）では、古い施設が最新施設に比してどれほどの安全レベルであるかを確認し、そして、それを補償するための改善策の妥当性も確認する）。

　しかしながら、各SSCの信頼性については、経年劣化等の影響を考えなければならないため、いったん設計指針により妥当という評価がなされたとしても、その信頼性が保たれていることを継続的に確認しなければならないのである。

　すなわち、安全審査段階で用いられる主要3指針と、運転開始後の規制、いわゆる後段規制に用いられる基準との関係は、おおむね表 3-1 のように整理できる。

3. 原子力施設の安全確保の考え方

表3-1 安全審査指針と後段規制の関係

	安全審査	後段規制
立地の妥当性	立地指針で確認	（通例は、再確認の必要なし）
各SSCの信頼性	設計指針で確認	技術基準により継続的に確認
施設設計の妥当性	評価指針で確認	（通例は、再確認の必要なし）
安全管理の妥当性	（対象外）	保安規定遵守を継続的に確認

　かくして、後段規制の焦点は、技術基準を用いての各SSCの信頼性確認と、保安規定に沿っての安全管理の妥当性確認となる。

3.5.3　法令順守の確認と自主保安の奨励

　上述のように、規制の第一義的な役割は、施設設備が指針や基準の要求を満足していることや、事業者の安全管理活動が保安規定の約束どおりに実施されていることの確認である。しかし、規制の役割はこうした法令遵守（コンプライアンス）の確認に留まらない。事業者が一層の安全性を求めて自主的な保安活動を行うことを奨励することも、広い意味での規制の役割である。

　典型的な例は前述のシビアアクシデント対策（アクシデントマネジメント）である。シビアアクシデントは規制の対象外であるが、3.3.3項に述べたように、原安委及び保安院は事業者がその自主保安活動として、PSAによってシビアアクシデントのリスクを評価し、アクシデントマネジメントによってそのリスクを低減することを強く奨励してきた。

　ここに、（狭い意味での）規制当局による規制の対象と、事業者の自主保安の一環としてなされているシビアアクシデント対策について整理すると、図3-9のようになる。

　わが国では、規制当局である保安院が規制のすべてに責任を負っている。ただし、6章に述べるように、安全審査（前段規制）の段階では、原安委によっていわゆる「ダブルチェック」がなされ、原安委は2次審査のための安全審査指針を整備している。保安院の1次審査も、原則的には原安委の安全審査指針に基づいて実施される。

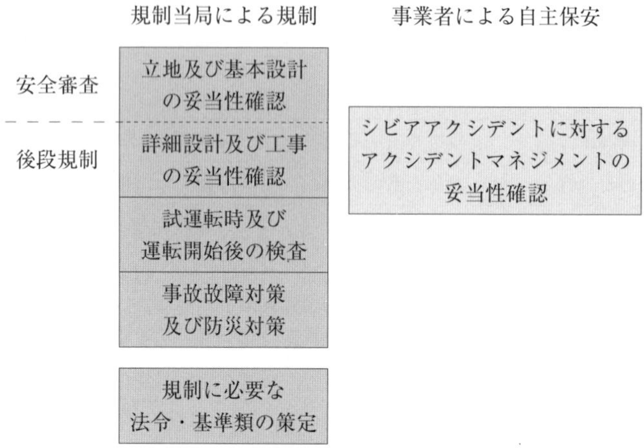

```
              規制当局による規制      事業者による自主保安

安全審査     ┌─────────────┐
             │ 立地及び基本設計 │
             │   の妥当性確認   │    ┌─────────────┐
  - - - - -  ├─────────────┤    │ シビアアクシデントに対する │
後段規制     │ 詳細設計及び工事 │    │ アクシデントマネジメントの │
             │   の妥当性確認   │    │     妥当性確認     │
             ├─────────────┤    └─────────────┘
             │  試運転時及び    │
             │ 運転開始後の検査 │
             ├─────────────┤
             │  事故故障対策    │
             │  及び防災対策    │
             ├─────────────┤
             │   規制に必要な   │
             │ 法令・基準類の策定│
             └─────────────┘
```

図 3-9　規制の対象と自主保安の対象

後段規制に関しては、原安委は保安院の規制活動に対して「規制調査」権限を有し、それによって保安院に対する監視・監査を行うことができる。

3.6　原子力安全研究

「3.5.2　規制当局の役割」のところで述べたように、科学的・合理的規制のためには、安全研究の成果や、確率論的安全評価の結果として得られる「リスク情報」を積極的に利用することが不可欠である。「リスク情報」の規制への活用は本書の中心テーマであり、それについては「9.『リスク情報』を活用しての規制」で論じるので、ここでは原子力安全研究の位置づけについて説明しておく。

「3.5.1　事業者の責任」で述べたように、「原子力施設の安全についての第一義的な責任は事業者にある」のであり、その責任の中には、施設もしくは活動の安全性を証明するような証拠の呈示も含まれている。規制当局は、原則として、規制上のルールを整備する上で、あるいは、規制上の判断をする上で必要な研究だけを行う。すなわち、規制当局あるいはその技術支援機関が行う安全研究は一般的な意味での「原子力の安全に関する研究」ではなく、「規制に

3. 原子力施設の安全確保の考え方

役立つ研究」あるいは「規制を支援する研究」である。

こうした安全研究の成果は主として規制のための規格基準に反映される。国全体としての安全研究の立案には原子力安全基盤機構（JNES）が責任を負っている。安全研究の立案に当たっては、推進側の安全研究も含め、国全体としての安全研究が適切な内容・規模で適時になされるよう、日本原子力学会等の協力により、安全研究の長期計画（ロードマップ）が策定されている。規制側の安全研究の計画および成果の妥当性は、原子力安全・保安部会（保安院の諮問委員会）の下に設置された原子力安全基盤小委員会で検討・承認される仕組みも整えられている[E-1]（以下、特に断らない限り、規制側の安全研究を単に「安全研究」と言う）。

図 3-10 は安全研究の位置づけを示すものである[E-2], [E-3]。実はこの図は、私が保安院で担当していた業務（1 章で述べたように、①国際動向を把握し、②安全研究を実施し、③リスク情報を参考にして、④規格基準を整備すること）の関係を表すものでもある。

前述のように、安全研究は規制当局を支援する研究であるから、そのテーマを選定する際に最初に重要なのは「規制上のニーズ」を理解することである。

ここで、規制上のニーズはどこから生じるかというと、主として次の２つである。

(1) 推進側（事業者や産業界）による原子力利用計画
(2) 国内外の運転経験

前者については、例えば原子力事業者が、燃料をより高燃焼度まで使う、あるいは、ウランとプルトニウムの混合酸化物燃料（Mixed Oxide Fuel：MOX 燃料）を使う計画を示せば、その安全性について判断するための燃料安全研究が必要になる。同様に、事業者が原子力施設をより長期間供用するとなれば、高経年化に関する研究、原子炉出力を増大させるとなれば、熱水力安全に関する研究、新設計炉を採用するとなれば、その炉型に特化した研究が必要になる。

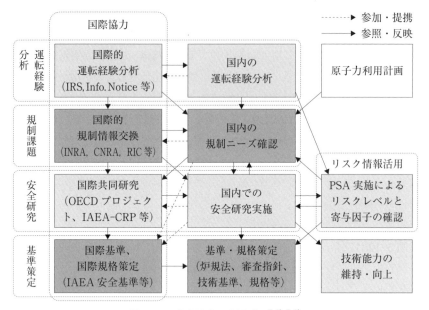

図 3-10　安全研究の位置づけ[E-2), E-3)]

ただし、これらの計画のもたらすリスクが十分小さいことを科学的根拠をもって示すのは、基本的には事業者の責任であり、国は提出された計画に安全上問題がないことを確認するのに必要な範囲の研究を行うという分担である。

後者は、事故や故障によって重要性が認識されて始められる研究である。例えば、1979年3月の米国のスリーマイル島原子力発電所の事故[D-1)〜D-3)]や、1986年4月の旧ソ連のチェルノブイリ原子力発電所での事故[D-4)]を契機として、世界的にシビアアクシデント時に起き得る諸現象を解明する研究が盛んになった。

1992年に、スウェーデンのバーセベック（Barseback）原子力発電所2号機（BWR）において、逃がし安全弁が開き、高圧蒸気が格納容器ドライウェルに放出された事故[D-5)]では、冷却材喪失事故（LOCA）時にサンプスクリーンが配管保温材等の破片によって目詰まりして、非常用炉心冷却系（ECCS）の再循

環機能が損なわれるおそれが指摘された（LOCA 時に ECCS の水源にするタンクの水量が減少した場合に、原子炉から漏えいした 1 次冷却材や ECCS による注入水を回収して炉心の冷却に再使用するために、格納容器底部にはサンプと呼ばれる水溜めがあり、そこに異物が流入しないように周囲にスクリーン（金網）が設置されている）。

これに対して、事故直後にわが国でなされた調査・検討では、この問題はわが国では重要な問題にならないとの判断であった。しかしながら、2004 年の美浜発電所 3 号機での 2 次系配管破損事故[D-8]で配管保温材が広範に散乱したことを踏まえて再検討がなされ、サンプ閉塞問題には規制としての対処が必要であり、そのための安全研究も必要であるとされた。

サンプ閉塞は、ECCS の再循環機能喪失という重大な問題につながる恐れがあったため、多くの国で研究がなされ、その成果が共有されている。わが国では JNES が、化学影響（PWR の格納容器スプレイに含まれる水酸化ナトリウムや、格納容器内壁の塗料等が冷却材に混じって冷却材の化学的性質が変化し、それがサンプスクリーンの目詰まり度合い等にも影響すること）の解明のための研究を実施している。

その他、わが国の運転経験の反映としては、2006 年に国内の幾つかの沸騰水型原子炉でハフニウム板型制御棒に「照射誘起応力腐食割れ」によるひびや破損が見つかった[D-9]が、これに対しても、規制上の対策と共に、安全研究の実施が必要とされた。このとき保安院は、制御棒の技術基準の検討等のために、日本原子力研究・開発機構（Japan Atomic Energy Agency：JAEA）に照射誘起応力腐食割れによる制御棒の劣化メカニズムの研究を依頼している。

規制上のニーズが安全研究や確率論的安全評価（PSA）の結果から生じることもある。

安全研究については、例えば、JNES が実施した高経年化ケーブルの健全性に関する研究[E-4]では、高経年化したある型式のケーブルは冷却材喪失事故時に予測される格納容器内の環境条件下では絶縁性が失われる可能性があると分かり、保安院は事業者に調査と対応を求めている。

PSA の結果、あるリスクが極めて大きいと分かると、それはまた、規制上

のニーズにもなる。例えば、わが国の原子力発電所について実施されたPSAの多くが、わが国では地震によるリスクが内的事象のリスクよりはるかに大きいという結果を示し、「発電用原子炉施設の耐震設計審査指針」[B-6]の強化を促す理由となった。

なお、「安全研究は規制のニーズに対して」と述べてきたが、規制当局にとっての最大のニーズのひとつは、常に規制当局を支援する技術者集団が存在することである。そのためには、短期的な規制ニーズだけでなく、施設の維持を含め、基盤的な研究も含め、研究活動が一定規模以上で継続されることも不可欠である。

このようにして同定された規制ニーズに対して安全研究が実施される。その計画に当たっては、産業界と規制側との役割分担(官民分担)、国内で実施するか国際協力で実施するかの判断、いつの時点までに結果が必要か等を考慮して、研究ロードマップが策定される。

3.7 国際的な原子力安全への取組み

原子力安全の確保及び向上のためには、国際的な知見・経験等の蓄積・共有を図ることが有用である。また、規制当局が公衆に説明するにあたっても、国際的に共通の説明論理が期待されている。

加えて、原子力安全は国の中だけで確保されればいいものではない。原子力界に古くからある言葉、"A nuclear accident anywhere is a nuclear accident everywhere"に代表されるように、世界のどこかで原子力事故が起きると、たとえ実際の影響はなくとも、心理的な影響は世界中に広まる。世界のどの国でも、一定以上の安全性が確保されることが大切である。こうした背景から、保安院は、原子力の安全を一層向上させるために、様々な国際的取組みを行っている[F-1]。

保安院の国際協力の相手は、各国の規制当局と国際機関である。

二国間の規制情報交換のためには、保安院は、原子力利用の盛んな多くの国(具体的には、米、英、仏、スウェーデン、フィンランド、中、韓)の原子力安全規

3. 原子力施設の安全確保の考え方

制機関との行政取決めに基づき、定期的に原子力安全規制に関する情報交換を推進している[F-1]。また、日、米、英、仏、独、スウェーデン、カナダ、スペイン、韓国という、原子力先進国の規制機関のトップが集まる会合である国際原子力規制者会議（International Nuclear Regulators Association：INRA）において、各国に共通する原子力安全規制に関する政策課題について非公開で率直な意見交換を実施している[F-1]。

保安院はまた、国際原子力機関（International Atomic Energy Agency：IAEA）と経済協力開発機構（Organization for Economic Cooperation and Development：OECD）の原子力機関（Nuclear Energy Agency：NEA）という2つの国際機関の多くの活動に参加している。

ここに、IAEAとOECD/NEAは目的も性格も異なる国際機関である。IAEAは原子力発電所を持たない国まで含め、数多い国が参加しており、その最大の使命は原子力安全に係る国際共通ルールを安全基準（Safety Standards）や条約の形で確立することである。

これに対してNEAは、原子力先進国の集まりであり、規制に係る課題や安全研究について意見交換すると共に、国際共同研究プロジェクトを推進している。ひとくちに言えば、NEAは先進国が議論する機関、IAEAはNEAの議論結果の反映も含めて国際ルールをまとめる機関である。

IAEAと比べてのNEAの特長については、2010年10月に保安院が開催した第1回原子力安全規制情報会議のテクニカルセッション1「保安院の更なる国際化と国際貢献について」において、NEA事務局の吉村次長（当時）が次のように述べている[F-16]。

> 「ひとことでいうと、NEAの方は先進国のかなり技術的なテーマに沿って知見を集める、あるいは共通認識をもつ、あるいは将来的な方向性を議論して方向性を見つけていく、こういった特徴をもっているかと思います。」

IAEAの安全基準は、安全基準委員会（Commission on Safety Standards：CSS）

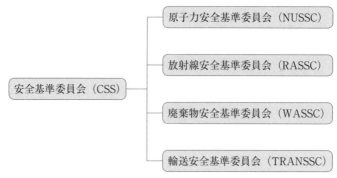

図 3-11　IAEA 安全基準委員会（CSS）の構成[F-1]

によって作成される。CSS は、IAEA の多くの委員会の中でも唯一"Commission"と呼ばれる権威ある委員会（他は"Committee"）であり、図 3-11[F-1]に示すように、その下に分野ごとの 4 つの委員会を有し、各国の専門家による討議を踏まえて安全基準を策定する。

　安全基準は 3 層構造からなり、最上位のものは「基本的安全原則（Fundamental Safety Principles）」[F-2]である。その下には、守らなければならない「要求事項（Requirements）」の文書が来る。要求事項は、"shall"（なになにすること）と書かれている。そして、そうした要求事項を達成する上で適切な具体的方法の例は、良好事例（Good Practices）として「ガイド（Guides）」の文書に記述されている。

　IAEA の安全基準は、以前は「その国の技術力では規制のための基準が作れない国のための基準」とみなされていたのであるが、近年は国際的な調和（Harmonization）が一層重要となっており、各国はその国の規制基準が IAEA 安全基準と同等以上のものであることが求められるようになってきている。

　各国の基準が IAEA 安全基準に照らして適切であることを確認するためには、2 種類の枠組みが用意されている。

　ひとつは、「原子力の安全に関する条約」[F-5]及び「使用済み燃料管理及び放射性廃棄物管理の安全に関する条約」[F-6]という 2 つの条約である。これらの条

3. 原子力施設の安全確保の考え方

約はそれぞれ、発電用原子力施設の安全管理と使用済燃料及び放射性廃棄物の安全管理が、国際基準に照らして適切になされていることを確認するためのものである。両者とも、3 年ごとに IAEA において締約国レビュー会合が開催される。各国は会合に先立って、条約を履行するためにとった措置について IAEA に国別報告書を提出する。会合では締約国間で相互評価（ピアレビュー。要すれば、叩き合い）を実施する。これによって、各国の規制の欠陥をなくしていくアプローチである。

もうひとつは、「総合規制レビューサービス（Integrated Regulatory Review Service：IRRS）」[F-7]である。これは、ある IAEA 加盟国の原子力安全規制が IAEA の国際基準に照らして適切なものかどうかを、他の規制当局の上級規制者がレビューワーになって確かめるミッションであり、招致国の規制について詳細にわたるレビューがなされる。

なお、安全条約国別報告書や IRRS のための説明書は、その国の規制全般を説明する最上の報告書である。このため、本書でも何か所か、2008 年 4 月の第 4 回安全条約レビュー会合のために用意された日本国国別報告書[F-8]や、2007 年 6 月に招致された日本への IRRS[F-9]のために用意された資料を引用している。

原子力安全に関して、IAEA によるこの他の代表的条約としては「原子力事故の早期通報に関する条約」[F-10]と「原子力事故又は放射線緊急事態の場合における援助に関する条約」[F-11]がある。これらはいずれも 1986 年 4 月の旧ソ連チェルノブイリ事故[D-4]を契機として結ばれたものである。前者は、ある国で原子力事故が発生した場合に、その国は IAEA 及び被害を受ける可能性のある国への早期通報、さらに事故原因、放出放射能量、拡散予測等の安全対策上必要なデータの提供等を定めている。後者は、事故を起こした国は必要に応じ他の締約国及び IAEA に援助を要請できること、また、援助を要請された国は、援助を提供できるかどうかを直ちに決定し、援助を行うことを定めている。

OECD/NEA の活動は、加盟国の代表者の参加による委員会によってなされ

る。規制及び原子力安全に関する常設の委員会として以下がある[F-1]。

- 原子力規制活動委員会
  (Committee on Nuclear Regulatory Activities：CNRA)
- 原子力施設安全委員会
  (Committee on the Safety of Nuclear Installations：CSNI)
- 放射性廃棄物管理委員会
  (Radioactive Waste Management Committee：RWMC)
- 放射線防護及び公衆衛生委員会
  (Committee on Radiation Protection and Public Health：CRPPH)

これらの委員会はそれぞれ下部に幾つかのワーキンググループを有し、各分野の専門家が集まって情報交換及び討議を行い、その結果は報告書にまとめられる。

NEAの活動として特筆すべきものとして、原子力安全についての国際共同研究の推進が挙げられる。近年NEA加盟国では各国とも安全研究の予算が低下しており、実験施設の維持も困難になっている。NEAでは、加盟国が資金を出し合って、閉鎖の危機にある実験施設を用いて「OECDプロジェクト」なる国際共同研究を実施している。その計画や成果の評価はCSNIが担当している。

わが国は、日本原子力研究開発機構（JAEA）にあるROSA施設（原子炉を模擬する世界最大の熱水力実験装置）を用いてのOECD/ROSAプロジェクトをホスト国として推進している。また、わが国の特別拠出金で実施した、応力腐食割れとケーブル経年劣化に関するデータベースを構築するSCAPプロジェクトをはじめ、多くのOECDプロジェクトに参加してきている。

NEAでは上述の継続的な活動に加えて、短期的な活動も実施する。近年特に重要な活動としては、多国間設計評価計画（Multinational Design Evaluation

3. 原子力施設の安全確保の考え方

Program：MDEP）が挙げられる[F-12]。これは、欧州加圧水型炉（European Pressurized Water Reactor：EPR）等の、新しい設計の原子力発電所に対する規制のあり方について、メンバー国を 10 か国に限定して議論する委員会である。新設計炉に対する規制に関して、シビアアクシデントへの対処設計とそれへの規制のあり方等、幾つもの重要課題が検討されており、議論の結果は今後の各国の規制に影響する可能性がある[C-8], [C-10]。

IAEA と OECD/NEA は共同での活動も行っている。代表的なものは、「事象報告システム（Incident Reporting System：IRS）」[F-13]と、「国際原子力・放射線事象評価尺度（International Nuclear and Radiological Event Scale：INES）」[F-14]の運営である。前者は、運転経験を国際的に共有して各国の専門家が共同して分析するためのもの、後者は、運転経験の重要性を分かりやすい尺度で公衆に直ちに知らせるためのものである。

なお、INES は 2010 年に設立 20 周年となり、IAEA において記念会合が開催されている。INES の 20 年間の歩みと現状については日本原子力学会誌にまとめてあるので、参照されたい[F-15]。

保安院のこの他の国際活動としては、近隣アジア諸国への協力がある[F-1]。各国の研修生の受け入れや、現地セミナーの開催等を行うことにより、原子力安全規制の基盤整備と、原子力発電所の運転管理の向上に協力するとともに、自立的・持続的な安全向上の取組みを行っている。

4. 決定論的安全評価と計算コード

4.1 安全解析と安全評価

4.1.1 「安全解析」と「安全評価」の定義

　本章では、決定論的安全評価とはどういう手法か、また、それに使われる計算コードはどのように作られ、どのように性能評価され、どのように使われるのかを説明する。計算コードはもちろん、確率論的安全評価を含め、広い分野で用いられるが、決定論的安全評価ではイエス、ノーの判断のために使われるという特徴がある。

　本論に先立ち、まず「安全解析 (Safety Analysis)」と「安全評価 (Safety Assessment)」という言葉の定義をしておく。どちらの言葉もよく使われる言葉であるが、必ずしも万人に共通の定義では使われていないようである。私自身も実はよく定義しないままに使っている。

　ひとつの定義としては、安全解析とは安全の度合い（2章で述べたように、実際には危険の度合い）を定量化することであり、安全評価とはそういう定量化に加えて結果をある種の判断基準と比較して善し悪しの判断まですることかと思う。しかし、確率論的安全評価 (Probabilistic Safety Assessment : PSA) は通例リスクの定量化までであって、善し悪しの判断までは含まない。これがしっくり来なかったので、私自身は昔は PSA を Probabilistic Safety Analysis と呼ぼうとしたが、大勢に抗することができなかった。

　また、そもそも Analysis という言葉は分解・分析していく過程であるが、安全解析はたいていの場合、Synthesis、総合化の過程である。

　少々いい加減であるが、本章では「安全解析とは危険の度合いを定量化すること、安全評価とは定量化した危険の度合いに基づいて善し悪しを判断すること」と定義して用い、他の章では安全解析も安全評価も、あまりこだわらずに用いることとする。

4. 決定論的安全評価と計算コード

4.1.2 解析の「時制」

「安全解析」にも「安全評価」にも共通のことであるが、ここで対象とする「危険」とは「潜在的な危険」である。安全解析とは常に将来の安全についての事前予測であって、決して過去に起きた安全問題の分析ではない。

本書の趣旨からは少し脇道にそれるが、実は、解析を行う時点で分類すると、安全に関する解析は次の３つに分類できる（時制が、過去、現在、未来と３種類あるのだから当然その３分類になるのだが）。

- 事前解析（未来に起き得ることの予測のための解析）
- 事後解析（過去に起きたことの分析のための解析）
- リアルタイム解析（進行中の出来事の分析と近未来予測のための解析）

それぞれの解析の内容は次のとおりである。

(1) 事前解析：ことが起きる前の予測解析。過去のデータから得られた知見を基に未来に起き得ることを予測すること。本章で扱っている「安全解析」はその代表であり、ある施設を運転したりある事業を実施したりすることに、将来どの程度の危険が伴うのかを、前もって占うための解析。また、実験を行う前にその結果を前もって予測する解析。

(2) 事後解析：ことが起きてしまったあとに、ことの内容・経緯・重大性等を分析するための解析。例えば、施設なり事業なりで事故が起きてしまったあとに、事故の原因を分析し再発を防止するために行う解析。施設や事業のその後の安全の確保には重要であるが、決して安全解析、安全評価とは呼ばない。あるいは、種々の実験を実施したあとでその結果を分析するための解析。

(3) リアルタイム解析：ことが起きている最中に、そのマネジメントのために行う解析。例えば緊急時に、刻々と変化する近過去の情報を取り込んで、何が起きているかを理解し、近未来を予測して、どうすればよいかを即時に判断するためのもの。大きな地震動を観測した時に、ただちに

列車を止めるための解析など。

　これらそれぞれの解析には固有の難しさがある。
　事前解析はそもそも将来予測であるから、一般に高精度の解析結果を得ることが困難である。まずは、将来どんなことが起きそうかを想定する必要がある。安全解析では、「解析の対象として想定する事故シナリオ」を定めることが決定的に重要である。5章で述べる確率論的安全評価においても、6章で述べる決定論的安全評価においても、一番大事なのは解析の対象とする事故シナリオの設定である。それから、解析に必要なデータやモデルはすべて過去の経験や知見に基づくわけだから、その将来予測への適用性を見極める必要がある。
　これに対し、事後解析はすでに起きたことの再現であり、事故とか実験の結果が厳然としてあるのだから、一般には高精度の解析結果が得られる。すなわち、間違った解析結果に対しては、「それはおかしいよ」と常にチェックする先生がいるのである。しかしこれは逆に、より高い精度の解析を要求されることでもある。そしてまた、精密に計測される実験は別として、事故時に観測されたデータには多くの欠落がある。ポイントデータに基づいて欠落部分を埋め、全体を再現することは容易でないことが多い。
　リアルタイム解析は多分、一番困難な解析である。この解析のためには、何かことが起きる時にどのようなデータがどのような順序で入ってきそうか、入ってくると思っていたデータが入ってこなかった時はどうするか、データには誤りがあり得るがそれを瞬時にどう見極めるかといったことをあらかじめ広範囲に検討しておくことと、そうしたばらばらのデータに基づいて、短時間内にどうやって最善の現状分析と将来予測を行うかという技術が求められる。
　ちなみに、原子力防災では「リアルタイム解析」コードが使われているが、これらは単に、元々事前解析用に作られた計算コードを少しばかり手直しただけ、あるいは、リアルタイム用と銘打っていても実際には事前解析と同じ発想で作られただけのものである。こういうものが全く役にたたないとは言わないが、それで何がどこまでできるかについては慎重な見極めが必要である。
　解析の技術的分野が熱水力か中性子拡散か構造応答かといったこと以上に、

4. 決定論的安全評価と計算コード

解析の対象が過去か現在か未来かということは、解析の方法に決定的な違いをもたらすものである。

4.2 決定論的安全評価による安全性の判断

さて、主題の決定論的安全評価の話に進もう。

「6. 原子力施設の安全審査と決定論的安全評価」で述べる話の先取りになってしまうが、原子力事業者が原子力施設の立地や設計を行う場合は、事前に国による「安全審査」を受けなければならない。安全審査における安全評価は「公式プロセス」であり、そこでは、評価の対象となる危険、定量評価の方法、評価結果と比較すべき判断基準（Criteria）等があらかじめ定められている。こうした安全評価を「決定論的安全評価（Deterministic Safety Assessment）と言う。

決定論的安全評価での安全性の判断手順は図4-1の通りである[G-8]。すなわち、あらかじめ定められた幾つかの「想定事象」について、「安全解析」により危険を定量化する。次いで、「安全評価」として、解析結果をあらかじめ定められた「判断基準」と比較する。すべての解析の結果が判断基準を満足すれば、対象となる施設や事業は十分安全と判断する。そうでなければ、設計等の変更・改善を行って再び安全解析を行う。

ところで、「2. 安全とは何か、リスクとは何か」では、安全を考える時は、危険を及ぼすものと危険を受ける人を定義した上で、対象とする人がどれ程危険にさらされるかを定量化する、と言った。ところが、実際の決定論的安全評価では、こうした関係が表に見えなくなっている。例えば、本章で後述する「非常用炉心冷却系（ECCS）の性能評価」[B-8]では、判断基準は燃料被覆管の最高温度と最大酸化量などであり、人とは関係しない量である。また、6章で紹介する「立地の妥当性評価」[B-3]では、判断基準は人の被ばく量であるが、対象となる事故の方が現実に起きるかもしれない事故とほとんど関係づけられていない。施設の特性と人の安全とを直接結び付けているのは、5章に紹介する「レベル3の確率論的安全評価」だけなのである。

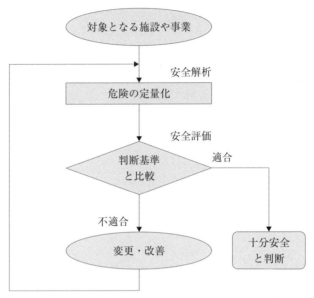

図 4-1　決定論的安全評価での安全性の判断手順[G-8]

　それでは、安全審査に用いられる決定論的安全評価や後述のレベル 1、2 の確率論的安全評価は安全評価として認めがたいのかといえば、そうではない。

　例えば、安全審査における安全設計の妥当性評価では、幾つかの評価対象事象（想定事象）に対する施設の応答を解析し、それがすべて判断基準を満足することにより、安全設計は全体として妥当と推測するのである。想定事象は、施設で考えられる様々な状況を包絡するように選ばれるが、部分的な解析で全体を推測するわけだから、当然、十分に安全裕度をもった解析をする必要がある。そして、設計だけでなく、施設の立地、建設、運転の各段階においても、十分に裕度をもった目標を掲げ、それをすべて満足するように作られ管理されている、そういう原子力施設であるなら、「きっと、多分、周辺の住民に対する危険は十分に小さいに違いない」と推測するのである。

　なお、安全審査において具体的にどのような決定論的安全評価がなされるかは 6 章で紹介することにする。

4.3 計算コード

4.3.1 計算コードを構成する3つの要素

安全解析には「計算コード」が用いられる。図 4-2 に示すように、計算コードには必ず次の3要素がある。

(1) 出力パラメータ
(2) 入力パラメータ
(3) 解析モデル

計算コードを開発する技術屋は、解析モデルの善し悪しにしのぎを削るが、計算コードではそれ以上に、何から何を計算するのか、すなわち、何を求めるために（出力パラメータ）、どういう情報に基づいて（入力パラメータ）計算するのかが大事である。

あるものから、ある種の手段でもって、別なあるものを作り出す、というのは計算コードに限ったことではない。ほとんどあらゆる仕事はこういうものである。車にせよ食品にせよ、財を作り出すときに一番大事なのはどういう製品（アウトプット）を提供するかである。3.6 節で紹介した「規制を支援する研究」も、規制の役に立たなければ何の価値もない。次に大事なのは、現実に存在する材料（インプット）を用いることである。その上で、作り方（方法）という競争がある。残念なことに、計算コードの中には、こうした基本原則を忘れたものも散見される。

図 4-2 計算コードの構成要素

一般に、解析はある目的をもってなされるはずであるから、出力パラメータは目的そのものにつながるものでなければならない。ただし、安全解析の最終目標が公衆や従業員の安全であっても、各計算コードの最終出力が常に公衆や従業員のリスクそのものになるわけではない。前述のように、ひとつの目的を達成するためにいろいろなレベルで数多くの安全解析がなされ、その結果を総合的に見てある種の結論を導くことは普通になされることである。

決定論的安全評価ではあらかじめ「判断基準」が示されているので、計算コードの最終的な出力パラメータは判断基準に合致するものを含んでいなければならない。4.4.3項で述べるが、例えば「非常用炉心冷却系の性能評価」[B-8]における判断基準は最高被覆管温度と最大被覆管酸化厚で与えられているから、そのための計算コードは最終的にこうしたパラメータを計算結果として示すことが必要である。

一方、存在しない量に基づいての計算はできない。入力パラメータは、原則としてすべて、「観測できる量」もしくは「観測できる量から定量化できる量」であることが必要である。もしそういう量が得られないのであれば、工学的判断によって入力パラメータのばらつきの範囲を想定し、「感度解析」を行って、入力パラメータの変化によって出力パラメータがどれ程変化するかを調べることになる。

実際の計算コードは多くのサブプログラムで構成されるのが普通である。この場合は、**図 4-3** に示すように、あるサブプログラムの出力結果がメインプログラムや次のサブプログラムの入力になる。

計算コードの中では、何から何を計算するか、を繰り返して、結局は、1セットの入力パラメータから1セットの出力パラメータが定量化される。

図4-3　サブプログラムを含む計算コードの入出力パラメータ

4. 決定論的安全評価と計算コード

4.3.2 計算コードの構成の具体例：非常用炉心冷却系の性能評価コード

具体例として、前述の「非常用炉心冷却系の性能評価」[B-8]に用いられる計算コードを取り上げる。この安全評価は、冷却材喪失事故（Loss of Coolant Accident：LOCA）に対して備えてある非常用炉心冷却系（Emergency Core Cooling System：ECCS）の性能が十分であるか否かを判断するためのものであり、最も代表的な決定論的安全評価である。

図4-4は、冷却材喪失事故時にどのような現象が起きるのか、それらの諸現象はどのような相互影響関係を持つのかを示したものである。これはまた、ECCS性能評価コードの構成を示すものであり、どのようなパラメータからどのようなパラメータが計算されるかを示している。以下、この図に沿って、LOCA時の現象の推移と、それを解析すべき計算コードについて説明する。

原子炉冷却系の配管がなんらかの原因で破断すると、そこから冷却材が放出される。原子炉冷却系内では破断口に向かう流れが生じて、炉心の流動状態も変化する。燃料棒表面（被覆管表面）での熱伝達率が低下するし、最悪のケー

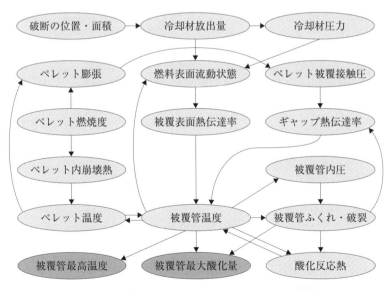

図4-4　冷却材喪失事故時に起きると考えられる諸現象

スでは炉心が水位上に露出することもある。

　原子炉は停止したあとも核分裂生成物やアクチニド核種の崩壊により熱を出し続ける。燃料棒表面の熱伝達率が低下したり、炉心に水がなくなったりすると、燃料ペレットの温度も燃料被覆管の温度も上昇する。燃料ペレットと被覆管の間のギャップにあるガスの温度・圧力が上がる一方、高温になった被覆管は硬度が低下するので、被覆管はふくれ、場合によっては破裂する。

　被覆管の温度が十分に高くなると、被覆管材であるジルコニウムは水蒸気によって酸化反応を起こす。これは発熱反応であるため、被覆管の温度は更に上昇する。これにつれて燃料ペレットの温度も上昇する。被覆管が破裂すると、被覆管の内部にも水蒸気が入り込み、内面での酸化反応も起きる。

　こうした炉心の温度上昇を抑制するために備えられている安全設備がECCSである。大破断のLOCAでは、短時間に大量の冷却材が流出し、原子炉冷却系の圧力が急低下するので、低圧大容量の緊急注水がなされる。小破断のLOCAでは、比較的長い時間にわたって少しずつ冷却材が流出するので、高圧小容量の緊急注水がなされる。

　ECCSからの冷却材が炉心に達すれば、炉心は急冷され、温度上昇は止まる。しかしながら、このときまでにもし被覆管の酸化が過大に進行していると、酸化されて脆くなった被覆管は急冷時の熱衝撃で破砕する。破片は原子炉冷却系内に散らばり、ポンプや弁の作動を困難にしたり、流路をふさいだりして、炉心の長期的な冷却を阻害することになる。

　ECCSの一部は、「注入モード」と「再循環モード」の運転がなされる。注入モードとは、非常用冷却材を溜めておくタンクから炉心への直接注入である。しかし、タンクの容量には限りがあるから、これは一定時間内でしかできない運転モードである。タンクの水が涸れたあとは、原子炉から格納容器に流出し、格納容器底部のサンプに溜まった水を冷却して炉心に送り込む。これが再循環モードであり、それによって炉心の長期冷却が可能になる（「3.6　原子力安全研究」のところで紹介したバーセベックの事故は、このECCS再循環冷却の有効性について疑問を投げかけたものであり、各国とも例えばサンプの設計を変える等して再循環機能の強化を図った。わが国でも同様の対応をとっている）。

4. 決定論的安全評価と計算コード

　LOCA 解析用計算コードはこのような事故の推移をモデル化し、各パラメータの経時変化を求める。

4.3.3　非常用炉心冷却系の性能評価における判断基準

　非常用炉心冷却系（ECCS）の性能評価における判断基準は最高被覆管温度と最大被覆管酸化厚で与えられている[B-8]。したがって、前述のように、単一の計算コードであっても複数の計算コードであっても、ECCS の性能評価で用いる計算コードの最終出力はこれらの計算結果を含まねばならない。

　ECCS 性能評価で、最高被覆管温度と最大被覆管酸化厚が判断基準になっている理由は以下のとおりである[B-8]。

　前述のように、被覆管材のジルコニウムは高温になると水蒸気と酸化反応を起こす。この化学反応が発熱反応である上、一般の化学反応の例として、反応速度は温度の上昇と共に急速に上昇する。温度が 1,200-1,300℃ あたりを超えると、もはや爆発的なスピードになる。こうなると、燃料ペレットさえ溶融する可能性を生じる。温度の急上昇はまた、酸化量の方も急激に大きくなることを意味する。

　一方、酸化した被覆管は、ECCS による冷却水注入で急冷されたときに、熱衝撃で破砕する可能性がある。多くの実験により、酸化量が一定値以下であれば、被覆管は急冷時にも破砕しないことが示されている。

　こうした根拠から、原安委の「軽水型動力炉の非常用炉心冷却系の性能評価指針」では、「燃料被覆の温度の計算値の最高値は、1,200℃ 以下であること」と「燃料被覆の化学量論的酸化量の計算値は、酸化反応が著しくなる前の被覆管酸化厚さの 15% 以下であること」を判断基準としている[B-8]。

4.3.4　計算モデルに含まれる虚構

　計算コードを作るためには、その計算コードが対象とする様々な現象についての知識と、計算プログラムを作るための特殊技術とが必要である。常に両者が一致するとは限らず、技術的知見はすばらしいが計算プログラムとしての完成度が低いものや、計算プログラムとしては実にきれいであるが技術的内容に

疑問があるものもある。

　解析モデルには、往々にして、式で示されていない部分、あるいは、何も記述されていない部分に、とんでもない虚構がある。計算コードの作成者は、「仕方なく」そういう解析モデルを使用することもあるし、「気づかずに」そういう解析モデルを使用することもある。計算コードの使用者は、解析モデルのどこにどのような虚構が含まれているかを見抜いて、解析の結果がどこまでは使えてどこからは使えないかを判断することが必要である。ここでは2つの事例を紹介する。

　最初の虚構の例は、熱流動計算における「均質流モデル（Homogeneous Model）」である。

　熱流動計算では、極めて頻繁に「ボリューム・ジャンクション・モデル（Volume and Junction Model）」が用いられる。これは、図 4-5 に示すように、例えば原子炉冷却系といった流体の入った空間を幾つかの「ボリューム」に分

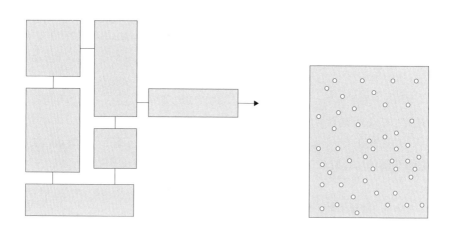

（系のボリューム分割と、
ボリュームをつなぐジャンクション）　　　　　　（均質流モデル）

図 4-5 "Volume and Junction Model" における "Homogeneous Model"

割し、ボリュームとボリュームの間を「ジャンクション」でつないで、各ジャンクションを通じての流体の移動を考えながら各ボリュームの中の流体の状態変化を追跡する計算モデルである。

　ここで、各ボリュームの中の流体の状況を表すには、しばしば「均質流モデル」が用いられる。すなわち、各ボリュームの中において、流体は均質の状態にあるというモデルである。

　ところで、この「均質流モデル」とは、物理的にどのような意味を持つのであろうか。考えてみて欲しい。もし今、ある容器に水と水蒸気が体積比にして50％ずつ入っていると言われたら、どういう状態を想像するであろうか。普通は、下半分に水があり、上半分に水蒸気があり、その境界には水位という明確な面がある状態を思い浮かべるのではないだろうか。

　これに対して、「均質流モデル」とは、容器の中で水と水蒸気が一様に混じり合っている、すなわち、水と蒸気が均質流体となって浮いている状態である。こうした状態は、減圧沸騰といった特殊な状況下では存在するものの、緩やかな過渡現象時には存在し得ないものである。

　計算屋の発想で言うと、「均質流モデル」とは、過渡計算のために区切るタイムステップ、Δtの間に、ボリュームの中の流体を一様になるまでかき混ぜるモデルである。すなわち、二相流動解析では、水を、上へ、上へ、押し上げるモデルである。であれば、Δtを小さくすればするほど、真の値からずれていくわけである。

　固体内での熱伝導を扱うモデルにも、「ヒートスラブ・モデル（Heat Slab Model）」なるものがある。これは、各ヒートスラブの内部で温度は一様と仮定するモデルである。これにも同様の問題がある。

　こうした計算モデルは常用のものであり、そうしたモデルを使うこと自体が悪いのではない。しかしながら、問題によっては、こうしたモデルを使ったとき、著しく精度が落ちることがある。計算結果からどこまでのことが言えるかは常に検討しなければならない課題である。

　次は、私自身が使った不適切モデルである。不適切であると意識しながら、

他に適当な方法がなくて、やむを得ず使ったものである。

　先に紹介したECCS性能評価解析では、燃料棒の温度上昇を計算する。私は沸騰水型炉（Boiling Water Reactor：BWR）の炉心温度上昇計算のために、SCORCH-B2という計算コードを作った[B-18]。

　LOCA時に炉心が水位上に露出すると、燃料棒間で輻射による熱伝達が顕著になる。BWRの場合には、燃料棒は低温のチャンネルボックスの中にあるから、燃料棒からチャンネルボックスへの熱の逃げは大切な解析項目である。ECCS性能評価解析では、一般に水平方向の輻射熱伝達解析がなされる。

　これは、チャンネルボックスの中での、燃料棒間及び燃料棒とチャンネルボックスの間での多体間輻射熱伝達を扱う問題である。ここで、ある燃料棒iから放出された輻射線が別の燃料棒jに到達する割合を$f_{i \to j}$とすると、これは、角度因子とか角関係と呼ばれる量である。角度因子は「輻射の等方性」から計算される。ここで、輻射の等方性とは、ある物体の表面が同じ性質でかつ同じ温度であるとすれば、単位面積から出される輻射量は物体全表面で一様であり、かつ、等方性をもって放射される、というものである。

　実は、この角度因子の計算法については、私が考案した新しい方法が、現在でもECCS性能評価において推奨される手法として安全審査指針に記載されている[B-8]。ここまでのところでは、大きな問題はない。

　ところが、輻射熱伝達では、ある燃料棒jに到達した輻射線は、一部はその燃料棒に吸収され、残りは反射される、という現象を考えなければならない。そして、反射された輻射線は更に別な燃料棒kに到達し、そこでまた一部は吸収され、残りは反射され、と続くのである。

　ある燃料棒jから反射された輻射線が別の燃料棒kに到達する割合$g_{j \to k}$が必要になるのだが、私は「反射の等方性」を仮定して、$f_{i \to j}$と$g_{i \to j}$は等しいとして輻射熱伝達の計算をしたのである。

　この多体間輻射熱伝達の計算法は広く使われている方法であり、私もそれを使ったのであるが、「反射の等方性」、すなわち、ある物体の表面のある部分に到達した輻射線が、物体全表面から一様かつ等方性をもって放射される、などということはあり得ない。明らかにおかしな計算手法なのである。しかし、他

に適切な方法がなかったことから、この方法を採用し、計算結果には不確実さがある、と言い訳をしているのである。

解析評価の仕事において、誰かの作った計算コードを使うということは、その計算コードを、あるいは、その計算コードの開発者を、仕事のパートナーに選ぶということである。であれば、計算コードの中のプログラムの1行1行を読んで、本当に信頼できるパートナーかどうかを確認することは不可欠だと思うのだが、果たしてどこまでなされているであろうか。

4.3.5 計算コードの検証
計算コードは開発されたあともその性能の検証が必要である。計算コードの検証は、大別すれば機能確認と模擬性能確認である。「Verification and Validation」の頭文字から、「V & V」と呼ばれる。機能確認とは、計算コードの中のすべてのプログラムが、予期したとおりに動き、予期したアウトプットを出すことの確認である。模擬性能確認とは、計算コードのアウトプットが現実をどれほど精度良く再現するかの確認である。

計算コードの検証（Validation）に関して、昔仙台で開催された原子力学会で、簡易コードの解析結果を詳細コードの結果と比較して検証したとの報告があり、これに対して、計算コードの検証は本来実験結果との比較においてなされるべきものではないかとのコメントがあった。ここでは、シビアアクシデント解析を含む PSA の分野を中心に、そもそも実験と計算の役割分担は何なのか、計算コードは検証し得るものなのかについて論じてみたい[G-6]。

前述したように、PSA は未来予測である。そして、未来に起きることにはあらゆる可能性があり、有限ではない。
一般に、実験は、多くの場合スケール・モデルでなされ、実物でなされるのは稀である。また、限られた事故のシナリオの限られた局面しか実験できない。実機を使って、シビアアクシデントのあらゆるシナリオを最初から最後まで実験すること等は本来不可能である。言わば、実験は、未来という無限空間の中

にごく少数の点を打つことに過ぎない。ただし、実験で得られた結果は、それが何を意味するものであるかは別として、確固たる事実である。

これに対し、解析は、どれだけ実物に忠実であるかは別として、実機を直接モデル化できるし、より多くのシナリオの最初から最後までの現象を対象にできる。しかしながら、解析も、有限な回数では未来の全空間を覆うことはできない。また、解析の場合は、その結果が事実でないかもしれないという薄弱性も有している。

然らば、未来の全空間を何によって覆うことができるかというと、それは我々の想像力である。すなわち、実験によって少数の点を打ち、その点を意識しながら解析によってより多数の多少あいまいな点を打ち、それらを参考にしながら想像によって更にあいまいに全空間を覆うのである。

実験の方がより事実であるから、計算コードの結果を実験結果と比べることは絶対に必要なプロセスである。しかしながら、計算コードのある部分は、元々検証を必要としない。例えば、その中に盛られた相関式等は、過去の実験事実に基づいたものなので、単純なプログラミングの誤りは別として、既に実験によって検証されているのである。また、一般に計算コードはどんな実験よりもはるかに広い範囲を対象とするから、計算コードのすべてを実験で検証するのは本来不可能である。

それではなぜ計算コードを実験で検証するか──。検証されているのは、実は計算コードではなく、計算コードを開発した人、あるいはそれを用いて解析を行った人の能力である。部分ではあっても、解析の結果と実験の結果がよい一致を見せ、更にそれによい説明を加えることができれば、我々は少なくともその部分について、計算コードは良くできていると考えることができる。より多くの部分について良くできた計算コードであるならば、我々は、多分それを作った人は他の部分についても良く作ったであろうと想像できるのである。

すなわち、計算コードは実験との比較等により検証の程度が進むが、いつまでたっても「完全には」検証できない、しかしながら、常にそれを検証する努力は必要なのである。

5. 確率論的安全評価によるリスクの定量化

5.1 確率論的安全評価の概念

　事業者による安全確保対策と国による規制の結果として、原子力施設周辺の公衆の安全は十分高く保たれる。安全設計で十分な対応がなされるので、設計での想定を逸脱するような重大な事故が発生する可能性は現実には考えられないほど小さいものになる（注：これも、福島第一事故の前に書いた文そのままである）。

　しかしながら、こうした安全設計を採用したとしても、ランダムな故障や人的過誤といった系統や機器に内在する原因で、あるいは、地震や飛来物といった系統や機器の外部からの衝撃によって、ある確率で異常な過渡変化や事故が発生する可能性は残るし、また、その時に事故防止系・事故緩和系が機能しない可能性もある。いかに安全確保対策・安全規制を施したとしても、公衆の受けるリスクがまったくなくなるわけではない。

　確率論的安全評価（Probabilistic Safety Assessment：PSA）とは、様々な対策を施した後でもなお残ってしまうリスク（残存リスク）を定量的に評価する手法である。ここで、リスクは、「2. 安全とは何か、リスクとは何か」において (2-1) 式で示したように、公衆に影響を及ぼす事故シナリオの発生頻度と各シナリオがもたらす影響の積和と定義される。

　原子力発電所に対する最初の PSA は、1975 年に公表された米国の「原子炉安全研究（Reactor Safety Study：RSS）」[G-1] である。そこでは、加圧水型炉（Pressurized Water Reactor：PWR）、沸騰水型炉（Boiling Water Reactor：BWR）各1基についてのシビアアクシデントのリスクの評価がなされた。

　リスクはシビアアクシデントに至らない事象からも生じるが、RSS でははじめから、シビアアクシデントがもたらすリスクだけを対象とした。これは、原子力発電所が公衆に及ぼすリスクは、たとえ発生頻度が低くとも、炉心が溶

融し、格納容器が破損するような事故によると考えられたからである。

その後、1979年3月に米国でTMI 2号機の事故[D-1)〜D-3)]が起きた。それまでは想定でしかなかったシビアアクシデントが実際に起きたのである。この事故ではまた、RSSがシビアアクシデントの発生メカニズムについて的確な予測をしていたことも確認された。こうしたことから、PSAは以後、世界各国で用いられるようになった。

わが国では主に1980年代に、旧原研で軽水型原子力発電所を対象として、旧核燃料サイクル機構で高速増殖炉を対象として、PSAの手法が開発された。1990年代に入ると、各機関でPSAが実施されると共に、標準的なPSA手法マニュアルも整備されるようになった。また、この時期には、3.3.3項で述べたアクシデントマネジメントの整備がなされたが、そこではPSAの結果が参考にされた。2000年代に入ってからは、8章に述べるように確率論的安全目標案が示され、一層広範囲のPSAの利用が期待されている。

ところで、確率論的安全評価なる手法はなぜ成功したのだろうか。私の見るところ、これは、「イベントツリー（Event Tree）」の発明に他ならない。

原子力施設のリスクを評価する上で、まず直面する問題は、「原子力施設ではどんな事故が起き得るのか？」である。何しろ、どんな事故が起き得るのか分からなければ事故の発生頻度や発生した場合の影響は考えようがないのだから。実際、イベントツリーが現れてPSAに使われるようになるまで、どんな事故が起き得るのかについては、ひとつひとつ想定していくことはなされていたにせよ、すべてを系統的に定義する方法はなかったのである。この問題に対して、イベントツリーは実に見事な回答を出した。

「3. 原子力施設の安全確保の考え方」で述べたように、原子力施設は、深層防護の考え方に基づき、たとえ何らかのトラブルが起きても、それが拡大して原子力災害につながらないよう、様々な安全設備（安全系）が用意してある。

イベントツリーは、これを逆に考えた。すなわち、あるトラブルが発生した時に安全系が機能しない場合に大きな事故になると。

原子力発電所を例に取れば、最初に起き得るトラブルとしては、外部電源が

5. 確率論的安全評価によるリスクの定量化

喪失して原子炉が停止してしまうといった比較的軽度のものから、あるいは、原子炉を冷却する系統の配管が破損して冷却水が流出してしまう（冷却材喪失事故：LOCA）といった、めったに起きない重大なものまであり得る。いろいろあるが、大まかに分類すれば10種類にも満たない数である。そして、それぞれのトラブルに対して用意されている安全系も、10種類とか、そういう数である。であるなら、それぞれのトラブルについて、それぞれの安全系の成功・失敗で分類していけば、原子力発電所で起き得るすべての事故が分類できてしまうではないかと。

図 5-1 は模式化されたイベントツリーである。以下、最初のトラブルのことを、大きな事故の発端となる可能性がある事象、という意味で「発端事象（Initiating Event）」と呼ぶ（5.2.2項に述べるが、"Initiating Event"は通例「起因事象」と訳されるところ、本書では「発端事象」と訳す）。

想定される発端事象 A に対し、その拡大防止を目的として2つの安全系1、2が用意されているとする。ここで例えば、発端事象 A は LOCA であり、安全系1は非常用電源系であり、安全系Bは非常用炉心冷却系（ECCS）である、とする。そうすると事故の種類としては、単純な場合わけだと、

① 発端事象 A ― 安全系1成功 ― 安全系2成功
② 発端事象 A ― 安全系1成功 ― 安全系2失敗
③ 発端事象 A ― 安全系1失敗 ― 安全系2成功
④ 発端事象 A ― 安全系1失敗 ― 安全系2失敗

の4通りになる。ただし、例えば安全系2（ECCS）のポンプがモーター駆動であると、これは安全系1（非常用電源系）が作動しない限り作動できないシステムなので、③のケースはあり得ないから、事故の種類は①、②、④の3種類になり、イベントツリーも簡単化される。なお、当然のことながら、イベントツリーは発端事象の数だけ作られることになる。PSAでは、このようにして定められたひとつひとつの事故のことを「事故シーケンス（Accident Sequence）」

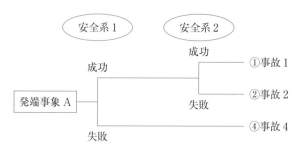

図 5-1　イベントツリーによる事故シーケンスの定義

と呼ぶ。

　イベントツリーはまた、上述のように分類したそれぞれの事故シーケンスの発生頻度（Frequency）を計算するのにも分かりやすい見通しを与える。すなわち、発端事象がどの程度の頻度で発生するかと、その時に安全系がどの程度の確率で機能達成に失敗するかを調べれば、それぞれの事故シーケンスの発生頻度が計算できる。図 5-1 の例では、発端事象 A の発生頻度を F_A、安全系 1、2 の失敗確率をそれぞれ P_1、P_2 とすれば、各事故シーケンスの発生頻度 F_1、F_2、F_4 は以下のように計算できる（安全系の失敗確率の計算法については「5.2.4 レベル 1 の確率論的安全評価」のところで記述する）。

① 　事故シーケンス 1　$F_1 = F_A (1-P_1)(1-P_2)$
② 　事故シーケンス 2　$F_2 = F_A (1-P_1) P_2$ 　　　　　　　　　　(5-1)
④ 　事故シーケンス 4　$F_4 = F_A P_1$

　次は事故の影響（Consequence）の評価である。例えば、前述のように、発端事象 A は LOCA であり、安全系 1 は非常用電源系であり、安全系 2 は ECCS であるとすると、事故シーケンス 1 は LOCA が起きても非常用電源系が立ち上がり、その電源によって ECCS が作動して、炉心が冷却されるような事故である。事故シーケンス 2 は、LOCA が起きたときに、非常用電源系は立ち上がったが、何らかの原因で ECCS が作動に失敗して、炉心が冷却さ

れずに過熱・損傷するような事故である。事故シーケンス4は、LOCAが起きたときに、何らかの原因で非常用電源系が作動に失敗し、それによってECCSも作動に失敗して、炉心が冷却されずに過熱・損傷するような事故である（この例では、結果として、事故シーケンス2、4は同じような事故になる）。

上述のようにして定義された事故シーケンス1、2、4それぞれについて、事故解析用の計算コードを用いての計算により、その影響がC_1、C_2、C_4と計算されたとすると、各事故シーケンスのもたらすリスクR_1、R_2、R_4と全リスクR_Tは以下のように計算される。

① 事故シーケンス1　$R_1 = F_1 C_1$
② 事故シーケンス2　$R_2 = F_2 C_2$ (5-2)
④ 事故シーケンス4　$R_4 = F_4 C_4$

全リスク　　$R_T = R_1 + R_2 + R_4$ (5-3)

ここで（5-2）及び（5-3）式は（2-1）式と同じである。

以上述べたような方法で原子力施設のリスクが計算できる、というのがPSAの概念である。しかしながら、実際にはこれではまだ終わらない。(5-2)式で影響C_iとはどんなものかという問題もある。それが公衆の健康影響なら、施設の外でどのようなことが起きるかも場合分けして考えていかねばならない。

以下、もう少し丁寧に、PSAの手順を説明する。

5.2　原子力発電所の確率論的安全評価の手順

5.2.1　確率論的安全評価の手順の概要

ここでは原子力発電所の場合を例にとって、PSAの手順の概要を紹介する[A-1], [G-2]〜[G15]。

原子力発電所についてのPSAでは、一般に、原子炉の炉心が損傷し、格納容器が破損するような過酷な事故（シビアアクシデント）だけが評価の対象になる。ここでシビアアクシデントとは、設計基準を大幅に超える事象であって、

安全設計の評価上想定された手段では適切な炉心の冷却又は反応度の制御ができない状態であり、その結果炉心の重大な損傷に至る事象である[C-3]。PSAがこうした事故だけに注目しているのは、原子力規制の重点が周辺公衆の安全確保であることと、原子力発電所が公衆に及ぼすリスクには、たとえ発生頻度が十分に小さくとも、炉心が損傷し格納容器が破損するようなシビアアクシデントだけが支配的寄与をもたらすと考えられることによる。

前節で述べたように、PSAではまず、原子力施設で起き得る事故シーケンスを同定・整理するが、そこでは、①施設の中でどのような発端事象が起き得るかを考え、②それぞれの発端事象が起きた時に、その事象に対して用意されている安全系それぞれが機能を果たすのに成功するか失敗するかの組合せを考えて事故シーケンスを定義し、③各事故シーケンスの発生の可能性を定量化すると共に、④それぞれの事故シーケンスが万一発生した場合の影響を定量化する。そうすれば、⑤リスクはそれぞれの事故シーケンスの発生頻度と影響の積和として計算される。

原子力発電所についてのPSAの手順を図5-2、図5-3に示す。

図5-2で、最初のステップは、安全に関係する機器の故障・損傷のリストアップである。機器の故障はそれに内在する原因（内的誘因事象）によっても機器の外部から与えられる衝撃（外的誘因事象）によっても起きる。また、機

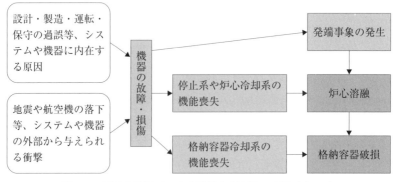

図5-2　原子力発電所の確率論的安全評価の手順（その1）

5. 確率論的安全評価によるリスクの定量化

器の故障・損傷の中には、発端事象になるものもあるし、停止系や炉心冷却系等、炉心溶融を防止するための安全系の機能喪失につながるものも、格納容器冷却系統等、格納容器破損を防止するための安全系の機能喪失につながるものもある。

安全系を構成する機器等の故障・損傷が系の機能喪失にどう結びつくかを調べ、機器の故障確率から系の機能喪失確率を求めるのがシステム信頼性解析であり、そのための代表的手法としてフォールトツリー解析手法がある。

発端事象と各安全系の機能喪失確率が求まれば、5-1 節で紹介したイベントツリーによって炉心溶融頻度や格納容器破損頻度が求められる（実際には、こんなに簡単な話ではないのだが、概念としてはこのようなものである）。炉心溶融頻度の評価までは「レベル1のPSA」と呼ばれる。

図 5-3 は格納容器が破損するような重大な事故によって公衆が健康影響を受けるまでの PSA である。

格納容器破損をもたらす各事故シーケンスについて、発生頻度は前述のように求まり、その時の放射性物質の放出量は「シビアアクシデント解析」によって求められる（実際にはこれも、巨大計算コードを用いての大がかりな解析である）。格納容器破損頻度と放射性物質環境放出量の評価までが施設内部についての評価であり、「レベル2のPSA」と呼ばれる。

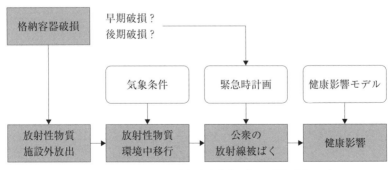

図 5-3　原子力発電所の確率論的安全評価の手順（その 2）

環境中に放出された放射性物質は気象条件に従って環境中を移行する。気象条件もランダム変数として取り扱われる。また、こうした過酷な事故に対しては緊急時計画が発動されるが、それがどれ程有効に機能するかも確率モデルで表される。格納容器が発端事象から短時間内に破損するか長時間経ってから破損するかは、当然緊急時計画の有効性に影響する。

こうした一連の解析によって公衆の被ばく量が計算されれば、健康影響モデルを用いて公衆の放射線影響を計算できる。ここまでの評価は「レベル3のPSA」と呼ばれる。

なお、PSAでは、シビアアクシデントの発生から公衆のリスクまでの過程を何から何までモデル化する。その中には、現象が必ずしも十分には理解されていないものもある。例えば、地震等の外的誘因事象のハザード、人間の行為（特に、思いこみ）、炉心損傷の進展や施設内外での放射性物質の移行等である。このため、計算結果には一般に、大きな、かつ、一様でない不確実さが含まれる。

PSAの結果を安全問題に適用するに当たっては、どこにどの程度の不確実さが含まれるかを理解しておくのは大切なことである。このため、データやモデルの一部を変えた時に結果にどのような影響が出るのかを調べるための「感度解析」や、データやモデルに不確実さ幅があるとした時に結果のどこにどれ程の不確実さが生じるのかを調べる「不確実さ解析」が実施される。

以下、以上述べたそれぞれのステップについて解説を加える。5.2節のこれ以降の説明は、PSAの方法論をやや詳細に述べるものである。ここまで述べてきたことと重複があること、また、多少、技術の詳細についての説明になることを容赦して欲しい。興味のない読者はここは飛ばして5.3節に進んで欲しい。

5.2.2 発端事象の同定と区分

PSAでは評価の対象とする事故シーケンスを①発端事象と②その拡大を防止するための安全系の成功・失敗の組合せによって定義する。

ここで発端事象は事故シーケンスの定義に向けて分類するものであるから、

どういうものを同一の発端事象と定義するかは、発端事象によって引き起こされる状態変化にどれ程に類似性あるいは相違性を持っているかと、当該発端事象の拡大を防止するためにどのような安全系が用意されているかによる。例えば、再循環ポンプのトリップ等により炉心の冷却性能が低下する「トランジェント (Transient)」と炉心の冷却材がなくなってしまう「冷却材喪失事故 (LOCA)」ではそもそも事象の様態が異なる。また、同じ LOCA であっても、大破断の LOCA と小破断の LOCA では非常用炉心冷却系の種類が異なるので、一般に異なる発端事象として扱う。

なお、ここで発端事象は、英語では Initiating Event であり、通例「起因事象」と訳されている。私も普段は「起因事象」という言葉を使っている。ただ、以下で説明する「外的事象」では、Initiating Event を誘起するものとして Initiator なる言葉が用いられる。日本語の「起因事象」という言葉はこっちの方に近い響きである。このため本書では、後の混乱を避けるため、Initiating Event は「発端事象」、Initiator は「誘因事象」と訳すことにした。

ちなみに、Initiating Event を「発端事象」と訳しているのは、本書に限っての訳であるが、Initiator を「誘因事象」と訳しているのは私のオリジナルの訳ではない。わが国の立地審査指針[B-3]では、原則的立地条件のひとつとして「大きな事故の誘因となるような事象が過去においてなかったことはもちろん、将来においてもあるとは考えられないこと」としており、Initiator を「誘因となるような事象」と言っている。これに準じたものである。

5.2.3 内的事象と外的事象

発端事象や安全系機器の故障・損傷は、設計・製造・運転・保守等、構築物・系統・機器 (Structures, Systems and Components : SSC) に内在する原因によっても、地震や航空機の墜落等、SSC の外部から与えられる衝撃によっても発生する。

PSA には、内的誘因によって生じる発端事象についてのものとそれぞれの外的誘因によって生じる発端事象を対象としたものがあり、前者は「内的事象についての PSA (Internal Event PSA)」と呼ばれ、後者は「外的事象について

のPSA（External Event PSA）」、あるいは、それぞれの外的誘因毎に、「地震についてのPSA（Seismic PSA）」とか「火災についてのPSA（Fire PSA）」と呼ばれる。

ところで、「3.4.2 『事象』という言葉について」で、プラントで起きる事象（発端事象及び機器等の故障）もその原因事象（地震動や航空機落下等）も「事象」と呼ぶので混乱すると書いたが、実は、「内的事象PSA」と「外的事象PSA」が何を指すかも人によって違っている。大別すれば、以下の2通りである。

① PSAの手法の違いには目をつぶって、誘因事象の発生する場所がプラントの内か外かに注目する分類
② もっぱらPSAの方法論の違いに基づいて、誘因事象が発端事象や機器故障を引き起こす因果関係を考えないか考えるかに注目する分類

①の分類は単純で、プラントの中で起きる火災や浸水、あるいはタービンミサイルなら、これらは「プラントの内部で起きるから」内的事象である。地震や津波、航空機落下なら、「プラントの外部で起きるから」外的事象である。

②の分類はPSAの方法論と密接に関係するから少し説明しよう。

PSAでの解析に当たって、特定の衝撃に注目し、その衝撃がどのような因果関係によって機器の故障・損傷（前述のように、発端事象となるものも安全系機器の故障となるものもある）を引き起こすかと系統的に考えていく場合は外的事象である。あるいは、「外的事象としての取り扱いをする」と言った方が正確かもしれない。

この場合は、対象とする衝撃（外的誘因事象）について、どれ程の大きさの衝撃がどれ程の頻度で発生するかというハザードの評価を行い、次いで各レベルの衝撃に対する機器の耐力の評価をした結果として、発端事象発生頻度と機器故障確率を求め、そこから評価を始めることになる。この定義だと、地震、火災、浸水等の衝撃の影響を系統的に考えていく場合は外的事象のPSAとな

る。地震はもちろん外的誘因事象だが、火災や浸水はそれが施設の内部で起きようと外部で起きようと外的誘因事象である。

そうでなくて、実際には多くの特定の衝撃が誘因であっても、それによって生じる発端事象や機器故障をランダムに起きるものと考えるなら内的事象である。

内的事象の PSA では、発端事象発生頻度と機器故障確率を過去の運転経験の統計値に基づいて推定し、そこから評価を始めることになる。外部電源喪失は、地震等の特定の外的誘因で起きると考えてハザード評価の結果からその発生頻度を求めるなら外的事象となるが、実際の誘因が地震であろうと雷であろうと、電源喪失の発生そのものはランダムに起きると考え、過去の統計値に基づいて発生頻度を求めるなら内的事象となる。

すなわち、②の定義では、外的誘因事象とは、SSC の外部からの特定の衝撃であり、内的誘因事象とはそういう特定の衝撃でないランダムな原因である。この場合、「内的」、「外的」は、誘因事象が発生する場所が「プラントの内か外か」ではなく「SSC の内か外か」を表すことになる。

本書は以下、②の定義を用いることとする（注：福島第一発電所の事故で、SSC の外部からの衝撃による事故が重大な関心を集めるようになった。しかし、内的事象と外的事象の定義はあいまいなままで、むしろ①の定義の、施設の内か外かで内的、外的と呼ぶことが多くなった。このため本書第 2 部では、私にとっては不本意であるが、①の定義を用いている）。

外的事象と内的事象の区別については、佐藤一男の「改訂　原子力安全の論理」[A-3] に適切な説明があったので、参考までにそれを引用しておく。2 重括弧内は私の補足である。

「……《地震や台風等に対する》対策は、予見できる自然現象によって、安全確保上重要な機能が必然的に失われる（これを「システマティック・フェーリュア」と呼んでいる）可能性を、無視できるほど低くすると言うことである。……機能喪失などの異常は、自然現象によって起こるかも知れないが、起こるとしてもそれは偶発的なもの（これを「ランダム・フェーリュ

ア」と呼んでいる）で、……偶発的なものだけであれば、……内部事象《本書では内的事象》の中に取り込んで考えてもよいことが多い。」

5.2.4項から5.2.6項まで、内的事象を念頭においてレベル1からレベル3までのPSAについて説明し、次いで5.2.7項で、外的事象を対象とした場合の例として、地震起因の事故についてのPSAについて説明する。

5.2.4 レベル1の確率論的安全評価[A-1),G1-3),G1-4)]

レベル1のPSAの目的は、炉心損傷に至る事故のシナリオを同定し、その発生頻度を定量化することである。

「5.1 確率論的安全評価の概念」で述べたように、PSAではイベントツリーの作成によって事故シーケンスを定義する。繰り返すと、最初にどのようなトラブルが起きたか（発端事象）と、トラブル発生時にどの安全系は作動しどの安全系は作動に失敗したのかという組合せを考えることにより、事故を分類し、このようにして分類したそれぞれの事故を「事故シーケンス」と呼ぶ。

発端事象としては、配管破断による冷却材喪失や給水停止によるトランジェント等があり、発端事象ごとに必要とされる安全系も異なる。このため、発端事象ごとに「イベントツリー」を作成する。ある発端事象に対してn個のシステムが用意されていると、各システムの成功・失敗の組合せにより、論理的には、2^n個の事故シーケンスが考えられるが、システム間の従属性（あるシステムが成功すると別のシステムは必要ない。あるシステムが失敗すると別のシステムは機能し得ない等）を考えることにより不要な分岐は省略し、図5-1に示したような、必要最小限のイベントツリーを作成する。イベントツリーで定義された各事故シーケンスには、炉心の長期冷却に成功するものも炉心損傷に至るものもある。その中で炉心溶融に至るものだけが、以後の解析・評価の対象となる。

イベントツリーで定義された各事故シーケンスの発生頻度は、発端事象の発生頻度と、各システムの機能喪失確率とから計算される（5.1節）。

発端事象の発生頻度は、運転経験データ等に基づいて評価される。

5. 確率論的安全評価によるリスクの定量化

システムの機能喪失は、構成機器の故障や運転・保守要員の誤った行為等によって起きるが、これら機器故障や人的過誤がシステム機能喪失に至るまでの故障伝播過程を分析して、システム機能喪失を起こし得る故障及び過誤の組合せを見つけたり、システム機能喪失の確率を計算したりすることを、システム信頼性解析（Systems Reliability Analysis）と言う。そのための手段としては、フォールトツリー解析手法等がある[G-2]。

フォールトツリー解析手法では、まずシステムの失敗（フォールト）を「頂上事象」とし、それが起きる直接原因となる失敗の組合せ（例えば、2系列のトレインの同時失敗）を考える。次いで、それらの失敗を引き起こす直接原因となる失敗（例えば、トレインを構成するいずれかの機器の故障）を考える。このようにして、頂上事象が起きる原因を探求していく手法である。

図 5-4 は、図 5-1 のイベントツリーに現れる「安全系 2 の失敗」について、それがどのような原因で生じるかを明らかにし、かつ、失敗確率を計算するた

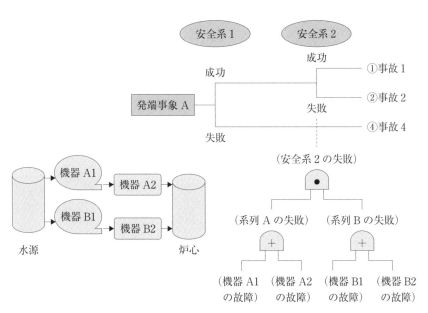

図 5-4　イベントツリーとフォールトツリーの例

めのフォールトツリーである。

　フォールトツリーでは、2つのフォールトのどちらかが起きたときにその上位のフォールトが起きるときは、それをオア・ゲート（+）で表す。この場合、微小確率の場合は、上位のフォールトの発生確率は下位のフォールトの発生確率の和になる。また、2つのフォールトのどちらもが起きたときにその上位のフォールトが起きるときは、それをアンド・ゲート（●）で表す。微小確率の場合は、上位のフォールトの発生確率は下位のフォールトの発生確率の積になる（ただし、実際には、共通原因で複数機器が同時故障するような場合はもっと複雑な計算になる）。

　ここで、図中に示すように、例えば安全系2とはECCSであるとし、これは100％容量のものがA、Bの2系列あって、どちらかが成功すればよいとし、各系列は1、2の2つの機器（例えば、ポンプとバルブ）で構成されていて、そのどちらかが故障すると系列の機能喪失になるとする。

　安全系2（ECCS）の失敗が何によって起きるか考えると、それは、系列Aの失敗と系列Bの失敗が同時に起きた時である、と分かる。次に、系列Aの失敗が何によって起きるか考えると、それは、機器A1（ポンプ）の故障もしくは機器A2（バルブ）の故障が起きた時であると分かる。同様に、系列Bの失敗が何によって起きるか考えると、それは、機器B1（ポンプ）の故障もしくは機器B2（バルブ）の故障が起きた時である。

　このように、安全系2の故障がどのような機器故障の組合せによって起き得るかを分析した後、各機器の故障確率がわかれば、安全系2の失敗確率が求められる。

　あらゆる発端事象に対して作成されるイベントツリーに、発端事象の発生頻度と各安全系の機能喪失確率を代入すれば、各事故シーケンスの発生頻度が計算される。そのうち炉心損傷に至る事故シーケンスの発生頻度だけを合計することによって、全体としての炉心損傷発生頻度が求められる。

5.2.5　レベル2の確率論的安全評価[A-1), G2-7)]

　レベル2のPSAの目的は、格納容器の破損に至る事故シーケンスを同定し、

5. 確率論的安全評価によるリスクの定量化

各事故シーケンスの発生頻度と、各事故シーケンスにおける放射性物質の環境への放出量、事故時ソースタームを求めることである（ソースタームのほとんどは核分裂生成物（Fission Products：FP）なので、以後、「放射性物質」という代わりに「FP」と言う）。

レベル1のPSAにより、炉心損傷に至るあらゆる事故シーケンスが定義されるが、事故が更に発展して格納容器の破損に至る過程では、格納容器の中で様々な現象・事象が発生する可能性がある。例えば、水素爆発（Hydrogen Explosion）は起きるか、水蒸気爆発（Steam Explosion）は起きるか、そうした結果として格納容器破損が起きるか等である。

こうした現象・事象の発生の有無で事故の進展が大きく異なることを場合分けして考えるために、炉心溶融に至る各事故シーケンスに対し、図 5-5 に示すような「格納容器イベントツリー（Containment Event Tree）」を作成して事故シーケンスをさらに分類する。分類の詳しさはPSAの目的によって異なるが、格納容器イベントツリーで定義される事故シーケンスの数は何千、何万に及ぶこともある。実際のPSAでは、以後の計算量を減らすために、事故進展の類似性等に注目して炉心損傷事故シーケンスのグループ化を行う[G2-3]。

なお、詳細に入ってしまうが、レベル2 PSAのための格納容器イベントツリーは、レベル1 PSAのためのイベントツリーと本質的な違いがある。レベル1 PSAのためのイベントツリーでの分岐は、ある安全機能が成功か失敗かという、オン、オフの2分岐であった。これに対して格納容器イベントツリー

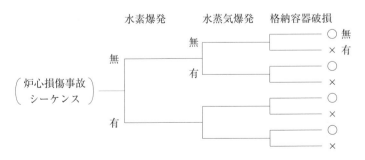

図 5-5　格納容器イベントツリーの例[A-1]

は、その後の事故の進展が顕著に異なるかどうかという観点での場合分けであり、連続量をどこかで区切るものである。したがって、格納容器イベントツリーでは、精度の高い解析のために3つ以上の分岐にすることもある。

各炉心損傷事故シーケンスに対して作成される格納容器イベントツリーに、当該炉心損傷事故シーケンスの発生頻度（レベル1 PSAの結果として得られている）と各分岐における分岐確率（現象・事象の生起確率）を代入すれば、各格納容器破損事故シーケンスの発生頻度が計算される。

各分岐確率はその分岐にたどり着いたときの事故状態で異なる。例えば、1次系が高圧のままで炉心溶融事故が進展すれば、溶融炉心が原子炉容器底部に落下したときの水蒸気爆発の可能性は小さいが、底部鏡板が融体からの熱で溶融貫通したときの格納容器直接加熱（Direct Containment Heating：DCH。細分化された融体が1次系の背圧を受けて格納容器気体中に放散され格納容器内気体を直接加熱する現象）の可能性は大きくなる。したがって、各分岐確率の定量化では、事故状態を同定するための解析や、技術的な判断が必要になる。

格納容器イベントツリーで定義される各事故シーケンスの発生頻度が求まれば、そのうち格納容器破損に至る事故シーケンスの発生頻度だけを合計することによって、全体としての格納容器破損発生頻度が求められる。

炉心の溶融から格納容器の破損に至る各事故シーケンスに対しては、格納容器が破損した時にそこから環境中へ放出されるFPの量（事故時ソースターム）を計算する。このための解析は、**図5-6**に示すように、原子炉冷却系内及び格納容器内それぞれでの事故進展及びFPの放出・移行挙動の解析から成る

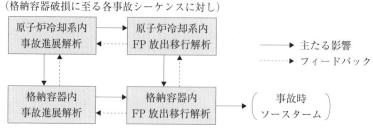

図5-6　事故進展及び核分裂生成物放出・移行解析[A-1)]

5. 確率論的安全評価によるリスクの定量化

A-1)。図は極めて単純に描いてあるが、実際にはこの解析は巨大な計算コードによってなされる。例えば、原研で開発したシビアアクシデントの事故進展及びFP放出・移行挙動の解析コード、THALES-ARTコード体系[G2-1), G2-2), G2-6)]、その後継のTHALES-2コード[G2-5)]は、数万ステップの計算コードである。

事故進展の解析では、格納容器イベントツリーで定義された各事故シーケンスに沿って、原子炉冷却系と格納容器の中での熱水力解析を行い、その結果として、各部の各時刻での事故状態を推定する。また、原子炉圧力容器の溶融貫通や格納容器の破損といった、リスク上重要な事象が起きるかどうかを判定する。

FPの放出・移行挙動の解析では、計算された熱水力条件のもとで、炉心・1次系・格納容器内でのFPの放出・移行・沈着を解析し、その結果として事故時ソースタームを求める。

図で実線の矢印は前段の解析の結果が後段の解析条件になっていることを示す。破線の矢印はフィードバック影響があることを示す。例えば、放出されたFPが配管の内壁に付着すれば、FPの崩壊熱で配管が熱せられ、熱水力挙動にも影響する。

こうした詳細な事故解析により、格納容器の破損に至る各事故シーケンスに対して事故時ソースタームが求まる。ここまでがレベル2のPSAである。ただし、シビアアクシデント時に起き得る現象は複雑であり、また、それらの事象については未解明のものも多いため、シビアアクシデント解析のための計算コード間ではモデルも計算結果も異なる[G2-4)]。解析結果を利用するときはこうした不確実さに注意が必要である。

5.2.6 レベル3の確率論的安全評価とリスクの計算[A-1), G3-1)]

レベル3のPSAでは、格納容器破損事故時の公衆の被曝線量と放射線影響を評価し、それから施設が公衆にもたらすリスクを計算する。

図5-7に示すように、まず、各FP放出事故に対し社会条件・気象条件を考慮に入れて環境中FP移行解析を行う[A-1)]。ここでは、大気中拡散、水系に沿っての移行、食物連鎖等をモデル化し、プラントから放出されたFPのうちど

87

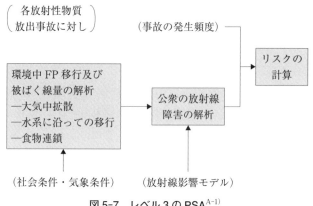

図5-7　レベル3のPSA[A-1]

れ程の量が人間に到達するかを求める[G3-1]。そして、その結果から、プラント周辺に住む個人や集団の被ばく線量を計算する。次には、放射線影響モデルを用いて、公衆の放射線障害の解析をする。すなわち、がん等の後遺症の発生も含めて、個人の死亡確率や集団における死者数を計算する。ある炉心溶融事故シーケンスのリスクは、事故の発生頻度と事故の影響の積で計算する。これを事故シーケンスの数だけ合計したものが、プラントが公衆に及ぼすリスクである。

PSAはこのように3つのレベルからなり、対象にも内的事象と外的事象があるが、実際には常に外的事象まで含めたレベル3のPSAがなされるわけではない。目的次第で、内的事象だけを対象とした、レベル1、あるいはレベル2どまりのPSAが多く実施されている。

ある炉心溶融事故シーケンス i によるリスク R_i は、$R_i = F_i C_i$ で計算する。ここで、F_i、C_i はそのシーケンスの発生頻度（Frequency）と影響（Consequence）である。影響は、被曝線量や死者数で表す。死者数で表した場合には、他の技術のもたらすリスクとの相互比較も可能になる。

プラントの総合的な安全性を定量的に表現する方法は幾つかある。最も簡単なのは、(2-1) 式で示したプラントの「全リスク」$R_T = \Sigma\ F_i C_i$ で表す方法で

ある。一方、「リスク曲線」で表現すれば、事故影響が同じ程度の事故シーケンスをまとめることにより、ある大きさの事故の発生頻度はどれ程かを表現することができる。原子力発電所の安全規制では、事故の大きさのレベル毎に事故の発生や拡大を防止する対策を考えているので、そのような観点からは、リスク曲線の方が判断材料として用い易いと考えられている。

5.2.7 地震起因の事故についての確率論的安全評価[A-1), G4-1)~G4-6)]

地震のように、特定の衝撃が施設を襲い、その衝撃によって施設において発端事象と安全系の故障とが起きるようなことも考えられる。こうした、外的誘因事象については、特別の PSA が実施される。地震国であるわが国では、原子力施設で地震によって発生する事故のリスクを評価することは特に重要である。

図 5-8 は、原子力発電所において地震によって炉心損傷が起きる頻度を評価する PSA、すなわち、地震についてのレベル 1PSA の手順を示したものである[G-13)]。地震 PSA のための計算コード体系はまず原研で開発され[G4-1)~G4-5)]、原子力工学試験センター及びその後継組織の原子力安全基盤機構（JNES）によって改良されてきた[G4-6)]。

図に示すように、地震 PSA は、「地震ハザードの評価」「機器故障確率の評価」、「事故シーケンス発生頻度の評価」の 3 つのタスクで構成される。

(1) 地震ハザードの評価

地震 PSA では、地震動の強さによりプラントに及ばす影響が異なることを考慮して地震動を多くのレベルに離散化した上で、レベルごとに地震動の発生頻度やプラントへの影響の評価を行う。対象サイトを各レベルの地震動が襲う頻度を、「地震ハザード」という。通例、地震動の強さは、開放基盤（面上に表層・建屋等がない堅牢な岩盤）の表面での最大加速度で表す。また、地震ハザードは、各加速度レベルを上回る地震動の発生頻度の形で図示した「地震ハザード曲線」で表現される。

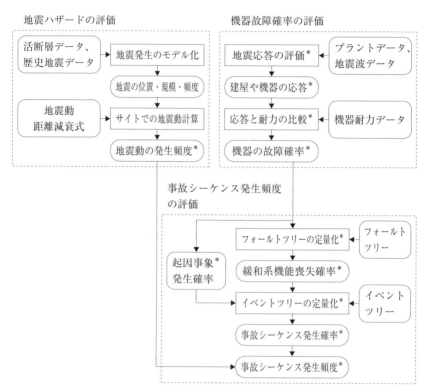

図 5-8　地震起因の事故についての確率論的安全評価の手順[G-13]
（＊は地震動レベル毎に解析がなされ結果が求められるもの）

(2) **機器故障確率の評価**

　機器を振動させ、振動のレベルを上げていくと、あるレベルに達した時に機器は機能喪失や誤作動、あるいは構造的損傷に至る（以下ではこれらをまとめて単に「故障」と表現する）。故障が起きる振動レベルを機器の「耐力」と言う。機器の耐力は通例、推定でしか求められないし、機器間の違いもあるから、一定値とはならず、ある確率分布（通例は中央値と対数標準偏差）で表される。

　ある最大加速度の地震動が解放基盤に与えられた時、機器はその地震動レベルに応じて振動する。この振動を機器の「応答」と言う。機器の応答も、それ

5. 確率論的安全評価によるリスクの定量化

をもたらす地震動の特性（周波数成分等）の違いや、地震動伝播解析に係るモデルやデータの不確実さから、一定のものにはならず、ある確率分布（やはり、通例は中央値と対数標準偏差）で表される。

あるレベルの解放基盤地震動が与えられた時に機器の応答が機器の耐力を上回れば機器は故障する。ここで、応答も耐力も確率分布で表されるから、機器の故障は起きるか起きないかではなく確率値で表される。これが地震による機器の「故障確率」である。すなわち、機器の故障確率を求めるには、耐力と応答とを、現実的な値として、かつ、ばらつきまで含めて評価することに帰結する。

なお、機器故障の中には、炉心損傷事故の引き金となる発端事象となるものも、事故の拡大を防止するために用意されている緩和系の機能喪失につながるものもある。

(3) 事故シーケンス発生頻度の評価

事故シーケンス発生頻度の評価は、手順としては内的事象に対する PSA と同様のものである。まず、イベントツリーを作成して炉心損傷に至るあらゆる「事故シーケンス」を同定する。各緩和系が機能喪失に至る原因は、「フォールトツリー」を作成して同定する。

事故シーケンス発生頻度の計算は、地震動レベル毎に行う。発端事象の発生確率は、機器故障のうち発端事象となるものの発生確率として既に求められている。他方、緩和系の機能喪失確率は、各緩和系の機器の故障確率をフォールトツリーに代入することで求められる。そうすると、事故シーケンス発生確率は、発端事象発生確率と緩和系機能喪失確率をイベントツリーに代入して求められる。

こうして得られた諸量と、地震ハザード評価の結果である各レベルの地震動の発生頻度から、地震による炉心損傷事故発生頻度を求められる。

5.2.8 時間依存の確率論的安全評価

PSA を行うと対象施設のリスクに関する情報が得られるが、こうした情報

は時間と共に変化する。時間としては、1年から施設の寿命期間といった長期のものから、時間～日オーダーのものまである。前者は、設備設計の変更、保守手順の変更、信頼性データの蓄積等によりリスクが変化することを追いかけるものであり、通例はそういう変更を反映して普通の（静的な）PSAを実施する。後者は、施設の運転モードの変化やあるSSCが故障や保守作業で作動できない状況にあることによりリスクが変化することを追いかけるものであり、そのためには時間の経緯に伴うリスク変化を継続して追いかける動的なPSAを実施する。PSA結果の利用目的によってはこうした時間依存の評価でなければならないことがある。

5.2.9 確率論的安全評価手法の標準化

PSAの手法を安全規制に活用するためには、手法の信頼性と透明性が確保されることが必要である。

PSA手法の成熟度は、評価対象によって異なっている。原子力発電所については、内的事象による機器故障による炉心損傷頻度の評価（内的事象レベル1 PSA）、格納容器破損頻度とソースタームの評価（内的事象レベル2 PSA）については、まずは原子力安全研究協会によって標準的手法が定められ[G-10],[G-11]、その後は日本原子力学会によるレビューがなされてきた。公衆の健康リスクの評価（レベル3 PSA）や地震などの外的事象に伴う評価の手法についても、原子力学会によって標準的なものが示されている[G-14]。また、原子力発電所以外の施設については、多くの場合PSAの手法は開発途上にあり、テロなどを対象とした手法は開発に着手されていない。このため、対象ごとに、手法の開発や、学会等における規格化を進めることが必要である。

また、解析・評価に使用する機器の故障率などのデータについても信頼性が確保されることが必要である。このため、電力中央研究所においてデータベースの整備が進められている[G1-4]が、リスク評価の対象に用いるデータの信頼性を学会など公正・中立な機関によりピアレビューするとともに、共通原因故障やヒューマンファクターに関する国内の実績データの充実強化が求められる。

5. 確率論的安全評価によるリスクの定量化

5.3 確率論的安全評価の利用

5.3.1 確率論的安全評価から得られる情報
PSA の結果として次のような情報が得られる。

(1) 絶対値としてのリスク指標。個人の健康影響や、原子力発電所の炉心損傷頻度、格納容器破損頻度等。
(2) 相対値としてのリスク指標。リスクへの各事故シーケンス、各機器故障の寄与度や重要度等。
(3) 結果の持つ不確実さ等に関する情報。不確実さ解析によって得られる不確実さの程度や感度解析によって得られる各入力条件が結果に及ぼす感度等。
(4) 代替案実施の場合のリスクの変化量。ある種の変更を仮定して PSA を実施することによって得られるリスクの変化量もしくは変化割合等。

これらは事業者による安全管理の向上や規制当局による規制体制の合理化に有用な情報である。これらの情報を規制にどのように活用するかについては「9.『リスク情報』を活用しての規制」で説明する。

5.3.2 確率論的安全評価の特長
PSA の特長をまとめると次のようになる。

(1) 評価対象シナリオの網羅性：原子力施設は、たとえ何らかのトラブル（発端事象）が起きたとしても、その拡大を防止するための安全設備が幾重にも設けられている。これを逆に言えば、発端事象が起きたときに安全系が作動失敗することによって初めて重大な事故になる。PSA では、発端事象と各安全系の失敗の組合せによって事故シーケンスを定義するので、重大な事故に至るシーケンスを、系統的・網羅的に定義できる。
(2) 定量性：各事故シーケンスの発生頻度は、発端事象発生頻度と安全系の

失敗確率、更には格納容器イベントツリーでの分岐確率から定量化できる。ここで、発端事象の発生頻度は運転経験データの統計値を参考として定量化でき、また、安全系の失敗確率は、信頼性解析の結果として、系を構成する機器の故障確率（これも運転経験データの統計値を参考として定量化）から計算できる。格納容器イベントツリーの分岐確率は、その分岐にさしかかったときの事故状況の予測の下に、工学的判断等によって定められる。一方、各シナリオがもたらす影響は、シナリオごとに実施する事故解析の結果として定量化できる。施設のもたらす全リスクは各シナリオの発生頻度と影響の積和として定量化でき、また、それに対する各シナリオや各機器故障の寄与度等も定量的に示される。

(3) 不確実さの明示：PSA では上述の定量化の過程で不確実さも明示的に表現する。すなわち、入力データや解析モデルの有する不確実さを定量的に表現し、その伝播解析を行って解析結果の不確実さを求める。その結果、全リスクの評価結果にどれほど大きな不確実さが含まれるか、また、どの入力データあるいは解析モデルが最終結果の不確実さに大きく影響するのかも示される。

(4) 分野ごとの専門家の知見の導入：PSA では、重大な影響をもたらすあらゆる事故シナリオの発生頻度と事故影響を網羅して定量評価するが、その過程には十分な知見が蓄積されていないものもある。例えば、シビアアクシデント時に生じると考えられるさまざまな事象（その中でも、水蒸気爆発のようなダイナミックな物理現象や FP のエアロゾルとしての挙動や化学的挙動）、幾つかの外的事象のハザード（例えば、極めて大きな地震動がサイトを襲う頻度やテロを含めての航空機落下頻度）、人的・組織的因子（例えば、思い込みによって事故状況の把握に失敗すること）等である。こうした分野ではその分野の専門家の判断を取り入れることが重要である。

例えば、図 5-9 は、レベル 3 の地震 PSA において、どのような分野の専門家の知見が反映されるかを示したものである。図に示すように、地震の発生、地震動の伝播、耐震工学、システム工学、熱流動、化学、構造、気象、防災、

5. 確率論的安全評価によるリスクの定量化

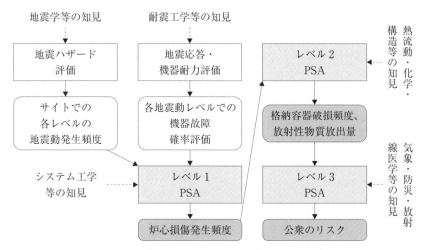

図 5-9 地震 PSA における専門家の知見の反映

放射線医学等の専門家の知見が集約される。そういう意味からは、PSA は、各分野の専門家の知見を系統的に集約する手法と言える。

5.3.3 わが国での確率論的安全評価のこれまでの応用

PSA の結果は、これまでもわが国の原子力発電所の安全確保対策及び安全規制に活用されてきた。主たる活用例は次の通りである[J-3), F-8)]。なお、「リスク情報を参考にしての規制（Risk Informed Regulation：RIR）」として、今後の規制に期待される利用については9章で記述する。

(1) ABWR の設計

ABWR の設計では確率論的安全評価が使われた。この時は、各安全注入系を構成するトレイン（Train）は「従来のもの」と変わらないとして、システムとしての安全系設計の最適化が考えられている。設計の段階から、どのような安全設計にすればリスクが小さくなるかと考えたのだから、当然 PSA の結果は他の炉型よりずっと小さな値になっている。

(2) シビアアクシデントのマネジメント

「3.3.3 アクシデントマネジメント」で述べたように、わが国では1992年5月の原安委の勧告により、各電力会社はアクシデントマネジメント計画案を1994年3月に通産省に提出した[A-1),C-6)]。アクシデントマネジメント策を考えるに当たっては、個々の施設についてのPSA（個別プラント評価：IPE）を実施して施設特有の弱点を同定し、そうした弱点に焦点を当てた対策を提案した。このときのIPEの対象範囲は内的事象を対象としてのレベル2のPSAである。ただし、格納容器破損頻度評価は含むが、ソースターム評価は含まない。このようなPSAはレベル1.5のPSAと呼ばれるものである。

アクシデントマネジメントの整備計画において、PSAの結果は以下のように利用された。

① アクシデントマネジメントを検討する上で対象とすべき安全機能や事故シーケンスを系統的手法で同定した。
② 各原子力発電所の炉心損傷頻度が、7章に述べるIAEAの安全目標[H-3)]より小さいことを確認することにより、わが国のプラントが十分安全であることを示した。
③ 各プラントに固有の相対的な弱点を同定することにより、アクシデントマネジメント策を施すべき対象を同定した。
④ アクシデントマネジメント策の有無で炉心損傷頻度がどの程度変化するかを評価することにより、アクシデントマネジメント策の有効性を示した。

(3) 定期安全レビュー

現在多くの国で原子力発電所に対する定期安全レビュー（Periodic Safety Review：PSR）がなされている。PSRとは、定期的に施設の安全を見直すためのレビューで、おおむね10年に1度実施される。

PSRでのレビューの観点は、大別すれば以下の2つである。

5. 確率論的安全評価によるリスクの定量化

A）当該施設内での事象についてのレビュー：当該施設において過去に発生した運転事象等を踏まえて、当該施設のその後の運転管理のあり方等について特有の事項がないかの検討。

B）当該施設外での状況変化の反映：原子力安全に係る新知見が得られている場合、その反映。特に、規制に係る規格基準が変化している場合、それへの適合性の確認。あるいは、完全には適合していない場合の代替措置の検討。

ただし、わが国の場合、規格基準が改訂された場合は、通例、既設施設がそれに適合しているかどうかはその時点で確認されるので、実際のPSRにおいては、そうした過去10年の検討結果を集大成して記録に残すことが中心である。

ところで、わが国では1992年に上述のアクシデントマネジメント整備がなされて以降、事業者による自主努力として、運転中の原子力発電所についてPSRが実施されてきた[F-8]。この時期のPSRにおいては、事業者はPSAを実施し、当該原子力発電所の安全上の特徴を把握し、アクシデントマネジメント策の有効性を評価してきた。

ただし、2003年10月にPSRが法令上の義務となった折に、PSAの実施は法令上の義務付けはなされず、引き続き事業者の自主的活動のまま据え置かれた[B-16]。

この理由はPSAで用いられている信頼性データとの関係にある。

わが国で現在実施されているPSAはほとんどの場合、機器の信頼性データとして汎用データ（Generic Data）を用いている。このため、PSAでわかるのは、PSAが世の中に現れるよりも前に設計された古いプラントが、PSAの手法を応用して炉心損傷頻度が小さくなるように設計された新しいプラント（例えば、ABWR等）に比べて、どれほどの安全性能であるかである。

すなわち、上述の2つの観点のうち、B）の観点、すなわち、PSAという新

知見をもってプラント設計の良し悪しを判断しているのであって、決して個々のプラントの経年変化を判断しているのではない。したがって、一度PSAを実施してしまうと、設計が大幅に変わるような変更がなされない限り、2度目のPSAの結果は、わが国の汎用データが故障データの積み上げによって少し変化することの影響を除き、何も変わらないのである。

これに対して、PSRにプラント固有データ（Plant Specific Data）を使うようにすれば、これは当該施設で起きた1件1件の運転事象を吟味してPSAに反映することになる。いわば、上述の2つの観点のうち、A）の観点、すなわち、当該施設に特有の問題を考えることになるので、こうした状況は一変するのだが、現在のところまだそうなっていない。

(4) 外的事象に対する防護設計の必要性に関する判断

「6.3.3 立地指針」で説明するが、原子炉設置許可申請に係る安全審査において、外的事象については、ハザードが一定値を超えれば防護設計を行うというのが原則である。

原子炉施設への航空機落下についても、原子力施設へ航空機が落下する確率が評価され、その結果が判定基準を上回る場合は「想定される外部人為事象」として、設計上の考慮が必要とされる。これに関しては、原子力安全・保安院は2002年7月に「実用発電用原子炉施設への航空機落下確率に対する評価基準について（内規）」を制定している[B-13],[B-14],[F-8]。

この内規は、ハザード評価段階までであるが、確率論的評価の結果を直接的に規制に使うという意味で、極めてユニークなものである。

(5) 運転経験等の影響評価及び対策評価

PSAは運転経験等の影響評価や対策評価にも活用されている。

2001年11月に発生した中部電力浜岡原子力発電所1号機の余熱除去系蒸気凝縮系配管の破断事故の検討においては、PSAの利用により、当該事故における配管破断が有意なリスク増大をもたらさなかったことを示すと共に、提案された対策案がリスク低減をもたらすことを確認した[F-8]。

5. 確率論的安全評価によるリスクの定量化

　また、2004年6月に保安院は、BWR及びPWRの原子炉冷却材喪失事故（LOCA）時にストレーナあるいはサンプスクリーンが目詰まりして非常用炉心冷却系（ECCS）の再循環機能が影響を受け得る問題について、事業者に報告を求め、2005年4月には事業者から報告を受けているが、サンプスクリーンの大型化等の設計上の対策が採られるまでの間の暫定対策によって安全上重要な問題は生じないことをPSAによって確認している[F-8]。

(6) **耐震設計審査指針の強化**
　2006年9月に原子力安全委員会（原安委）は新設炉に対する安全設計審査指針を改訂している[B-6]。その理由は、ひとつには近年地震の発生や地震動の伝播に関して得られている新知見を反映することであったが、もうひとつはわが国で実施された多くのPSAで地震によるリスクが内的事象によるリスクよりもはるかに大きいと評価されていたからである。
　あとで「5.4.3　不確実さの意味するところについて」で述べるが、地震PSAでは不確実さを大きく見積もると炉心損傷頻度が大きく評価される。したがって、地震PSAの結果大きな値が出ているのは、もしかしたら不確実さの見積もりに起因しているかも知れない。しかしながら、不確実さを小さくする根拠がない以上、十分な大きさの不確実さを仮定してPSAを行うことも、その結果出てきた数字を尊重して規制のルールに反映することも当然のことである。
　実際、その翌年の2007年7月には中越沖地震で柏崎刈羽原子力発電所が被災しており、「発電用原子炉施設の耐震設計審査指針」（以下、「耐震指針」）を強化しておいたのは適切であったことが示されたと言える。
　しかし、耐震設計の強化は、発電用原子炉に限らず、六ヶ所再処理施設や使用済み燃料の中間貯蔵施設にも同じように適用された。一般に、こういう施設は原子力発電所に比べてずっと小さなリスクしかもたらさないとされている。グレーデッドアプローチの原則に依ったとき、こうした施設の耐震性の強化に科学的な根拠があったのかどうか、私には疑問である。

5.4 技術論の詳細を離れて、確率論的安全評価とは

5.4.1 確率とは未来予測である

ここまで、PSAとはどんなものかを技術的な観点で紹介してきた。この節では、そうした技術的詳細を離れて、そもそもPSAとはどういう性質のものなのかを書いてみたい[G-6]。

数学の一分野に「確率・統計」というのがあるが、確率と統計はまず時制が全く異なる。統計とは、過去のデータの分析である。そこから、定量的な傾向を求めることもできる。これに対して、確率とは、常に未来に対する予測である。

もちろん、確率の推定には過去の統計データを参照することが有用であるが、未来は過去の平均の延長ではない。過去のデータを分析して未来を予測するには、過去のデータの裏にある本質を解釈することが必要であるが、この解釈は解析者によって異なり得る。

例えば、過去の地震のデータを調べて、「これまで地震が多発したから、これからも地震が多発するに違いない」と考えることもできるし、「これまで地震が多発したから、(地殻の歪エネルギーが解放されてしまって)これからは地震は少ないに違いない」と考えることもできる。

PSAで最も重要なデータのひとつである機器の故障率についても、「過去に多くの故障を経験したプラントでは、今後も一般のプラントより故障率が高くなるであろう(ベイズの理論)」[G1-1]と考えることもできるし、「過去に多くの故障を経験したプラントでは、(故障は潜在原因が顕在化して起きるものであり、顕在化した故障には当然再発防止の対策がとられるはずだから)今後は故障率は低くなるであろう(飯田のデバッグ理論)」[G1-2]と考えることもできるのである。

ちなみに、現在わが国で実施されているPSAで用いられている信頼性データは、ほとんどの場合、多くのプラントで得られた故障データを統計処理して得られる、いわゆる汎用データ(Generic Data)である。この場合、例えばPWRで古い蒸気発生器を新しいものに取り替えてもPSAの結果は変わらない。

汎用データを使う限りにおいて、PSAは蒸気発生器取替えの必要性を説明できないのである。

一方で、それを説明しようとすると、プラント固有データ (Plant Specific Data) が必要になるのだが、そのためには、新品なのだからまだ故障データがないという条件下で、工学的判断によって信頼性データを推定しなければならないのである。

未来予測は、結局のところ、解析者の想像力（良く言えば洞察力）によるのである。一般には、過去の統計のばらつきと同じ程度のばらつきが未来にも予見されるし、またそれ以外にも多くの不確実さが存在し得るから、PSAの結果は必然的に確定的な数字でなく、ぼんやりとした雲のような推定になる。

5.4.2 専門家の判断について

「5.3.2 確率論的安全評価の特長」で述べたように、PSAとは、決して数字を集約することではなく、様々な専門家の知見・判断を集約することである。これは、必然的に、専門家が異なれば結果が異なることを意味する。PSA結果の不確実さの主要な部分は専門家の判断の違いによって生じているのである。

耐震安全に係る原子力安全・保安院の委員会で、地震学分野での高名な先生が次のように言っていた。

> 「私は地震PSAを信用しない。なぜなら、地震ハザード評価の結果が、私の感覚と合わないからである。」

この言葉はPSAの本質を表している。地震の発生や地震動の伝播に関しては、専門家の間に様々な意見がある。ある専門家（単数の場合も複数の場合もある）の意見に基づいて作られた地震ハザード曲線は、別の専門家から見れば「感覚に合わない」ことがあり得るのである。

他方で、地震PSAにとって、地震ハザード評価はインプットの一部である。その部分が感覚に合わないという理由で、地震PSA全体を否定するのは、いささか乱暴な意見でもあると思う。

同じ分野の専門家の意見を集約する方法論は NUREG-1150 の PSA[G-7]によって一応確立されている。しかしながら、この方法は言ってみれば、愚者のための方法論である。
　今、例えば地震ハザード評価の分野において、専門家 A、B がいたとしよう。そして、両専門家が 2 つの地震ハザード曲線を作ったとしよう。当然のことながら、それぞれの専門家は、自分の作ったハザード曲線が最善のものであると信じているわけである。

　そこに、PSA の方法論は理解していても、地震・地震動については専門知見のない PSA 技術者 C が現れる。専門家 A、B の間で、実際には画然とした専門性の差があるかも知れないが、この分野の非専門家である C にはそういう差は当然理解できない。で、どうするかといえば、A と B の作ったハザード曲線にそれぞれ 50% の信頼性があると考えて、平均値と不確実さを持ったハザード曲線を作り、それを PSA に用いるわけである。
　世の中にその道の専門家の判断以上に正しいものはないのだが、PSA の結果を理解する上では、PSA は専門家の判断の上に成り立っているということを忘れてはいけないのである。

5.4.3　不確実さの意味するところについて

　前項で専門家の判断によって PSA の結果が異なる、それが不確実さの大きな要因である、と述べたが、「不確実さ」の意味するところについても考えておこう。
　PSA は元々、不確実な事象・現象を扱う安全評価手法である。したがって、評価の過程においては、様々なパラメータの不確実さを定量化し、それが評価結果にどのように伝播するかを分析する必要がある。一方、PSA の結果を用いて意思決定を行う際にも、PSA の結果に全体としてどの程度の不確実さがあるのか、また、特に不確実な部分はどこなのかを知っておく必要がある。

　しかしながら、実は「不確実さ」とひとくちに言っても、PSA における不

5. 確率論的安全評価によるリスクの定量化

確実さには、いろいろな種類のものがある。ランダムに発生することは、通例PSAでは不確実さに含めないが、それも入れて思いつくままに「不確実さ」の種類を挙げると次のようなものがある[G5-1]。

① ランダムさ（例：全く同一の工程で作った機器であっても、管理しきれない製造・管理上の外乱で地震耐力に生じるばらつき）
② 知識不足による不確実さ（例：炉心損傷事故時の諸現象が十分には解明されていないためにソースターム評価モデルに存在する不確実さ）
③ 情報伝達不良による不確実さ（例：本来不確実でなく、どこかに詳細なデータはあるのだが、それがPSA実施者に伝わらない結果として生じる不確実さ）
④ 定義の違いによるデータの違い（例：故障率算定において機器の境界条件が評価者によって異なることによる故障率の相違）
⑤ 幅のある量をまとめることによる不確実さ（例：破断口径や破断位置の異なるある範囲のLOCAをひとまとめにすることにより、本来は異なるはずの事故進展やソースタームが代表値で表されてしまう。）
⑥ データの適用性に係わる不確実さ（過去のデータを将来予測に用いたり、ある施設のデータを別のある施設に流用したりする時の適用性について、技術的判断の違いによって生じる不確実さ）
⑦ 考慮範囲の不完全性による不確実さ（重要な発端事象を見落す可能性に基づく炉心損傷頻度の不確実さ）
⑧ 命題の不確実さ（例：「地震に対する機器の耐力は機器の据えつけ部にかかる加速度で表現できる」といった命題のあやふやさ）
⑨ 不確実さの不確実さ（例：地震動距離減衰式が計算する最大加速度の不確実さを対数標準偏差で表した時、その対数標準偏差の値にも存在する不確実さ）

こうした様々な不確実さを分類する方法が必要である。分類に際しては、

ⅰ）すべての不確実さを含むこと
ⅱ）各分類の間の境界が明確に定義され、重複や抜け落ちがないこと

が必要である。

　ところで、先に不確実さについて紹介したが、内的事象PSA（正確にはランダム故障を仮定してのPSA）での不確実さと地震PSAでの不確実さには本質的な違いがある[G5-1]。

　内的事象のPSAでは、機器の故障確率や人的過誤率等の不確実さを大きく見積もった場合、評価結果であるリスク絶対値の点推定値や中央値は大きくは変わらず、その周りの不確実さが大きくなる（評価結果が対数正規分布に近い場合は、平均値は少し大きくなる）。

　これに対して地震PSAでは、機器にかかる応答が機器の耐力を上回ったときに機器は故障すると考える。このような扱いだと、機器の耐力や機器に係る応答の不確実さを大きく見積もった場合、応答が耐力を上回る確率が大きくなり、故障確率が大きく評価される。すなわち、耐力や応答の不確実さを大きく見積もると、手法上の問題から、PSAの結果であるリスク絶対値（点推定値や中央値など）が大きくなってしまうという特性がある。

　上述のような手法上の問題のため、地震PSA結果の絶対値を使う場合は、内的事象PSA結果の絶対値を使う場合以上に慎重な考慮が必要である。また、一般に施設がもたらす全リスクとしては、内的事象によるリスクと有意なすべての外的事象によるリスクとを足し合わせるのであるが、リスクの計算の仕方や不確実さの生じる理由が大きく異なるときに、単に足し合わせた結果で判断ができるものかどうかにも注意を払う必要がある。

　地震PSAに現れてくるもうひとつの問題として、応答と耐力の不確実さを確率密度関数で表したとしても、それだけでは応答が耐力を上回る確率そのものには不確実さが現れてこないという問題がある。それで、それぞれの確率密度関数にもきっと不確実さがあると考えてはじめて、故障確率に不確実さを考えることができる。これはいわば、「不確実さの不確実さ」を考えることである[G5-1]。PSAは元々不確実さを明示する手法であるが、前述⑨の例に示すように、どこまでの不確実さを考えるべきであろうか。

　確率は、将来起きるかも知れない不確実な事象について定義するものである

から、確実さ（もしくは不確実さ）の程度を示す尺度である。とすれば、「確率の不確実さ」という概念はそもそも存在するのであろうか。例えば、明日雨の降る確率は30％と判断する。これは元々不確実な事象に対するものだから、起きるか起きないかわからない。しかし、最善の推定をした結果として30％という数字がある。その時、30％という値は不確実だから、明日雨の降る確率は30±5％であると言うことに意味があるか、もし意味があるとしたら、5％という数字にも不確実さがあるだろうから、30±（5±0.5）％という表現も可能なのか、それがいったいどういう意味を持つのか、また、「不確実さの不確実さの不確実さ」のような積み重ねはどこまで考えなくてはいけないのか、実は私は未だに十分理解できないでいる。

私は、一方で、こういう厄介な問題に対しては、誰か専門の人にきちんとした整理をして欲しいと期待している。しかし、他方では、もともとPSAの結果とはぼんやりしたもので、その使い方さえ誤らなければ、まあ、ほどほどの取扱いをしておけばいいのだとも思っている。

5.4.4 PSAはハードウェア指向の解析手法である

安全解析がソフトの仕事であるから、PSAももちろんソフトの仕事である。しかしながら、PSAの手法は、極めてハードウェア指向である。

「5.1　確率論的安全評価の概念」で述べたように、PSAの中核はイベントツリーであり、そこでの発想は、「大きな事故は、あるトラブルが発生した時に安全系が機能しない場合に発生する」ということである。すなわち、PSAが直接扱うのは、発端事象（ハードウェアのトラブル）と安全系を構成する機器の故障（ハードウェアのトラブル）である。

PSAでは、人的因子も組織的因子も取り扱うことができる。しかしそれらは、ハードウェア故障の原因事象としてのみ考えられる。あるいは、ハードウェア故障率を変化させる因子としてのみ考えられるのである。

実際に起きている大きな事故の経験からは、人の思い込み（マインドセット）などが大きな影響を及ぼすことが知られている。このような、人的・組織的因子を、PSAの束縛から離れて、より直接的に評価するような手法は生まれな

いかとも思っている。

5.4.5 PSAは日常的な意思決定のための道具である

さて、PSAとはごく日常的な意思決定のための道具である。目的（すなわち何について意思を決定しようとしているか）によってPSAの範囲も詳細さも変わる。以下、私が良くPSAの説明に使う例題を2つ示す。

① 「2. 安全とは何か、リスクとは何か」で紹介した例であるが、赤ちゃんの目の前に100円玉が落ちていれば、母親は、赤ちゃんがそれを飲み込むかも知れないと確率論的に考えて（PSA）、その100円玉をしまい込む。
② 列車を使って出張する際に、列車は遅れるかも知れないと確率論的に考えて（PSA）、何時の列車にするかを決める。

①の例では、計算コードも統計データもないが、母親は明らかにPSAを行って行動している。②の例では、探せば、過去の統計データは得られるであろうし、その気になれば、それに基づいて未来に起き得る列車の遅れの期待値を求める計算コードを作ることもできよう。そうではあるが、現実には我々は、定量的なデータも計算コードもなしにPSAを行って、乗るべき列車を決めているのである。この場合我々は、多分に直観的に、遅れる確率を推定しているのである。こうした粗いPSAであっても、目的によっては十分に役立つのである。

しかしながら、なおかつ、我々はより詳細かつ広範なPSAを目指す。先に紹介した2つの例のような場合は、何となく危ないといった感覚でそれなりのPSAをしている。原子力発電所については、従来、設計基準事故に対して十分余裕があるように原子炉が設計され、また、立地評価事故に対しても十分安全裕度がある場所に作られている場合は、多分、そのプラントは確率論的に十分安全であるに違いない、と想像していた。次いで、PSAにより、更に広い範囲の事故シナリオを解析するようになった。「4.3.5　計算コードの検証」のところで述べたように、解析の結果はあくまでも点でしかないが、我々は以前

5. 確率論的安全評価によるリスクの定量化

より更に自信を持って、きっとその施設は確率論的に十分安全であるに違いないと想像できるのである。この確信は、計算コードの性能が高まり、用いるデータがより精度良くなれば、更に高まるのである。今後は、例えば人間の思い込みによる事故の発生等についても、安全解析の対象が広がっていくのであろう。

　従来、何となく、多分、安全だろうということで済ませていた（それで十分であった）ものについても、より科学的な裏付けを与えて、自信を持ちたいのである。我々の社会が豊かになるにつれて、人々の安全への欲求はより高まるのであり、科学的方法でPSAを行うことは社会の発展の自然な延長線上にあるのだと思う。

5.4.6　PSAの仮定や結果はわかりやすく説明されなければならない

　ところで、これまで述べてきたように、PSAとはつまるところ、解析者の物の見方を表現するものである。すなわち、不十分かつ不確実なデータや、完全には検証し得ない計算コード、更には、現在のところは誰にも十分には理解されていない現象論に立脚して、過去をどう解釈し、未来をどう想像するかである。こうした解析はとかくひとりよがりになりがちである。したがって、PSAの結果に対しては他者のレビューが必要である。

　一方、PSAの結果は多くの場合、PSAの実施者とは違った人によって意思決定のための情報として用いられる。その場合、意思決定者が、PSAの内容を正確に理解していないと、とんでもない結論を下す恐れがある。ここでPSAの内容とは、どれ程の広さ・深さのPSAなのか、どのような仮定を設けたのか、どのような前提でデータを選定したのか等である。

　PSAの結果は、レビューによりその内容の合理性に広く理解が得られ、意思決定者に有効に使われて初めて価値がある。とかく解析の報告書は数字の羅列になりがちであるが、誰にも分かる平明な言葉でPSAの結果を記述する、特に、解析者がどのような信念でPSAを実施したのかが分かるようにすることは、極めて重要なプロセスである。

6. 原子力施設の安全審査と決定論的安全評価

6.1 段階規制

原子力施設に対する安全規制は、施設が、立地・設計から、建設、運転、廃止措置へと移っていく段階に合わせてなされる。その中で、総合的な安全評価は最初の許可段階でなされる[B-20]。また、そこでの安全評価は、安全審査の一環としてなされるもので、原則として決定論的安全評価である。

本書は安全評価についての解説書であるから、本章での対象は安全審査でなされる決定論的安全審査についてのものであるが、まずはそれに先立って、原子力発電所を例にとって、「段階規制」とはどのようなものか、原子力安全・保安院（以下、「保安院」）ホームページ[B-19]から抜粋して、大まかに説明しておく。これは、「3.5.2 規制当局の役割」で説明した内容を、時系列で表すものである。

事業者から原子炉設置許可申請が出されると、保安院は原子炉設置許可申請が原子炉等規制法に定められた許可基準に適合しているか安全審査を行う。この結果は、原子力安全委員会（原安委）に諮問し、そこで審査が行われる（これは、「ダブルチェック」と呼ばれる、わが国独特のプロセスである）。その後、保安院は、原安委からの意見を十分尊重し原子炉の設置許可を行う（注：2012年9月18日に原安委と保安院が廃止され、両組織の機能が原子力規制委員会に移された結果、ダブルチェックはなくなった）。

設置許可を受けた事業者は、工事計画認可申請により原子力発電所の設計の詳細について経済産業大臣の認可を受けた後、工事を開始する。この後も、保安院は工事の工程ごとの使用前検査や燃料体の検査を実施する。

事業者は原子力発電所の運転を始める前に、「保安規定」の認可を受ける。ここで「保安規定」とは、原子力発電所の運転の際に実施すべき事項や、従業員の保安教育の実施方針など原子力発電所の保安のために必要な基本的な事項

6. 原子力施設の安全審査と決定論的安全評価

が記載されているもので、事業者は、これを遵守する義務を負う。保安院は、事業者からの保安規定認可申請を受け、当該事業が災害の防止上支障がないことを保安規定が保証するものであることを確認した上で保安規定を認可する。

運転開始後は、事業者は定期的に「定期事業者検査」を行う。また保安院は安全上特に重要な設備・機能について「定期検査」を行い、技術基準への適合性を確認する。

原子力発電所の立地地域には、保安院の職員である原子力保安検査官が常駐している。原子力保安検査官は、原子力発電所内の巡視点検や事業者へのヒアリング等を実施するとともに、事業者が「保安規定」を遵守しているかどうか確認する、年4回及び安全上重要な行為に対しての「保安検査」を行う。

事業者には、運転時に行った定期的な試験などの記録を保管することが義務付けられているほか、運転に関する主要な事項に関しては定期的に、事故・トラブルが発生した時は直ちに、保安院に報告しなければならないことになっている。保安院は、運転段階においても、認可や検査などの実施状況について四半期ごとに原安委に報告を行い、事故・トラブルの発生や原因調査結果・再発防止策についても報告している。

廃止措置段階の安全規制としては、まず廃止措置計画の認可が行われる。原子炉設置者は、あらかじめ、廃止措置に関する計画（廃止措置計画）を定め、経済産業大臣の認可を受ける。大臣は、廃止措置計画が省令で定める基準に適合しているかどうかを審査し、認可を行う。事業者は、廃止措置が終了したときは、その結果が省令で定める基準に適合しているかどうか確認を受ける。事業者が大臣の終了確認を受けたとき、当該原子炉の許可は、その効力を失い、原子炉等規制法適用外となる。

6.2　原子力施設の安全審査の概要

原子力施設を立地・建設するに当たっては、事業者は国の安全審査を受けて当該施設の安全設計及び立地の妥当性を証明しなければならない。

エネルギー利用に係る原子力利用についての安全審査の手順は次のとおりである[F-8]。

- 原子力施設を設置しようとする者は、原子炉等規制法に基づき、設置する原子力施設の立地および基本設計が妥当であることを評価した結果を含む「設置許可申請書」を、規制当局である保安院に提出する。
- 保安院は、申請内容が原子炉等規制法に定める許可の基準に適合しているかどうかを審査する。
- 経済産業大臣は、この審査結果について意見を聴くため、原安委に諮問する。
- 原安委は、あらかじめ原安委が用意した「安全審査指針類」[B-2]に基づき、申請者の技術的能力があること、及び、この申請が災害の防止上支障がないことを審議すると共に、公開ヒアリングを実施し、聴取した意見を斟酌する。

発電用軽水型原子炉施設を例に取れば、安全審査のために原安委が用意している指針類は、以下に示す4つの「基本的な指針類」と、その下位にある「基本的な指針類を補完する指針類」及び「専門部会報告書等」から構成される（注：規制委が既設原子力施設を主たる対象として新規制基準を策定した結果として、新規制基準に矛盾する指針は効力を失った。今後は、新規制基準と従来の安全審査指針類を統合して体系化を図ることが必要になると考えられる）。

(1) 原子炉立地審査指針及びその適用に関する判断のめやすについて（以下、「立地指針」）[B-3]
(2) 発電用軽水型原子炉施設に関する安全設計審査指針（以下、「設計指針」）[B-4]
(3) 発電用軽水型原子炉施設の安全評価に関する審査指針（以下、「評価指針」）[B-7]
(4) 発電用軽水型原子炉施設周辺の線量目標値に関する指針（以下、「線量目標値指針」）[B-9]

立地指針は「安全審査の際、万一の事故に関連して、その立地条件の適否を

6. 原子力施設の安全審査と決定論的安全評価

判断するためのもの」である[B-3]。

　設計指針及びその下位指針・下位基準は「安全審査において、安全確保の観点から構築物・系統・機器（SSC）の設計の妥当性について判断する際の基礎を示す」ためのものである[B-4]。設計指針の下位指針のうち代表的なものとして、「発電用原子炉施設の耐震設計審査指針」[B-6]（以下、「耐震指針」）がある。

　評価指針及びその下位指針・下位基準は「安全審査において、原子炉施設の安全評価の妥当性について判断する際の基礎を示す」ためのものである[B-7]。評価指針の下位指針のうち最も代表的なものが、4章で説明した「非常用炉心冷却系の性能評価指針」である[B-8]。

　評価指針、立地指針では、ある事象（評価指針では「運転時の異常な過渡変化」及び「事故」、立地指針では「重大事故」及び「仮想事故」）が起きたと仮定し、保守性を有する（すなわち、計算結果が厳しくなるような）解析を行い、その結果を、あらかじめ定めた、これも一般に保守性を有する判断基準と比較して合否を判定する（4章に述べたように、こうした安全の評価法を「決定論的安全評価」と言う）。

　線量目標値指針は通常運転時の「FPの放出に伴う周辺公衆の被ばく線量を低く保つ」ためのものである[B-9]。ただし、この指針は他の指針と異なり、指針で設定されている線量目標値は判断基準（criteria）や限度（limits）ではなく、いわゆる「as low as reasonably achievable（ALARA）」の考え方に立った努力目標値であると明記されている。

　なお、これは安全審査のためではなく後段規制のためのものであるが、原子力施設の運転安全の確保のためにも様々な規則が定められている。例えば、施設の運転状況を表す温度や圧力といったパラメータを用いて、あらかじめ「運転制限条件」を定め、各パラメータが運転制限条件から逸脱すれば、逸脱の程度に応じ、ただちに回復操作もしくは停止操作をすることとしている。また、部分的な機器・系統の不作動があったときに、どれほどの時間運転を継続して良いか（「許容待機時間」という）といった規則も定められている。

　原子力施設の保守のためにも、様々な規則が定められている。例えば、それぞれの機器・構造物は、それらの特性や重要度に応じて、試験・点検すべき間隔が定められている。また、規制当局は、常時保安検査を行うとともに、約1

年ごとに「定期検査」及び「定期安全管理審査」を行って、SSC の信頼性が保たれていること、また、適切な品質管理がなされていることを確認している。

上述の各段階における諸規則類は、不確かさを考慮してもなお十分な保守性を有するように、安全裕度をもって定められている。例えば、耐震設計の妥当性を評価するための「耐震指針」[B-6]は、設計で想定する地震荷重に対して機器・構造物が十分な信頼性を有することを確認するものであるが、そこでは地震動成分の不確かさを考慮した設計スペクトルが用いられる。「評価指針」では、各想定事象の解析を行うに当たって、十分保守的な手法及びデータを用いることを要求するとともに、解析結果と比較すべき判断基準も十分保守的に定めてある。このほか、運転制限条件、許容待機時間、試験・点検間隔等も、様々な不確要因を考慮に入れて保守的に定められている。

現行規制では、このように、各段階において、決定論的安全評価を含め、多くの規制上の規則を定めた上で、それらすべてを満たすならば施設は十分安全であると判断する。

6.3 主要な安全審査指針の役割

6.3.1 主要 3 指針とそれらの間の関係

6.2 節で、原子力施設の安全審査で参照される主要指針は、目標である「線量目標指針」を除けば、「立地指針」、「設計指針」、「評価指針」であると説明した。これらの 3 指針の関係は図 6-1 のように整理することができる。確率論的安全評価の経験を通しての、私の個人的な見解である。

各指針の役割については 6.3.2 項及び 6.3.3 項で述べるが、ごく簡単に説明しておくと、設計指針と評価指針はともに安全設計の妥当性を判断するためのものであるが、設計指針は施設を構成する構築物・系統・機器（SSC）それぞれが、十分な信頼性をもって所要の機能を果たすことを確認するもの、評価指針はそのような SSC で構成された施設が全体として十分な安全性を有することを確認するものである。また、立地指針は敷地選定（Siting）の妥当性や敷地（Site）の広さの妥当性を確認するものである。

6. 原子力施設の安全審査と決定論的安全評価

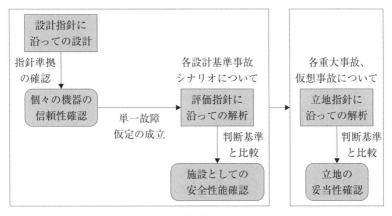

図 6-1　設計指針、評価指針、立地指針の関係

6.3.2　設計指針と評価指針

設計指針と評価指針はともに安全設計の妥当性を判断するためのものであるが、6.2 節に示したように、設計指針及びその下位指針・下位基準は「安全審査において、安全確保の観点から設計の妥当性について判断する際の基礎を示す」ためのもの[B-4]であり、評価指針及びその下位指針・下位基準は「安全審査において、原子炉施設の安全評価の妥当性について判断する際の基礎を示す」ためのもの[B-7]である。

このうち設計指針及びその下位指針等は、原子力施設を構成する個々の構築物・系統・機器（SSC）が、それらが供用期間中に受けると考えられる環境条件、荷重条件（通常運転の状態のみならず、想定される異常状態を含む）下で、それらの安全上の重要度に応じ、所定の機能を果たすべきことを求めている[F-8]。安全審査では各 SSC の設計についてそれが設計指針に準拠していることを確認し、その通りであれば、各機器は所定の機能を果たすと判断する。

これに対し評価指針及びその下位指針等は、設計指針を満足するような信頼性の高い機器・構造物で構成される原子力施設が、全体として十分安全な施設となっていることを安全評価によって確認するためのものである[F-8]。安全審査では、原子力施設で起き得るさまざまな事象のうち、幾つかの代表的事象を

113

選定し、それらを推定される発生頻度によって「運転時の異常な過渡変化」と「事故」に分類する。その上で、これらの各事象が起きたと想定して事象の進展解析を行い、すべての解析結果が「運転時の異常な過渡変化」及び「事故」それぞれに対して用意した「判断基準」を満たせば、施設全体として十分な安全設計がなされていると判断される。

　この時大事なのは、施設を構成するSSCは設計指針でその信頼性が担保されていることである。すなわち、重要度に応じて十分高い信頼性を有するSSCだからこそ、設計基準事象の発生頻度は一定値以下と考えることができ、また、安全系の作動についても「単一故障の仮定」で良しとされる。

　通例、単一故障の仮定は、決定論的安全評価に十分な安全裕度を与えるためのもの、として説明されるが、それよりも、なぜ単一故障の仮定でいいのか（なぜ多重故障を考えないのか）、と考えると、こういう整理になるのではないかと思われる。

　なお、設計指針と評価指針の関係はそのまま耐震指針と評価指針の関係に置き換えられる。わが国の規制体系は、十分な信頼度をもって多重故障の発生を防ぎ、多重故障の発生を防げれば多重性を有する安全設備によってシビアアクシデントの発生は防げるとの観点に立っている。耐震指針は設計指針の下位指針であるから、設計指針が想定しない多重故障を想定するはずはない。

　ここでもう一度、「5.2.3　内的事象と外的事象」で引用した佐藤一男の文章を思い出していただきたい。外的事象に対する対策は、「システマティック・フェーリュア」の可能性を、無視できるほど低くする、その結果、機能喪失などの異常は起こるとしても偶発的なもの（「ランダム・フェーリュア」）だけである、ということである。

　各SSCにそれらの安全重要度に沿って十分な耐震性を要求するような耐震指針を用意することにより、安全上重要なSSCの多重故障は起こらないと考えることができる。すなわち、ハザードの発生頻度まで考慮すれば設計基準事象の発生頻度は一定値以下と考えることができ、また、安全系の作動についても「単一故障の仮定」でよいことになり、施設全体として十分な安全性能を有

することは評価指針で確かめられる。

もし、そうではなくて、地震によって多重故障の発生する頻度が高くて上述のストーリーが成り立たないとすれば、それは耐震指針の要求が不十分ということである。

6.3.3 立地指針

次に立地指針であるが、これは、施設の立地条件と敷地の広さが適切であることを判断するためのものであり、原則的立地条件として以下の3項目を挙げている[B-3]。

① 大きな事故の誘因となるような事象が過去においてなかったことはもちろんであるが、将来においてもあるとは考えられないこと。また、災害を拡大する事象も少ないこと。
② 原子炉は、その安全防護設備との関連において十分に公衆から離れていること。
③ 原子炉の敷地は、その周辺も含め、必要に応じ公衆に対して適切な措置を講じうる環境にあること。

このうち①は、敷地周辺の環境条件が施設の安全に影響を及ぼさないための要求である。この要求は、実際には、多様な外的事象についてハザードの評価を行い、それが一定レベルを超えるようであれば当該ハザードに対する防護設計を行うことで解決される。すなわち、立地指針に記載はされているものの、実際には設計において対応される。

②は、施設で発生しうる大きな事故が敷地周辺の社会環境に影響を及ぼさないための要求である。立地の妥当性の判断は決定論的安全評価によって行う。そこでは、発生頻度に注目して「重大事故」、「仮想事故」という2通りの事故を想定する。重大事故とは「技術的見地からみて、最悪の場合には起きるかも知れないと考えられる」事故であり、仮想事故とは「技術的な見地からは起こるとは考えられない」事故である。これらの事故が起きたとして、公衆の被ば

く線量を計算し、その結果が「重大事故」、「仮想事故」それぞれに対してあらかじめ定められた判断基準を満足すれば施設は公衆から十分に離隔されていると判断する。

これに加えて、③のために、原安委の「原子力施設等の防災対策について」報告書[B-11]により、万一公衆に影響を及ぼすような重大な事故が発生したときの対応のあり方について定めており、一層の安全確保を図っている。

ところで、①は、施設の安全を脅かすあらゆる外的事象のハザードが、設計では対処できないほどに大きなものではないこと、かつ、それらのハザードに対する安全設計が妥当であること、という要求である。ここで外的事象に対する安全設計での対応については、原則として共通の考え方が適用されている。すなわち、ある外的事象のハザードが十分小さければはじめから安全設計の対象とはせず、そうでなければ、設計評価において各SSCがその重要度に応じて、当該外的事象がもたらす荷重に耐えることを確認するという考え方である。

この考え方は、元々設計指針の一般的要求として示されているものである。個別の外的事象についての典型例としては、航空機落下に対する防護設計が必要かどうかについて、保安院の内規「実用発電用原子炉施設への航空機落下確率に対する評価基準について」[B-13), B-14)]がある。

ただし、戦争やテロのような意図的な人為事象は、一般には安全審査での安全評価の対象からは外される。その理由は、これらのリスクが小さいからではない。ハザードの評価が困難であること、また、戦争やテロを前提とすれば、そうした意図的破壊活動の対象は原子力施設に限らず、判断基準の方も変わり得るからだと思われる。これらの外的事象については、（安全審査とは別なところで）「別途対処する」ことによりリスクが十分小さいことが確かめられねばならない。

さて、一方②の「公衆に及ぼすリスク」については、安全審査において、あるレベルのソースタームを仮定しての幾つかの「立地評価事故」を想定し、それぞれについての解析結果があらかじめ用意された「判断基準」を満足すれば、

6. 原子力施設の安全審査と決定論的安全評価

施設の立地条件は適切であると判断する。

この時大事なのは、施設を構成するSSCは設計指針でその信頼性が担保されており、かつ、施設全体としての安全設計は評価指針でその適切さが担保されていることである。そういう施設だからこそ、あるレベルのソースタームを仮定することで良しとされる。

立地指針の元々の理念は、①敷地近傍に住む最悪の人の健康影響、②敷地周辺に住む公衆に及ぼす遺伝的影響、③防災対策の有効性、の3項目について妥当性を確認することである。しかし、①については後述のように安全目標案が提示されたあとではそれに沿っての見直しが必要であろうし、②については必要性についての再検討が必要であろう。③については、現状は防災対策の対象範囲が敷地内に入っている等、全く規範性のないものになっている。

立地指針は公衆を原子力災害から守るということにおいて最上位の指針である。この指針は昭和39年に策定されたものであるが、その「附記」にはこの指針が当時の知識に基づいて「行政的見地から定めたものである」こと、したがって、「今後ともわが国におけるこの方面の研究の促進をはかり、世界のすう勢も考慮して再検討を行うこととする。」とある。その後、安全目標案が示されていることに加え、シビアアクシデントについての研究成果やレベル3までのPSAの結果も含め、指針の制定以後に参考にすべき情報も大量に蓄積されている。こうした知見に基づいて、立地指針は早急に見直されなければならないと思われる。

6.3.4 評価指針と立地指針における事象分類と判断基準

評価指針[B-7]と立地指針[B-3]は、原子力発電所で起き得る事象を発生頻度に基づいて分類した上で、それぞれの分類に対してそれらがもたらす影響を一定の基準以下に抑えることでリスクの制限を図るものである。これは、3.4節で述べた「事象分類とリスクの適切な抑制」の考え方を、安全審査のための指針として具現したものと言える。以下、それぞれの指針に書かれている「発生頻度に係る記述」と「判断基準に係る記述」を抜き出すと**表6-1**のようになる。

表 6-1　評価指針・立地指針における事象の発生頻度と判断基準に係わる記述[B-3], [B-7]

	事象の発生頻度に関する記述	放射性物質に対する障壁の健全性確保に関する判断基準	公衆の被ばく線量に関する判断基準
運転時の異常な過渡変化	原子炉施設の寿命期間中に予想される機器の単一の故障若しくは誤作動又は運転員の単一の誤操作、及びこれらと類似の頻度で発生すると予想される外乱によって生ずる	・最小限界熱流速比又は最小限界出力比が許容限界値以上 ・燃料被覆管は機械的に破損しない ・燃料エンタルピは許容限界値以下 ・原子炉冷却材圧力バウンダリにかかる圧力は、最高使用圧力の1.1倍以下	
事故	発生する頻度はまれ	・炉心は著しい損傷に至ることなく、かつ、十分な冷却が可能 ・燃料エンタルピは制限値を超えない ・原子炉冷却材圧力バウンダリにかかる圧力は、最高使用圧力の1.2倍以下 ・原子炉格納容器バウンダリにかかる圧力は、最高使用圧力以下	・周辺の公衆に対し、著しい放射線被ばくのリスクを与えない （周辺公衆の実効線量の評価値が5mSvを超えない）
重大事故	技術的見地からみて、最悪の場合には起こるかもしれないと考えられる		敷地境界に人がいつづけるとして、 ・甲状腺被ばく：1.5Sv 全身被ばく：0.25Sv
仮想事故	技術的見地からは起こるとは考えられない		低人口地帯の人について ・甲状腺被ばく：3Sv ・全身被ばく：0.25Sv 人口密集地帯も考えて、 ・全身線量の積算値が集団線量の見地から十分受けいれられる程度に小さい

6. 原子力施設の安全審査と決定論的安全評価

　3.4節の図3-5で、事象分類によるリスクの抑制の概念を示したが、評価指針及び立地指針で安全評価のために想定される事象は、発生頻度によって「運転時の異常な過渡変化」、「事故」、「重大事故」、「仮想事故」に分類される。そして、各分類に属する事象に対しては、発生頻度が高いものほど厳しい判断基準が適用される。

　ここで、判断基準はいずれも事象がもたらす影響（Consequence）について定められているが、これは大別すれば、放射性物質に対する障壁の健全性確保に関する判断基準と、公衆の被ばく線量に関する判断基準から成る。すなわち、事象の発生頻度に基づいての分類と各分類に対する判断基準というアプローチは、公衆の放射線被ばくリスクについて合理的な抑制を図りつつ、放射性物質閉じ込めのために多重に用意されている障壁を、事象の発生頻度に応じて護ろうとするものである。

　ここで、多重の障壁とは、「3.2　原子力施設における基本的安全機能と放射性物質放出防止のための多重の障壁」の図3-1に示した工学的障壁と、原子炉から敷地境界までの距離等である。工学的障壁については、当然、それにかかってくる荷重条件、熱的条件等で判断基準が与えられる。「敷地境界までの距離」なども障壁のひとつであり、それが十分に大きいかどうかは敷地境界における公衆の被ばく線量によって判断される。

6.4　決定論的ルールと確率論的安全評価の関係

　安全審査で用いられる設計指針・評価指針は、決定論的な規制ルールの一部である。本節では、これらのルールと確率論的安全評価（PSA）の間はどんな関係にあるか、私なりの整理を試みる。

　本来、設計指針・評価指針といった決定論的なルールが十分適切なものであれば、原子力施設が公衆に及ぼすリスクは、合理的に、十分小さく保たれるはずである。これに対し、PSAは、そうした安全確保の想定が実態としてどれほどうまくいっているかをチェックする手法である。

　図6-2は、設計指針・評価指針と、設計基準事故・シビアアクシデント、

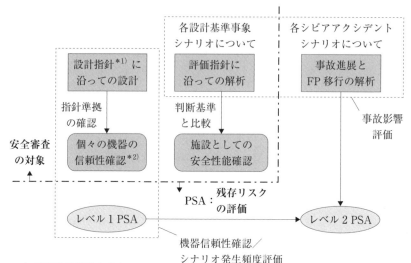

*1) 耐震設計指針も含む。
*2) 外的事象ではハザードも考慮。

図 6-2　設計指針、評価指針とレベル 1、レベル 2 PSA の関係

それに、レベル 1・レベル 2 PSA の関係をまとめたものである。

　図に示すように、安全審査では設計指針に準拠していることの確認によって、個々の SSC が十分な信頼性を有することを確認する。しかし、そうはいっても、ある確率では多重故障の可能性があり、その場合は炉心の損傷につながることもある。多重故障まで考えて、炉心の損傷頻度を計算するのがレベル 1 PSA である。

　安全審査ではまた、各設計基準事象についての解析を行い、それを判断基準と比較し、全ての事象についての解析結果がそれぞれの判断基準を満足すればシステムとしての安全設計は妥当であると判断する。事故解析では単一故障の仮定をするが、これは、各 SSC が十分な信頼性を有するとの前提による。しかし、そうはいっても、前述のようにある確率では多重故障の可能性があり、その場合は炉心の損傷につながることもある。多重故障まで考えて、それによって起き得るシビアアクシデントを対象として、格納容器が破損に至るような

各事故シーケンスの頻度と各事故シーケンスにおけるソースタームを計算するのがレベル2 PSAである。

　規制のルールは、原則として決定論的なものである。これに対して、PSAの結果は、そうした規制ルールの下で設計され運転されている施設が、どれ程の安全レベルを有し、また、どこに弱点があるか、どこは過剰な規制になっているかを示すものである。こうした情報（あとで「リスク情報」と呼ぶ）は、より効果的で効率的な規制ルールを考えるための知見になる。

　PSAの結果をどう規制のルールに反映するかは、「8. わが国における安全目標の設定と利用」と「9.『リスク情報』を活用しての規制」で論じることとする。

6.5　確率論的安全評価と決定論的安全評価の関係

　前節で安全審査指針と確率論的安全評価（PSA）との関係を整理したついでに、本節では決定論的安全評価と確率論的安全評価の両手法の役割の違いについて整理しておこう。4章から6章までに説明したことの「まとめ」の意味があるので、既に説明したことと重複する部分があることはお許し願いたい。

　まず、両手法が一般にどのように使われているかと言えば、決定論的安全評価は安全審査において安全設計や立地条件の妥当性評価に用いられている。そこでは、過渡事象や事故、あるいは重大事故や仮想事故が起きると無条件に想定し、保守的な入力値とモデルに従って解析を行い、その結果を保守的に定めた判断基準と比較して合否判定を行う。一方、通例の「原子力発電所のPSA」では、シビアアクシデントを対象として、事故の発生頻度や事故が起きた時の影響を定量化する。PSAでは一般に保守的な評価でなく最確評価を行うが、入力値やモデルの不確かさが最終結果にどのような影響を及ぼすかを調べる感度解析や不確実さ解析まで実施することも多い。

　ところで、「確率論的評価」は、公衆のリスク（あるいはその一部、もしくはその途中まで）を直接定量化する、いわゆる「原子力発電所のPSA」に限らない。単にそういう評価法であるというだけ。確率論的破壊力学解析による機器・構造物の損傷頻度の評価や、経済的損失の評価等、様々な目的（出力結果）の確

率論的評価があり得る。

しばしば決定論的安全評価と確率論的安全評価の比較がなされ、両手法は相互補完の関係にあると説明する人もいる。しかし、安全解析は確率論的な解析か決定論的な解析か以上に、何の解析なのかが問題である。「炉心損傷の発生頻度」や「構造物の損傷頻度」といった、確率や頻度の定量化なら、「確率論的安全評価」や「確率論的破壊力学解析」といった確率論的解析方法が必要なのは当然である。しかし、ECCS性能評価解析における最高被覆管温度の定量化なら、入力値やモデルをガチガチに保守的に定めての決定論的評価も、それらの不確実さ分布を考慮しての確率論的評価も可能である。

設計基準事象の影響を定量化することと、シビアアクシデントの発生可能性を定量化することは、本来無関係であり、「何を出力する解析か」を無視して「両手法が相互補完の関係にある」ことはない（このため、「6.4 決定論的ルールと確率論的安全評価の関係」において、特定の決定論的安全評価と特定の確率論的安全評価を比較した）。

ここで決定論的安全評価手法について整理しておく。

そもそも原子力施設は、規制上のルール（及び事業者の安全管理上のルール）に従って設計・建設・運転される。これらのルールは、ほとんどの場合、「何々に従って何々すること」と決定論的である。そして、この規制ルールは、従来、専門家の工学的判断によって定められてきた。「決定論的安全評価」は規制ルールのひとつであり、安全審査では、あらかじめ定めた想定事象について、あらかじめ定めた手法でその影響を定量評価した結果を、あらかじめ定めた判断基準と比較して合否判定を行う。

既に述べたことであるが、決定論的評価では常に、「解析の対象とするシナリオ」、「解析の方法」及び「判断基準」がワンセットで示される。施設がある レベルの安全性を有することを確認するのに、どのようなシナリオを評価対象とするのか、不確実さをどこまで考えるか（例えば、保守的な結果を与える評価モデル（Evaluation Model：EM）を用いるのか、最もありそうな結果を与える最確モデル（Best Estimate Model：BE）を用いるのか）で、当然判断基準の値も違ってく

6. 原子力施設の安全審査と決定論的安全評価

る。

　例えば、立地評価では敷地境界までの距離が十分あるか否かを判断するが、このとき、想定するソースタームを n 倍し、判断基準も n 倍しても、結果は同じである。「解析の方法」を定める前に「判断基準」が定められることはない。

　こうした決定論的安全評価によって判断基準を満足した施設は、ルールに従って「合格」となるのであるが、その裏には、「4.2　決定論的安全評価における安全性の判断」に書いたように、すべてのルールを満足した施設は「工学的判断として十分安全」と考えられるからである。

　次に確率論的安全評価について整理しておく。

　「リスク」とは、ある望ましくない事象が起きる可能性（頻度、確率）とそういった事象が起きた時の影響の積であるとする（事象が複数なら積和となる）。原子力施設、特に、原子力発電所が公衆にもたらすリスクは、たとえその発生頻度が十分に小さくとも、設計の想定を超えて炉心が損傷し格納容器が破損する「シビアアクシデント」によると考えられる。だとすれば、公衆がシビアアクシデントによって被ばくする可能性とその時の影響を直接定量化することが公衆の安全の度合いを知る上で最適である。

　実際には、PSA は、事象の一部だけ（例えば内的事象だけ）を対象として、かつ、途中まで（例えば、炉心損傷頻度の定量化まで）の解析が多い。しかし、そもそも原子力安全規制の最大の目的は、原子力施設によってもたらされる公衆のリスクが十分小さいことを確認することである。それであれば、部分であっても、途中までであっても、公衆のリスクの定量化を目的とする PSA の結果は最大の参考情報になるはずである。また、そうであれば、PSA の結果は、現行の規制ルールがどれ程効果的かつ効率的であるかの評価にも利用可能なはずである。

　一方で、規制はイエス、ノーを判断するプロセスである。PSA の基盤は、データ以上に専門家の判断である。機器の故障率にしても、過去の統計が将来に適用可能かという判断に基づいて用いられる。安全審査のような規制の公式

プロセスに直接 PSA を用いると、そこで PSA の基盤である数多くの「専門家の判断の妥当性」を評価することになる。データや手法を一意に定める「決定論的な PSA」を用いない限り、現実的な方法でない。すなわち、PSA の結果は、規制に直接用いるよりも、規制上のルールの妥当性を判断し、その改善に用いるべきである。

確率論的評価の結果を規制に直接用いる例がある。5.3 節で紹介した「実用発電用原子炉施設への航空機落下確率に対する評価基準について」という保安院の内規[B-13]は、ハザード評価段階までであるが、確率論的評価の結果を直接的に規制に使うものである。私はこの内規を定める委員会の主査を務めていたが、内規の使用に関し、次のように説明している[B-14]。

> 「確率とは、将来に起きるかもしれないことの予測結果である。安全評価も将来予測であるから、それに確率値を用いること自体は何の不思議もない。しかし、予測のしかたは人によって異なるので、安全審査のような公式プロセスで「予測であり、従って技術的判断が入り込む」確率値1個1個の妥当性を判断していくのは必ずしも適切でない。このため、今回の基準を策定するに当たっては、審査をする側の保安院が、個々の確率値の求め方も含め、簡便かつ保守性を有する標準的な手法を用意し、申請者側が、データは最新のものに置き換えつつ、この手法で落下確率を評価する場合は手法の妥当性は問わないことにした。ただし、申請者側が、そうでない、より現実的な手法を用いて落下確率を評価することは排除せず、その場合は安全審査の過程で手法についても妥当性を判断することとした。」

なお、この評価基準では、外的事象を設計で想定するか否かの判断基準値として、以前から安全審査の中で「切り捨て基準」として非公式に使われてきた 10^{-7} 回／炉・年という数字を用いているが、この数字と、これよりあとに設定されると予測されていた安全目標との関係については、次のように説明している[B-14] (航空機落下評価基準[B-13]は 2002 年に保安院によって採用され、「安全目標中

6. 原子力施設の安全審査と決定論的安全評価

間とりまとめ」[1-5]は 2003 年に原安委で承認されている)。

「懸念は、ここで定めた判断基準値等がある種の安全目標として取り扱われること。現在、安全目標について、原子力安全委員会等の別な場で議論が進められているが、そういうものがまだ確立していない所で、従来からの切捨て基準を用いてこの基準体系が作られた。これが保守的に過ぎることは関係者は十分理解しており、したがって、決してこれは、安全目標の一部を先取りするものではなく、また、ほかの外的事象の判断基準等に準用されるべきものではないことを明記しておきたい。」

安全解析の結果の利用については、「判断基準」との比較によって可否判断に使う場合と「参考」に留める場合とがある。上述した理由により、一般に、決定論的安全評価の結果は可否判断に用い、PSAの結果は参考に留める。なお、解析なしの判断もあり得る。例えば、ある設計法、例えば設計指針に基づいて設計・製作された機器・構造物は予測される加重に対して十分な信頼性があると判断される。

「安全解析」の最終目標が公衆や従業員の安全であっても、安全解析の最終出力は必ずしも公衆や従業員のリスクそのものではない。例えば、ECCSの性能評価解析の出力は最高被覆管温度や最大被覆管酸化厚であり、また、レベル1 PSAの出力は炉心損傷事故の発生頻度である。ただ、そういう値が十分小さければ、工学的判断として、公衆や従業員の安全が保たれると推測できる。

以上述べてきたことをまとめて確率論的安全評価と決定論的安全評価の違いを端的に述べれば、前者は「知見」、後者は「規則」である。同じように「安全評価」という言葉は使うが、位置づけ及び用途は全く異なる。

例えば、高レベル放射性廃棄物地層処分の分野で「セーフティケース」という言葉がしばしば用いられるが、これは「知見」である。セーフティケースとしていろいろな解析をやってみる、その結果は総合化された「知見」になる。しかし、それを踏まえて、安全審査における公式プロセス(「規則」)として「決定論的安全評価」を行って規制上の意思決定を行うことは別物である。

6.6 高レベル放射性廃棄物地層処分のリスクについて

6.6.1 地層処分にも安全確保のための共通のアプローチが採られるべし

　私は放射性廃棄物の処理・処分の専門家ではないが、高レベル放射性廃棄物地層処分に対する規制のあり方については、議論に加わることがある。地層処分の安全問題は、いかにしてはるか遠い将来の人の安全を確保するかという、安全の論理に係わる問題だからである。

　地層処分を専門にする方と議論すると、しばしば「我々は違うんだ」という主張に遭う。原子炉をはじめとする施設はせいぜい数十年の寿命しかなく、その期間の中での安全を考えればよいが、地層処分は何万年、何十万年も先の人の安全を考えることであること、そのためには設計や管理といったものに頼るのではなく、安定な地層という障壁に頼らざるをえないことなどが理由である。

　そうした具体的な違いがあること自体は良く理解できる。しかし、「2. 安全とは何か、リスクとは何か」で「100円玉の安全」の問題を取り上げたように、安全確保の基本的な考え方は、原子力以外の多くの分野にも共通である。放射性廃棄物の安全だけがまったく違うはずはない。どこまでが共通でどこからが個別の問題か。そういうことを議論すべきと思う。

　一般社会の安全問題をもうひとつ挙げよう。私は茨城県水戸市のマンションに住んでいる。19階建ての17階である。そこによく孫たちが遊びに来る。17階から落ちれば命はない。

　孫（危険を受け得る人）と奈落（危険を及ぼし得るもの）とを離隔するのは、ベランダの柵（障壁）である。ここでも、大事なのは安全設計と安全管理である。柵は、もちろん孫には乗り越えられない高さでないといけないし、供用期間中に受けるであろう環境条件・荷重条件に十分耐えなければならない。雨水があたってさびてぼろぼろになっては困るし、人がぶつかったら壊れるようでは困るのである。当然、そういうことを考えた設計になっているはずである。また、ベランダに踏み台などを置いておくのも危険極まりない。そういうことがないようにするのが安全管理である。

地層処分の問題も、基本的には同じように考えられるであろう。将来の人（危険を受け得る人）と地層深部の高レベル廃棄物（危険を及ぼし得るもの）とを隔離するのは、ガラス固化体、ステンレス製のキャニスター、金属容器であるオーバーパック、粘土の緩衝材といった人工バリアと、地層という天然バリアである。これも、多重障壁である。

安全設計に関しては、人工バリア、天然バリアといった障壁は、供用期間中に受けるであろう環境条件・荷重条件を考慮した上で放射性物質が地上に届くのを抑制するものでなければならないし、安全管理はこうした障壁をバイパスして人が廃棄物に接近するシナリオを阻止するものでなければならないはずである。

地層処分では、廃棄物を地層深部に埋めた後で坑道を閉鎖するのだが、安全確保の考え方としては、以前は、「地層深部に埋めてしまえば忘れてしまっても十分安全」、「ゴミだから捨てて、その後は忘れるのは普通のこと」、といったものもあった。だから「閉鎖後の制度的管理は不要」とか、「人工バリアは（いずれ劣化してしまうから）長期の安全確保には無関係」といった話もあった。しかし最近ではこういう極論は少なくなってきたように思われる。

閉鎖後の長期間にわたって、人工バリア、天然バリアといった障壁はどれほどの健全性を有しなければならないか（安全設計のあり方）、また、接近シナリオを確実に防止するためにはどのような制度的管理が必要か（安全管理のあり方）は関係者にとって大事な検討課題となっている。

6.6.2 人工バリア、天然バリアの役割と設計要件について

放射性廃棄物処分施設の安全設計では、人工バリア、天然バリアを組み合わせた多重の障壁を用意することになっている。しかしながら、これらの障壁がどのような役割を持つのか、それらの設計はどのような要件を満足すべきかは必ずしも明瞭に整理されていない。

まず、逆順であるが、天然バリアの役割について。単純に整理すれば、天然バリアには2つの役割がある。1つは、人工バリアが破れた後に、かなりの吸

着性によって被ばく線量を下げるだろうということ。もう1つは、非常に分厚い層だから接近シナリオを多分妨げるだろうということ。こういう随分違った役割があると思われる。

このうち前者は、多くの関係者が（私から見れば過大なほどに）注目している問題である。すなわち、人工バリアはいずれ（1千年後あたり？）に閉じ込め機能を失うであろうとの想定の下、その後（数十万年後まで？）廃棄体から滲み出してくる放射性物質は、安定かつ受動的な障壁である天然バリアによって吸着され、地上に届く割合はごく小さなものとなるから、地上の人の被ばくは十分小さくなるというものである。

このこと自体には異論はないが、さて、その前提はというと、以下のような疑問が生じてくる。

- 「人工バリアはどうせダメになる」という想定は許容されるか？ 人工バリアは、多重の障壁の構成要素だったはず。はじめからそれに閉じ込めを期待しないというのは論理矛盾ではないか？
- 人工バリアの健全性についてのモニタリングはしないのか？モニタリングの技術も長い年月の間には現時点では想像できないほどに進歩するのではないか？（1千年前の人は人体の中を覗くことはできなかったが、現在の人はスカスカ覗いている。）人工バリアが閉じ込め機能を喪失したとわかったとき、放射性物質が地層中に滲み出し、地層を汚染しながら地表に近づいてくるのを何もしないで見ているのか？

天然バリアのもうひとつの役割は、接近シナリオの防止と思う。しかしこれも、現在の技術を前提に考えれば地下深部に接近するのは容易でないであろうが、将来の技術進歩を考えたときもそうなのかには疑問が残る。この問題は「6.6.4 接近シナリオの評価は可能か」で論じることとする。

さてそれでは、人工バリアの役割は何か。私などはごく単純に、原子炉における燃料ペレット、被覆管、圧力バウンダリ、格納容器と同じように、放射性

物質を閉じ込める障壁であると考える。そして、そのこと自体は、地層処分を専門にしている人たちも、多分、同じように認識している。

しかしながら、人工バリアを多重の障壁の一部と考えるならば、それらは「どうせダメになる」と考えてはいけないはずである。安全を担保する障壁は、「6.3.2 設計指針と評価指針」に述べたように、「供用期間中に受けると考えられる環境条件、荷重条件（通常運転の状態のみならず、想定される異常状態を含む）下で、それらの安全上の重要度に応じ、所定の機能を果たす」ことが求められるはずである。マンションのベランダが１か月で腐食してぼろぼろになるとしたら、「安全を担保する障壁」ではない。

「供用期間」を数十万年と考えるなら、その期間健全性を保つ人工バリアなど考えがたい。そうであるならば、ひとつの考え方は、「地層処分における放射性物質閉じ込めのための障壁は天然バリア１層だけである」と割り切ることであるが、「人工バリアは不要」とはなるまい。それなら、「当面１千年程度を供用期間とし、人工バリアで閉じ込めを図る」とした上で、次の「6.6.3 閉鎖後の制度的管理について」で紹介する国際的な合意に従って、環境中への放射性物質の計画外放出が検出された場合は、必要に応じ介入措置を採る」のではないかと思われる。

人工バリアについては、その設計にどのような安全要求が課せられるべきなのか、人工バリアの設計の妥当性はどのような安全評価手法及び判断基準によって確かめられるべきなのかについては議論が進んでいない。それから、もっとわからないのは人工バリアの要件である。人工バリアはそもそも何のためにあるのか、どういう性能をどれくらいの期間保てばいいのか、それはなぜなのか、こういうことを整理するのも事業者、規制者、安全研究者の役割であると思う。

6.6.3 閉鎖後の制度的管理について

規制は行政行為であるから、当然法規に基づいてなされる。それでは、高レベル廃棄物地層処分に係る「制度的管理」について、どのような法規があるだ

ろうか。

　わが国は IAEA の「使用済燃料管理及び放射性廃棄物管理の安全に関する条約（Joint Convention on the Safety of Spent Fuel Management and on the Radioactive Waste Management)」(以下、「合同条約」)[F-6] に加盟している。これは国際条約であるから、わが国の国内法、IAEA の国際基準、安全委員会審査指針等の上位に位置する文書である。その中には、閉鎖後の制度的管理について明瞭な記述がある。
　合同条約第 17 条「閉鎖後の制度的措置」(Article 17. Institutional Measures after Closure) には以下の記述がある。

> 各加盟国は処分施設の閉鎖後において以下を確認するために適切な手段を講じること。(Each Contracting Party shall take the appropriate steps to ensure that after closure of a disposal facility:)
> (i) 当該施設の位置、設計及びインベントリ（注：放射性物質の量）に関する記録で、規制当局に要求されるものは、保存すること。(records of the location, design and inventory of that facility required by the regulatory body are preserved;)
> (ii) モニタリングや接近制限等の能動的あるいは受動的な制度的管理が、要求に応じ実施されること。そして (active or passive institutional controls such as monitoring or access restrictions are carried out, if required; and)
> (iii) もしも、能動的制度的管理のいかなる期間においても、環境中への放射性物質の計画外放出が検出された場合は、必要に応じ介入措置が採られること (if, during any period of active institutional control, an unplanned release of radioactive materials into the environment is detected, intervention measures are implemented, if necessary.)

　すなわち、記録の管理や、必要に応じてのモニタリングや接近制限は既に国際条約による義務になっている。

6. 原子力施設の安全審査と決定論的安全評価

それでは、わが国の法規はどうなっているであろうか。ひとつは2007年6月に改正された「特定放射性廃棄物の最終処分に関する法律」[B-21]である。この法律は、「発電用原子炉の運転に伴って生じた使用済燃料の再処理等を行った後に生ずる特定放射性廃棄物（注：高レベル放射性廃棄物に相当）の最終処分を計画的かつ確実に実施させるために必要な措置等を講ずる」ためのものである（「安全の確保のための規制については、別に法律で定める」としている）。

その第18条には次の記述がある。

「前条の場合（注：当該最終処分施設の状況が経済産業省令で定める基準に適合していることについて、経済産業大臣の確認を受け、当該最終処分施設を閉鎖する場合のこと）において、機構は、当該最終処分施設に関し経済産業省令で定める事項を記録し、これを経済産業大臣に提出するとともに、その写しを当該機構の事務所に備え置き、公衆の縦覧に供しなければならない」

「経済産業大臣は、前項の規定により提出された記録を永久に保存しなければならない。」

また、第21条には次の記述がある。

「経済産業大臣は、機構の申請があった場合において、最終処分施設を保護するため必要があると認めるときは、その最終処分施設の敷地及びその周辺の区域並びにこれらの地下について一定の範囲を定めた立体的な区域を保護区域として指定することができる」

「保護区域内においては、経済産業大臣の許可を受けなければ、土地を掘削してはならない。ただし、機構がその業務として行う土地の掘削については、この限りでない。」

すなわち、記録の永久保存や土地の掘削制限（いずれも、制度的管理）は国内法の要求にもなっている。

一方、原子炉等規制法の下位規則である「核燃料物質又は核燃料物質によって汚染された物の第一種廃棄物埋設の事業に関する規則」[B-22] の「第 58 条（廃棄物埋設施設の定期的な評価等）」には次の記述がある。

　「 第一種廃棄物埋設事業者は、……許可を受けた日から二十年を超えない期間ごとに、廃棄物埋設地について、次の各号に掲げる措置を講じなければならない。
　一 最新の技術的知見を踏まえて、核燃料物質等による放射線の被ばく管理に関する評価を行うこと。
　二 前号の評価の結果を踏まえて、廃棄物埋設施設の保全のために必要な措置を講ずること。」

　こちらには、（閉鎖後にまで適用されるとは記載されていないが、）定期的な安全の評価（Periodic Safety Review：PSR）とそれを踏まえての必要な措置が明記されている。
　寿命数十年の原子炉の規制でも、PSR という枠組みを用いての新知見の反映は重要なものとなっている。まして、超長期の安全を確保する必要がある廃棄物処分では、PSR は安全審査時の安全評価以上に重要な役割を持ち得ると思われる。

　以上述べてきたように、廃棄物地層処分においても、制度的管理は既に国際・国内の法的要求事項である。現在わが国では地層処分についての規制のあり方が議論されているが、超長期の安全確保のためには合理的かつ効果的な制度的管理が考えられねばならないはずである。具体的にどのような制度的管理がなされるべきかについて、今後活発な議論がなされることを期待している。

6.6.4 接近シナリオの評価は可能か
(1) 余裕深度処分に関する原子力安全委員会の報告書

原安委は 2010 年 4 月に「余裕深度処分の管理期間終了以後における安全評価に関する考え方」[B-23] なる報告書を公刊している。この報告書がそもそも、①余裕深度処分という特定の廃棄物に対する特定の処分方法にのみ当てはまる考え方なのか、それとも、②高レベル廃棄物地層処分にも援用されるという前提でまとめられたものかは、報告書を読んでも理解しがたいが、もし後者であれば、ずいぶんと先祖がえりした議論であると感じられる。

同報告書 8.2 節には、「ボーリングシナリオの設定」での評価条件とその様式化に関し、「具体的に、観察するコアの長さ・コアの直径、観察時間等は、それらに関する現状の科学技術的知見に基づき様式化し、設定することとする」とある。しかし、このような仮定の下での評価は、いったいだれの評価をすることになるのであろうか。

「2. 安全とは何か、リスクとは何か」で佐藤一男の『原子力安全の論理』を紹介したが、そこで、原子力安全の問題は「何が誰に対して及ぼすどのような危険かを明瞭にしてはじめて、危険への対処のあり方やその受容について議論ができる」としたことを思い出して欲しい。「危険を受け得る人」の定義無しには、安全評価は成り立たないのである。

もし現在の技術を基にして今から 2 千年後の人の安全を評価できるとするなら、今から 1 千年前の技術を基にして今から 1 千年後の人の安全を評価できるはずである。1 千年前、何か危険物を土中に埋めて隔離しようとしたとする。ボーリングという技術そのものがなかったのだから、鋤や鍬という技術を前提に評価すれば、せいぜい 5 メートル程度しか掘れない、だから安全、となる。

余裕深度処分報告書でいうボーリングシナリオとは、現在の技術が大幅には変わらない時間スパンの中で、誤ってボーリングして被ばくすることの評価である。それは、現在の人、あるいは、極めて近未来の人の安全を評価することで、そういう評価も必要条件にはなるが、遠い将来の人の安全を評価することにはまるでならない。

国際合意においてもわが国の法規においても、廃棄物の処分にあたっても、定期的な安全レビュー（PSR）の実施が求められている。PSR はもともと、①当該施設で生じた事象（トラブルや劣化等）のレビューと、②当該施設の外で起きた新知見（技術の進歩や法令の変更等）を施設の安全見直しに反映することである。

　廃棄物処分との関係で言えば、ボーリングの技術が進歩したり、あるいは、まったく新しい掘削法が発明されたりしたときは、それを考慮に入れて評価を見直さねばならないはずである。

　また、モニタリング技術に関して言えば、1千年前の人は自分の体の中を見る技術を持っていなかった。レントゲンも、エコーも、内視鏡もなかったのである。現在の人が地中深くの廃棄物を直接観察することは困難であるが、千年後にはすかすか見えるようになっているかも知れない。人工バリアが破損して廃棄物の漏出が見えた時、廃棄物が土中を汚染しながら滲みだしてくるのを、ただじっと待っているのだろうか。当然、何らかの対応を採るのではないだろうか。

　国際合意もわが国の法規も、データの保存その他の制度的管理を行い、施設自身に、あるいは施設の外部環境に、何らかの変化があった場合は PSR を用いて必要な対応をすることになっているのであるから、わが国の規制も当然そうした考え方に沿うべきである。

(2) **意図的接近シナリオの除外について**

　余裕深度処分報告書8.1節には「人為事象については、……意図的な行為については、国際的にも安全評価の対象とはしていないことから、……偶発的な行為を評価の対象とする」とある。

　確かに、施設についても、戦争やテロのような意図的な人為事象は、一般には安全審査での安全評価の対象からは外される。しかしながら、「6.3.3　立地指針」の項で述べたように、その理由は、これらのリスクが小さいからではない。ハザードの評価が困難であること、また、戦争やテロを前提とすれば、そうした意図的破壊活動の対象は原子力施設に限らず、判断基準の方も変わり得

6. 原子力施設の安全審査と決定論的安全評価

るからだと思われる。これらの外的事象については、（安全審査とは別なところで）「別途対処する」ことによりリスクを十分小さくしなくてはならないのである。

このことは高レベル放射性廃棄物地層処分にも当てはまる。放射性廃棄物は汚い爆弾（Dirty Bomb）の材料になり得るから、それが悪意によって意図的に掘り出されるようなことがあってはならない。しかし、何10万年といった超長期の未来における掘り出し技術など予想もつかないから、安全評価によって将来のテロのリスクを評価することは不可能である。したがって、テロに対してはその時々の技術レベルに合わせて「別途対処する」ことが必要である。すなわち、高レベル放射性地層処分に関して、「制度的管理は必要ない」という主張は成り立たない。

エピソードをひとつ。ずっと以前、原安委の廃棄物関係の委員会に部外協力者として出席したことがある。その席で、「意図的な接近」の話を持ち出した。そうしたら、出席者の一人が、「そんなのは警察の仕事だっ！」と叫んだ。

そう、たぶん、警察の仕事である。しかし、警察による治安の維持ほど典型的な制度的管理はあるまい。

安全評価で意図的接近シナリオを除外すること自体は適切であるが、それは制度的管理が前提であることを忘れてはならないのである。

（注：規制委による新規制基準の策定において、廃棄物埋設施設を規制の対象から外せるためには「意図的な接近まで考えても十分安全であること」となった。私の判断では、これにより、原安委の「余裕深度処分の管理期間終了以後における安全評価に関する考え方」は否定されており、既に規制上の規範ではなくなっている。この問題は本書第2部「18.3.1　安全研究のあり方　（4）廃棄物処分に係る『土の研究』」において説明する。）

7. 技術に伴う事故やリスクとその受容性

7.1 技術のもたらす光と陰

本章では、原子力のみならず、他の技術分野も対象として、技術がもたらすリスクとその受容性について論じる。

実は、本章の記述は、私が1995年に書いた報告書[A-1]の一部をほぼそのまま用いたものである。この時の報告書は、1990年くらいまでの事故事例と平成3年の厚生省統計に基づいたものであるが、7.1節及び7.3節の記述の内容自体はほとんど古くなっていないので、これはほぼそのまま使うことにした。

7.2節は、事故例と既存リスクの情報についての紹介であるが、これは、安全目標に係るパネル討論（8章で記述）の際に原子力安全委員会（原安委）事務局が用意した資料[I-2]と、原子力安全基盤機構（JNES）が何年か前に実施した類似の調査の報告書[H-6]に基づいて、その時点での情報に書き変えた。事故は起き続けているし、それを統計処理したリスク情報も少しずつ変わっているので、本来最新の情報に書き換えるべきなのであるが、今はこうした事例調査にまったく係わっていないので、これもそのまま使うことにした。

現在の社会は高度に技術革新の進んだ社会である。私達は、技術によってもたらされた豊かさを享受している。

技術は、私達の生活のあらゆる分野を支えている。工業生産の現場では、省力化・精密化等の技術が進み、ロボットの採用も見られる。農業においては、品種の改良や化学肥料・農薬の利用により生産性が向上すると共に、農耕機械の普及により省力化も進んでいる。輸送に関しては、高速輸送・大量輸送のための手段も、あるいは、救急車等特殊な用途のための手段も用意されている。私達の家庭生活においても、電気製品は溢れるばかりである。こうした様々な技術によって、私達は一昔前とははるかに異なった豊かな生活をしている。

しかしながら、あらゆる技術には負の部分がある。環境の汚染、事故のおそ

7. 技術に伴う事故やリスクとその受容性

れ、有限な資源の消費等である。農薬を使えば、残留農薬が健康に及ぼす影響を考えねばならないし、農薬工場の事故で環境が汚染される心配もある。交通手段には常に事故がつきまとうし、大気汚染ももたらしている。電気についても、使用する人が感電するおそれもあるし、原子力発電所で事故が起きる心配や、火力発電所から放出される二酸化炭素による地球の温暖化の心配もしなければならない。かといって、技術を捨てれば、私達は技術によって得られている豊かさも捨ててしまわなければならなくなる。

　技術が社会に受け容れられるためには、技術のもたらす正の部分（便利さや快適さ）に比べて、それが同時にもたらす負の部分（環境汚染や事故）が十分に小さくなくてはならない。実際、これまでの技術は、この条件を満足したからこそ、社会に受け容れられてきた。

　しかし、実際には、便利さや快適さとそれに対する環境汚染や事故のおそれのどちらが相対的に大きいかを科学的に比較することは極めて困難である。便利さや快適さを数量的に表すことは簡単にはできないし、また、できたとしても、多分、人によってずいぶん違った値になるであろう。

　環境汚染や事故のおそれの方は、例えば環境中の有害物質の濃度とか人の死亡確率といったように、まだしも数字で表し易いものである。しかしながら、環境汚染と事故のおそれのどちらを重視するか、またどの程度の値ならしかたがないと考えるかは、やはり人によって大分異なるであろう。

　人が、ある技術を受け容れて良いと考えるかどうかは、その人の置かれている時代や環境によっても変わる。例えば、豊かな社会であればある程、人の命はより重視される。また、車がごく少数しかなかった時代には、1台当たりの事故率や死亡率は今よりはるかに高かったにもかかわらず、今ほど安全性は重視されなかった。一般に、技術が普及して台数が増えると、より高い安全性が要求されるのである。

　それから、誰が便益を受け、誰が汚染や事故の心配をしなければならないかという問題がある。例えば、ある人がタバコを吸う時、その人はタバコを吸う楽しみと同時に肺がんになる危険性も負う。しかし、その隣の人は、まったく楽しみもなく危険性だけ負うことになる。この2人は、喫煙の習慣（これは技

術ではないが) を受け容れるかどうかについて、随分違った意見を持つであろう。

本章は、社会が技術を受け容れることについてまとめたものである。主に原子力発電所を例にとっているが、先に述べたように、電気がもたらす豊かさ等の評価は困難であるから、もっぱら負の部分、特に、事故がもたらす危険について検討している。

7.2 節では、種々の技術分野の事故事例を紹介すると共にそれらのリスクを比較する。7.3 節では、リスクの受容性について検討する。

7.2 技術に伴うリスク

7.2.1 種々の技術分野の事故事例

この項では、種々の技術について、どのような事故が起きているのかを見ていくこととする。原研、原安委、JNES は、原子力以外の分野の事故についても分析してきている。

原研が他の技術分野の事故例を集め始めた経緯を述べておくと、1986 年 4 月のチェルノブイリの事故のあとで、当時の科学技術庁から、この事故に鑑みて、しかし、原研の一般予算ではやりにくい調査研究の提案はないかと尋ねられた。

チェルノブイリの事故の前には、1985 年 8 月の日航ジャンボ機の御巣鷹山への墜落事故、1986 年 1 月のスペースシャトル・チャレンジャー号の爆発事故が起きていた。他の分野の事故は、具体的な内容はもちろん違うのだが、私には大きな事故は何かとても似通ったものがあると感じられた。このため、様々な技術分野における巨大システムの事故の比較分析をしてみたいと提案し、採用してもらった。各分野の専門家に集まってもらって事故の事例を紹介していただき、それを横並びで整理した[H-4]。

後には、この事故例調査と次の 7.2.2 項で述べるリスク比較は、わが国で安全目標を設定するための研究に位置づけた。その結果を 1995 年にレビュー報告書[A-1]にまとめたことは前述のとおりである。

2000 年に原安委が安全目標専門部会を設置したあとは、こうした調査は原

7. 技術に伴う事故やリスクとその受容性

安委事務局に引き継がれた[I-3]。その後は JNES が同様調査を継続している[H-6]。

表7-1 は、原安委事務局が安全目標の検討の際に用意したもの[I-3]で、種々の技術分野で過去に起きた代表的な事故の例を示している。私の作った表[A-1]は1990年ごろまでの事故例を集めたものであるが、原安委の表は、それに1990年代の事故例を追記したものである。以下、この表より後の重要事例（JNES の調査結果[H-6]）も含めながら、技術分野毎の事故事例を簡単に紹介する。

航空の分野では多数の死者を出す事故がしばしば起きている。これまでに1事故で最大の死者を出したのは、1977年3月27日にカナリア諸島テネリフェ島の空港で起きた事故である。離陸しようとしていた2機のジャンボ機が衝突して炎上し、583人が死亡している。これに次ぐ死者を出したのは、1985年8月12日の日航ジャンボ機の圧力隔壁破損による墜落である。奇跡的に生き残った4人を除く520人が犠牲になっている。

1986年8月31日には、ロサンゼルス近くでアエロメヒコ航空のDC9型機が自家用小型機と空中衝突し墜落した。この事故の死者数は81人であるが、その中には地上にいて巻き添えで死亡した15人が含まれている。1992年10月4日には、オランダのアムステルダムで貨物機B747機が高層アパートに墜落し200人以上の死者を出している。2000年7月の超音速旅客機コンコルドの墜落事故でも、乗員・乗客以外の人が亡くなっている。航空機は、乗員・乗客だけでなく、無関係の人にもリスクをもたらすことを示す例である。

1988年6月26日には、フランス東部のバスル・ミュルーズで開かれた航空ショーで、デモンストレーション飛行中のエアバスA320型機が墜落・炎上し、死者3名負傷者50名を出している。この飛行機は技術革新の最先端を行くもので、パイロットのミスを防止する「プロテクション機能」が初めて採用されていたが、機長は自分の技量を見せようとしてプロテクション機能を切った上で超低空飛行を行い、事故を起こしてしまったものである。1994年4月26日の台湾・中華航空エアバス機の名古屋空港墜落事故では、着陸に失敗して264人が死亡したが、事故原因は、操縦士の機体特性の理解不足やエアバス機の複雑な操縦など12の要因が絡み合って起きた複合事故とされている。航空機事

表7-1 種々の技術分野での重大な事故の例[1-3)]

〈航空〉
1985年8月12日	日航ジャンボ機墜落	520人死亡
1992年12月4日	蘭アムステルダムダム付近でB747機が墜落(アパート直撃)	200人以上死亡
1994年4月	台湾・中華航空エアバスが名古屋空港に着陸失敗	264人死亡
1996年7月17日	米ロングアイランド上空でB747機、空中爆発	212人死亡
1996年11月12日	インド・ニューデリー上空でB747機、空中衝突	350人死亡
2000年7月25日	エアフランス・コンコルド機墜落	113人死亡
2001年11月12日	米エアバスA300が住宅密集地に墜落	265人死亡

〈宇宙〉
| 1986年1月28日 | 米国スペースシャトル・チャレンジャー号爆発 | 7人死亡 |

〈海運〉
1986年8月31日	黒海でソ連の客船と貨物船が衝突	705人死亡
1987年12月21日	フィリピンでフェリーが石油タンカーと衝突	4,000人以上死亡
1989年3月24日	エクソン・バルティーズ号、アラスカ沿岸で座礁	(海洋汚染)
1990年4月7日	ノルウェー・オスロ沖でフェリー火災	208人死亡
1993年1月5日	スコットランド・シェランド諸島沖タンカー座礁	(海洋汚染)
1997年1月	日本海でナホトカ号油流出事故	(海洋汚染)
2000年8月14日	ロシアの原子力潜水艦クルスクがバレンツ海で沈没	118人死亡

〈鉄道〉
1985年1月13日	エチオピアで峡谷に列車転落	418人死亡
1987年11月18日	ロンドンで地下鉄駅火災	31人死亡
1988年3月24日	上海で列車衝突	29人死亡
1988年6月27日	パリで列車衝突	59人死亡
1991年5月14日	信楽高原鉄道列車衝突	42人死亡
1999年8月2日	インドガイサル駅構内列車衝突、脱線、炎上	500人以上死亡
2000年3月8日	営団地下鉄脱線事故	5人死亡
2000年11月11日	オーストリアでケーブルカーのトンネル内火災	155人死亡

〈化学〉
1984年12月2日	インド・ボパールのユニオンカーバイド化学工場で事故	2,000人以上死亡
1986年11月1日	スイス・バーゼル化学会社火災	ライン川汚染
1991年12月22日	泉佐野市食用油工場爆発	8人死亡

〈石油・ガス〉
1988年7月6日	北海油田爆発火災	160人死亡
1989年6月3日	ソ連パイプライン漏洩による爆発	645人死亡
1992年4月22日	メキシコ・グアダラハラ市石油配管爆発	205人死亡
1992年10月16日	富士石油袖ヶ浦製油所爆発	10人死亡
1995年3月12日	インド・マドラス市LPG配管爆発	120人死亡
1995年4月28日	韓国Taegu市でガス爆発事故	100人死亡
1995年6月29日	韓国ソウル市で石油配管爆発	500人死亡

〈ダム〉
1975年8月5日	中国Shimantan、Banquianoダム決壊	86,000人以上死亡
1976年	米国Big Tomsonダム決壊	144人死亡
1979年11月8日	インドMachhu IIダム決壊	2,500人死亡
1980年9月18日	インドHakudダム決壊	1,000人死亡
1991年7月29日	ルーマニアBelciダム決壊	116人死亡
1993年8月27日	中国Gouhouダム決壊	1,250人死亡

〈原子力発電所〉
1979年3月28日	米国スリーマイルアイランド原子力発電所で炉心溶融事故	
1986年4月26日	ソ連チェルノブイリ原子力発電所で原子炉爆発事故	31人死亡
1999年9月30日	JCOウラン加工工場臨界事故	2人死亡

7. 技術に伴う事故やリスクとその受容性

故の原因の約7割はヒューマンファクターによるものといわれるゆえんである。

このほか、戦争やテロによる航空事故として、1983年9月1日のソ連戦闘機による大韓航空機の撃墜、1987年11月29日の北朝鮮工作員による大韓航空機の爆破、1988年7月3日の米イージス艦によるイラン航空機の撃墜などがある。

海運の分野では、客船やフェリーの衝突や沈没で多数の死者が出ている。1986年8月31日には、黒海でソ連の定期客船が同じソ連の大型貨物船と衝突し、船体が真っ二つに折れて沈没した。原因は両船の安全航行規則違反である。事故発生時刻が深夜11時15分頃だったこともあり、死者・行方不明者は705人に上った。

1987年3月6日には、ベルギー・ゼーブルッヘ港を出た英国の貨客フェリーが沈没し、188人の死者・行方不明者を出した。車を搬入するための開口部のドアが完全に閉まっていなかったのが原因である。

1987年12月20日には、フィリピンで内航フェリーが石油タンカーと衝突し、タンカーの爆発によって両船とも炎上し、沈没した。フェリーの旅客定員は1,493人であったが、実際にはそれをはるかに上回る乗客が乗っており、死者・行方不明は4,000人以上になると見られている。開発途上国では、こうした、安全を軽視したフェリーの運航が見られ、例えばバングラデシュでは、1986年のフェリー事故だけ見ても、3月200人死亡、4月400人死亡、5月400人死亡、7月100人死亡、8月500人死亡、9月100人死亡、10月200人死亡と、毎月のように大事故が起きている。

1990年4月7日には、デンマークの豪華フェリー「スカンジナビアン・スター号」がノルウェーのオスロ沖で火災を起こし、死者・行方不明者合わせて208人の事故になっている。

原子力潜水艦関係でも、2000年8月、ロシアのクルスク号がバレンツ海で沈没し、118人が死亡している。

船舶の事故では、この他に、タンカーの衝突や座礁による原油の流出で海洋汚染につながっているものがある。1989年3月24日にはアラスカで巨大タン

カーが航行中に座礁し、原油約4万3千キロリットルが流出した。事故当時船長は酒に酔っていたことが判明し、後に解雇されている。この事故は、ラッコなどのほ乳類や水鳥、また魚貝類に大きな打撃を与えている。他にも、1993年1月5日のスコットランドのシェトランド諸島沖でのタンカー座礁などがある。日本でも、1997年1月に起きたロシア船ナホトカ号の原油流出事故では、福井県沿岸を中心に1府8県の海岸部を汚染し重大な影響を与えた。

　鉄道輸送の分野では、1981年6月にインドで列車が川に突っ込み、約800人が死んでいる。また、1985年1月13日には、エチオピアで列車が脱線して渓谷に転落し、418人が死亡したと伝えられている。1987年11月18日には、ロンドン市内最大の地下鉄ターミナル、キングスクロス駅で火災が発生し、31人が死亡、71人が負傷している。
　1988年3月24日には、上海市郊外で高知市の高校の修学旅行生らを乗せた急行列車が別な列車と衝突し、29人が死亡、103人が負傷している。事故の背景には、開放経済による交通量の増加に老朽化した設備や貧弱な通信手段では対応できなかったことや、生産性を第一に考えて人員削減や機構合理化を進めたため、現場の士気が低下していたこと等が挙げられている。また、1988年6月27日には、パリのリヨン駅で停車中の通勤電車に別な通勤電車が衝突し、死者59人、負傷者38人の事故になっている。1998年6月3日には、ドイツで高速鉄道ICEの脱線・転覆事故が起き、101人が死亡し、88人が重傷を負っている。2003年2月18日には、韓国大邱市の地下鉄で放火による火災事故があり、192人が死亡、148人が負傷した。
　国内でも、1991年5月14日の信楽高原鉄道での正面衝突事故で42人が死亡、450人以上が負傷した。2000年3月8日には、営団地下鉄日比谷線で脱線事故が起き、5人が死亡、63人が負傷している。2005年4月25日には、JR西日本福知山線で脱線事故が起き、1～2両目の車両が線路脇のマンションに衝突／大破して、運転士1人と乗客106人が死亡、乗客562人が負傷している。
　ケーブルカーでは、2000年11月11日、オーストリアでケーブルカーのトンネル内火災が発生し、155人が死亡している。

7. 技術に伴う事故やリスクとその受容性

　宇宙開発の分野では、1986 年 1 月 28 日のスペースシャトル・チャレンジャー号の爆発事故がある。事故の直接の原因は、燃料漏れを防ぐための O リングという部品が寒波の中で機能を果たさず、そこから出た炎が燃料タンクに着火し爆発したことである。しかし、根元的な原因は、O リングの低温での性能に問題があることがあらかじめ認識されていたにもかかわらず、それを無視して打ち上げを強行した、国家航空宇宙局（NASA）の管理体制にあったとされている。死亡した 7 人の宇宙飛行士の中には、初の民間公募によって選ばれ、宇宙からの授業を行う予定だった女性高校教師も含まれており、全米に大きな衝撃を与えた。

　2003 年 2 月 1 日には、スペースシャトル・コロンビア号の空中分解事故で搭乗員 7 人が全員死亡している。事故の直接原因は、打ち上げ時に断熱材が破片となって落下し、機体の耐熱タイルが損傷したため、大気圏再突入時の高温に耐えられなかったことにある。ここでも、根源的な原因は NASA の安全意識の欠如にあるとされた。チャレンジャー事故後の対応が不十分であったことになる。

　化学工場では時々大きな事故が起きている。特に、農薬工場での事故に深刻なものがある。

　古くは 1976 年 7 月 10 日に、イタリア・セベソの農薬工場で暴走反応による爆発事故が生じ、猛毒物質ダイオキシンを吹き上げて広範な地域が汚染された。直接の死者はなかったものの、家畜 2,178 頭が死亡し、8 万頭余りは汚染のために屠殺され、住民は強制的に立ち退かされた。

　1984 年 12 月 2 日には、インド・ボパールの農薬工場からこれも猛毒のイソシアン酸メチルが漏洩した。住民の 2,000 人ないし 3,500 人（文献により異なっている）が死亡し、20 万人余りが障害を受けるという大事故になっている。

　また、1986 年 11 月 1 日には、スイス・バーゼルの化学会社の農薬倉庫等で火災が発生した。直接の死傷者はなかったものの、大量の消火用水とともに農薬などの化学薬品が流出してライン川を死の川に変えてしまった。その後ライン川の生態系は急速に回復したが、それは、汚染物が北海に流されてしまった

143

からである。

　石油・ガス関係では、1988年7月6日に北海油田で爆発・火災事故が発生し、従業員160人が死亡している。
　1989年6月3日には、旧ソ連バシキール共和国でパイプラインから漏れたLPGが大爆発を起こし、2本の旅客列車が爆発に巻き込まれて、死者645人、負傷者706人という大惨事になった。老朽化したパイプラインが損傷し、LPGが漏洩して渓谷部に充満したところへ列車が通りかかって、パンタグラフの火花によって引火したものである。この付近の住民は事故の数日前からパイプラインの漏洩に気づいており、その連絡もされていた。ずさんな施設管理や安全性の軽視といった、旧ソ連の官僚主義がもたらした事故であると言われている。

　ダム（水力発電用や多目的用）の決壊による事故も起きている。中国で1975年に起きたダムの決壊事故では数万人が死亡している。大規模なダムの決壊事故は、近年は先進国では少なくなり、途上国の方で多く発生している傾向にある。

　原子力発電所に関しては、古くは1957年10月8日に、英国ウインズケールのプルトニウム製造炉で火災が発生し、周辺公衆の被ばくや土地の放射能汚染を引き起こしている。1979年3月28日には、米国スリーマイル島の加圧水型原子力発電所で、原子炉の炉心が溶融する事故が発生している。また、1986年4月26日には、旧ソ連チェルノブイリのソ連型原子力発電所で核分裂反応の暴走事故が起きた。この事故の直接の死者は、消火活動を行った消防士を中心に31人であるが、周辺公衆の放射線被ばくによる後遺障害が心配されている。
　わが国の原子力施設における放射線被ばくによる死亡事故としては、1999年9月30日に発生したジェイシーオー（JCO）ウラン加工工場臨界事故がある[D-6]。この事故では、従業員2名が死亡した。周辺住民等多数の人が被ばくしたが、住民の健康に直接影響を及ぼすものではなかった。

7. 技術に伴う事故やリスクとその受容性

わが国のその他の事故例としては以下のようなものがある[F-8]。1995年12月8日に旧核燃料サイクル開発機構（JNC）の高速増殖原型炉「もんじゅ」でナトリウム漏洩事故が発生し、同炉はそれ以降長期の停止に至っている。1997年3月11日には、これも旧JNCのアスファルト固化処理施設で火災・爆発事故が起き、施設の一部が破壊され、周辺環境に放射性物質が放出されたが、健康に影響を与えるものではなかった[1-3]。2004年8月9日の関西電力美浜3号2次系配管破損事故では、破損口近くにいた作業員が噴出した蒸気にさらされ、5名が死亡し、6名が負傷している[D-7], [D-8]。2006年11月の経済産業大臣指示によって実施され、2007年3月に電力会社から保安院に報告された「発電設備に係る総点検」では、1978年11月に東京電力福島第一原子力発電所3号機で、また、1999年6月18日に北陸電力志賀発電所1号機で意図しない制御棒の引き抜きによる臨界状態がもたらされていたことが明らかになった[D-10), D-11)]。2007年7月の中越沖地震では柏崎刈羽原子力発電所で設計基準を大幅に上回る地震動が観測されている[D-12]。

以上、各分野における過去の主要な事故例を紹介してきたが、リスク（1事故での死者数と事故の発生頻度の積）で考えれば、小規模・高頻度の事故は更に重要である。

厚生省の1988年の統計（古すぎて、読者には申し訳ない）によれば、自動車交通事故による死者数の合計は13,420人。日本だけで、毎年これ程たくさんの人が死んでいる。その内訳を見れば、自動車運転者2,618人、オートバイ運転者3,127人に対して、自転車乗用者1,576人、歩行者3,994人となっており、半数近くははねられて死んだ人である。

また、階段やはしご、建物の高所等からの不慮の墜落による死者数は4,047人、火災及び火焔（例えば着衣の発火）による不慮の事故での死者数は1,183人である。不慮の溺死は、3,021人であるが、信じられないかも知れないが、このうち1,163人は浴槽等家庭内での溺死である。実際には、派手に報道される大きな事故よりも、ほとんどニュースにもならない身近な事故で、はるかにたくさんの人が死んでいるのである。

これまで紹介したように、各分野で重大な事故が数多く発生している。そして、事故の原因には必ずと言って良い程、安全を軽視する組織体制やそれを背景にした人間のミスが指摘されている。安全は、技術を管理し利用する組織や人の心構えによって守られると言って良いであろう。

7.2.2 リスクの比較

次は、リスク（事故の発生頻度×事故の影響）の比較である。

図 7-1 は、原子力発電所に対する最初の PSA である、米国の「原子炉安全研究」[G-1]の結果で、原子力発電所が公衆に及ぼすリスクを他の技術のそれと比べたものである。横軸はひとつの事故での死者数で、縦軸はある死者数を上まわる事故が発生する頻度を表している。この図には、米国に 100 基の原子力発電所があったとして、それらが全体としてもたらすリスクと、航空機の事故や火災、ダムの決壊、塩素の漏れ等がもたらすリスクとが描かれている。原子力発電所のリスクについては、米国のプラントを対象として 5 章で紹介した PSA の手法で計算した結果である。他のリスクは、米国の統計値そのもの、あるいは簡単な手法でそれを統計値がない領域まで外挿して得た値である。

図 7-2 もリスクの比較図で、英国のものである。この図で上の方にある 4 つの曲線は、航空機事故、鉄道事故、火災及び爆発事故、危険物質取扱い施設の事故のリスクで、英国の過去の統計等を基にした定量化結果である。右の方の線は、キャンベイ石油化学コンビナートのリスクの推定値である。下方の線は、英国に初めて加圧水型炉（サイズウェル原子力発電所）が導入されるに当ってその安全審査のために提唱されたもので、英国に 5 基の加圧水型炉があったとして、それらが超えてはならないリスクの上限値を示したものである。

この図には、米国とソ連における原子炉事故の経験データ（すなわち、スリーマイル島とチェルノブイリの事故）から得られたリスクも同時に示してある。米国における加圧水型炉の事故は、過去の同型炉の運転実績 1000 炉・年に 1 回で、その後遺症による死者数は 0 ないし 2 人という評価になっている。一方、ソ連型炉の事故は、運転実績 100 炉・年に 1 回で、その後遺症による死者数は約 1 万人と評価している。

7. 技術に伴う事故やリスクとその受容性

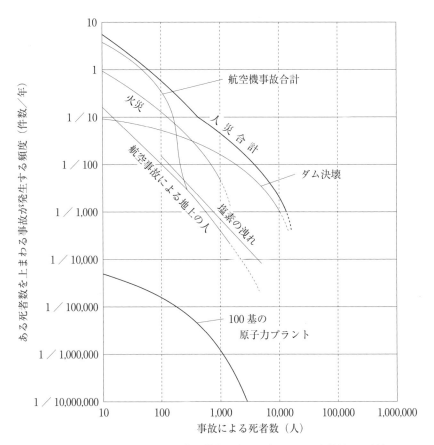

図7-1　原子力発電所とその他の技術がもたらすリスクの比較例—1（米）
（「原子炉安全研究」[G-1]から）

なお、チェルノブイリ事故の後遺症による死者数はいろいろな機関によって推定されている。通例、どのような少量の被曝もある確率でがんを発生させるという保守的なモデルが使われている。評価結果は機関によって違っている。30km圏内からの避難民135,000人についての致死的癌発生数は、ソ連当局、国際原子力機関（IAEA）、米国原子力規制委員会（NRC）により、それぞれ約300人、約160人、約320人と推定されている。また、ソ連ヨーロッパ部の約

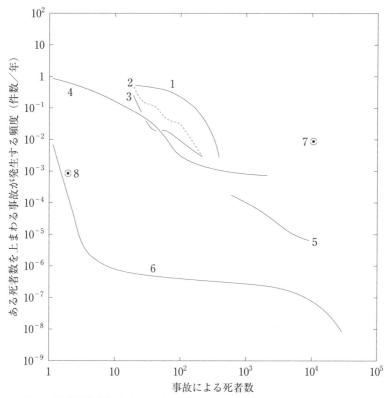

種々の技術がもたらすリスク（英国）
1. 英国における航空機事故，1966年－85年
2. 英国における鉄道事故，1946年－75年
3. 英国における火災及び爆発事故，1946年－75年
4. 英国における主要危険物取扱施設の事故
5. キャンベイ石油化学施設のリスク（推定値）
6. 5基の加圧水型炉のリスク（設計での上限値）
7. チェルノブイリ事故（後遺症による死亡を含む）
8. スリーマイル島事故（後遺症による死亡を含む）

図7-2 原子力発電所とその他の技術がもたらすリスクの比較例—2（英）

75,000,000人の住民については、今後70年間の自然発生癌による死亡者数の予測値が約9,500,000人となっているのが、この事故によって、ソ連当局によ

れば5,000人未満、IAEAによれば1,500から3,000人程度増えると推定されている。

　以上、種々の技術の事故事例やリスクを紹介した。これまで見てきたように、あらゆる技術に事故やリスクがつきまとっている。リスクの大きさは、技術分野によって異なっている。原子力発電所の場合は、他の技術分野に比べてはるかに安全性が重視されており、図7-1、図7-2に示したように、一般にはそれがもたらすリスクは他の技術分野のリスクに比べて十分小さいと言える。
　ただし、リスクの大きさは、時代や国によっても著しく異なっている。各分野とも、リスクは先進国程、また時代が遅い程小さくなっており、技術のレベルが高くなる程、また、安全に対する要求が強まる程、リスクが小さくなることを示している。原子力発電の場合も、チェルノブイリの例に見られるように、原子炉の型式によっては、また、それ以上に安全に対する姿勢が異なれば、そのリスクは大きく違い得る。各分野の技術に伴うリスクを比較する時は、こうした、時代や国の違いも考慮する必要がある。

7.3　リスクの受容性について

　これまで何度も述べてきたように、あらゆる技術は豊かさと共にある大きさのリスクをもたらす。そして、「あなたはそのリスクを受け容れますか」と直接的に尋ねられたら、ほとんどの人は「ノー」と答える。しかしながら、どんなに小さいリスクも否定するとなれば、あらゆる技術を否定することになる。その結果は、技術が現在もたらしているリスクよりはるかに大きなリスクを私達の社会にもたらすことになるであろう。
　例えば、農薬や化学肥料を使わないことはできるが、そうすると、世界の食糧生産量は著しく低下して、残留農薬の影響や農薬工場の事故によって死ぬ人よりもはるかに多くの人が飢え死にするであろう。また、電気を使わなければ、原子力発電所の事故や水力発電所のダムの決壊というリスクはなくなるが、その代わり、不便な生活に耐えねばならない。手術は夜はできなくなるし、冷蔵庫がなくなれば食中毒が増えるであろう。電気のかわりに火を使えば、火事で

死ぬ人の数が増えるであろう。

　実際には、多くの技術が、それが大きな豊かさをもたらすとの判断で、あるいはリスクが十分小さいとの判断で、ある時は十分な議論もなく、ある時は激しい議論の後で、社会に受け容れられている。社会が豊かになればなる程、人の命の大切さはより重視される傾向があるから、これからの社会では、事故のリスクをどう小さくするか、環境に及ぼす悪影響をどう小さくするかといった問題がより真剣に議論されるであろう。この節はそうした議論の参考にしてもらうことを目的としてまとめたものである。

　国際放射線防護委員会（International Commission on Radiological Protection : ICRP。放射線や原子力の利用の際の人間の安全の確保のために設立されている委員会）は、放射線防護のためには表 7-2 に示す 3 原則を守らねばならないとしている。

表 7-2　ICRP による放射線防護の 3 原則

① いかなる行為も、その導入が正味でプラスの便益を生むものでなければ、採用してはならない（行為の正当化）
② 放射線被ばくを伴う行為が正当化された場合には、その行為からのすべての放射線被曝を、経済的及び社会的な要因を考慮に入れながら、合理的に達成できる限り低く保たなければならない（放射線防護の最適化）
③ 放射線被ばくを伴う行為が正当化され、放射線防護手段が最適化された場合であっても、いかなる個人の線量当量も一定の限度を決して超えてはならない（個人の線量当量の限度）

　この 3 原則は、放射線や原子力の利用を対象としたものであるが、他のあらゆる技術についても、それに伴うリスクを受容する上での原則を的確に表現した言葉である。行為の正当化とは、便益がリスクに比べて大きいことである。また、防護の最適化とは、リスクを最小限にするために、合理的な努力はすべてすることである。そして、本来はこの 2 つの条件が満足されればそれで十分なはずであるが、安全を実効的に確保するために、第 3 の原則である数量的上限値が定められている。

しかしながら、実際にこのような原則で技術の受容性を検討しようとすると幾つもの問題にぶつかる。

例えば、行為の正当化について。これは、ある行為がもたらす正の部分（便利さや快適さ）が負の部分（環境汚染や事故）に比べて十分大きいことを論証することであるが、「2. 安全とは何か、リスクとは何か」で述べたように、これを科学的に論じることは極めて困難である。幾つか例を挙げてみよう。

「フグは食いたし、命は惜しし。」という言葉がある。これは明らかに、美食と死亡リスクの間の意思決定で悩んでいる状態である。「かけがえのない命」とは良く言われるが、実際には私達は、決して大きなものではないにしても、命を失うリスクを承知でフグを食べている。車や飛行機に乗るのも同じである。命の重要さとこうした行為から得られる喜びや便利さとをどう比較したら良いのであろうか。

お金だけの問題なら簡単に答が見つかりそうに思える。しかし、宝くじの問題を考えてみて欲しい。損得の期待値だけで考えたら、明らかに宝くじを買うのは損であるが、実際には宝くじはいつも売り切れる。

技術の利用やそれに伴うエネルギーの消費は、少なくともこれまでは、そして、少なくとも全体としては、私達の社会に正味でプラスの便益をもたらしてきた。技術は確かに、事故や環境汚染といった命に対するリスクをもたらすが、一般的にはそれを大きく上まわる豊かさをもたらす。

エネルギーを無制限に消費するような生活はこれから先許されるべくもないが、私達の豊かな生活や寿命の伸びにとって、技術やエネルギーは不可欠なものであると言って良いであろう。特に、これから発展途上国の人達の生活レベルが向上してくれば、世界的規模である量のエネルギーを確保する必要があるであろう。

とすれば、次はどのような手段でそれを得るかという問題になる。例えば電力については、火力、原子力、水力、新エネルギーとある。この中で、日本にはもう開発できる水力資源はほとんど残っていないし、新エネルギーは短期間

には間に合わない上に大きなエネルギーを得ることが原理的に困難なものも多いので、実際には火力か原子力かという選択になる。

　しかしながら、この選択は単純ではない。火力発電の場合の地球の温暖化への影響や、原子力発電で万一の事故が起きた場合の人の健康への影響などは、超長期的なもので未だによく分からないところがある。また、事故や環境影響だけでなく、経済性やエネルギー安全保障上の効果といった問題もある。石油や石炭は多様な目的に使えるものであり、それを単に燃やしてしまうのはもったいないという、資源の効率的利用という問題も考えねばならない。また、火力よりも原子力の方が扱いにくいエネルギー源であるから、発展途上国は火力を、先進国は原子力を主として用いるべきだという議論もある。これら様々な問題を含めて、様々な代替案を一元的に比べるのは、決して容易ではない。

　さて、ある行為が正当化され、また、リスクの低減のために十分な努力が払われているとして、それでは、どれ程のリスクなら受容されるべきなのか。ここにも多くの問題がある。

　第一に問題なのは、2章で述べたことの繰り返しになるが、リスクに対する許容基準は主観的なものだということである。ある行為なり技術なりがもたらす便利さや快適さをどう評価するかには個人差があるから、これは当然のことである。それから、社会が豊かになればなる程、より大きい便益対リスク比が求められる傾向があるから、リスクの受容性は時と共に厳しくなる。便益とリスクを受ける人が、住む場所によっても住む時代によっても異なるという問題もある。例えば、原子力発電の利益は主として大都市が享受しているのに、リスクのほとんどは発電所の周辺社会が負っている。また、現在の人が石油を消費して利益を得、後世の人は資源のなくなった世界で温暖化された地球や汚染された環境に耐えねばならないという問題もある。

　こうした、人による利益とリスクのアンバランスの問題について、「利益の享受者がリスクを負うのであればリスクがあっても許されるが、そうでない場合はリスクは許されるべきでない」という意見がある。そして、登山等の危険を伴うスポーツや、車を運転したり飛行機に乗ったりすることが例として挙げ

7. 技術に伴う事故やリスクとその受容性

られる。しかしながら、それ程単純に、リスクを利益を得る当事者だけに負わせることはできない。

例えば登山である。確かに登山する人は遭難死するリスクを承知で登山の楽しみを享受するのであろう。しかしながら、遭難事故が起きれば、地元は救援に向かわざるを得ない。救援に向かった人が二次遭難するリスクもあるし、馬鹿にならない経済的出費も伴う。車の事故についても、死亡者の過半数は運転者以外の人である。

航空機の事故の場合は、死亡者の大部分は乗客・乗員であるが、前節で示した例のように、地上の人を巻き添えにする事故もある。また、成田の闘争を見れば、飛行機に乗ることが他人に迷惑をかけないとは決して言えないであろう。

結局、ほとんどの行為、ほとんどの技術は、多かれ少なかれ他人（後世の人も含む）に迷惑やリスクを及ぼして成り立っているものである。「だからリスクは受容されるべきだ」と言うのは乱暴過ぎるが、最小限のリスクを受容し合わない限り、現在の社会は成り立たなくなってしまうであろう。

本来リスクはゼロを目指すべきものであるから、この程度のリスクなら存在しても良いとは言いにくいことである。しかし、現実には私達は、事故の起きている技術を、リスクの低減に努力しているとの前提で、やむを得ないものとして受容している。どの程度のリスクを受容しているかは、前節で示した様々な技術が現にもたらしているリスクのレベルと言うことになるであろう。

本節では、あらゆる技術は豊かさと同時にリスクをもたらすことや、リスクを受容するための条件等について説明してきた。

ひとことで言えば、ある技術を受容するかどうかは、そのもたらす便益とリスクをどう評価するかという公衆の判断である。この判断をするには、世界の中での日本、あるいは、将来に対する現在といった、広い見通しも必要であるし、また、施設の周辺の公衆に受容し難いリスクを与えないという基本的な原則も必要である。

原子力発電とそれに伴う諸施設を受容するかどうかは、エネルギーに関する

選択であり、更には、私達と将来の世代がどう生きるかという選択である。エネルギーを使うのを拒否すれば、私達は不便な生活や寿命の短縮を我慢しなければならない。一方、石油でエネルギーを作っても原子力でエネルギーを作っても、それに伴った事故のリスクや環境汚染の問題がある。決して、バラ色の選択はない。そして、その選択は現在の世代である私達公衆がしなければならないものである。

無論、正しい選択のためには、リスクのような負の情報も含めて、十分な情報が公開される必要がある。こうした情報に基づいて、公衆により、より良い選択がなされることを願ってやまない。

7.4　確率論的安全目標に関する国際的経緯

原子力施設のリスクについては、その到達すべき目標を明確に示すべきだという意見もあり、多くの国で、あるいは国際機関によって、確率論的安全目標の設定がなされてきた。ここで確率論的安全目標とは、施設が目標とすべき安全のレベルを確率論的な指標を用いて示したものである。

確率論的安全目標の議論はかなり以前からなされている。代表的なものとして、1967年に英国のFarmerが発表した安全目標曲線がある。これは、原子力発電所を対象にしたもので、ある量を上まわる放射性ヨウ素（I-131）が放出されるような事故が発生する頻度をとって「リスク曲線」の形で許容限度を示したものである。

米国では、1979年のTMIの事故以降、安全目標に関する議論が活発になった。そして、原子力発電プラントを対象に1986年6月に「安全目標政策声明」が出され、**表7-3**のような定性的目標と定量的目標が示されている[H-1]。

表から明らかなように、この場合の安全目標は「全リスク」の形で表されている。

その後、その政策を具体的に実施するための計画が検討されてきた。そこでは、安全目標は個々のプラントに対する規制に直接用いることはせず、あるプラントが目標に合致し別なプラントが合致しないといったことが生じた場合に、

7. 技術に伴う事故やリスクとその受容性

表 7-3 米国の安全目標[H-1]

定性的目標
① 公衆の個々の人は、原子力発電プラントの運転の影響によりその生命及び健康に有意なリスク増加がないように保護されねばならない。
② 原子力発電プラントの運転によってもたらされる生命及び健康に対する社会的リスクは、他の現実的な代替発電技術によるリスクと同程度もしくはそれ以下であり、かつ他の社会的リスクに有意な増加をもたらさないものでなければならない。

定量的目標
① 原子力発電プラント近傍の平均的個人に対する、原子炉事故により生ずるかも知れない急性死亡のリスクは、米国民が一般にさらされている事故による急性死亡のリスクの 0.1% を超えてはならない。
② 原子力発電プラント周辺の公衆に対する、原子力発電プラントの運転により生じるかも知れないがん死亡のリスクは、他のすべての原因によるがん死亡のリスクの 0.1% を超えてはならない。

規制のどこに問題があるのかを検討する材料として用いるという方針が示された（米国の安全目標は、その後は使い方が変わってきており、個別プラントの評価にも使われるようになってきている[J-1]）。

一方英国では、原子力以外の技術分野も対象に、リスクに応じた受容をすべきだという考えが示されている[H-2]。図 7-3 のくさび形の横幅は、ある技術のリスクの大きさを表している。それがある一定値を超える時は、どのような理由があってもリスクは受容されないとしている。それより小さいリスクの場合は、合理的に実施し得るリスク低減措置をすべて採っているなら受容される。それより更に小さいリスクなら、経済的に有効なリスク低減措置をすべて採っているなら受容される、一層小さいリスクなら、そのようなことを検討しなくとも受容されるとしている。英国はまた、公衆が原子力のリスクに対しては特別の嫌悪感を持っているという現実も考慮して、原子力施設については他の技術よりずっと小さいリスク上限値を設けるべきであるとの考え方も示している。

国際原子力機関（IAEA）も、米国や英国の安全目標を参考にして、原子力

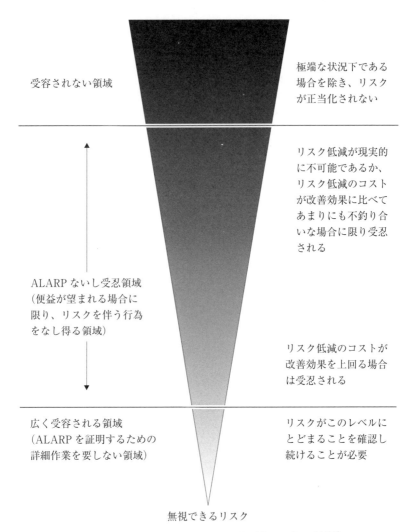

図7-3 リスクのレベルとその受容性（英国の考え方）[H-2]
（著者による和訳。ALARP（= As Low As Reasonably Practicable）は「道理にかなって実現可能な限り低減」の意）

発電所に対する安全目標を示した[H-3]。そこでは、公衆へのリスクを十分小さく押さえるために将来の原子力発電所が到達すべき目標として、炉心が損傷するような苛酷な事故の発生頻度は1原子炉当り10万年に1回以下、また、その事故で格納容器が破損して大規模な核分裂生成物の放出に至るような更に苛酷な事故の発生頻度は100万年に1回以下という数字を示している。

　安全目標の採用については、その前に検討しなければならない課題も多くある。例えば、リスクは安全目標と比較できる程の精度で定量化が可能なのか、公衆がある種のリスクに対して持っている強い嫌悪感を安全目標に反映すべきなのか、また、前述したように、利益を得る人とリスクを負う人が異なることをどう考えるべきか等である。

　しかしながら、安全目標を設定することは、今後の私達の社会が目指すべき安全のレベルをより明瞭に示すという意味で、有用なことと思われる。

　リスク受容限界については、放射線防護の分野でも議論されている。ICRPの1990年勧告では、従来の通常被ばくに対する線量拘束値に加えて、「潜在被ばく（可能性としての被ばく）」についてもリスク拘束値を用意すべきであるとの考え方が打ち出された。これを受けて、1992年12月にIAEAで開催された「基本安全基準（Basic Safety Standard：BSS）」に関する会合でも、潜在被ばくのリスク拘束値案が示された。この時点では、BSSに潜在被ばくの制限値を入れることは時期尚早ということで見送られたが、潜在被ばく及びそのリスク拘束値については、その後もIAEAやNEAにおいて討議されている。

　わが国の安全目標については次章で説明する。

8. わが国における安全目標の設定と利用

8.1 安全目標設定の背景と検討経緯

2003年12月に、原安委は「安全目標に関する調査審議状況の中間とりまとめ」において、わが国としての安全目標の案とその適用方法を示した[I-5]。

まず、安全目標案がとりまとめられた背景について説明する。

1979年3月の米国スリーマイル島発電所2号機での事故[D-1]~[D-3]や、1986年4月の旧ソ連チェルノブイリ発電所4号機での事故[D-4]は、世界の原子力関係者に、設計での想定を超えて炉心の重大な損傷に至る事故（シビアアクシデント）のリスク抑制が重要であることを知らしめた。

一方で、1975年に米国で公刊された「原子炉安全研究（Reactor Safety Study：RSS）」[G-1]以降、確率論的安全評価（PSA）手法が向上し、PSA結果である「リスク情報」の利用に基づく安全確保対策の充実・向上が可能になってきた。特に、米国等では、リスクインフォームド規制（Risk Informed Regulation：RIR）が実用化されつつあった[J-1]。

こうした状況下で、原安委は、わが国での規制におけるリスク抑制水準を安全目標として定め、安全規制活動での判断に活用することを決定した[I-1]。

本書で述べてきたように、原子力施設は決定論的規則によって規制されている。この規制体系は、少なくともわが国のこれまでについては、公衆に大きな被害を及ぼす原子力事故がほとんど発生していないことから、概ね適切であったと言える（注：福島第一事故の前に書いた文そのままである）。しかし、こうした規制体系は必ずしもバランスの取れたものではない可能性もある。一方で、確率論的安全評価技術の進展により、「確率論的リスク」の観点からバランスの取れた規制も可能になってきており、9章で述べるような「リスク情報を活用しての規制」も図られている。

こういう状況にあって、原安委は原子力規制の「よすが」として安全目標を設定することとしたのである。

8. わが国における安全目標の設定と利用

なお、この時期、原安委は安全目標設定と関係する様々な活動を行っていた。列挙すると、「リスク情報を活用した規制」の検討、指針体系化の検討、規制改革推進3ヵ年計画（平成14年3月閣議決定）の反映、技術基準の考え方の策定、指針の性能規定化と民間基準の採用、耐震設計評価指針改訂の検討などである。これらはいずれも、安全審査のための指針をより体系的でバランスの取れたものにするための努力であった。

さて、安全目標そのものの話に戻って、その「中間とりまとめ」までの経緯をまとめると次のようになる。

まず、2000年9月に安全目標専門部会が設置され[1-1]、翌年2月にはその第1回会合が開催されて、わが国における安全目標についての議論が始まった。一方で、こうした安全目標については公衆の理解が必要なことから、2002年7月には東京で、同年10月には京都で、一般市民を聴衆とするパネル討論会が開催された[1-2],[1-3]。もちろん、専門家間でのパネル討論等もあった[1-4]。10月にはまた、安全委員会は「リスクインフォームド型規制の検討」を始めるという委員会決定も行い、翌年11月に「リスク情報を活用した原子力安全規制の導入の基本方針について」[1-6]をまとめている。こうした経緯を経て、専門部会は2003年8月に「中間とりまとめ」報告書を公表し、その後パブリックコメントを受ける等して、2003年12月の原安委承認となったものである[1-5]。

中間取りまとめにおいて、安全目標策定がもたらす利益は次のようにまとめられている。

国にとって
- 規制活動に一層の透明性、予見性を与える。
- 効果的・効率的規制を可能にする。
- 様々な分野での規制活動を横断的に評価し、これを相互に整合性のあるものにできる。
- 指針や基準の策定など国の規制活動のあり方に関しての国と国民の意見交換を、より効果的かつ効率的に行うことを可能とする。

事業者にとって
- 自らが行うリスク管理活動を「安全目標」を参照して計画・評価することにより、規制当局の期待に応える活動をより効果的かつ効率的に実施できる。

8.2 安全目標案

8.2.1 安全目標案の概要

安全目標案の具体的な内容は次の通りである[1-5]。

まず、安全目標が対象とする原子力利用活動として、公衆に放射線被ばくによる悪影響を及ぼす可能性のある原子力利用活動を広く対象とすることとなった。しかし、その適用は、それぞれの事業に係るリスクの特性やリスク評価技術の成熟度を見極めた上で、一定期間試行した後に開始時期を決定することとした。

安全目標の構成としては、安全目標は、定性的目標と定量的目標で構成することとし、定量的目標の指標は、公衆の個人の死亡リスクとした。

2章、5章で述べたように、確率論的安全評価（PSA）での「リスク」の定義は、

$$\text{全リスク } R_T = \Sigma \text{（ある事象の発生頻度 x その事象による影響）} \quad (8\text{-}1)$$

である。ここで、事象の影響としては、事故による個人の直接的あるいは後遺的死亡リスク、集団の直接的あるいは後遺的死者数、事故による経済的損失、等々さまざまなものがある。安全目標はこれらのリスクのうち「個人の死亡リスク」だけを取り上げた。したがって、「安全目標の対象は、リスクのすべてではないが、最も重要でかつ定量化可能なリスク」である。そういう意味で、今回の安全目標は、「始まりの第一歩」である。

安全目標案の具体的内容は次のとおりである[1-5]。

8. わが国における安全目標の設定と利用

定性的目標案：
- 原子力利用活動に伴って放射線の放射や放射性物質の放散により公衆の健康被害が発生する可能性は、公衆の日常生活に伴う健康リスクを有意には増加させない水準に抑制されるべきである。

定量的目標案：
- 原子力施設の事故に起因する放射線被ばくによる、施設の敷地境界付近の公衆の個人の平均急性死亡リスクは、年あたり百万分の1程度を超えないように抑制されるべきである。
- 原子力施設の事故に起因する放射線被ばくによって生じ得るがんによる施設からある範囲の距離にある公衆の個人の平均死亡リスクは、年あたり百万分の1程度を超えないように抑制されるべきである。

ここで、安全目標案では、定量的目標を「程度」で表しているが、これはPSAの結果が（「6.4 決定論的ルールと確率論的安全評価の関係」で述べたように、しばしば、PSAの入力情報を作成する専門家の判断の違いによって）大きな不確実さを有することから、決定論的安全評価のような厳格な判断はなじまないという理由による。そして、「程度」とは当面ファクター2とした上で、百万分の1という数字について、「この値を厳格に適用するのではなく、……年当たり百万分の2以下であれば、原則として安全目標を満足すると判断することが妥当」とし、「この2というファクターの妥当性については、今後の適用試行を通じて検証されるべき」（解説11. 定量的目標を程度で与えている理由）としている。

8.2.2 安全目標案の示すリスクレベル

図8-1は定量的安全目標で示される個人の死亡リスク（急性死亡リスク、がん死亡リスクとも同じ値で、年あたり百万分の1）を既存のさまざまな死亡リスクと比べたものである[1-5]。急性死亡のリスクについては、不慮の事故による既存の急性死亡のリスクの合計値（3.1×10^{-4}）の約300分の1、がん死亡のリスクについては既存のがん死亡のリスクの合計値（2.4×10^{-3}）の約2000分の1にな

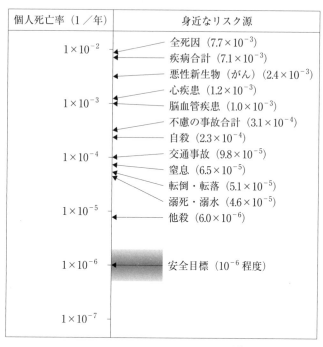

図 8-1 既存のリスクと安全目標[1-5)]

っている。これは、たとえ PSA の結果に 1 桁という大きな不確実さがあると仮定しても、公衆の中の個人に有意なリスク増大をもたらさない値である。

8.2.3 安全目標と比較されるリスク

さて、安全目標と比較されるリスクとは PSA の結果から得られる個人の死亡リスクであるが、これは事故のリスクに限定されており、平常時の被ばくリスクは対象外になっている。これは、平常時の被ばくについては、法令に定める限度を超えないように制限されている上、既に合理的に達成できる限り低く抑制されていることによる。

事故のリスクとしては、内的事象、外的事象の両者が対象である。ただし、外的事象のうち、意図的な人為事象（テロ）は対象外である。これは、テロの

8. わが国における安全目標の設定と利用

リスクを定量化する技術が未整備であることもあるが、また、テロに対する防護レベルについての議論が不十分であることにもよる。

なお、PSA の結果をひとくちに「リスク」と言っても、その値としては、不確実さ解析をしないで得られる点推定値、不確実さ解析をした結果として確率密度関数を求めたあとの中央値、最確値、平均値などがあることから、安全目標案では、「定量的目標または性能目標とリスク評価結果の比較には、原則として、この不確実さの大きさを評価した上で得られる平均値を使用することとする。」と規定している[1-5]。

8.2.4 原子力発電所を対象としての性能目標案

安全目標と直接比較可能な個人の死亡リスクは、環境に放散された放射性物質による健康影響まで評価するレベル 3 PSA の結果として得られる。しかしながら、いつもレベル 3 PSA を行わなければならないのでは使い勝手がよくない。このため、安全目標案が定まったあとで、施設及び事故の特性に応じた性能目標案を策定することが検討された。

検討の結果、2006 年 2 月に、原子力発電所を対象として、以下のような性能目標案が決定された[1-6]。

性能目標案
- 炉心損傷頻度　　(CDF)：10^{-4}／年
- 格納容器破損頻度 (CFF)：10^{-5}／年

なお、この 2 つの性能目標は同時に満たされることが必要である。PSA を行えば、内的事象による炉心損傷の場合はその 10 分の 1 程度が格納容器破損に至るが、地震による炉心損傷の場合はそのほとんどが格納容器破損に至ってしまう。したがって、この性能目標案にある炉心損傷頻度指標は、内的事象では 10^{-4}／年程度、地震では 10^{-5}／年程度の目標値を示している。

ただし、性能目標は安全目標の下位にある目標であるから、その利用法も安全目標に準じる。次節に述べるように、安全目標は個々の発電炉に対する判断

基準とはならないので、性能目標も個々の発電炉に対する判断基準とはならず、規制の妥当性を判断するための「よすが」として用いられることになる。

8.3 安全目標の適用

安全目標では、その数字も大事であるが、それ以上に、それをどう使うかが重要である。わが国の安全目標案では、「中間とりまとめ」報告書の「解説14.安全目標の適用」において、

> 「安全目標は、まずは規制体系の合理性、整合性といった各種規制活動の全体にわたる判断の参考として適用し、個別の施設に対する規制等、より踏み込んだ適用は、安全目標適用の経験を積んだ段階で着手するのが適切」

> 「（安全目標を）満足していない施設は不安全と直ちに結論付けることはせず、……（規制の）見直しが行われる」

> 「個別の施設が安全かどうかの判断は、こうして見直された規制体系に基づいてなされる」

と、安全目標の当面の適用のあり方を定めている[1-5]。安全目標のこうした使い方は、米国における安全目標の初期の使い方と同じである。

PSAの結果は、常に（1基の原子力施設であることも複数の原子力施設であることもあるが）、個々の施設がもたらすリスクである。そして、安全目標も個々の施設がもたらすリスクを指標にして定められている。その結果、人はつい、個々の施設に対するPSAの結果を安全目標と直接比較して、その施設は十分安全か否かの判断をしがちである。

しかしながら、PSAの結果、特に絶対値としてのリスクに大きな不確実さがあること、そして、このような不確実さはPSAの入力情報を作成する専門家の判断の違いによって生じることを考えると、こうした利用の仕方は規制にはなじまない。規制の根幹は、ルールに対するコンプライアンスの確認だからである。

8. わが国における安全目標の設定と利用

　人が違えばルールを守っているかどうかの判断が違ったのでは規制はできない。もしPSAの結果を直接的に規制に使うなら、データもモデルもがちがちに固めた「決定論的PSA」を使うしかない。実際、わが国の原子力施設の安全審査で航空機落下に対する防護設計が必要かどうかを判断するために用いられる「航空機落下評価基準」[B-13)]は、これはリスクの評価ではなくハザードの評価までであるが、データもモデルもガチガチに定められている。

　こういう背景から、

- いったんは、当然のことながら、個々の施設がもたらすリスクと安全目標を比較する。
- しかしながら、その結果をもって、規制上の措置として、安全目標を満足しない施設は十分な安全性が達成されていないとは判断しない。
- そうではなくて、ある施設は安全目標を満足し、ある施設は安全目標を満足していないといった結果が出たときに、それは現行の決定論的な規制ルールのどこがまずいからかと考える。
- あるいは、ほとんどの施設が安全目標を満足していないとか、逆に、ほとんどの施設が安全目標に対して過大な裕度を有しているといった結果が得られた場合は、現行の規制ルールはゆる過ぎる、あるいは厳し過ぎるのではないかと考える。
- 考えた結果を基に、決定論的な規制ルールの改善を図る。
- 実際の規制は、こうして改善された決定論的ルールによって行う。

というアプローチが採られるのである。

　すなわち、わが国の安全目標は、規制のための判断基準（Criteria）ではない。そうではなくて、現行の規制がバランスの取れたものであるかどうかを検証するための「よすが」なのである。

　なお、「規制の根幹は、ルールに対するコンプライアンスの確認」と書いた。確かに、規制の根幹はそうである。しかしながら、規制は単にコンプライアンスの確認に限らない。例えば、最も公式な規制プロセスである安全審査におい

ても、その中核は既に用意されている指針や基準への適合性の確認であるが、その過程では専門家を集めての様々な検討がなされる。また、「アクシデントマネジメントの整備」[C-3], [C-4]のように、ルールの遵守を超えたところで、設置者に対してより高い安全の達成を促すことも、広い意味では規制の役割である。安全目標も、こうした広い意味での規制には、より広く使い得ると考えられる。

8.4 安全目標に係る課題

いったん安全目標案は定められたが、その利用に当たっては様々な課題がある。安全目標中間とりまとめでは、次のような課題を挙げている[I-5]。

- 様々な原子力利用活動について、リスク評価実施マニュアルや目標適合性判断ガイド等が必要
- より効果的なリスク管理のために、信頼性データベースの充実及び更新や解析モデルの精度向上によるPSAの不確実さ低減が必要
- 不確実さまで含めてのPSAのピアレビューのあり方、不確実さのある中での意思決定の方法論等の検討も必要
- 原子力の利益を受けるのは公衆。リスクを受けるのは施設周辺公衆。公衆が受け入れる安全目標であることが必要

また、安全目標については広く国民との対話が求められるとして、次のような指摘をしている[I-5]。

- 中間とりまとめ報告書について、広く国民との対話を進める取組みが必要
- 確率論的なリスクの考え方について、一般国民に説明し、理解を得ていく努力が必要
- 安全目標の試行を経て、安全目標の目的や内容、適用法などについて、広く社会と対話を続けていくことが肝要

9.「リスク情報」を活用しての規制

9.1 「リスク情報」を活用しての規制とは

　世界における原子力平和利用はすでに何十年にもなるが、これまで、原子力施設の運転あるいは事故によって、少なくとも公衆に対して、大きな被害をもたらしたことは多くない。こうした実績からは、各国の原子力規制のための規則・基準類は、十分有効に機能してきたと言えるであろう（注：これも福島第一事故の前に書いた文である）。

　しかしながら他方で、以下のような課題も生じている。

(1) これまでの実績からは、公衆の安全はおおむね十分高く保たれていると言えるにせよ、それがどの程度のものであるかは定量性をもって示されてはいない。
(2) 各段階で個別に多くの規制規則を定めているが、それが諸々の不確実さに対してどれほどの裕度を有しているのかは示されていない。
(3) 各種規制規則が、公衆の安全確保の観点から見て、どれほど整合性・合理性を有しているのかが示されない。
(4) こうしたことから、現行の規制がどれほど効果的・効率的であるかを国民に説明する上で困難がある。
(5) また、今後規制当局が限られた規制資源の下でより効果的・効率的な規制を確立するためには、規制活動の基礎を成す規則基準類を「リスク情報」に基づいて継続的に見直していくことが不可欠である。
(6) 更には、設計や運転に関し、事業者から規制当局に何らかの代替案が提案されたときに、それが安全確保の観点から許容されるものであるかどうかを判断することが必要である。

　こうした問題を解決する方策として、米国をはじめとして、各国で確率論的

安全評価（PSA）の結果として得られる定量的な「リスク情報」を今後の規制の向上に有効利用していくことが図られている。

2章で述べたように、「安全とは危険の裏返し」であるから、安全に関する情報とは危険に関する情報、リスクに関する情報のことである。したがって、原子力の安全規制を行う上で、原子力利用に伴うリスクに関する情報を参考にするのはあまりにも当たり前である。ただ、実際にはこうしたリスクに関する情報の多くは定性的なものであり、かつ、必ずしも系統的に整理されていない。5章で述べたように、PSAとは、原子力利用活動が公衆に及ぼすリスクを系統的な手法で定量化するものである。したがって、PSAが決してあらゆるリスクを対象とせず、決してあらゆるリスクに関する情報を利用したり置き換えたりするものではないとしても、使い得る範囲において、その結果を安全規制の参考にすることはこれまた当然である。

以下、かぎ括弧をつけた「リスク情報」は、一般の意味でのリスクに関する情報ではなく、PSAの結果として得られる結果として得られる情報である。具体的には、「5.2　原子力発電所の確率論的安全評価の手順」で述べたように、①個人の健康影響や、原子力発電所の炉心損傷頻度、格納容器破損頻度等、絶対値としてのリスク指標、②それへの各事故シーケンス、各機器故障の寄与度や重要度等、相対値としてのリスク指標、③不確実さ解析によって得られる不確実さの程度や感度解析によって得られる各入力条件が結果に及ぼす感度等の情報、④ある種の変更を仮定してPSAを実施することによって得られるリスクの変化量等である。

9.2　確率論的安全評価の特性と限界を考慮しての「リスク情報」の利用

9.2.1　確率論的安全評価の対象は「残存リスク」である

「5.1　確率論的安全評価の概念」で述べたことの繰り返しであるが、原子力施設のPSAの対象が、「残存リスク（Residual Risk）」であることを思い出して欲しい。原子力施設の安全は、安全設計と安全管理によって担保される。また、

9.「リスク情報」を活用しての規制

規制の対象も安全設計と安全管理である。しかし、安全設計・安全管理をどんなに厳重にしても、また、それが適切であることを規制で十分確かめたにしても、リスクはゼロにはならず、なお残ってしまうリスクがある。それが残存リスクである（最近原安委は Residual Risk を「残余のリスク」と訳しているが、ここでいうリスクに「余りの」という意味は全くないので、私には適切な訳とは思えない）。

「6.4 決定論的ルールと確率論的安全評価の関係」で、設計指針、評価指針とレベル 1、レベル 2 の PSA の関係について論じたが、PSA によって定量化されるリスクは、事業者によってどのような安全設計・安全管理がなされるのか、また、規制当局によってどのような規制がなされるかの関数になるということである。

このことはまた、PSA から得られる「リスク情報」をどこにどう使うかにもつながる。残存リスクによって示されるものは、リスク低減のための活動、すなわち、安全設計・安全管理と規制がどれほど適切かということである。したがって、もし評価されたリスクの絶対値が大きすぎるとか、あるいは、特定のリスクだけが突出しているといった結果を示したときは、安全設計、安全管理、あるいは規制の、どの部分をどう改善すべきかという検討につながるのである。

これは高レベル廃棄物地層処分についての PSA にも共通である。安全設計には、もちろん人工バリアの設計が含まれるが、それだけでなく、どのような核種をどれほどの量、どういう条件のサイトにどれほどの深さで埋めるか、というのも広い意味で設計である。また、安全管理としては、長期間、どのような放射線モニタリングを行うのかや、定期安全レビュー（PSR）で何を確認していくのかなどが含まれる。そして、そういう事業者の安全確保策に対して、規制当局は安全審査の段階で安全設計の妥当性を判断し、かつ、後段規制における検査によって安全管理の妥当性を判断する。こうした活動にも係わらず残ってしまうのが「残存リスク」である。で、PSA によって得られた残存リスクの定量結果は、安全設計、安全管理、規制の改善に反映されるのである。

しかしながら、高レベル廃棄物地層処分の PSA の報告には、しばしばこうした概念が感じられないことがある。何十万年後のリスクだけに注目する結果、

人工バリアはどうせダメになるという前提であり、また、制度的管理はなくてもいいなどという仮定も一部の関係者にはまかりとおってきた。その結果、安全設計・安全管理を無視してのリスクの評価になっている。当然ながら、リスク評価を安全設計や安全管理、あるいは、規制のあり方にどう反映するかということにつながらない。

　平成 19 年から 20 年にかけての原子炉等規制法[B-1)]及びその下部規定[B-22)]の改定で、高レベル廃棄物地層処分に対する規制の考え方はかなり明瞭になった。すなわち、人工バリアの安全設計の妥当性については安全審査の段階で確認することや、PSR の採用により長期的な安全管理を行っていくことが示された。今後は、こうした基本的方針を受けて、具体的な規制のあり方や、リスク評価のあり方及びその結果の活用法についての議論が進むことが期待される。

9.2.2　確率論的安全評価の限界についての考慮

　「リスク情報」を規制に用いるに当たっては、それを産み出す PSA の特性を十分に理解して、結果がどこまでは使えどこからは使えないかについて十分な理解が必要である。

　5 章の繰り返しになるが、PSA の特性についてまとめてみると、この手法の目指すところは、安全に関係するあらゆる情報を体系化された数学的枠組みに沿って整理し、公衆のリスクを定量化することである。

　しかしながら、現行の PSA の方法論が、必ずしも公衆に及ぼすすべてのリスクを対象としているわけではない。一方で、「3.1　本書の対象とする安全問題」で述べたことであるが、安全管理も規制も、決して放射線災害の防止だけではない。規制の対象はより広いものであるから、公衆のリスクだけを評価する PSA の結果だけでは適切な判断ができないものもある。

　例えば、平成 16 年 8 月の関西電力美浜発電所 3 号機・2 次系配管破損事故[D-7),D-8)]では、11 人の死傷者を出したが、原子力発電所で働く従業員の安全を守ることも規制の役割のひとつである。

　また、原子炉内部構造物にはしばしばひび割れ等が発生する。これらのひび割れが公衆のリスクに及ぼす影響は小さいにせよ、トラブルが頻繁に発生すれ

9.「リスク情報」を活用しての規制

ば原子力全体が公衆からの信頼を失う。小さなトラブルであっても、それが頻発することを抑制して公衆の不安感をなくすことも規制にとっては必要なことである。もちろん、リスクへの寄与が小さい事象についての規制は、決して過大なものであってはならないが。

それから、PSA の結果には一般に、大きくかつ一様でない不確実さが存在する。「5.4 技術論の詳細を離れて、確率論的安全評価とは」で縷々述べたことであるが、PSA とは将来を占う手法であり、その基盤となるのは各構築物・系統・機器（SSC）の将来の故障の可能性であって、過去の故障の頻度ではない。すなわち、PSA の基盤は、各分野の専門家の工学的判断である（日々現場で作業している人の感覚も含む）。

信頼性データの取得は大事だが、これは過去の統計である。過去の統計が将来も占うかは判断そのものである。もし過去の統計をそのまま使うなら、既に述べたように、古くなった蒸気発生器を交換しても計算されるリスクは全く変わらない。

こういう、「本質的に工学的判断を表に出す手法」は、専門家間のコミュニケーションのツールとしては適切なものである。しかしながら、「6.4 決定論的ルールと確率論的安全評価の関係」で述べたように、許認可手続きのような公式プロセスに直接採用するのは必ずしも適切でないことが多い。

9.2.3 データの適用性を考慮しての利用

PSA では発端事象の発生頻度や機器の故障確率などの信頼性データを数多く用いるが、それらがどういう施設あるいは設備のどういう期間について平均化されたデータを用いて得られた結果なのかに常に留意して、当該課題への適用性を考えることが必須である。

規則基準等の制定・改訂に活用する等、同一型式の複数の原子力施設に共通の規制に「リスク情報」を活用する場合は、該当する全施設についての「リスク情報」をつき合わせて利用することが必要であるし、特定の原子力施設の検査等に活用する場合は、その施設についての「リスク情報」だけを参考にすることになる。なお、前者の場合は、現実には、多くの施設について PSA を実

施する代わりに、ある型式を代表する発電所についての評価を実施してその結果を参照することもあり得るが、この場合は代表的施設についての「リスク情報」の適用性について慎重な検討をすることが前提である。

9.3 規制での「リスク情報」活用の一般的アプローチ

9.3.1 決定論的規則基準類の見直し

規制における「リスク情報」の規制への活用には、一般に

(A) 規制当局が自らのイニシャティブで、原子力施設全般についての規制、特に、規則基準類を見直すために利用することや規制当局の検査のあり方を考えることと、
(B) 事業者がその有する個別の原子力施設について設備設計や運転・保守管理の変更を提案してきた場合に、規制当局としてリスクの観点から適切な判断をするために利用すること

の両者が含まれる。

わが国では「8.3 安全目標の適用」で述べたように、(B)は将来の適用と考えられており、当面は専ら(A)の規制規則の見直しへの利用が考えられている[I-5]。この場合のアプローチは**図 9-1** に示すとおりである[J-2]。

この図は元々は私が原研で確率論的安全評価研究に従事していた時に描いたもので、PSA の結果として得られる「リスク情報」を規制に用いるときの考え方を示したものであるが、その後原子力安全・保安院に移って国の「リスク情報」活用の責任者となったあとも、個人の立場で、あるいは、保安院の責任者の立場で、何度も用いてきたものである[J-3],[J-4]。2007 年 6 月に保安院が国際原子力機関（IAEA）の総合規制レビューサービス（IRRS）を受けた[F-9]ときにも、日本における規制へのリスク情報の活用における考え方を説明するのにこの図を用いている。なお、IRRS とは、「3.7 国際的な原子力安全への取組み」に述べたように、ある IAEA 加盟国の原子力安全規制が IAEA の国際基

9.「リスク情報」を活用しての規制

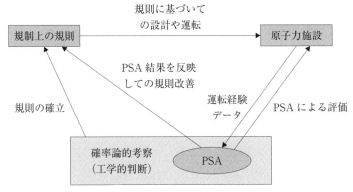

図 9-1　規制規則への「リスク情報」適用のアプローチ[J-2]

準に照らして適切なものかどうかを、他の規制当局の上級規制者がレビューワーになって確かめるミッションである。

　図に沿って説明すると、PSA の技術が確立する以前から、工学的判断、言いかえれば、専門家の確率論的考察に基づいて規制上の規則類が定められてきた。これらの規則類は、深層防護の思想に基づき、決定論的安全評価手法を用いるものである。そして、これらの規制規則に従って、原子力施設は設計・建設・運転されてきた。

　近年になって、PSA の手法が確立され、これらの施設の安全性は同手法によっても検証されるようになった。ここまで繰り返し述べたように、PSA 手法とは系統的に構築された確率論的考察である。原子力施設のメーカーや運転機関は施設の設計あるいは運転・保守方法の改善のために、また、規制当局は規制規則類の改訂のために、PSA の結果を参照するようになってきた。

　PSA の手法及び利用法が十分に成熟した時には、評価の結果は個々の原子力施設の規制上の判断に直接的に用いられることになるだろう。こういう場合には、「確率論的安全評価は決定論的安全評価を補完する安全評価手法である」と言って差し支えないであろう。

　しかしながら、PSA の手法及び利用法が必ずしも十分には成熟していない

場合は、評価結果は主に既存の規制規則類（安全審査指針や技術基準）の改訂に反映され、原子力施設はこうして改訂された規則類に従って設計・建設・運転・保守されることになる。この場合はむしろ、「確率論的安全評価は決定論的安全評価を含む規則基準類のベースになるものである」と言うべきであろう。

なお、近い将来には、(B)として述べたように、事業者がその有する個別の原子力施設について、安全を確保しつつ費用や労力を低減することを目指して、PSA を実施し、「リスク情報」を根拠として、規制当局に設備設計や運転・保守管理の変更を提案してくることが想定される。規制当局がリスク情報活用しての規制のあり方を検討する過程で、こうした変更提案に対して適切な判断をするための考え方を確立しておくことも必要である。

事業者からの変更提案の妥当性を規制当局が判断する手法としては、米国 NRC が既に用いている手法がある[J-1]。わが国も、今後こうした手法を参考にして検討を進めることが重要である。

9.3.2 不確実さの偏在を考慮しての利用

図 9-2 は、これも前述の日本への IRRS[F-9] の時に私が用意したもので、規制上の意思決定を行うにあたっては、安全評価の不確実さを考慮しなければならないことを示したものである。

問題によっては、ランダムなばらつきはあっても、知識不足による不確実さはほとんどなく、統計データがほとんど将来確率とみなせる場合がある。こうした場合はリスク情報を規制に直接的に適用する、"Risk Based Regulation" が可能である。しかしながら、実際にはこのような例はほとんどないと言ってよい。

実際に実施されている PSA は、ここまで何度も述べてきたが、極めて多くの工学的判断によっている。こうした PSA から得られる「リスク情報」は、規制に直接的に用いるよりは、規制のための参考、具体的には、規制ルールを考える上での参考として用いる、"Risk Informed Regulation" が良いと思う。

それから、実際の規制で出会う問題の多くは、実は PSA では扱えないもの

9.「リスク情報」を活用しての規制

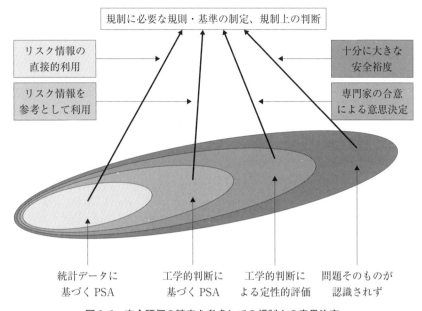

図9-2 安全評価の精度を考慮しての規制上の意思決定

が多い。前述のように、運転員の安全に関するような問題は初めから現行のPSAの範疇でない。また、例えば国が検査を行うに当たって、立会い検査にすべきか、文書検査にすべきかなどは、あるいはPSAの結果にも影響するのかも知れないが、評価は困難である。こうした問題については、個別に専門家の合意によって意思決定するしかない。

更には、問題そのものが認識されていないこともある。例えば、1999年のジェイシーオー臨界事故[D-6]では、「裏マニュアル」によってバケツやらビーカーやらが用いられていたが、そういうことは外部の誰も知らないでいた。また、2007年の中越沖地震では柏崎刈羽原子力発電所で従来の想定を大幅に上回る地震動が観測されている[D-12]。規制を行う上で、科学的合理性に基づくことは極めて重要であるが、こうした、想定外のことがありえるということも忘れてはならないことである。

「リスク情報」を規制に利用するにあたっては、不確実さが偏在すること、

ある問題については不確実さが極めて大きいことに十分に留意することが大切である。もう一方で、運転経験から得られる情報、安全研究の成果、あるいは、PSAの過程や結果を分析して、不確実な部分を小さくしていく努力も必要である。

9.3.3 各種の変更提案の妥当性を確認するプロセス

設計や運転・保守管理、あるいは検査手法のどこかを変更すれば必ずリスクは変わる。図9-3は、変更提案もたらすリスクの変化量を定量化し、また、それに基づいて変更提案の妥当性を確認するためのプロセスを示すものである。

まずは、現状の施設（現行の設計及び運転・保守管理、更には、規制を反映した施設）についてPSAを実施する。ひとつの施設の安全に注目するなら、その施設についてだけのPSAであるが、多くの施設に適用される規則類を変えよう

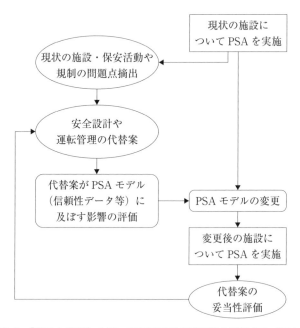

図9-3 「リスク情報」を用いて変更提案の妥当性を確認するプロセス

9.「リスク情報」を活用しての規制

とするなら、複数の施設についてPSAを実施することになる。そのあとで、PSAの結果得られる「リスク情報」を分析して、現状にどのような問題があるかを同定し、それを解決するためにはどのような変更をすれば良いかを考える。

次いで、そうした変更が、PSAのモデル（システムモデルやSSCの信頼性データ等）にどのように影響するかを考える。これは、容易な場合もそうでない場合もある。例えば、ある機器の代わりに別な機器を使うことにした場合、その機器が別なところでは広く使われていてその信頼性データが得られていれば、それを使うことができる。新たに採用される機器であれば、何らかの方法で信頼性データを作り出すことが必要になる。同様に、ある機器に対する検査のあり方を変えることにした場合も、検査の間隔の変更だけなら従来からある計算式でその機器の信頼性データを計算することができようが、検査の方法を変える場合、例えば、立ち会い検査を書面検査に変えた時に信頼性データがどう変わるかは別途の判断が必要になる。

次には、こうして変更したPSAモデルを用いてPSAを実施し、その結果を吟味する。期待通りの結果が得られていれば変更を承認できるし、そうでなければ変更提案の内容を変えてここまでのプロセスを繰り返すことになる。

9.4 「リスク情報」それぞれの使い方

PSAからは様々な「リスク情報」が得られるが、本節ではその利用法や利用に当たっての注意事項についてまとめる。

① 絶対値としてのリスク指標の活用

絶対値としてのリスク指標活用の原則は、原安委安全目標専門部会の「安全目標に関する調査審議の中間とりまとめ」[1-5]の「安全目標適用の考え方」に示されている。

複数の原子力発電所についてPSAを実施すれば、様々な理由により、絶対値としてのリスク指標が異なることが想定されるし、また、これらを安全目標案（あるいはそれに対応する性能目標案）と比較したときに、ある発電所は安全目

標を満足しある発電所は満足しない（あるいは、ある原子炉は性能目標を満足しある原子炉は満足しない）といった結果が生じることが想定される。しかしながら、発電所ごとの絶対値指標の差異やそれらが安全目標を満足するかどうかは、直接個別発電所の規制には適用されない。

ただし、発電所間で絶対値指標に大きな違いがあれば、それはより合理的な規制に改善すべき余地があることを示しているし、安全目標を満足しない発電所があれば適切な状況ではない。したがって、こうした差異あるいは安全目標への適合不適合が規制のどこに原因があって生じているかを分析し、特に規則基準のどこをどう改善すればより適切な規制になるかを考えることになる。

そうした検討の結果として規則基準の改訂案を考えていくことになるが、その妥当性の確認のためには、必要に応じ、また合理的に可能な限り、規則基準の変更をした場合を想定して各発電所のPSAを実施することが考えられる。すなわち、規則基準の変更を前提とした時、それが適用される発電所の絶対値リスク指標がどう変化しそうか（③で記述）、また、すべての発電所が安全目標を満足しそうかを確認することになる。

個別の発電所の規制は、こうした検討を経て改訂された規則基準によってなされることになる。

② 相対値としてのリスク指標の活用

原子力発電所を構成するSSCは、基本設計のためにあらかじめ定められた安全重要度分類に従って設計・製造・保守されている。重要度が高いとされているSSCについては、それに応じた設計・製造・保守がなされるので、PSAの結果としてそれらのリスク重要度（相対値としてのリスク指標）が低く評価されることがある。一方、安全設備に属さないものも含め、安全重要度が低いとされているSSCの中には、PSAの結果としてそれらのリスク重要度が高いと評価されることがある。

PSAの結果として得られるリスク重要度は、まずは安全重要度分類そのものが適切かどうかの見直しのきっかけとなる（ただし、後述するように、安全重要度分類は決してリスク重要度だけで決まるわけではない）。また、リスク重要度は、

9. 「リスク情報」を活用しての規制

保守に係る規則基準を定める場合や、保安院・JNESによる検査のあり方を検討するにも役立つはずである。

③　リスクの変化量

上述のような、規制当局のイニシャティブによって規制に係る規則基準や検査の方法を変更するに当たっては、必要に応じ、また合理的に可能な限り、その変更案が原子力発電所のリスクの評価結果にどのような影響を及ぼすかをあらかじめ確認することにより、変更の是非を考えることになる。

理想としては、影響を受ける原子力施設を対象として、そうした変更案の実施を前提としてPSAを実施し、リスク絶対値がどう変化し得るか、その結果、該当するすべての発電所が安全目標を満足しそうか、また、リスク重要度がどう変化し得るかを確認することになる。

ただし、規則基準や検査の方法がリスクに及ぼす影響は、ある場合には既に確立したPSA手法によりある程度直接的に確認できても、多くの場合は直接的には確認できないことに留意が必要である。例えば、リスク上重要なSSCに重点を置いての検査の方法（リスクインフォームド検査）は既に米国等で実用化しているし、許容待機除外時間（AOT）やサーベイランス試験間隔（STI）の変更がリスクの評価結果に及ぼす影響についても、広く用いられている既存手法がある。しかしながら、例えば立会い検査を書面検査に変えた場合の影響の評価等は極めて困難であるし、組織因子や安全文化等は元々PSAに適切に反映し難いものなので、当然のことながらある変更がリスクに及ぼす影響は定量化困難である。

規制上の問題の多くについて、改良案の効果を定量的に確認する手法は存在していないこと、したがって、PSAの結果以上に専門家の判断が重要であることを念頭に、可能なところから規制の合理性を高めていくことが必要である。

9.5　「リスク情報」の今後の利用についての具体案

規制当局による今後の「リスク情報」活用については、「9.1『リスク情報』を活用しての規制とは」で述べたように、規制当局が自らのイニシャティブで

より合理的な規制を確立するためのものと、事業者がより合理的な設備設計や運転・保守管理を目指す場合があり、後者については規制当局が安全上の見地から変更提案の妥当性を確認することになる。

前者の、安全設計に係る指針・基準等を「リスク情報」を参考にして見直すことは、「リスク情報」活用の代表例のひとつである。以下、耐震指針と重要度分類指針を例に取って、具体的なアプローチの案を示す。後者の例としては、運転中保全の問題を採り上げる。

(1) 耐震指針改訂への地震についての確率論的安全評価結果の反映

安全審査に用いる指針・基準等の改訂の例としては、例えば耐震指針[B-6]の改訂が挙げられる。図9-4は、原安委・原子力安全指針基準専門部会の耐震指針検討分科会で耐震指針の改訂を検討していた時に、安全目標に適合するように耐震指針を策定するアプローチとして、私が示した案である。これは、図9-1に示した、規制規則への「リスク情報」適用の一般的アプローチ[J-2]を、耐

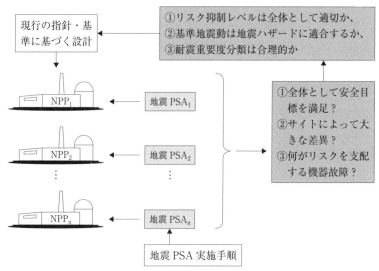

図 9-4　地震についての確率論的安全評価結果の耐震指針改訂への適用[I-4],[J-3]

9.「リスク情報」を活用しての規制

震指針の場合に適用するものである。私個人の案と断ってはいるが、原安委の安全目標専門部会の委員として安全目標の利用法を示すために、また、保安院のリスクインフォームド規制の責任者として保安院の考え方を示すために、公開・公式の場で説明してきたものである[I-4), J-3)]。

私自身は2003年11月に保安院の職員となった際にこの分科会の委員を辞めてしまったので、実際には耐震指針の検討では尻切れトンボになってしまった主張である。しかし、考え方そのものは、他の指針の改訂、あるいは、次回の耐震指針の改訂にも適用できるものと思っている。

図に沿って説明すると、まず現行の耐震指針や諸基準に基づいて設計された多くの原子力発電所がある。これらの原子力発電所それぞれについて地震PSAを実施する。そうすると、

① ほとんどの発電所は安全目標を満足するのか、そうではないのか
② 安全目標を、あるサイトにある施設は満足するが別なサイトにある施設は満足しない、といった、ばらついた結果は生じていないか
③ 多くの施設において、地震PSAの結果を支配する機器故障、すなわち、共通の弱点があるか

といった結果が得られる。
こうした結果は、

① 現行の指針及び基準のリスク抑制レベルは、全体として適切か、すなわち、厳しすぎたり緩すぎたりしていることはないか
② 基準地震動の設定法はサイトごとの地震ハザード評価の考え方に照らして妥当か
③ 耐震重要度分類は合理的にリスクを抑制する上で妥当か

等の判断材料を与えることになる。より整合性の取れた耐震指針を確立するに

は、そうした情報を参考にするのが適切となる。

なお、このように、多くの原子力発電施設を対象として地震 PSA を実施するためには、共通の地震 PSA 手法が必要であり、地震 PSA 実施手順が民間規格として制定されることが必要である。

ところで、既に 8.3 節に要点を示したが、安全目標の「中間とりまとめ」の「解説 14. 安全目標の適用」には以下のように記載されている[1-5]。

> 「安全目標は、まずは規制活動の合理性、整合性といった各種規制活動の全体にわたる判断の参考として適用し、個別の施設に対する規制等、より踏み込んだ適用は、安全目標適用の経験を積んだ段階で着手するのが適切としている。これは、米国における初期の安全目標適用の考え方と同様であり、リスク評価に不確実さが伴うことへの対処である。ある施設は安全目標を満足しており、他の施設は満足していないといった結果が出てきた時、満足していない施設は不安全と直ちに結論付けることはせず、なぜその違いが生じたか、規制の何処に不適当なところがあったかという見直しが行われることになる。個別の施設が安全か否かの判断は、こうして見直された規制体系に基づいてなされることになる。」

この文は、私自身がドラフトを書いたのだが、安全目標案の策定時に最も重要であった耐震指針の改訂を意識してのものである。これを耐震に限って読み替えると次のようになる。

> 「安全目標は、耐震指針の合理性、整合性といった判断の参考として適用し、個別の施設に対するライセンシングやバックフィット等、より踏み込んだ適用は、耐震分野での適用も含め、安全目標適用の経験を積んだ段階で着手するのが適切である。これは、米国における初期の安全目標適用の考え方と同様であり、地震リスク評価に不確実さが伴うことへの対処である。ある施設の地震リスク評価結果は安全目標を満足しており、他の施

9.「リスク情報」を活用しての規制

設の地震リスク評価結果は満足していないといった結果が出てきた時、満足していない施設は耐震性の観点で不安全と直ちに結論付けることはせず、なぜその違いが生じたか、耐震指針の何処に不適当なところがあったかという見直しが行われることになる。個別の施設が安全か否かの判断は、こうして見直された耐震指針に基づいてなされることになる。」

すなわち、安全目標の意図するところは、安全審査の過程で用いる耐震指針に直接地震リスク評価を用いるのは適切でなく、耐震指針は原則として決定論的評価手法に基づくべきであり、地震リスク評価は指針を策定するに当たっての参考に留めるべきであるということである。安全目標は絶対値としてのリスク指標についての目標であり、**図 9-4** は絶対値に加えて相対値としてのリスク指標の利用も含むものであるが、考え方は共通である。

(2) **重要度分類の見直し**

確率論的安全評価（PSA）の結果として得られる相対値リスク指標（リスクへの寄与度や重要度）は、重要度分類見直しのきっかけとなる。ただし、「重要度」について考えるときは、「何の重要度なのか」を意識して検討することが大事である。

図 9-5 は、様々な重要度と PSA の関係を表すものである。

まず、基本設計、詳細設計から運転管理へという段階に沿って整理すると、基本設計の段階では、各安全機能の相対的重要度を、原安委の「発電用軽水型原子炉施設の安全機能の重要度分類に関する審査指針」（以下、「重要度分類指針」[B-5]）に定めてある。加えて、同指針の解説には、「本指針は、設置許可申請に係る安全審査において適用されるものであるが、それ以降の設計段階、さらには設計以降の各段階における要求事項を定める際にも参考となり得るものと考える」とある。

詳細設計は、基本設計で約束したことの具体化であるから、各安全機能を担保する構築物・系統・機器（SSC）の重要度は、当然ながら、基本設計のため

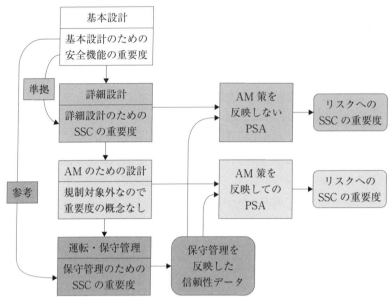

図9-5 「重要度」と確率論的安全評価の関係

の重要度に準拠している。

　アクシデントマネジメントが導入されて以後は、アクシデントマネジメントにだけ用いるSSCもある。しかし、3.5.3項に述べたように、これは自主保安の一環であり、安全上重要なSSCに影響しない限り、規制の対象にはならない。したがって、アクシデントマネジメント専用のSSCに対して重要度の要求はない[C-5]。

　運転管理段階に入ってからの保守管理においては、各SSCの重要度は必ずしも基本設計での重要度に従わなくても良いのかも知れないが、実際には基本設計のための重要度がそのまま各SSCの保守計画を作る際の重要度になっている。

　次いで、PSAの実施にどういうデータが必要かというと、機能レベルでなくSSCレベルの設計データと、それらのSSCの信頼性データである。

9.「リスク情報」を活用しての規制

　そのうち設計データについては、基本設計段階の情報では、具体的 SSC が定まっていないことから、事実上 PSA はできない（3.3.3参照）。PSA が実施できるのは詳細設計が定まってからである。
　PSA のための SSC の信頼性データはというと、運転経験データからであるが、これは、各 SSC についての保守管理の影響を受け得るものである。
　一方で、一般にどういう PSA がなされているかというと、「3.3.3　アクシデントマネジメント」及び「5.3.3　わが国での確率論的安全評価のこれまでの応用　(2)シビアアクシデントのマネジメント」に述べたように、アクシデントマネジメント策を考慮しなかった場合と考慮した場合についての PSA である。そして、PSA の結果として得られるのは、この2つの場合についてのリスクに対する重要度である。

　以上を整理すると次のようになる。
　まず、設計や保持の各段階における「重要度」として次のようなものがある。

① 基本設計では、各安全機能の安全重要度が、重要度分類指針により与えられる。
② 詳細設計では、各 SSC の安全重要度は、それらが属する安全機能の安全重要度に準拠する。
③ アクシデントマネジメントのためだけに用いられる SSC には安全重要度についての要求はない。
④ 保守管理では、各 SSC の重要度は、従来はそれらが属する安全機能の安全重要度に準拠してなされてきた。

　一方、「SSC のリスク重要度」を求める PSA として次の2種類がある。

A）アクシデントマネジメントを含まない詳細設計に対して、従来の保守管理に基づいた信頼性データを用いて PSA を実施することにより、アクシデントマネジメントを含まない SSC のリスク重要度を求めること

ができる。

B) アクシデントマネジメントを考慮に入れた詳細設計に対して、従来の保守管理に基づいた信頼性データを用いてPSAを実施することにより、アクシデントマネジメント専用のSSCまで含んでの、SSCのリスク重要度を求めることができる。

このような整理をした上で、A)、B)どちらかのPSAによって得られるSSCのリスク重要度から、①～④の安全重要度のいずれかを検討するのである。すなわち、次のようなことである。

1) 「基本設計での安全機能ごとの安全重要度」の見直し

アクシデントマネジメントを含まないPSAの結果から得られるSSCごとのリスク重要度を参考にして、基本設計における安全機能ごとの安全重要度を見直す。

例えば、PSAの結果、多くの施設で共通の弱点があるとすれば、それはアクシデントマネジメント以前に基本設計の弱点であるから、そういう弱点を直すように重要度分類を変える（当然、逆もある）。重要度分類指針の改訂であるから、基本設計だけでなく、後段規制の重要度分類にも影響する。

2) 「詳細設計でのSSCごとの安全重要度」の見直し

基本設計における安全機能ごとの安全重要度からさだめられる「詳細設計でのSSCごとの安全重要度」を、アクシデントマネジメントを含まないPSAの結果から得られるSSCごとのリスク重要度を参考にして、部分的に見直す。

詳細設計は、基本設計で約束したことの具体化であるから、それを反故にすることではあるが、多くのPSAで、例えば重要度分類が低いとされているSSCがリスク重要度が高いという結果であれば、例外的にそのSSCの重要度を上げることも、可能性としてはあり得る（当然、逆もある）。

9.「リスク情報」を活用しての規制

3) アクシデントマネジメント専用の SSC も含めての、「詳細設計での SSC ごとの安全重要度」の見直し

2) に加えて、「アクシデントマネジメント専用の SSC も含めての SSC ごとの安全重要度」を、アクシデントマネジメントを含む PSA の結果から得られる SSC ごとのリスク重要度を参考にして新たに定める。

ただし、これはアクシデントマネジメントそのものを規制の対象に含めることであるから、その前に規制のあり方を大幅に変える必要がある。

4)「保守管理での SSC ごとの安全重要度」の見直し

「保守管理での SSC ごとの安全重要度」を「基本設計での安全機能ごとの安全重要度」だけでなく、アクシデントマネジメントを含まない、あるいは含む、どちらかの PSA の結果から得られる SSC ごとのリスク重要度も参考にして定める。

設計は基本設計における安全重要度分類に従うとしても、できあがった施設の安全管理と規制においては PSA の結果を参考にしてそれとは違う安全重要度分類をし、それによってリスクを合理的に小さくすることを考えるというものである。

なお、いずれの応用についても、以下の２点についての注意が必要である。

ひとつは、重要度の変更は、決して相対値リスク指標だけでは決められないことである[E-2]。本質的に重要な SSC（例えば、原子炉圧力容器）の重要度は下げられない。逆に、本質的に信頼性設計が困難な SSC（例えば、外部電源供給に係る SSC）については重要度は上げられず、それを補償するための別の設備（例えば、非常用電源系）の信頼性をどれほど高く保つかを検討することになる。

もうひとつは、9.3.3 項に述べたように、設計についてであれ保守についてであれ、重要度を変更することは、結果として SSC の信頼性に影響し、それは PSA の結果にも影響することである（PSA の結果を望ましいものにするために重要度を変えることが目的であるから、当然であるが）。このとき、新しい設計重要

度に沿って新たな SSC を採用したり、新しい保守重要度に沿って SSC の保守あるいは検査を行ったりすることが SSC の信頼性に及ぼす影響は、まだ運転経験データとして得られていないのであるから、何らかの推定をしなくてはならないことになる。

したがって、安全重要度分類の見直しは最終的には専門家の工学的判断によらねばならないものである。

(3) 運転中保全の妥当性確認

事業者による保全活動については、近年、運転中保全の是非について論議がなされている。ここで運転中保全とは、安全機能を果たす系統の一部を原子炉運転中に待機除外して保全をする行為である。その是非について検討するには、まず、

- 原子炉施設の安全設計においては、機器の故障等により安全系の 1 トレインが作動しなくとも、その系統が担う安全機能が妨げられないことが要求されていること（単一故障の仮定）
- 運転段階においては、機器の故障等により安全系の 1 トレインが作動しない状態になることが想定されるが、そういう場合に直ちに原子炉を停止することは要求されておらず、一定の時間（許容待機時間。Allowed Outage Time：AOT）内であれば補修をしながらの運転継続が認められていること

との関係を整理することが必要である。その上で、「リスク情報」を参照して運転中保全の是非及びあり方を検討することになる。

運転中保全の対象になるのは主に動的機器であるから、以下、動的機器を対象として考えることとする。

原安委の設計指針[B-4)]の指針 9 には次の記述がある。

9.「リスク情報」を活用しての規制

「重要度の特に高い安全機能を有する系統は、……動的機器の単一故障を仮定しても……所定の安全機能を達成できるように設計されていることが必要である。……その単一故障が安全上支障がない期間内に除去または修復できることが確実であれば、その単一故障を仮定しなくてよい。」

一方、評価指針の「5. 解析に当たって考慮すべき事項」には次の記述がある。

「解析に当たっては、想定された事象に加えて、「事故」に対処するために必要な系統、機器について、原子炉停止、炉心冷却及び放射能閉じ込めの各基本的安全機能別に、解析の結果を最も厳しくする機器の単一故障を仮定した解析を行わなければならない。」

ここで、わかりやすさのために低圧注入系を例にとって基本的安全機能、系統、トレイン、機器の関係を示しておくと図9-6のようになる。

原子炉の基本的安全機能は、一般には、原子炉停止、炉心冷却及び放射能閉

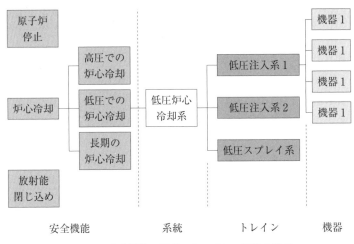

図9-6　安全機能、系統、トレイン、機器の関係

じ込めの3つとされているが、炉心冷却機能について「解析の結果を最も厳しくする」ケースを選ぶには、高圧での炉心冷却機能、低圧での炉心冷却機能、長期の炉心冷却機能それぞれを考える必要がある。ここで、低圧での炉心冷却系は、各50％容量の2つの低圧注入系と1つの低圧スプレイ系からなるとする。これがトレインである。各トレインは多くの機器で構成される。トレインは通例直列の機器で構成されるから、ひとつの機器故障がひとつのトレイン不作動につながる。これに対し、安全系は複数の並列トレインで構成されるから、ひとつの機器故障が複数のトレインの不作動、すなわち、低圧炉心冷却機能の喪失につながることはない。

　安全系を構成するそれぞれの機器は設計指針の要求に従って十分高い信頼性を有するように設計・製作されるから、単一の故障は想定しても、複数の同時故障を想定する必要はない。

　安全系を構成する機器の故障が発生したときの対応としては、前述のようにAOTを定めている。これは、

- 一方で、故障が発生したときに直ちに原子炉の運転を停止することは、電力の安定供給の面で大きなマイナスである上に、安全上の観点からも、「停止」というトランジェントを起こすことはリスクをもたらすものであること
- 他方で、高い信頼性を有するように設計された原子炉施設においては、AOTとして認められている短時間の間にトラブルが発生し、同時に、待機側のトレインにおいて更に機器故障が生じているような可能性は極めて小さいと考えられること

を考慮しての措置と解される。

　運転中保全も、上述の解釈と同じように考えるとよい。すなわち、運転中保全は、

- 一方で、プラントの安全・安定運転に不可欠な保全活動を運転中にも行

うことで平準化でき、現場作業員が余裕を持って作業の時間やスペースを確保でき、全体としてみれば、保全作業の信頼性を上げるとともに設備利用率の向上も図れること
- 他方で、高い信頼性を有するように設計された原子炉施設においては、一定の時間の間にトラブルが発生し、同時に、待機側のトレインにおいて更に機器故障が生じているような可能性は極めて小さいと考えられる上、これは偶発的な機器故障とは違って意図的に始める作業であるから、事前に待機側のトレインが作動可能であることを確認することあるいは作動信頼性が高いことを確認できることや、万一更に故障が加わった場合の対策を考えておけること

がある。したがって、適切に実施される限りにおいて、運転中保全は否定されるものではない。

では、運転中保全を適切に実施するにはどうするか。

この問題についてはしばしば、「1 トレインの待機除外は既に AOT で認められているので、AOT の時間内であれば運転中保全も認められるべきである」との主張がなされる。まずはこの主張の妥当性について論じると、これは次の理由により適切でない。

- AOT は、安全系の機器に故障が発生したという状況の下で、やむを得ない措置として、あるいは、その状況下ではむしろ合理的な措置として認められているものである。これに対し、運転中保全は、通常運転中に意図的に実施する措置である。前提がまったく違うものを根拠にすること自体が不適切である。
- AOT で認められているリスクの増分は、決して AOT 1 回あたりのリスクの増分ではない。AOT を必要とするような状況の発生頻度を考慮した上でのリスクの増分である。運転中保全の実施頻度を AOT の発生頻度以下にするならばともかく、そうでないならばそれは AOT によるリ

スクの増分を超えてしまっている。極端な例として1年中通して運転中保全を実施するなら、それは設計段階から1トレインが欠けているのと同じであり、単一故障の原則に反している。

　すなわち、前述のように、AOTも運転中保全も基本的には認められるべきものであるが、AOTと運転中保全はそれぞれ異なる前提でなされるものであるから、それらがどのような範囲で認められるべきかは個別に検討されるべきであって、決して一方の時間が認められているからといって他方がそれと同じ時間認められるというものではない。

　然らば、適切な運転中保全は何を根拠にすれば決められるか。ひとつの可能性として考えられるのは、「7.3　リスクの受容性について」で示した国際放射線防護委員会（ICRP）の放射線防護のための3原則、行為の正当化、放射線防護の最適化、個人の線量当量の限度を参考にすることである。
　7.3節に書いたことを繰り返すと、この3原則は、放射線や原子力の利用を対象としたものであるが、他のあらゆる技術についても、それに伴うリスクを受容する上での原則を適確に表現した言葉である。行為の正当化とは、便益がリスクに比べて大きいことである。また、防護の最適化とは、リスクを最小限にするために、合理的な努力はすべてすることである。そして、本来はこの2つの条件が満足されればそれで十分なはずであるが、安全を実効的に確保するために、第3の原則である数量的上限値が定められている。
　この考え方を運転中保全の問題に当てはめれば、次のようになる。

① 運転中保全は、全体として、その導入による保全活動の信頼性向上や、運転休止期間の短縮による稼働率向上などの便益が、運転中保全によって生じるリスク増分に比べて、正味でプラスでなければならない（行為の正当化）
② 運転中保全が正当化された場合には、それによって生じるリスクの増分を、合理的に達成できる限り低く保たなければならない（行為の最適化）

9.「リスク情報」を活用しての規制

③ 運転中保全が正当化・最適化された場合であっても、それによるリスクの増分は一定の限度を決して超えてはならない（リスク増分の限度）

このうち①については、これは異なる次元のものの比較であるから、関係者の間での議論によって定められるべきものである。この場合、運転中保全をどれ程の頻度で実施するかが比較の前提である。(AOT と比べてはならないと述べたばかりだが) AOT の発生頻度以下のような頻度であれば正当化はできても便益が極めて小さい。他方で、1 年中継続実施するような運転中保全は多分正当化されない。

それから、正当化の判断は施設・設備によっても異なり得る。PSA の結果としてのリスクの絶対値が小さいプラントでは正当と判断されても、そうでないプラントでは正当と判断されない場合もあり得る。また、トレイン数が多くて冗長性が高い設備、あるいは、待機側トレインの信頼性が高く保たれていることが実証されている設備では認められても、そうでない設備では認められないこともあり得る。

②については、運転中保全に先立って、待機側トレインの信頼性を確認すること（容易にできる場合は動作確認、そうでない場合は代替の信頼性評価）や、運転中保全実施中の安全確保策の確立（保全実施手順の策定、トラブル発生時の保全中止条件の明確化など）がなされねばならない。

③については、多分、このような代替案の妥当性を最終的に判断するために、何らかの代替案を採用したときの共通の判断基準として、リスクの増分値（元々のリスク絶対値とリスク増分値の両者を用いることも含む）についての制限値を定めておくのも有用であろう。

10. 第1部のおわりに

　本書第1部は、「リスク情報」をアウトプットとして打ち出す確率論的安全評価（PSA）手法とはどういう手法かを紹介すると共に、その結果の反映先である現行の規制はどのようなものであるかを（私の個人的認識に基づいてであるが）説明し、その上で、「リスク情報」を規制に反映する上でのアプローチについて私の考えをまとめたものである。

　なお、PSA、現行規制、リスクインフォームド規制の全体を説明しようとした結果、私には必ずしも十分な知識がないところまで踏み込んで、私の理解するところを記述していることをお断りしておく。

　本書第1部を閉じるに当たって、幾つかのことを付け加えておきたい。
　まず、以下のリスクは全く異なる。

- 原子力施設が周辺公衆に及ぼすリスク
- 原子力、あるいは、原子力関係者（事業者、規制行政庁等）が国民からの信頼を失うリスク

　原子力施設が周辺公衆に及ぼすリスクについては、これまで十分な注意が払われてきている。そして、今後もリスク情報の活用等により、より合理的なリスク抑制が図られると期待されている。
　しかしながら、昨今、様々な不祥事もあって、原子力関係者は必ずしも国民から十分信頼されていない。原子力関係者は後者のリスクにももっと注意を払うべきではないだろうか。
　私見であるが、原子力関係者が「信頼を失うリスク」については、過去にいくつもの寄与因子があったと思う。古くは、「原子力は絶対安全」と言っていたが、これはTMI事故で破綻した。その後、原子力安全についての説明は「リスクは十分に小さい」に変わってきたが、その後も、古い言い回しと同じ

10. 第1部のおわりに

発想のものが続いてきた。例えば、「もんじゅは絶対安全」という言い方があったが、これはナトリウム漏洩事故で破綻した。「現象の詳細解明で過酷事故は理解可能」というのは研究者の過大広告である。「わが国では既存炉もIAEA安全目標を満足」というのは、少なくとも耐震指針の改定の前は正確でなかったのではないかと思われる。「古くなっても新品同様」などはありえず、ひび割れ問題で簡単に破綻した。

原子力防災については、皮肉な言い方をすれば、関係者は「重大な事故は緊急時支援システムの都合に合わせて進展する」と思っているのではないか。また、高レベル放射性廃棄物の地層処分において、「長期的安全確保に制度的管理は不要」などというのも、信じがたい楽観論である。

こうした根拠のない言い回しをやめて、現実に立脚して考え、困難ではあってもそれを説明していく。そうしない限り、今後もわれわれは信頼されないのではないかと思う。

もうひとつ。「7. 技術に伴う事故やリスクとその受容性」で述べたように、人のあらゆる活動にはリスクが付随する。リスクの適切な抑制は当然必要であるが、一方、最小限のリスクを許容しない限り、われわれの社会は成り立たない。原子力利用にも、リスクは存在する、しかしそれは、許容できるほどに十分小さい、ということが前提になっている。

しかしながら、万全を図っても、事故は起きる。その時、

「許容できるリスクはあるが、許容できる事故はない。」

事故を起こしてしまったら、特に、死傷者を出してしまったら、関係者はひたすら詫びるしかない。

ただ、飛行機は墜ちた次の日にも飛ぶ。原子力も、事故を起こしてならないのは当然であるが、万一大きな事故を起こしてしまっても、その次の日でも立ち上がれるよう、公衆の強い信頼があって欲しいと願っている。

（本章も「第1部」の文字を追加した以外福島第一事故の前に書いたものである。）

原子力安全は
どうして失われたのか

第2部

第2部は福島第一原子力発電所の事故の後に書いたものである。事故の教訓を基に、第1部に書いた、「原子力安全はどうすれば得られるか」がどこで機能していなかったかを分析し、今後の改善点について考えてみた。

第2部
プロローグ

†

幸田文の随筆『ちぎれ雲』に、文の父、幸田露伴の言葉がある。

「経験のないことには、人はみな傲慢だ。

紙を漉く経験をしてから謙虚になるのでは愚かだ。

めったに紙など漉く経験はできまいから、

そいつは一生傲慢でおしまいになっちまうだろう。」

11. 福島第一の事故が起きて

(1) 福島第一原子力発電所の事故と私の関わり

2011年3月11日14時46分、東北地方の太平洋沖で、マグニチュード9.0の巨大な地震が発生した。この地震はのちに、「東北地方太平洋沖地震」と命名された。地震が引き起こした地震動と津波は、東日本に大きな被害をもたらした。

福島県太平洋岸に位置する、東京電力株式会社（以下、「東電」）の福島第一原子力発電所（以下、「福島第一」）は、6機の沸騰水型原子炉（Boiling Water Reactor：BWR）を有している[K-1]。このうち、運転中であった1号機、2号機、3号機で炉心が溶融する重大な事故、シビアアクシデントが起き、格納容器及び原子炉建屋が破損もしくは漏洩した結果、大量の放射性物質が環境中に放出された。

私は、福島第一の事故が起きる前に、原子力安全はどのように確保されるか、それを規制側はどう確認するかを、本書の表題である「原子力のリスクと安全規制」なる文書にまとめ、研修等の機会に多くの原子力関係者に説明してきた。しかしながら、実際に事故が起きてみれば、安全の確保に必要な個々の活動において、いかに多くの瑕疵があったかが明らかになった。もはや、事故前に書いた文書では実際の原子力安全の説明はできなくなった。

そのため、たまたま事故の少し後に原子力安全基盤機構（JNES）を退職して（実際には非常勤職員として再雇用されているが）、時間ができたこともあり、事故によって示された諸問題を書き加えることにした。ところが、書き始めてみると書くべきことがやまほどあり、ついには元の文書に匹敵する量になってしまった。このため、事故の前に書いてあったものに「第1部：原子力安全はどうすれば得られるか」という副題をつけ、事故の後に書いたものには「第2部：

原子力安全はどうして失われたのか」という副題をつけることにより、2分冊の文書とした。これを公刊するに当たって1冊にまとめたが、第1部と第2部は、書いた時点も、書いている私の意識も、まるで違っている。

第1部も私個人の考え方をまとめたものだが、第2部はもっと極端に私から見ての福島第一事故とその提示した問題をまとめてある。そのため、まずは私の経歴を、福島第一事故やシビアアクシデントに関わるものを中心に紹介しておく。

- 旧日本原子力研究所（原研）在職時には、確率論的安全評価（PSA）の研究に従事した。PSAとは炉心が溶融するような事故、シビアアクシデントのリスクを定量化する手法である。私自身はそこで、炉心溶融事故解析コード、地震リスク評価コードを開発した。私の学位論文表題は「軽水炉の炉心溶融事故解析研究」[G2-6]である。
- 旧原子力安全・保安院（保安院）在職時の担当は「国際原子力安全」であり、例えば国際原子力機関（IAEA）の安全基準委員会（CSS）での国際基準の策定等に従事した。そこでは、国際基準の中で最上位にある基本的安全原則（Fundamental Safety Principles）」[F-2]や、原子力防災、放射性廃棄物処分に係る基準等の策定に加わった。
- 各国の原子力規制が国際基準に沿ったものであるかどうかを確認するための、IAEAの「総合規制レビューサービス（IRRS）」[F-7]については、フランス、ドイツに対するIRRSのレビューワーを務めるとともに、2007年の日本へのIRRS[F-9]においては受け入れ側責任者を務めた。
- また、保安院在職時から現在に至るまで、同じくIAEAにおける国際原子力・放射線事象評価尺度（INES）[F-14]の諮問委員会（Advisory Committee：AC）の委員を務めた。
- 福島第一事故発生当時はJNESの職員であった。事故が発生した3月11日から10日間ほどはほとんどの時間JNESの緊急事態支援本部に詰めていて、東電が毎日公表した情報[K-2]や、保安院緊急対策センター

11. 福島第一の事故が起きて

(Emergency Response Center：ERC) から送られてくる情報を追いかけて内容を分析していた。

- 3月末から5月末にかけては、IAEA や経済協力開発機構原子力機関 (OECD/NEA) で開催された福島第一事故関連の国際会議において、保安院による事故の説明[M-1]を補佐したり、私自身もいろいろな国際会議で説明したりしてきた（付録Bの用語集はこの時期に作成した）。

- この時期、4月から5月にかけては、JNES 内に設置された「福島第一原子力発電所事故分析グループ」のリーダーとして、JNES に集められた事故関連データの分析や、JNES が実施した解析結果のレビューに責任を負った。そこでの分析結果は、6月に IAEA で開催された「原子力安全に関する閣僚会議」における日本国政府の報告書[M-2]の基盤のひとつとなった。

- 私は同年の6月末日で JNES を定年退職した。その後も、非常勤の契約職員としては働いていたが、JNES の事故分析を統括するような立場ではなくなった。しかし、個人としては福島第一事故の情報は追っていた。特に重要な情報は、東京電力が2011年10月に公表した、事故時の運転員対応についての報告書[K-3],[K-4]である。本書の第2部の半分以上はこの時期までに書いたものである。

- 私は2010年3月末から2013年3月末まで日本原子力学会・原子力安全部会（以下、「安全部会」）の部会長を務めていた。安全部会は、2012年の2月17日から12月19日にかけて8回にわたり、「福島第一原子力事故に関するセミナー」（以下、「安全部会セミナー」）を開催[L-1]し、2013年3月にその成果を「福島第一原子力事故に関するセミナー報告書　何が悪かったのか、今後何をすべきか」（以下、「セミナー報告書」）[L-2]にとりまとめた。安全部会、特にその幹事会は、原子力安全の専門家の集まりであり、直接あるいは間接に、福島第一事故あるいは事故後の各組織内での対応に係わった人も多い。セミナー報告書は、いわば、当事者・専門家による事故調査報告書である。

- この報告書の要点は原子力学会誌の特集記事[L-4]にもとりまとめた。

- 福島第一事故に係る継続的な国際対応としては、NEA が 2011 年 3 月に組織した「福島事故のインパクトに係る CNRA 上級タスクグループ (CNRA Senior-level Task Group on Impacts of the Fukushima Accident：STG-FUKU)」において、事故当事国の代表として福島第一事故及びそこから得られた教訓を国際社会に説明した。その成果は NEA の福島第一事故報告書[M-4] に反映されている。
- 2012 年 9 月に原子力規制委員会（以下、「規制委」）とその事務局である原子力規制庁（以下、「規制庁」）が発足した。私は、「発電用軽水型原子炉の新規制基準に関する検討チーム」、「核燃料施設等の新規制基準に関する検討チーム」で新基準の策定に加わると共に、「東京電力福島第一原子力発電所における事故の分析に係る検討会」で事故の分析にも加わった。
- 原子力学会の安全部会はその後、セミナー報告書で検討課題として挙げた「外的事象に対する深層防護」などの問題について、2013 年 9 月の原子力学会秋の大会での「安全部会企画セッション」、2013 年 10 月の「安全部会フォローアップセミナー」、2014 年 3 月の原子力学会春の年会での「安全部会企画セッション」で講演と討論の機会を設けた[L-1]。いずれの機会でも、産学官（事業者及びメーカー、大学、規制委など）からの参加者による講演と議論がなされた。

(2) 「第 2 部」で書きたいこと

第 2 部は、私の上述の経験を通じて認識された問題を「深層防護」の考え方に沿って記述するものである。

第 1 部において私は、深層防護の考え方とその具体的な内容について説明してきた。

原子力発電所についての深層防護は、一般には 5 つのレベルから成ると整理される。その区切りについては人によって定義が異なるが、簡単に言えば、前段の方、レベル 1 からレベル 3 までは、炉心が溶融するような苛酷な事故（シビアアクシデント）を起こさないための対策であり、安全設計が中心である。後

11. 福島第一の事故が起きて

段のレベル4は、設計基準を超した事故状態になってしまった後の、あるいはシビアアクシデントが起きてしまった後の、事故時対応（アクシデントマネジメント：AM）であり、レベル5は屋内退避や避難などの防災対策である。

今回の事故を見たとき、例えば前段の安全設計において、あるいは後段のAMや防災において、数多くの「想定外」のことが起きた。しかしながら、ひとつひとつの「想定外」を見ていくと、それらはむしろ、起こるべくして起きたことが明らかである。

前述のJNES内に設置された「福島第一原子力発電所事故分析グループ」の結論として、私は次のように書いている。

「それぞれの具体的教訓や課題に先立って、まず述べておきたいことがある。それは、今回の事故の最大の教訓は、『Defence in Depth（深層防護）の重要性が再認識された』ということである。

深層防護とは、ひとつは多段の安全対策を用意しておくことであり、もうひとつは、各段の安全対策を考える時には他の段で安全対策が採られることを忘れ、当該の段だけで安全を確保するとの意識である。今回の事故を見たとき、例えば前段の設計基準の設定において、あるいは後段のアクシデントマネジメントや防災において、本当に十分な対応がなされてきたかという問題である。

『深層防護の思想』あるいは『深層防護の考え方』とはしばしば言われる。この思想あるいは考え方の重要性は事故で再認識されたと思われる。しかしながら、各段の具体的な対応が不十分であれば、深層防護は何の役にも立たない。」

福島第一の事故は、実際には深層防護の各レベルに重大な瑕疵が数多くあったことを露呈した。前述のように、「分析グループ」の分析結果は直後の国の報告書[M-2]に反映されている。以後は国際的にも、福島の事故と深層防護とが関連づけられて議論されている。

「深層防護」を含めて、安全確保に係る原則の大事さについては、私は安全

部会セミナー報告書[L-2]に以下のように記載している。

> 「今後の規制改善のあり方については、まず、『安全の確保に関し、従来から大事と言われてきた原則的考え方は、事故の後でもやはり大事である』ということを強調したい。」

セミナー報告書ではその上で、継続的改善、リスク情報の活用、運転経験の反映、産学官の協力と規制の独立性、といった問題について論じている。

同様の内容は、NEA の福島事故分析報告書[M-4]にも以下のように記載してある。STG-FUKU での私の提案を反映したものである。

> 「深層防護、多様性、継続的改善、運転経験の反映といった、原子力安全原則の基盤を形成する考え方は、事故以前から大事と考えられており、事故の後でもやはり大事である。」
>
> (The concepts that form the foundation of nuclear safety principles - such as DiD, diversity, continuous improvement and operational experience feedback - were considered important before the accident, and remain so after the accident.)

本書でもこうした認識に立って論を進めていく。

(3) 「第2部」の構成及び記載内容

第2部は、大別すれば3つの部分からなる。最初の部分は12章であり、これは福島第一事故の説明である。次の部分、13章から17章までが第2部の主題であり、「深層防護 (Defence in Depth : DiD)」、それも、規制の立場から見ての深層防護に係る問題点についての記述である。そこでは、福島第一事故を深層防護の考え方に照らして見た時の検討結果と、今後の原子力安全規制における深層防護のあり方についての私としての意見を述べる。最後の部分、18章及び19章は、規制に係わるそれ以外の検討事項についての記述である。

11. 福島第一の事故が起きて

もう少し具体的に第2部の章構成について述べる。

最初の部分、12章は、前述のように福島第一事故についての記述である。この事故については、政府の公式な報告書[M-2, M-3]をはじめ、既に多くの組織もしくは個人により、事故の内容やそれを分析した結果が報じられている。私自身も、上述のように、JNESという組織で、あるいは、安全部会という組織で、事故の分析結果をとりまとめている。したがって、私という個人が、事故そのものについて一般的な解説してもあまり意味がない。福島第一事故については、私の実体験を通しての問題点の指摘、それも、第1部に書いた「原子力安全はどうすれば得られるか」に反した部分、言い換えれば、「原子力安全はどうして失われたのか」を中心に記述していくこととする。

12.1節では、事故を理解する上で最小限必要な、福島第一の施設及び設計について紹介する。

12.2節は「冷却材ボイルオフ事故」についての解説である。福島第一の事故が「発電所停電事故（Station Blackout Accident：SBO）」であることは既に広く知られているが、事故時に起きた熱水力的な現象の観点から見ると、冷却能を失った原子炉において冷却材が崩壊熱によって沸騰喪失（ボイルオフ）し、ついには炉心露出から炉心溶融に至る事故である。こうした事故は私の過去の研究対象[G2-8]であり学位論文[G2-6]のテーマでもあったから、当時の経験に基づいて解説する。

12.3節は、福島第一事故で何が起きたかを記述するのに参照した情報についての記述である。主たる情報源は、

① 水位や圧力などの測定データ[K-2]、
② 事故時運転手順の実施状況[K-3], [K-4]、
③ 安全部会セミナー報告書[L-2]

である。①及び②は、プラントパラメータと事故時の運転員の行動についての一番元になっている情報であり、そこにさかのぼって記述する。福島第一事故

については、今でも次々新しい事実が掘り起こされている。実際にどんな事故だったかは個人にはまとめきれない。私はむしろ、事故の最中あるいは事故の直後に、事故対応の当事者とは言えないが関係者であった私のところに、情報がどんなふうに伝わってきたのかを書いていくこととする。個人の視点で事故を見たものに過ぎないが、元データにさかのぼって、関係者に情報が伝わらなかったことなどの、事故が示した重要な問題を示したいと思うからである。③は最も信頼できる専門家の判断を含むものであり、事故後にいろいろな立場の人たちがかまびすしく提起した多くの問題への回答になっていると思う。

12.4節は施設全体での、12.5節は各号機での、事故進展についての記述である。

なお、福島第一事故そのものについては、安全部会セミナー報告書[L-2]に詳しく記述してある。そこでは、地震と津波によって影響を受けた福島第一以外の原子力発電所、すなわち、福島第二、女川、東海第二の各原子炉で起きた事象についても、更には発電所間・号機間での事象の相互比較もしている。本書の読者には是非安全部会セミナー報告書も読んで欲しいと願っている。

「第2部」の2番目の部分、13章から17章までは、深層防護についての記述である。13章は「想定外」で起きたことを通じて判明した、深層防護の各レベルにおける欠陥を列挙する。それ以降はそこに挙げた欠陥を分野ごとに見ていく。14章では安全設計、15章ではシビアアクシデント対策、16章では原子力防災について、何が問題だったかを書いていく。その上で、17章では、特に地震や津波といった外的誘因事象に対しての、深層防護のあるべき姿についてもう一度考えてみる。

ここで、「外的」という言葉については、第1部では「5.2.3　内的事象と外的事象」で、施設の外部ということではなく、確率論的安全評価（Probabilistic Safety Assessment：PSA）の手法の違いに基づいて、構築物・系統・機器（Structures, Systems and Components：SSC）の外部からの衝撃をいうと定義した。しかし福島第一事故の後では、（よいことだが、）地震や津波といった施設外からの衝撃だけでなく、火災や浸水といった施設内で起きる衝撃も広く検討され

11. 福島第一の事故が起きて

るようになり、その過程で「内的、外的」とは施設の内外を意味することが一般的となってきた。このため第2部では、第1部の定義と矛盾してしまうので私としては不本意でもあるのだが、施設内での誘因事象を「内的誘因事象」、施設外での誘因事象を「外的誘因事象」と呼ぶことにした。

なお、規制委の新規制基準では「浸水」のことを「溢水」と呼んでいるが、この言葉は現象に照らして適切でないので、本書では「溢水」は使わない。

第2部の3番目の部分、18章及び19章は、規制に係わる深層防護以外の検討事項についての記述である。

18章は規制を支える技術基盤・情報基盤についての記述であり、PSA の結果として得られる「リスク情報」や、国内外の運転経験から得られる情報、安全研究を通じて得られる情報等が、従来必ずしも規制に有効利用されていなかったことを指摘すると共に、今後のあり方について論じている。

19章は規制の制度や枠組み、関係者の心のあり方等について、私の思うところを述べている。いずれも私個人による分析の結果であり、葦の髄から天井を覗くものであること、特に、専門から遠いところは素人の感想に過ぎないものもあることは、あらためてお断りしておく。

20章は、「おわりに」であり、第1部、第2部を書き終えての私としての感慨や、新規制基準と PSA の関係について記述している。

(4) 事業者と規制者の責任

第2部には、これ以後、福島第一の事故を踏まえての苦言・批判が数多く出てくる。で、そのほとんどは規制側機関、すなわち、旧原子力安全委員会（原安委）、保安院、JNES、日本原子力研究開発機構（JAEA）の安全研究センターに向けてのものである。しかし、事故の第一の責任はあくまで事業者にある。

「3.5.1 事業者の責任」の冒頭に示したように、IAEA の基本的安全原則[F-2]は、IAEA の安全基準の中で最上位に位置する文書であるが、その原則1「安全の責任」（Principle 1：Responsibility for Safety）に「安全に対する第一の責任は、放射線リスクをもたらす施設もしくは活動に対して責任を有する個人

もしくは組織にある。」ことが明記されている。

同じような説明は、元原安委委員長の佐藤一男によってもなされている。2010年2月17日に、原子力学会・安全部会は「原子力安全の論理」セミナーを開催しているが、そこでの同氏の講演[L-6]の一節を引用しておく。

- 安全目標を達成する或いは安全に関する様々な責任を明らかにする必要があり、全面的かつ公式な責任（full and formal responsibility）は事業者が負うことは、原子力に限らず全ての産業活動、社会的活動に共通する大原則。
- 原子炉の計画、設計から解体それぞれの段階でそれぞれの担当者が責任を負うのは担当する部分であるが、全体としての責任は、日本では原子炉設置者（事業者責任）。
- 国民を保護する立場から、事業者がその責任を果たしているかどうかを監視、監督、必要があれば強制或いは支援する活動が国、政府の責任、役目（監督責任、規制責任）。
- 事業者責任と監督責任は安全達成のための車の両輪。一方が他に取って代わることはできず、規制の有無で事業者が免責になることはなく、逆に事業者が完璧に責任を果たしていることが明らかでも規制は眠っていてはいけない。

私が第2部で規制側機関の責任について厳しく書いているのは、私自身がずっと規制側機関に属してきて、自分自身として至らなかったと感じているためであり、また、自分の世代の至らなさを棚に上げてにはなってしまうが、今後、規制側機関、特に、2012年9月に発足した原子力規制委員会（規制委）と、その事務局である原子力規制庁（規制庁）に取り組んで欲しいことを述べておきたいことからである。（注：第2部は2013年末頃までに書いたものである。2014年3月1日にJNESは規制庁に統合され、私は規制庁の非常勤契約職員になったので、この言い方は自分にも向けたものになってしまった。）

12. 福島第一原子力発電所におけるシビアアクシデント

12.1 福島第一の事故に関係する設備及び耐津波設計

12.1.1 福島第一原子力発電所の設備
⑴ BWRの概要と格納容器

沸騰水型炉（Boiling Water Reactor：BWR）の概要を図12-1に示す[K-5]。

BWRの原子炉は、炉心で冷却水を沸騰させ、そこで生じる蒸気を直接タービン発電機に導いて発電する仕組みである。福島第一原子力発電所（以下、「福

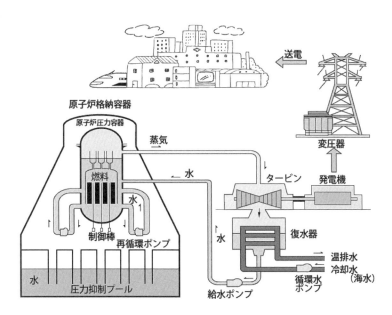

図12-1 沸騰水型炉（BWR）の概要[K-5]

［出典］㈶日本原子力文化振興財団：「原子力・エネルギー」図面集2007年版、5-2（2007年2月）p.80

島第一」）の BWR は、その設置された年代によって3つの型式からなり、1号機は BWR3、2号機～5号機は BWR4、6号機は BWR5 という型式であるが、基本的な仕組みは類似である。

BWR の格納容器は上下に2分されており、上側がドライウェル（Drywell：D/W）、下側がウェットウェル（Wetwell：W/W）である。原子炉はドライウェル内に設置されている。

ウェットウェルは大量の冷却水を溜めるプールになっており、万一の原子炉事故時には、原子炉冷却系の水源となる。また、原子炉から放出される高温の蒸気がこのプールの水の中に導かれて凝縮され、格納容器の圧力上昇を抑制する仕組みになっている。このことから、ウェットウェルは圧力抑制室（Suppression Chamber）、そのプールは圧力抑制プール（Suppression Pool）と呼ばれている。

福島第一のウェットウェルは、6号機はマークⅡ型格納容器で、圧力抑制プールは図 12-1 に描かれている通り、原子炉の真下にある。1～5号機はマークⅠ型格納容器で、圧力抑制プールは、原子炉の下部を取り巻く鋼鉄製ドーナツ形状のリングとして設置されている。

(2) 工学的安全設備と原子炉隔離時の炉心冷却

工学的安全設備としては、冷却材喪失事故（Loss of Coolant Accident：LOCA）等、冷却材が流出もしくは沸騰によって失われる事故に対して、非常用炉心冷却系（Emergency Core Cooling System：ECCS）が設けられている[K-1]。また、原子炉隔離時に炉心を冷却する設備も設けられている。工学的安全設備は型式によって少しずつ違っている。ここでは、福島第一の事故で問題になった隔離時の冷却について説明を加えておく。

通常時に原子炉で発生した熱は、最終的にはタービンの復水器によって除去される。事故時には、放射性物質を格納容器内に閉じ込めるために、主蒸気隔離弁（Main Steam Isolation Valve：MSIV）が閉じられる。MSIV が閉じて原子炉が復水器から隔離されると、原子炉停止後の炉心の崩壊熱により発生した蒸気

12. 福島第一原子力発電所におけるシビアアクシデント

を冷却して凝縮させることが必要になる。

1号機でこの役割を果たすのは非常用復水器（Isolation Condenser：IC）である。ICは自然循環を利用しており、その配管は途中で冷却用のプールを通過するようになっており、蒸気はそこで凝縮される。ICは自然循環ループであるから、交流電源がなくとも一定時間炉心を冷却できる。

1号機以外では原子炉隔離時冷却系（Reactor Core Isolation Cooling System：RCIC）を有している。復水・給水系の停止で原子炉水位が低下すると、RCICが自動起動して原子炉水位の回復を図る。RCICは、炉心で発生する蒸気を用いるタービン駆動のポンプを用いて冷却材を注入するので、これも、交流電源が喪失しても一定時間炉心を冷却できる。

12.1.2 耐津波設計
(1) 耐津波設計の概要

まず、わが国の原子力施設における耐津波設計についてまとめておく。

原子力施設の安全設計は、安全審査において旧原子力安全委員会（原安委）の安全審査指針によってその妥当性が判断されてきたから、当然、安全審査指針に適合するようになされてきた。耐津波設計は、「発電用軽水型原子炉施設に関する安全設計審査指針」（以下、「設計指針」）[B-4]の下位指針である「発電用原子炉施設に関する耐震設計審査指針」（以下、「耐震指針」）[B-6]に適合するようになされてきた（津波についての指針は作られておらず、耐震指針の一部に津波についての要求事項が示されていた）。

福島第一の各号機については、それぞれの当初の安全審査において設計指針によって耐津波設計の妥当性が評価された。その時の設計津波高さはO.P. 3.1mであった[L-2]。

ここで、「O.P.何メートル」という表現について説明しておくと、O.P.は「小名浜ポイント」の略である。福島第一の敷地や設備の高さ、そこでの津波高さは、福島県いわき市小名浜の標準海水面を基準として示される。なお、今回の地震により、福島第一周辺では地殻変動により60cmほどの地盤沈下があったが、本書ではすべて地盤沈下以前の値で記述する。

その後1993年の北海道南西沖地震をきっかけに、7省庁による津波検討会が開かれたことを受けて、土木学会において原子力発電所における津波水位設定方法が検討された。そこでは、最新の知見を取り入れ、プレート境界に発生する断層によって引き起こされる最大規模の津波を想定することになった[L-2]。

　2006年に耐震指針が改訂された折りに、津波に対してより具体的に「施設の供用期間中に極めてまれであるが発生する可能性があると想定することが適切な津波によっても、施設の安全機能が重大な影響を受けるおそれがないように設計されなければならない」ことが新しく追加された[B-6]。

　耐震指針の改訂にかかる検討のさなかに、東電を含め各原子力事業者は、上記新耐震指針の適用（バックチェック）に備えて、事業者の立場で独自に、耐津波設計の見直しについて検討していた。そこでは、2002年2月に策定された土木学会の「原子力発電所における津波評価技術」[B-24]が参照された。福島第一を含め、各原子力発電所では、新しい耐震指針の要求に応えるべく、上述の土木学会の方法に沿って、耐津波設計の強化を行っている最中あるいは対処済みであった[L-2]。

　福島第一での設計津波高さもこの手法によって評価された。その結果、福島県沖の断層による津波が最高の波高であったとして、福島第一の各号機についての設計津波高さはO.P. 5.4m〜O.P. 5.7mと評価された。東電はその津波高さに合わせて海水ポンプの設置高さの変更などの対策を実施した。

(2) 福島第一原子力発電所の敷地及び設備の高さ

　ここでは、福島第一1〜6号機の敷地及び設備の高さについて概略を述べる[K-1]。

　まず敷地高さであるが、1〜4号機はO.P. 10.0mであり、少し離れた位置にある5、6号機はO.P. 13.0mである（こうした違いが設備の被害にも影響する）。

　この地表面に対し、各号機の原子炉建屋は、おおむね地上45m程度、地下14m程度の建屋である。使用済み燃料プール（Spent Fuel Pool：SFP）は、この建屋の上部、O.P. 40m程度の高さに置かれている。

12. 福島第一原子力発電所におけるシビアアクシデント

タービン建屋は、おおむね地上 25m 程度、地下 10m 程度の建屋である。多くの非常用発電機（Diesel Generator：D/G）はこの建屋の地下部分、O.P. 10m より低い所に設置されている。ただ、福島第一では当初、各号機で1台の専用 D/G と2つの号機での共用 D/G（1、2号、3、4号、5、6号でそれぞれ1台）を有していたのを、各号機で2台の D/G を有するよう設計変更されている。従来の共用 D/G は1、3、5号機専用となり、あとから2、4、6号機に追加された D/G は、それぞれのタービン建屋内にはスペースがなかったため、別建屋に設置されている。具体的には、2号機と4号機の2台目の D/G（D/G-B）は共用プール建屋の地表面高さ（O.P. 10m）に、6号機の2台目の D/G は新たに設置したディーゼル発電機建屋の地表面高さ（O.P. 13m）に設置されている（この高さの違いも、設備の被害に大きく影響する）。

このほか、海水冷却ポンプの設置レベルは1～6号機で共通に O.P. 4.5m であり、その電動機の設置レベルは O.P. 5.6m ないし O.P. 5.7m である。

12.2 「冷却材ボイルオフ事故」とその進展

(1) 「冷却材ボイルオフ事故」とは

福島第一の事故は、事故シナリオの観点から見れば、「発電所停電事故（Station Blackout Accident：SBO）」あるいは「全交流電源喪失事故（Total Loss of AC Power）」と呼ばれる事故である。このことは今、広く知られている。しかし、この事故を事故時の現象（熱水力的な事故の進展）の観点から見れば、これは典型的な「冷却材ボイルオフ事故（Coolant Boil-off Accident）」である。本節では、福島第一で起きた事故の説明をするに先立って、冷却材ボイルオフ事故とはどんな事故か、どのように進展するのかを、私自身の昔の研究報告書[G2-8], [G2-6]を引用して説明する。

まず、原子炉の事故時にはそもそもどういう理由で燃料棒の温度が上昇するのかというと、大別すれば2つのケースがある。

ひとつは、反応度の投入によって原子炉出力が急上昇する事故や、原子炉冷却系配管の大破断による冷却材喪失事故（LOCA）で予測される温度上昇であ

213

る。燃料棒内の発熱が大きいうち、あるいは、燃料棒内がまだ高温のうちに、例えば冷却材の流速が急激に小さくなるなどの理由で、燃料棒の表面と冷却材の間の熱伝達が悪化すると、燃料棒内の熱が取りきれなくなる。この場合は、冷却材温度がそれ程高くない場合でも、燃料棒の温度が上昇してしまう。

　もうひとつは、出力の上昇を伴わないトランジェントや小破断のLOCAなどが生じたときに炉心冷却ができなくなった場合等に予測される温度上昇である。冷却材が崩壊熱による沸騰や漏洩箇所からの流出により徐々に失われ、ついには燃料棒の上部が水位上に露出してしまうと、燃料棒の温度は上昇する。この場合は、燃料棒の内部及び表面とその外側の冷却材（蒸気）の間の温度差はそれほど大きなものにならない。それでも温度が高くなるのは、「燃料棒の外側の蒸気の温度が高くなるから、燃料棒の温度が高くなる」のである。

　福島第一の事故が実際にどのように進展したのかは、高い放射線によって原子炉等重要設備への接近が阻まれていることから、今でも正確にはわからない。特に、1号機については、後述するが、プラントパラメータが何も得られないうちに多分炉心は溶融してしまっており、それに至る過程で何が起きたかにはわからないことが多い。しかし、事故後3年を経てわかった範囲では、1号機〜3号機のいずれにおいても、少なくとも原子炉冷却系配管に顕著な破断は起きていないようである。炉心溶融に至る事故進展として一番ありそうなのは、冷却剤ボイルオフ事故である。

　冷却剤ボイルオフ事故では、冷却材の冷却や補充がないままに、崩壊熱によって冷却材が沸騰により失われ（すなわち、ボイルオフし）、炉心が水位上に露出し、燃料は露出した部分から高温になって溶融する。

(2) **冷却材ボイルオフ事故時の原子炉内の燃料棒温度**

　このような状況での燃料棒の温度上昇は、図 12-2 のモデルで表現できる[G2-8]。

　原子炉水位は、崩壊熱による水のボイルオフ及びECCS等による水の注入による原子炉容器内水量の増減と、炉心におけるボイド（気泡）の存在で定ま

12. 福島第一原子力発電所におけるシビアアクシデント

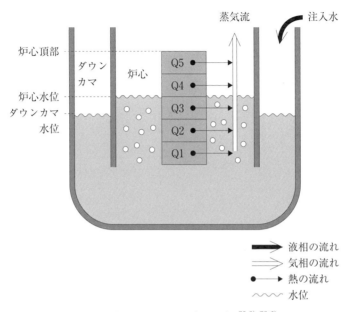

図 12-2 炉心ヒートアップ・モデル[G2-8], [G2-6]

る。ダウンカマ領域（炉心シュラウドの外の領域）にはボイドはほとんどないから、炉心の水位は、ボイドができて2相流の密度が小さくなる分、ダウンカマの水位より高くなる。

　燃料棒の温度計算では、燃料棒を垂直方向に多くのノード（ある長さとそれに応じた熱容量を持った代表点）に分割して各ノードの温度を求める。ノードが水位以下にあれば、そのノードは水により冷却され、ノードから水への伝熱量に応じた蒸気の発生が起きる。ノードが水位以上にあれば、そのノードは下方からの蒸気流により冷却される。水位下の水がすべて飽和水であるとすると、蒸気流量は水位下での沸騰量の総量に等しくなる。この蒸気流は上昇するにつれて燃料からの伝熱により温度上昇する。

　水位が低下すると、蒸気発生量が低下する一方で、燃料棒の水位上露出部分が長くなり、その蒸気流で冷却されるべき部分が大きくなるので、温度上昇が著しくなる。このように、炉心の温度上昇には炉心水位が支配的影響を持つ。

図 12-2 のモデルで、炉心頂部における蒸気温度を求めてみよう。

　原子炉圧力の変化は考えず、水位下の冷却材はすべて飽和水であると仮定し、炉心内下方から上方への 1 次元の擬定常流を考えると、炉心における蒸気発生量 W は次式で求められる。

$$W = \frac{\eta Q}{h_{GL}} \tag{12-1}$$

ここで、
　　Q　：炉心全体での崩壊熱（W）
　　η　：崩壊熱のうち水位下で発生する割合（-）
　　h_{GL}：系統圧力における沸騰潜熱（J/kg）

また、炉心出口における蒸気温度 T は次式で求められる。

$$T = T_{SAT} + \frac{(1-\eta)Q}{WC_P} \tag{12-2}$$

ここで、
　　T_{SAT}：系統圧力における水の飽和温度（℃）
　　C_P　：系統圧力における蒸気の定圧比熱（J/kg℃）

(12-1) 式、(12-2) 式から、

$$T = T_{SAT} + \frac{(1-\eta)}{\eta} \cdot \frac{h_{GL}}{C_P} \tag{12-3}$$

　この式を良く見て欲しい。「炉心出口の蒸気温度は、物性値のほかは、発熱量のうち水位下で発熱する割合だけで決まり、崩壊熱のレベルは関係しない」のである。そして、いろいろな圧力における物性値をこの式に代入してみると、「水位下での発熱割合が 55% 以上である限り、どのような圧力においても炉心

12. 福島第一原子力発電所におけるシビアアクシデント

出口蒸気温度が 1,000℃ を越えることはない」という結果が得られるのである。

燃料棒の温度はもちろん蒸気の温度より高いのだが、崩壊熱レベルでは、その差は高々 100℃ 程度であるから、炉心出口温度が 1,100℃ を超えることはない。

ここで、「4.3 計算コード」のところで (そこでは LOCA についての記述であったが)、炉心温度上昇時に起きる現象について書いた説明を思い出して欲しい。

4.3.2 項では、炉心の温度上昇過程について次のように書いた。

> 「被覆管の温度が十分に高くなると、被覆管材であるジルコニウムは水蒸気によって酸化反応を起こす。これは発熱反応であるため、被覆管の温度は更に上昇する。」

また、4.3.3 項では、「ECCS 性能評価で、最高被覆管温度と最大被覆管酸化厚が判断基準になっている理由」について、次のように書いている。

> 「被覆管材のジルコニウムは高温になると水蒸気と酸化反応を起こす。この化学反応が発熱反応である上、一般の化学反応の例として、反応速度は温度の上昇と共に急速に上昇する。温度が 1,200-1,300℃ あたりを超えると、もはや爆発的なスピードになる。こうなると、燃料ペレットさえ溶融する可能性を生じる。温度の急上昇はまた、酸化量の方も急激に大きくなることを意味する。」

すなわち、冷却材ボイルオフ事故では炉心頂部の温度が 1,200-1,300℃ あたりを超すかどうかは、事故の重要性の判断で特に大事なことである。

このことについて上述の水位上の燃料棒の温度についての考察を整理すると次のようになる。

「水位下での発熱割合 55% 以上」という条件は「水位が炉心有効長 (発熱部長さ) の 55% 以上」であることと大きな差はない。そして、そういう条件を

満たしていれば、被覆管材のジルコニウムが水蒸気で激しい酸化反応を起こすこともないし、燃料棒が溶融することもない。

したがって、単純化して言えば、冷却材ボイルオフ事故において、「炉心温度に最も大きな影響を与えるのは炉心の水位であり、水位が炉心有効長の半分より少し高いところ以上あれば、燃料棒被覆管の激しい酸化反応も炉心の溶融も起きない」のであり、また、「燃料棒被覆管の激しい酸化反応と、それに引き続く燃料棒の溶融は、炉心の頂部から始まる」のである。

さて、では次に、ジルコニウム－水反応が激しくなると、酸化反応熱によって燃料棒温度はどの程度上昇し得るであろうか。これについても、前述の研究報告書[G2-8]に次のように記述してある。

> 「目安として、単位長の被覆管が全量酸化反応した時の反応熱を、単位長の燃料ペレット及び被覆管の熱容量で除した値を求めると、約2,700℃になる。すなわち、ジルコニウム－水反応熱がすべてそのノードに加わったとすると、そのノード温度上昇はそれだけで2,700℃程度になる。ジルコニウム－水反応が効いてくるのが1,000℃以上であるから、燃料棒温度は4,000℃近くに達することになり、これはジルコニウム、酸化ジルコニウム、UO_2の融点以上である。」

すなわち、被覆管が全量酸化するよりも、被覆管及び燃料の溶融の方が早い。

以上まとめると、冷却材ボイルオフ事故では、

- 水位が炉心有効長の55％あたりまで低下したときに、炉心頂部で温度が1,200℃前後まで上昇し、
- まずは炉心の頂部で、燃料棒被覆管材であるジルコニウムが激しい酸化反応を起こしてその部分の温度が急上昇し、
- その部分の被覆管材が全量酸化するより早くその部分の燃料棒は溶融し、

12. 福島第一原子力発電所におけるシビアアクシデント

多分、落下していく（いわゆる「メルトダウン」）ことになる。

(3) 福島第一の事故に関しての補足

福島第一での冷却材ボイルオフ事故に関係して、1点補足しておく。

福島第一の各号機での事故進展はあとで記述するが、1号機〜3号機では、まずは地震動で原子炉が停止したがその時点では非常用交流電源も炉心冷却系も設計どおりに作動し、その約1時間後の津波によって非常用交流電源が失われた。1号機では多分、非常用復水器（IC）による冷却がほとんどなされず、交流電源喪失時点から炉心冷却はなされなくなったが、2号機、3号機ではその後も自らの出す蒸気で動くタービン駆動の炉心冷却系で2日も3日も炉心冷却が続いた。

すなわち、1号機でも炉心は原子炉停止から1時間は冷却され、2号機、3号機でははるかに長時間冷却されたのであるから、燃料棒から出てくる熱は崩壊熱レベルになっている。典型的な冷却材ボイルオフ事故となったと言える。

12.3　福島第一の事故進展の記述で参照した主要情報

このあと、12.4節では福島第一原子力発電所全体について、また12.5節では1〜3号機及び5、6号機の原子炉と4号機の使用済み燃料プール（Spent Fuel Pool : SFP）それぞれにおいて、事故がどのように進展したかについて記述する。そこでの事故進展に関しての記述は以下の3種類の資料に基づいている。

① 水位・圧力に関するパラメータについては、東電の「福島第一原子力発電所のプラント状況について」[K-2)]から得ている。これは、2011年3月11日以降のプレス発表文であり、その中にはパラメータの測定値がまとめて示されているものがある。私が参照したのは2011年5月末までに公開されたデータである。

② 運転員の行動記録については、東電の「東北地方太平洋沖地震に伴う福島第一原子力発電所 1 号機における事故時運転操作手順書の適用状況について」[K-6] から得ている（2 号機、3 号機についても同様資料）。これは 2011 年 10 月に公開された資料である。
③ 上述のデータは、いわば「生データ」に近いものであるが、これに加えて事故後の分析によって新たにわかったことも訂正されたこともある。こうした後からの情報については、原子力学会・安全部会の「福島第一原子力発電所事故に関するセミナー報告書 – 何が悪かったのか、今後何をすべきか」[L-2] によっている。これは 2013 年 3 月に公刊された報告書である。

以下の記述は、まずは①のプラントパラメータによって記述し、そこに②の運転員の行動を書き加えたものである。②に基づいて書き加えた部分は、①に基づいて書かれた部分と区別するために、斜体（イタリック）で示す。ここまでは、測定データあるいは運転員行動データという第 1 次の情報であり、「事実」と考えられる。

ただ、ここでいう「事実」とは、物理的真実ではない。既に、測定データに誤りがあったことなどは知られている。また、①、②のデータはともに、事故後半年ほどの間に公開されたものであり、その後に次々と「新事実」も明らかになっている。これから書いていく「事実」は事故後半年間ほどの間に私に伝わってきたことだけである。福島第一事故が現実にどういう事故であったかを明らかにすることは、調査権限を持つ組織にしかできないと考えている。

なお、「事実」としてのデータには一定の「解釈」が必要である。そうした「解釈」については、私自身によるもの、あるいは、③のセミナー報告書[L-2] に記載されているものを、随所に書き加えることとする。

12. 福島第一原子力発電所におけるシビアアクシデント

12.4　福島第一発電所全体としての事故の進展

(1)　福島第一への地震動の襲来

2011年3月11日14時46分、マグニチュード9.0の東北地方太平洋沖地震が発生した。福島第一における地震動は極めて大きなものであり、ほぼ設計地震動S_sに対する応答加速度に相当するもの、場所によってはそれを超えるほどのものであった。

福島第一を地震動が襲ったとき、同発電所における6基の原子炉施設の状況は以下のようであった。

- ・1号機〜3号機　：　出力運転中
- ・4号機　　　　　：　停止中。原子炉シュラウドの交換のため、すべての燃料集合体は原子炉から使用済み燃料プールに移されていた。
- ・5号機、6号機　：　定期点検で停止中（燃料集合体は炉心内に装荷中）

運転中だった1号機から3号機までの原子炉はすべて、地震計からの「地震加速度大」信号により自動停止した。

福島第一では、6回線の外部電源が接続されていたが、地震動による遮断器等の損傷や送電鉄塔の倒壊により、すべての回線による受電が喪失して、全号機で外部電源喪失となった。しかし、全号機とも設計通りに非常用ディーゼル発電機（D/G）が立ち上がり、交流電源はD/Gから供給された[K-2]。

(2)　福島第一への津波の襲来

その後15時半ごろに、遡上高さにしてO.P. 15メートル程度と推定される高い津波が福島第一を襲った。

津波によって福島第一では、原子炉停止後に自動起動したD/Gが、6号機の1台を除いて作動不能になった。6号機の1台は空冷である上、12.1.2項の「(2)福島第一原子力発電所の敷地及び設備の高さ」に記したように、これだけ

他より 3m 高い位置に設置されていたため、機能喪失しなかった。また、最終ヒートシンクである海水ポンプは、1号機から6号機まですべて作動不能になった。これは、停止中の6号機以外のすべての号機で全交流電源喪失事故（SBO）が起き、6号機を含めすべての号機で非常用冷却系用も含めすべての海水冷却ポンプが作動不能になった（最終ヒートシンクが喪失した）ことを意味する。これに加えて、1、2、4号機ではバッテリーも水没して、直流電源も喪失し、プラントパラメータの指示値が失われるとともに、プラントの制御も困難になった。

16時36分、1号機及び2号機では流量指示の喪失で炉心への注水流量の確認ができなかったため、冷却装置注入不能による原子力災害対策特別措置法[B-25]（以下、「原災法」。「付録B　シビアアクシデント、アクシデントマネジメント、防災に係る用語の説明」参照）第15条の状況（以下、「15条事象」）になったと判断された。

(3) 1～3号機の原子炉に共通の事故進展

1～3号機それぞれの原子炉での事故は共通に全交流電源喪失事故（SBO）であり、それぞれの号機における事故の進展については次節 12.5 節で記述するが、事故の原因が同じであることから、事故の進展にも類似性がある。以下、共通の事項をまとめておく。

1号機は非常用復水器（IC）及び高圧注水系（HPCI）、2、3号機は、原子炉隔離時冷却系（RCIC）及び HPCI を備えている[K-1]。これらの冷却系はすべて、受動的もしくはタービン駆動のものであり、交流電源なしに炉心を冷却することが可能である（計測・制御のための直流電源は不可欠である）。外部電源と D/G の喪失、すなわち、SBO 時には、これらの冷却系が作動して炉心を冷却することになっている。

ただし、実際には、これらの冷却系は津波後、1号機ではほとんど作動せず、2、3号機では一定時間しか作動せずに、結局は炉心の溶融に至ってしまった。

さて、「3.3.3　アクシデントマネジメント」で述べたように、我が国の原子

12. 福島第一原子力発電所におけるシビアアクシデント

力発電所では、設計基準事故を超すような状況が生じた時に、それがシビアアクシデントに発展することを防止するために、あるいはシビアアクシデントが発生してしまった時にその影響を暖和するために、いろいろなアクシデントマネジメント（AM）策が用意されている。福島第一の1～3号機では、そうした既存の AM 策も、更には事故時に臨機の処置として考え出された AM 策も実施された。

各号機とも、D/G と海水ポンプの早期の復旧が見込めない事故状況であったから、AM 策も共通であった。例えば原子炉の冷却のためには、原子炉を減圧してから消防車のポンプでろ過水タンクの水や海水が注入された。格納容器の加圧破損防止のためには、格納容器ベント（格納容器についているベント弁を開いて中の気体を外部に放出すること）がなされた。そうした AM 策は事故の進展を遅らせる等一定の効果も示したが、結局3つの号機とも炉心の溶融に至り、また、格納容器及び原子炉建屋の破損もしくは漏洩が起きて、大量の放射性物質が環境中に放出された。

12.5　福島第一の各号機における事故の進展

12.5.1　1号機の原子炉における事故進展

地震後に得られた1号機の原子炉圧力、原子炉水位、格納容器ドライウェル圧力及び圧力抑制室圧力を図 12-3 及び図 12-4 に示す[M-1]。

以下の記述における水位・圧力に関する数値は、「12.3　福島第一の事故進展の記述で参照した主要情報」のところで述べたように、東電の「福島第一原子力発電所のプラント状況について」[K-2]から得ている。また、運転員の行動記録については、東電の「東北地方太平洋沖地震に伴う福島第一原子力発電所1号機における事故時運転操作手順書の適用状況について」[K-6]から得ている（以下の、2号機、3号機についての記述も同様）。

1号機では、地震動が到達した14時46分直後、地震計からの地震加速度大信号により原子炉がトリップし、次いでタービンがトリップした。外部電源は喪失していたが、2系統の D/G は設計通り自動起動して非常用母線が復電した。

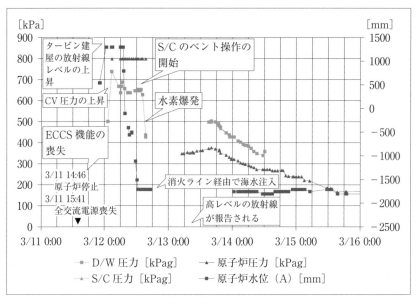

図 12-3　1 号機における主要パラメータトレンドチャート(1)
（3 月 16 日 0 時 00 分まで。資料 M-1 から）

　その後、これも設計通り、主蒸気隔離信号が発生して主蒸気隔離弁（MSIV）が閉止し、原子炉が締め切り状態となって原子炉圧力が上昇し、非常用復水器（IC）の弁が開いた。その後、炉水温度降下速度を 55℃/h 以下に制御する（原子炉容器が熱衝撃で劣化するのを避けるための処置）ための運転員操作により、IC は断続的に運転された。

　津波が襲来し、建屋への浸水で D/G もバッテリーも被水した。直流電源が喪失した結果、IC の隔離インターロックが作動して隔離弁が閉止した（フェイルクローズ：直流電源喪失時に自動閉となる）。すなわち、「閉じ込め機能の確保のための『フェイルセイフ設計』の影響で IC の冷却機能は喪失した」ことになる[L-2]（この問題は、「14.7.3　相反する要求についての安全設計」で採り上げる）。

　津波によって D/G が喪失して全交流電源喪失事故となったため、15 時 42 分、

12. 福島第一原子力発電所におけるシビアアクシデント

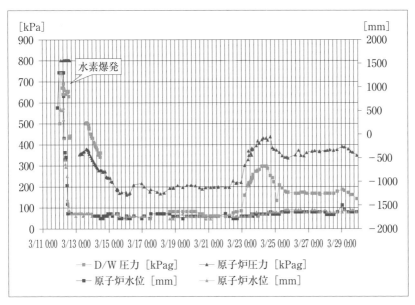

図12-4 1号機における主要パラメータトレンドチャート(2)
(3月29日0時00分まで。資料M-1から)

原災法10条事象の発生と判断された。また、直流電源設備も被水して電源喪失状態となった。16時36分、非常用炉心冷却系の注入流量が確認できなかったため、原災法15条事象の発生と判断された。

3月11日17時12分、発電所長は原子炉への注水を確保するため、代替注水のアクシデントマネジメント（AM）策を検討するよう指示した。

同日夕刻にはまた、東電全店と東北電力からの電源車の派遣が依頼されている。しかし、これらの電源車は、道路被害や渋滞により、福島第一にはなかなか到達できなかった。自衛隊もしくは米軍のヘリコプターによる空輸も考えられたが、これも重量が大きすぎて不可能であった。

11日夕刻、運転員は、原子炉監視計器に仮設バッテリーの取り付けを開始している。これ以降は、原子炉水位、原子炉圧力、ドライウェル圧力、圧力抑制室圧力が断続的に測定されているが、これらの測定値は、この仮設バッテリ

ーからの電源によるものである。

このような運転員の即座の対応により、21時30分にA系列の原子炉水位指示が初めて測定されたが、指示値は有効燃料頂部（Top of Active Fuel：TAF）に比べて+450mmしかなかった（別資料$^{K-3}$によれば、21時19分に+200mm）。

なお、原子炉水位はTAFより上部であればTAFプラス何mm、下部であればTAFマイナス何mmと記述する。TAFマイナス何mmという表示が出たら、それは、炉心の発熱部頂部が水位上に露出したことを意味する。

ところで、この部分の原稿は事故から2年半を経た2013年9月に書いている（正確には、それより前に書いたり書き直したりした文を更に書き直している）。今はもう、福島第一の事故を知るものは誰も、バッテリーが被水して直流電源が喪失したことを知っている。しかしながら、事故の最中及び直後には、D/Gが冠水したことは事故の直後から関係者に共通に認識されていたが、1、2、4号機でバッテリーまで冠水してプラントパラメータが失われたことや、それを得るために仮設のバッテリーが持ち込まれたということは、必ずしも伝わってはいなかった。

想像して欲しい。規制側の多くの関係者に、各原子炉プラントパラメータが断続的に送られてきていたのである。直流電源がなければそういう測定値は得られない。誰も、直流電源が喪失したとは思っていなかった。

事故の最中、私はほとんど、原子力安全基盤機構（JNES）の緊急事態支援本部に詰めていた。そして、同本部は原子力安全・保安院緊急対策センター（Emergency Response Center：ERC）と常に情報共有していたはずである。事故後2011年5月にかけては、私は前述のように、国際社会への福島第一事故の説明役の一端を担いつつ、JNESの「福島第一原子力発電所事故分析グループ」のリーダーを務めており、その期間も、保安院とほとんど同じ情報を得ていたはずである。したがってこれは、私という個人に情報が伝わらなかったという問題ではなく、保安院に情報が伝わらなかったか、あるいは、保安院のどこかには伝わっていても、それが保安院の中で共有されていなかったという問題である。

12. 福島第一原子力発電所におけるシビアアクシデント

　この問題は、私は個々の技術的な問題以上に重要と思うから、安全部会セミナー報告書[L-2]にも記載したし、本書の「付録D　福島第一事故時のプラントパラメータの伝達に係る問題」にもまとめて記載する。しかし、まずは事故の最中の記述の中で混乱ぶりまで含めて書いていくこととする。

　さて、事故当日の記述に戻ると、JNESでは3月11日16時20分に緊急事態支援本部が設置され、16時28分から最初の会合が始まった。そこで報告されたのは次のような事項である。なお、これ以降のJNES緊急事態支援本部に係る記述は、私の手帳に書き留めた記録である。

- 福島第一でSBOが起きた。
- 1、2、3号機でD/Gが喪失した。
- 炉心はRCICで冷却されている。
- バッテリーは8時間ほどで消耗するだろう。
- 海水ポンプも浸水して不作動になっている。

　今となっては、だれもこの第1報に間違いが含まれていることはわかる。1号機にはICはあるがRCICはないし、この時点では交流電源は失われたが直流電源は生きていると思っていたのである。
　直流電源が喪失すれば、プラントの状態もわからなくなるし、プラントの制御もできなくなる。こんなに重要な情報はないのだが、それが極めて長時間、規制側関係者には伝わらなかった。

　私が直流電源の喪失と仮設バッテリーのつなぎ込みについて知ったのは、事故発生後3週間以上経った4月初めのことである。原子力安全条約（Convention on Nuclear Safety：CNS）に基づいて、締約国による第5回レビュー会合が4月4日（月）から4月14日（木）までウィーンのIAEA本部で開かれることになっていた。そして、その初日4日（月）にサイドイベントとして、日本から保安院の審議官が福島第一の事故について報告することになり、私はそれを補佐

するためにウィーンに出張した。

　なお、「原子力安全条約」については「3.7　国際的な原子力安全への取組み」で説明したので参照されたい。その「サイドイベント」とは、条約外のイベントで、安全条約に加盟していないIAEA加盟国も参加できる。

　4月4日は朝から日本代表部に集合して、打ち合わせと資料の最終確認を行った。私はその前夜に、やはりサイドイベントに出席することになった東電の方から、プラントパラメータは仮設バッテリーで取得されたと聞いた。それまでまったく知らないでいたからびっくりして、審議官の報告資料[M-1]の最初に、「本資料のデータの一部は正しくない可能性がある。特に、事故のある期間、すべてのパラメータは失われており、あるパラメータは明らかに相互に矛盾している」と書き加えてもらった。

　なお、この時は、3号機でも直流電源が失われたと思っていた。この問題は「12.5.3　3号機の原子炉における事故進展」のところで記述する。

　直流電源の喪失については、原安委の委員にも聞いてみたが、それを知ったのはやはりずいぶん経過してからだったという。このような重要な情報が関係者で長期間共有されていなかったことは大きな問題である。

　ある新聞記者に福島第一事故について取材を受けた時に、こう尋ねられた。「原安委にはシビアアクシデントを理解できる人がいなかったのではないか。」私はこう答えている。「そうではない。班目委員長も久木田委員長代理も、私の世代の最高の二人であり、シビアアクシデントについての造詣も深い。しかし、大事な情報が伝わらなかったら判断のしようがない。情報伝達の問題、制度的な問題である。」

　情報伝達に係わる問題は他にも多数起きている。
　まずは前述の「ICのフェイルセイフ論理」。事故直後、JNESにおいて事故分析を行っていた時に、私はICのフェイルセイフ論理が気になっていた。そのためJNES内でそれに関する情報を集めるよう依頼していた。そして、フェイルアズイズ（直流電源が喪失したとき、弁位置はそのままに保たれる）であるとの報告を受けていた。そのため、ICは停止状態にある時に津波の影響を受け、

12. 福島第一原子力発電所におけるシビアアクシデント

その結果、IC による炉心冷却はほとんどなされなかったとの推定をしていた。実際には、IC の弁はフェイルクローズ（直流電源が喪失すると閉止）であった。

次は、「津波襲来以前のプラントパラメータ」。これは、私自身がデータの存在に気づいた。フェイルセイフの問題を考えている時に、津波で直流電源が喪失して、それによって IC や RCIC の弁が動作した、あるいは動作しなくなったとするなら、「津波の前は直流電源が生きていて、弁位置情報を示すことも弁の制御をすることも可能だったはず」ということである。それは、「津波以前には通常の計測系による測定データがあるはず」という推測にもつながった。そのため、保安院に連絡して、東電に対してこれらのデータの徴集命令をかけてもらった。津波襲来以前のプラントの状況は、これらのデータによって正確にわかることになった。言い換えれば、事故開始後 1 か月以上、規制側は誰も、事故の初期データをつかんでいなかったのである。

さて、1 号機の事故進展の記述に戻ると、3 月 11 日 23 時 00 分、タービン建屋の放射線レベルは 2 箇所で測定され、それぞれ 1.2mSv/h 及び 0.5mSv/h という高い値であった。

23 時 50 分頃、ドライウェル圧力が津波襲来後初めて測定されており、その値は 0.600MPaa であった（以下、原子炉やドライウェル及び圧力抑制室の圧力については、絶対圧であれば MPaa（メガパスカル -a)、大気圧に対するゲージ圧であれば MPag（メガパスカル -g）と表現する。1 気圧はおよそ 0.1MPa であるから、MPaa は MPag よりおよそ 0.1 大きな値になる)。

12 日 0 時 06 分、発電所長は格納容器ベントの準備をするよう指示した。東電は、1 時 30 分頃、1 号機及び 2 号機のベントの実施について、内閣総理大臣、経済産業大臣、保安院に申し入れ、了解を得た。

ベント操作は電源があれば中央制御室から遠隔でできるが、電動作動弁（*Motor Operated Valve*。以下、「MO 弁」）は手動で操作しなければならなかった。また、空気作動弁（*Air Operated Valve*。以下、「AO 弁」）の操作については、弁作動に必要な空気圧が確保できず、駆動用の空気ボンベを現場で復旧するか、仮設の空気圧縮機を設置することが必要になった。なお、こうした現場での作

229

業は、その後4時30分ごろには余震による津波の可能性から、一時的に中断されている。

ドライウェル圧力は、2時30分には0.840MPaaという異常に高い値になった。ドライウェルの最高使用圧力は0.528MPaa（0.427MPag）であり、この圧力はその約1.6倍である。その後ドライウェル圧力は14時ごろまで半日間にわたり0.74MPaa以上に高止まりしている。

10時17分に減圧のために圧力抑制室のベントが試みられた。ベントは14時30分に可能になったと報告されている。その後ドライウェル圧力はやや低下したが、それでも、15時36分に水素爆発が起きるまでずっと、0.53MPaa以上（すなわち、最高使用圧力以上）の高圧にあった。

原子炉で生じる蒸気は原子炉圧力容器から逃がし安全弁（Safety Relief Valve：SRV）を介して圧力抑制室のプール水中に放出され、そこで未飽和水によって凝縮されるので、圧力抑制プールの水が未飽和である限りは、このような急速なドライウェル圧力上昇をもたらさない。ドライウェルの圧力上昇をもたらしたのは、この時間までに圧力抑制室のプール水が飽和水になってしまったか、ジルコニウム－水反応によって生じる水素が圧力抑制室とドライウェルへ放出されたため、あるいは、既に原子炉容器下部鏡板の一部が溶融貫通していたためと推測される。

一方、原子炉圧力は、3月12日2時50分以降、同日15時28分まで、一定値0.80MPag（＝0.90MPaa）で推移している。2時50分のドライウェル圧力は、2時30分から14時ごろまで0.84MPaaから0.74MPaaの間にあって、原子炉圧力よりわずかに低いだけである。この時期の原子炉圧力とドライウェル圧力の指示値が信頼できるとすれば、これ以前に原子炉圧力容器に開放部が生じた（SRVの開放、配管の破損、あるいは、原子炉圧力容器の底部の一部の貫通）が起きていた可能性がある。

上述の状況を総合的に見れば、1号機では3月12日の2時30分より前の段階で、すなわち、プラントパラメータがまだほとんど得られていない段階で、炉心では既に顕著な温度上昇と水素発生があったと推測される。しかし、この

12. 福島第一原子力発電所におけるシビアアクシデント

期間のどの時点で炉心溶融が始まったかは、信頼できる原子炉水位測定値がほとんどないので、定かでない。

計算コードによる解析結果に頼るならば、安全部会のセミナー報告書[L-2]に、東電がMAAPコードを用いて解析した結果として、「(11日の) 19時頃に炉心損傷が始まったことが推定されている」とある。

原子炉水位指示の方は、3月12日14時頃から4月10日0時00分に至るまで、ずっとTAF-1600mmからTAF-1800mmの間を示していた。TAF-1800mmは燃料有効長 (3600mm) のちょうど中間位置である。炉心のヒートアップが進行したり、炉心への注水が間欠的になされたりするトランジェント (過渡) の期間において、炉心の水位がこのように一定値を保つことは、現実にはあり得ない。原子炉水位の指示値は、正しい炉心水位を表示していなかったと考えられる。

なお、TAF-1600〜-1800mmはクリティカルな水位でもある。前述のように、私自身の過去の研究の結論であるが、炉心水位が炉心有効長の約55% (ほぼTAF-1600mmに相当) 以上に保たれれば、ジルコニウム−水反応が激しくなることはほとんどなく、したがって水素の大量発生も炉心の溶融も起こりがたい。逆に、水位がこれ以下になると、ジルコニウム−水反応が激しくなり、この反応が発熱反応であるためにポジティブフィードバックがかかり、短時間で水素の大量発生と炉心の溶融になり得るのである。

さて、前述のように3月12日14時頃まで、ドライウェルの圧力は0.75MPaaより高く保たれていた。14時30分に運転員は圧力抑制室からのベントが始まったと判断している。その後ドライウェルの圧力は徐々に下がり始めた。

「代替注水」なるアクシデントマネジメント策はいろいろ考えられていたが、東電の資料[K-4]によれば、事故の現場で実際に利用できたポンプは消防車のポンプだけであった。消防車は福島第一発電所に3台配置されていたが、1台は津波で破損、もう1台は5、6号機側にあって、道路の損傷などで1〜3号側には移動不能であり、残る1台だけが利用可能であった。

消防車のポンプを用いての代替注水は、前日の夕方からそのためのライン構成が図られていた。電源が喪失していて、中央制御室からのライン構成ができなかったので、この作業は現場で照明が消えた暗闇の中でなされた。その結果、原子炉圧力が0.69MPag以下になれば注水が可能な状態になっていた。
　消防車ポンプにより、12日5時46分に防火水槽からの淡水注入を開始し、12日14時53分に80,000ℓの注入が完了したとある。

　しかし、私はこの説明には疑念を持っている。14時半頃まで原子炉圧力は消防車ポンプの吐出圧より高かったし、ドライウェル圧力は15時36分の水素爆発までずっと、0.53MPaa以上の高圧にあったのである。原子炉圧力はこれより高いのだから、もし原子炉圧力やドライウェル圧力の測定値が正しかったのなら、実際に淡水注入が始まったのはずっと遅かったはずであるし、注入がなされたにしても、小さな差圧で僅かに入っただけなのではないかと思われる。

　防火水槽の淡水には限りがあるため、14時54分、発電所長は原子炉への海水注入を指示した。しかし、これも、上記の理由により、この時点では注入はほとんどなされなかったはずである。
　15時00分現在のプラント状況に関する東電のプレス発表では、原子炉建屋内でベント作業をしていた従業員1名の被ばく線量が100mSvを超えた（106.3mSv）ことが報じられている。15時29分には敷地境界の線量が高くなり、原災法15条事象（敷地境界放射線量異常上昇）になっている。

　わき道にそれるが、ここでまた、私自身のことについて書いておこう。前述のように、私は事故直後からずっとJNESの緊急事態支援本部に詰めていた。そして、その間ずっと、炉心水位の測定値を追いかけていた。
　13時49分、JNES内での報告では、1号機で原子炉水位が低下していること、ベントはできていないこと、保安院はプレス発表で炉心露出について言及していることなどが報告された。これに対し私は、TAF-1600mmからTAF-1800mmという炉心水位から判断すれば、今ちょうど炉心出口温度は1,000度

12. 福島第一原子力発電所におけるシビアアクシデント

くらいのはずとの意見を述べた。

　15時11分、JNES内では、1号機では、14時30分にベントが成功したこと、海水注入がなされ、この状況が続く見込みとのこととの報告がなされた。これに対し私は、最終ヒートシンクがないのだからシビアアクシデントは避けられそうにないが、水位がずっとTAF-1700mmに維持されている（蒸発量と何らかの炉心への注水とがバランスしていると考えていた）ことから、当面急な事故の悪化はなさそうと説明した。そして「今しかない」と思って、自宅に仮眠をとりに帰った。ところが、現実にはこの直後に原子炉建屋内での水素爆発が起きていたのである。

　3月12日15時36分に原子炉建屋で水素爆発が起き、建屋の屋根が吹き飛んだ。炉心で発生し圧力抑制室とドライウェルに放出された水素が原子炉建屋に漏洩し、そこで爆発したものと推定される。なお、この時4名の従事者が負傷している。

　水素爆発というとんでもない事象についても、関係者が把握したのは遅かった。東電の担当常務は、17時半に菅首相の執務室でテレビを観て知ったとのことである。

　しばらく経ってからJNESに戻った私は、水素爆発が起きたことを知った。水位が正しかったのなら、あり得ないはずである。水位のデータをプロットしてもらったところ、水素爆発が起きる前から起きた後までほとんど変動していないことを知った。JNES内で、このように炉心水位がまったく変動しないのはおかしいこと、水位がこのレベルに維持されていてシビアアクシデントが進行することはあり得ないことから、水位指示値は信頼できないことを説明するとともに、保安院にもその旨を連絡した。

　3月13日朝5時半過ぎにテレビで保安院審議官による説明があり、「保安院は水位計データを信じていない」との発言があった。私からの連絡の結果なのかどうかは確認しなかったが、この頃からは保安院も水位データを信じなくなったと考えられる。

古い話をすると、1979年3月の米国スリーマイル島原子力発電所2号機 (TMI-2) で起きた炉心溶融事故では、運転員は炉心より高所にある加圧器の水位が高いのを見て、炉心は冠水していると思っていた。実際は、加圧器に水はあっても、それより下方の炉心は空焚き状態になっていたのである。福島第一の事故では、私も水位指示値にだまされて、炉心の状況を誤って理解していた。

　私自身は水位計の原理について知らなかったので、水位計が誤指示を出した理由もそれがずっと一定値を示した理由もわからなかった。しかし、これはともかく大事な問題である。ずっとこの問題を考えていた。当時思いついた理由は、水位計測プローブは、炉心内に取り付けるとは思えなかったから、ジェットポンプに、それも外側壁についているのではないかということだった。それならば、測定した水位はダウンカマに溜まった水の高さである。これもJNES内で調べてもらったら、「外側壁についている」ということだった。これで水位誤指示の問題は片付いたと思った。

　3月21日にはウィーンでIAEA緊急理事会が開催され、保安院の審議官が福島第一事故の説明に行くことになり、私もその補佐のために出張することになっていた。ところが、移動日前日の3月19日になって、「心配で調べ直したら、ダウンカマの内側でした」との報告を受けた。私の推定はまったく間違いであった。

　ウィーンのIAEA緊急理事会においては、ロビーにて計測値の不整合についていろいろ尋ねられた。例えば、原子炉圧力の方が格納容器圧力より低いのはどういうわけか、といったことである。答えられるはずがない。私が「直流電源の喪失」について知ったのは、前述のように、4月初めの安全条約サイドイベントの時である。3月末の時点では、その他の情報もほとんど伝わってきていなかった。プラントパラメータの不整合には気づいていたが、その理由について説明できる状況にはまったくなっていなかった。

　余談であるが、ウィーンからの帰途便はオーストリア航空の成田への直行便である（はずであった）。ところが、この便は北京経由に変更になっていた。オーストリア人乗員の安全のため、北京で日本人乗員に交替するらしかった。日

12. 福島第一原子力発電所におけるシビアアクシデント

本は「汚染された国」になってしまっていたのである。情けないことこの上なかった。

　上述の「格納容器圧力より低い原子炉圧力」については珍説もあった。JNES内での事故分析の一環であったが、ある人が「原子炉容器と格納容器がつながった状態で、原子炉の方の水位は高く、格納容器の方の水位の方が低くて、サイフォンの原理で原子炉容器の圧力の方が低くなる」と書いてきた。私は、「原子炉内に熱源があって中の気相が膨らんでいる時に、そんなことが起きるはずはないだろう」と言った。すると、当時は福島第一事故について日米会合が開かれていたのだが、本人が言うには、であるが、「日米会合で説明したら、米側がほーっと感心した」そうである。もう、頭を抱え込みたくなった。私が、「これは測定値が正しくなかったとしか思えない」と言うと、「測定値が信頼できないとすれば、何一つデータがない、何の分析もできないということではないか」と主張する。それに対しても、「そうではあるまい。測定値が信頼できなくとも、全体見渡せば定性的にはこういうことが言えるとか、そういうことを考えるんだろう」と指摘した。

　情報の全体を見ないで、一部の情報だけから何かを推定するとこんな間違いが起きる。彼の分析内容には他にも多くの間違いがあったから、私は徹底してそれを直して、結果として「内容は乏しくとも大きな間違いはない」文にした。その少し後に日本国政府がIAEAの「原子力安全に関する閣僚会議」に提出した報告書[M-2]を見たら、こうして修正した文がほとんどそのまま載っていた。

　しかしまあ、人のことは言えない。私も、事故の最中、原子炉水位ばかり見ていて、事故の状況判断を間違えた。私がこうして書いている文についても、見る人が見れば誤りが見つかるのだろう。要は、個人の思い付きに頼るのではなくて、組織として知識を集めることができるか、誤りを正すことができるかだと思う。

　さて、また事故の記述に戻ると、3月12日16時17分、モニタリング車で測られた敷地境界における放射線レベルは500μSv/hであった。これは、水

素爆発後に原子炉建屋から放出された放射性物質を反映していると考えられる。17 時 02 分、中央制御室の放射線モニタは振り切れ、運転員は半面マスクを着用した。

なお、水素爆発により、現場からの退避、安否確認が実施され、復旧に係る作業は中断されている。

3 月 12 日 17 時 55 分、菅首相（当時）は東電に海水注入を命じた。この海水注入の時間については、その後、東電及び官邸により、19 時 04 分に注入開始、19 時 25 分に中断、20 時 20 分に再開、と整理された。しかし、5 月 26 日に東電は、海水注入の中断はなかったと訂正した。

図 12-3 のトレンドチャートでは、原子炉水位はほとんど安定しているが、前述のように、この水位指示は信頼できない。水位計の指示値が正しくなかったことは、その後東電によって確認された。

原子炉圧力と格納容器圧力を比較してみると、原子炉圧力は格納容器圧力よりほぼ 0.10MPa 高いレベルで推移している（原子炉容器に何らかの漏洩が生じている可能性がある）。これに対し、ドライウェルと圧力抑制室の圧力は上昇も下降も示しており、格納容器はこの時期には漏洩はあってもまだ一定の健全性を保っていたことを示している。

ところで、3 月 13 日からだったと思うが、私は次になすべき対応が気になっていた。2 号機と 3 号機の事故がどのように進展するのか、あるいはうまく収束できるのかはこの時点ではわからなかったけれども、少なくとも 1 号機は、3 月 12 日に水素爆発を起こしていたから、炉心は溶融して、施設はかなりの損傷を受けているはずである。一方で、海水だろうと淡水だろうと、水はざばざばかけ続けなければならない。そうすると、いずれ間違いなく、放射能で汚染された水があふれて海に出てくる。それをどう食い止めるかということである[L-9]。

どこかに、汚染水を食い止める障壁を張れないか。JNES の中でそんなことを言いながら施設の配置図を見ていた時に、防波堤で囲まれた港湾の入り口を塞げば、少なくとも大量の汚染水が太平洋に放出されるのは防げるのではない

12. 福島第一原子力発電所におけるシビアアクシデント

かと思った。

　どうしたら港湾入り口を塞げるか。そういう議論を始めたところ、自衛隊出身の職員からすごいアイデアが示された。まず、古い船を港湾入り口に沈める。その上にビニールを張る。そうしてから、その上にコンクリートを流していくのだという。実は、日露戦争時に旅順港封鎖のために日本軍が考えた作戦なのだそうである。

　「なるほど！」と思って、では次に、コンクリートミキサー車はどう手配すればいいかなどを考え始めた。また、見ている図面は極めて大雑把な敷地配置図なので、これでは詳細計画が立たないとも思っていた。港湾内に溜まる一方の汚染水は汚れたままで原子炉冷却に戻さねばならないが、そんなことができるかどうかも疑問だった。

　そんな時突然、3月14日の朝のことであるが、原安委に行って説明するように、との話があった。JNESの中でこういう検討をしていたことが原安委に伝えられたらしい。ただ、まだ大雑把なアイデアだけで具体策をまるで詰めていない提案だから、緊急時であたふたしているところに持ち込むのがいいか心配だった。ともかく原安委に行ったが、班目委員長も久木田委員も官邸に行っていて不在で、残っている委員と事務局とに説明した。もちろん、現段階では全くの思いつきに過ぎないとの断り付きである。

　そうしたら今度は原安委事務局から、「直ちに官邸に行って説明せよ」との指示があった。私は、こんな思いつきだけの提案を持ち込むのには抵抗があったけれども、ともかく官邸まで赴いた。で、そこでは、なかば予想していたことであったが、「こんな忙しいところに何しに来た！」といった雰囲気で、相手にされることもなくすごすごと退散することになった。

　私が官邸から退散した直後の3月14日11時01分に、3号機での水素爆発が起きている。こんな緊急事態のまっただ中に中途半端な提案を持ってのこのこ出かけたのだから、相手にされなかったのは当然の結果である。本来、こういう提案は別の場所できちんと議論して、具体策にしてから持ち込まねばならない。そういう場がなかったために、この提案は実際に成立するかどうかの検

237

討に至らずに消えてしまった[L-9]。

　汚染水は事故後 3 年経過してなおも重要問題である。事故の最中においても現在においても、叡智を集めた対策の考案と実行がなされねばならないが、何ともこころもとない。

　なお、事故時に私は逆の立場で邪魔な人を追い返しもした。前述のように、私は事故が進展している最中、ほとんど JNES の緊急事態支援本部に詰めていた。理事長が不在の時は、本部長の代行もした。そこは、直接の事故対応をする所ではなかったが、事故の情報を分析する仕事でそれなりにかなり忙しかった。

　そこに、外部から、といっても、元保安院と JNES にいた人だから内部の人とも言えるのだが、事故対処とは関係のない人が入り込んできて情報収集を始めた。シビアアクシデントについての知識などほとんどない人だからこういう機会に勉強したくなったのだろう。一番忙しい人たちを次々捕まえてはなんだかんだと質問して回る。迷惑この上なかった。私はとうとう我慢できなくなって、「これ以上邪魔をするな。出て行け」と彼を追い出した。

　安全部会セミナー報告書[L-2]では、規制委・更田委員の次の発言を引用している。

> 「戦場のような状態になっているところに問い合わせをするのが如何に負担になるかは想像がつく話で、事業者の邪魔をしないことが非常に重要であり、もちろん要請があった場合はそれにできるだけ応えるのが国の役割と考える。」

　これは緊急時における国と事業者の関係についての発言であるが、緊急時下で、どうすれば責任ある人あるいは技術を持った人が、余計な人に邪魔されることなく大事な問題を検討できるかは、よくよく考えておく問題だと思う。

12.5.2 2号機の原子炉における事故進展

地震後に得られた2号機の原子炉圧力、原子炉水位、格納容器ドライウェル圧力及び圧力抑制室圧力を図12-5及び図12-6に示す[M-1]。

3月11日、2号機でも、14時47分36秒に、地震計からの地震加速度大信号により原子炉がトリップし、直後にタービンがトリップした。外部電源は喪失していたが、非常用ディーゼル発電機（D/G）がともに自動起動し、非常用母線が復電した。

2号機でも主蒸気隔離信号が発生し、主蒸気隔離弁（MSIV）が閉止して原子炉圧力が上昇した。その後は逃し安全弁（SRV）の自動開閉により、原子炉圧力は7.1〜7.4MPagの間で上昇・下降を繰り返している。

原子炉水位は、SRVが開くたびに蒸気が流出するために、全体としては低下していくが、15時02分頃から運転員が原子炉隔離時冷却系（RCIC）による

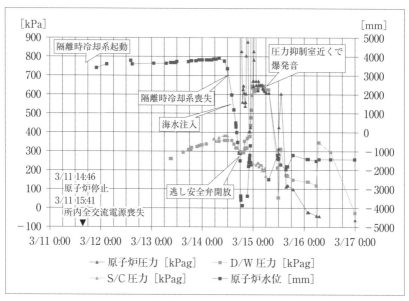

図12-5 2号機における主要パラメータトレンドチャート(1)
（3月17日0時00分まで。資料M-1から）

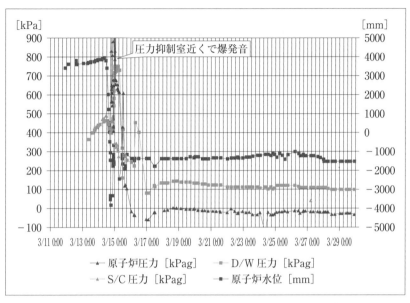

図 12-6　2号機における主要パラメータトレンドチャート(2)
（3月30日0時00分まで。資料 M-1 から）

注水を再開させている。この後原子炉水位は上昇して再度水位高（L8）に達し、RCIC はトリップしている。その後再度運転員が RCIC を起動している時に津波の影響が現れた模様である。

　2号機でも、津波のあとに D/G の喪失による全交流電源喪失事故になった。また、バッテリーも水没して直流電源も喪失した。原子炉の炉心は交流電源を必要としないタービン駆動冷却系である RCIC によって冷却された。RCIC は津波で直流電源が喪失した時にたまたま開いており、そのまま作動し続けたものと思われる。

　16 時 36 分、非常用炉心冷却系の注入流量が確認できなかったため、1号機と同様、冷却水注入機能の喪失による原災法 15 条事象の発生と判断された。

　17 時 12 分、発電所長は原子炉への注水を確保するため、1号機の場合と同

12. 福島第一原子力発電所におけるシビアアクシデント

様、代替注水のアクシデントマネジメント（AM）策を検討するよう指示した。原子炉水については不明な状態が継続しており、RCIC による原子炉への注水も確認できなかったことから、21 時 02 分には原子炉水位が TAF に到達する可能性があることを官庁等に連絡した。

　2 号機では 3 月 11 日 20 時 07 分に、原子炉圧力が津波襲来以降初めて測定されており、その値は 7.00MPag であった。

　RCIC は直流電源がなくなった後も作動が続いたと考えられている。このため、原子炉水位は長時間炉心頂部より高い位置で安定していて、3 月 11 日 22 時 20 分から 3 月 14 日 12 時 00 分までの 2 日半にわたり、水位指示値はずっと TAF+3400mm 以上であった。しかしながら、最終ヒートシンクが失われていたので、圧力抑制プール水の温度・圧力は次第に上昇していたはずである。

　ところで、RCIC によって原子炉水位が長期間維持されたのはかなり長いこと謎であった。RCIC は直流電源が生きていれば、水位低（L2）になると自動起動し、水位高（L8）になるとトリップする設計となっている。直流電源が喪失してしまえば、原子炉水位は、RCIC が駆動し続けるなら単調に高くなるはずであり、停止してしまえば単調に低下して、炉心の露出及び溶融につながるはずである。ところが、2 号機の原子炉水位は、前述のように、2 日半も炉心上端より高い位置でほぼ一定に保たれていた。そして、水位計の原理（これを私は事故後に知った）からして、水位が炉心上端より高い位置に保たれ続ける限り、原子炉水位は一定の精度で測定されたはずであるから、水位測定値が間違っていたという理由ではない。何か、水位を一定にするメカニズムがあったはずであるが、私にはわからないままであった。

　これについては、東電から、RCIC タービンが「性能の悪い水車」として働いていたという説が示された。安全部会セミナー報告書[L-2]はこの説を採用し、以下のように記述している。

　「水位がこのようなレベル（筆者注：主蒸気管ノズルの高さより高いレベル）になると、主蒸気管から二相流が流出し、RCIC タービンが二相流で駆動

されることとなる。RCIC から見れば、効率の悪い運転状態となり、注水流量が定格流量より小さくなり、二相流の流出と RCIC による注水がバランスしていたものと考えられている。一方、原子炉から見た場合、蒸気に比べて単位体積当たりのエンタルピーの大きい二相流が主蒸気管から流出するため、原子炉の圧力は SRV 作動レベルより低い 6MPa［gage］前後でバランスしていたものと考えられている。」

　もう少し私なりの解釈を加えれば、原子炉水位が主蒸気管レベルよりも高くなれば、RCIC タービンは水車となって効率が低下し、注水流量が小さくなる。その結果、原子炉水位は低下する。原子炉水位が主蒸気管レベルよりも低い位置まで低下すれば、RCIC タービンは本来の効率の良い運転状態に戻り、注水流量が大きくなる。その結果、原子炉水位は上昇し、主蒸気管レベルに戻る。こうしたネガティブフィードバックの存在により、原子炉水位は主蒸気管レベルに保たれたのではないかと思われる。

　3 月 12 日 2 時 55 分には運転員によって RCIC が運転状態にあったことが確認されている。ただし、2 号機でもいずれ格納容器ベントが必要になると予測されたことから、17 時 30 分に発電所長はベント操作の準備を始めるように指示した。2 号機でも電源が喪失していたので、1 号機同様、ベントは中央制御室からの遠隔操作ではできず、電動作動弁（MO 弁）は現場で手動で開けねばならず、空気作動弁（AO 弁）の操作のためには駆動用の圧縮空気を用意しなければならなかった。13 日 11 時 00 分になって、ラプチャーディスクを除くベントライン系統構成が完了した（ラプチャーディスクの破裂待ちの状態になった）。

　3 月 13 日午前 1 時頃、福島第一では 2 号機の格納容器を満水にする作業を進めていた。この時期、現地と官邸の間では、格納容器を満水にするのか、圧力容器を満水にするのかが一致していなかった模様である。また、現地はすでに水位計の異常指示には気がついていた。発電所長は次のように発言している。

12. 福島第一原子力発電所におけるシビアアクシデント

「既に水位計が信用できないため、注入量からと格納容器の容量で計算して満水になる予測は出せるが、漏れている可能性もあるからいつ満水になるとは言えない。」

現場では事故の最中に既に水位計が信用できないということを知っていたが、1号機の事故進展の説明で述べたように、離れたところにいた関係者には伝わっていなかった。こういう、最重要情報が伝わらなかったとは信じがたいことと思われるかも知れないが、前例がある。

1999年9月30日の茨城県東海村のジェイシーオー（JCO）の臨界事故時のことである。旧日本原子力研究所（原研）東海研究所の中に置かれた現地対策本部にJCOの管理者が来て、沈殿層にウラン溶液を入れるのにビーカーのような容器（後にはバケツのような容器と説明された）を用いていたと報告した。この報告を聞いて、対策本部は、それなら水を抜いて未臨界にできる可能性があると考えた。「ビーカーのような容器」は、事故収束の手段を決定したキーワードだったから、対策本部の全員が知っていた。

翌朝、事故が一応収束した後で、私は東海研究所の所長の命令で東京に行った。科学技術庁から新進党への事故の説明に加わり、また、原研東京本部に説明するためである。ところが、東京では誰ひとりとして「ビーカーのような容器」について知っていなかった。こんな重大情報が伝わらなかったのかと、心底驚いたものである。

さて、本論に戻ると、3月13日はプラント状態の大きな変化は報告されていない。タービン駆動のRCICは直流電源がないまま動き続け、炉心は冠水していたと推定される。

ただし、同日4時20分から5時にかけて、RCICの水源であった復水貯蔵タンクの水位低下が確認されたため、RCICの水源が圧力抑制プールに切り替えられている。この作業は、電源がなかったため、現場での手動での弁操作によってなされている。

同日12時05分、発電所長はRCICの停止に備えて、原子炉への海水注入の

準備を開始するよう指示している。

炉心はRCICによって、比較的長い時間、3月14日13時過ぎまで冷却された。しかしながら、ある時間限界以内に海水の注入がなされない限り、これより前に1号機及び3号機で起きていた炉心の溶融と水素の爆発が避けられないと予測されていた。

3月14日11時01分、3号機で水素爆発があった。この衝撃で2号機では原子炉建屋ブローアウトパネルのが開いたものと推測されている。これより少しあとのことになるが、2号機でも炉心が溶融して大量の水素が発生したはずである。それにも関わらず原子炉建屋での水素爆発が起きなかったのは、開きっぱなしになったブローアウトパネルから水素が放出され、原子炉建屋内の水素濃度が高くならなかったためと考えられている。

なお、3号機の水素爆発は2号機のベントにも影響し、圧力抑制室からのベントラインの大弁の電磁弁励磁用回路が閉となった。

またわき道にそれるが、上述のように2号機では多分、ブローアウトパネルが開いたために水素爆発が起きなかった。事故直後にはこれをもって、シビアアクシデント時にはブローアウトパネルを開くべきだという主張もあった。

しかし、従来、原子炉建屋は放射性物質を閉じ込める障壁のひとつとして説明されてきたものである。ひとついい例があったからといって、簡単に結論を出していいものではない。IC隔離弁のフェイルクローズでも問題であったが、単純にいいことなどそうはない。この問題は慎重に検討して答えを出すべきだと思う。

なお、付録Cに示すように、2007年7月16日の中越沖地震の時に、柏崎刈羽原子力発電所の2、3号機で振動によってブローアウトパネルが開いてしまっている。この問題について私は以下のように指摘している。

「ブローアウトパネルの不意図的開放については、単一の故障で原子炉建屋の機密性が失われたことを意味しており、看過できない問題である。」

12. 福島第一原子力発電所におけるシビアアクシデント

さて、原子炉水位の指示値は、3月14日12時00分にTAF+3400mmあったものが、1時間に1mほどの速度で低下した。13時18分、原子炉水位が低下傾向にあったので、原子炉への海水注入の準備が始められた。14時43分には消防車のポンプを使っての注水ラインが構成された。13時15分、原子炉水位の低下から、RCICは機能喪失したと判断された。

吐出圧がそれほど高くない消防車のポンプで炉心に注水するためには、逃し安全弁（SRV）を開いて原子炉圧力を下げる必要があったが、圧力抑制室の温度・圧力が高く、たとえSRVが開いても原子炉の減圧は期待できない状況であった。このため、格納容器ベントの準備をしてからSRVを開くことになった。

ここにも「想定外」がある。AMでは低圧のポンプによる冷却材の注入を考えてあり、原子炉の圧力が高い時は、原子炉を減圧してこうしたポンプを使うことになっていた。しかし、「格納容器の圧力が高かったから」このAMがただちには使えなかったのである。

17時12分には原子炉水位の指示値はTAF-800mmとなっていて、水位指示が正しければ炉心が露出したことを示している。前述のように、ジルコニウム-水反応に伴う水素の発生は、炉心の水位がTAF-1600mmあたりより低くなったときに激しくなる。1号機、3号機同様、2号機でも燃料頂部露出後の原子炉水位指示値が、炉心水位を正しく表していたとは考えがたいが、炉心露出前においては原子炉水位が一定の精度を有していたと仮定すると、水位の低下速度からして、炉心の水位がTAF-1600mmあたりに低下した3月14日の18時前後に、激しいジルコニウム酸化反応とそれに引き続く炉心溶融が始まったのではないかと推測される。

18時06分に、原子炉への海水注入を目的としてSRVが開かれた。消防車のポンプが再起動されたが、燃料油切れで間もなく停止してしまった。

しかし、19時03分、原子炉圧力の明白な低下が見られた。17時12分に7.503MPagであったものが、0.630MPag（別資料では0.540MPag）まで低下した。

245

原子炉圧力の低下からみて、SRV の開放に成功したと推定される。
　ただし、これは、原子炉圧力がドライウェルの圧力まで低下したという意味である。
　ドライウェル圧力に低下が見られないことから、*18 時 35 分*ごろ、ベントラインの復旧作業がなされた。*21 時頃*には再度、ラプチャーディスクを除くベントライン系統構成が完了した（ラプチャーディスクの破裂待ちの状態になった）。
　東電の資料によれば、この間 19 時 54 分に消防車のポンプによる炉心への注水がなされたとあるが、1 号機の場合と同様、格納容器圧力が高い状況下で実際に有効な注水がなされかには疑問がある。

　私自身の行動の話になるが、3 月 14 日 19 時頃、保安院内に設置された「分析グループ」から呼び出しがかかった。事故が起きて以来初めて保安院に行ったのだが、そこで目にした緊急時対策センター（Emergency Response Center：ERC）の状況は、率直に言って目を疑うようなものだった。ものすごくたくさんの職員が集まって、がやがやとなにかやっている。シビアアクシデントについて知識があるとも思えない。
　そんな中で、分析グループは ERC から少し離れた別室に設置されていた。どうも、烏合の衆と言ってもいいような ERC の状況に業を煮やした人たちが立ち上げたグループのようである。そしてそこに集まっていたのは、保安院及び JNES の、技術をよく知っている人ばかりであった。
　そこで最初に目にしたのは、トレンドチャート、すなわち、プラントパラメータの時系列プロットである。実は自分も含めてまことにお粗末なことに、それまで、（前述の 1 号機の水位データプロットを除く、）誰もトレンドチャートを作っていなかったのである。ずっと後になって JNES の防災関係者に聞いたら、シビアアクシデント時には ERSS（シビアアクシデントをリアルタイムで解析することになっている計算コード。16.1 節と付録 E 参照。）が自動的にトレンドチャートを作り出すので、それを基に考えることになっていて、ERSS が動かない時にそれを作るのに気づかなかったそうである。ともかく、分析グループでは、刻々入ってくるプラントパラメータの数字を手で入力して、トレンドチャート

12. 福島第一原子力発電所におけるシビアアクシデント

を作っていたのである。

そうこうしているうちに、2号機の状況は最悪になってきた。後から振り返っても、14日の深夜から15日の未明は、福島第一事故で最も危険だった時間である[L-9]。

3月14日22時50分頃、SRVはまたも開かなかった。23時00分現在のプラント状況に関する東電のプレス発表では、RCICが停止して、原子炉水位が低下し、原子炉圧力が上昇したこと、格納容器ベントを行ったこと、海水注入を行ったこと等が報じられている。しかしながら、ドライウェル圧力は最高使用圧力0.528MPaを大幅に超えて23時54分に0.745MPaaまで上昇している。ドライウェル圧力が高くなれば、原子炉圧力は当然それよりも高いのであるから、低圧のポンプでは炉心への注水はできない。したがって、この時点では海水注入は成功しなかったと思われる。

ドライウェル圧力が極めて高かったので、ドライウェルのベントが試みられた。3月15日0時02分にドライウェルからのベントラインにあるAO弁（小弁）の開操作を実施し、ラプチャーディスクを除くベントライン系統構成が完了した（ラプチャーディスクの破裂待ちの状態になった）と思われたが、数分後にこの弁が閉状態であることが確認された。ドライウェル圧力は0.750MPaaから低下しなかった。しかしながら、1号機、3号機でも同様であったと考えられるが、これ以降ドライウェルの圧力の上昇は止まっている。ドライウェルから原子炉建屋への漏洩が生じたためかも知れない。

0時45分、原子炉水位は失われたままで、原子炉圧力は1.823MPagまで上昇した。原子炉圧力が高いままに炉心溶融が進展し、ドライウェルの圧力も最高使用圧力を大幅に超えているという、危険な状況であった。

この時、分析グループが一番心配したのは、格納容器の過圧破損、それも、格納容器直接加熱（Direct Containment Heating：DCH）によるドライウェル破損である[L-9]。ここでDCHとは、原子炉圧力が高いままで原子炉容器の溶融貫通（メルトスルー）が起きると、高い背圧を受けて炉心融体が砕片となって格

納容器気相部に放散され、砕片から気体への伝熱によって、格納容器の急加圧、更には格納容器の過圧破損に至るという現象である。万一こんなことが起きれば、原子炉とドライウェル中に蓄積された大量の放射性物質が空高く吹き飛ばされることになる。

　私自身は、シビアアクシデント研究の経験があったから、DCH についてはある程度知識があった（私は、かなり昔であるが、Direct Containment Heating という用語が伝わってきたとき、それを「直接格納容器加熱」でなく「格納容器直接加熱」と訳していて、今もその訳語が用いられている）。

　DCH は、数字は覚えていなかったが、何十気圧という高い背圧でなければ起きないという研究結果があったことを覚えていた。それから、私自身が過去に考えたことでは、BWR の場合は原子炉圧力が高いままで原子炉容器底部の破損が起きると、破損口から圧力抑制室に強い流線が生じて、炉心融体もかなりの割合がまっすぐ圧力抑制室に流れていくのではないか、そうすれば PWR に比べて DCH は起きにくいのではないかということもあった。しかし、その一方で、飛行機の窓が割れる事故の映画では、1 気圧足らずの圧力差で機内のものはみんな外に吸い出されてしまうという光景を目にしていた。とても、私自身の推定に頼れるものではなかった。

　そのため、そういう状況になる前に、なんとか格納容器内の気体を外に出せないか、そういうラインはないかと、東電に聞いてみた。すると、窒素の充填ラインなら開けられるかも知れないという。それで、東電にはそういう操作を頼むかも知れないと伝えるとともに、ERC に行ってそうすべきではないかと申し入れた。

　しかし、結局は踏み切れなかった。窒素封入ラインを開けるということは、東京を含めて広範囲の汚染の可能性をなくす一方で、発電所の周辺を 100% の確率で汚染させることである。意図的な放射能放出であるから、後では裁判に訴えられるのかとも思った。また、まがりなりにも進んでいる AM 等の対策を、一時的には中断させねばならないという問題もあった。その他いろんな問題もあって、結局は、事故の進展に任せざるを得なかった。

　若い頃（まだ原子力規制行政とはほとんど無関係だった頃）、旧科学技術庁原子力

12. 福島第一原子力発電所におけるシビアアクシデント

安全局の次長に随行してウィーンでの国際会議に出席したことがあった。その時、次長から次のような話をいただいた。「阿部君、行政とは何かわかるか。行政とは、一方のオプションを採った時に 51 人が死に、他方のオプションを採った時に 49 人が死ぬような時に、49 人が死ぬ方を採用することだ。」福島第一事故の時は、もう行政官ではなかったが、まさにこのような心境だった。

3 月 15 日 1 時 53 分以降、原子炉圧力は急に低下した。この時期以降、4 時 10 分頃まで、原子炉圧力はほぼ 0.653MPag（＝0.754MPaa）前後であり、ドライウェル圧力は 0.75MPaa である。両者はほぼ一致しており、原子炉冷却系のどこかに漏えいが生じた可能性がある。

なお、**図 2-5** のトレンドチャートは、ドライウェルと圧力抑制プールの間で説明のできない大きな圧力差を示している。3 月 15 日の 2 時 00 分から 5 時 00 分までの間、ドライウェル圧力は約 0.75MPaa に保たれ、圧力抑制室圧力は 0.30MPaa より少し高い圧力に保たれていた。約 0.45MPa という圧力差は異常に大きく、少なくともどちらかの圧力指示値が正しくないことを示唆している。

事故時の東電からの報告によれば、3 月 15 日 6 時 00 分～10 分頃、2 号機の圧力抑制室付近で衝撃音がした（事故時にはこういう情報だった）。また、3 月 15 日 13 時 00 分現在のプラント状況に関する東電のプレス発表では、この爆発音に合わせて 2 号機の圧力抑制室圧力が低下した（別情報によれば、ダウンスケールした）と紹介されている。のちの資料によれば、*圧力指示値が 0.0MPaa（絶対圧でゼロ）を示した*とのことである。

事故から 2 か月経過した頃の私の分析（JNES の事故分析グループで示したもの）は、次のようなものであった。

- 圧力抑制室圧力の測定値は急低下して「ゼロ」となったが、ドライウェル圧力の測定値はその後も 7 時 20 分まで高いままであった。圧力抑制室とドライウェルの圧力差は、物理的に考えられないほど大きい。
- ドライウェル圧力の方も、その後しばらく 0.730MPaa とまったくの一

定値であり、こちらもこれが正しい圧力を表していたかどうかはわからない。
- プラントパラメータは、元々運転員が仮設電源を原子炉盤につないで測定していたこともあり、この圧力指示値は信頼しがたいのではないか。
- 爆発音がしたときに圧力抑制室に何らかの損傷が生じたが、このあと5時間以上、ドライウェルの圧力も圧力抑制室の圧力も測定されなかったのではないか。

あとになっての結論は、測定は続けられていたし、ドライウェルの圧力は一定の精度を保っていたらしい。しかし、事故の最中や事故後2か月の時点では、どのデータは正しくてどのデータは正しくないのか、判断できなかった。

ドライウェル圧力は衝撃音から5時間以上経った11時25分に再び得られているが、この時には0.155MPaaと明白な低下を示している。

「2号機の圧力抑制室付近で衝撃音がして、圧力抑制室の圧力が急低下した」との情報を受けた時、多くの人が、圧力抑制室で破損が起きたと考えた。この時分析グループにいた人たちは、実は、喜んだ。圧力抑制室が破れたのなら、放射能の環境への漏洩はプール水経由になる可能性が高い。スクラビング（放射能を含む気体が泡になってプール水中を移動する間に、気体中の放射能が水の方に移行すること）が期待できるから、結果として予測される事態の中では一番いい状態になったと思ったからである。「阿部さんの執念が圧力抑制室に穴を開けた」と言っていた人もいた。

しかし、上記の判断は間違っていた。実際は格納容器は、漏洩はあっても大破損はしていなかった。後になってわかったのは、衝撃音は4号機での水素爆発の音を誤認したものであり、圧力抑制室の圧力の急低下は、多分、機器の故障によるものである。より信頼できたのはドライウェルの圧力の方であり、これは衝撃音がした時は下がっていなかった。

6時50分に、正門付近（MP-6付近）の放射線レベルは583.7μSv/hであった。

8 時 25 分には、原子炉建屋の 5 階付近で白煙が見られた。9 時 00 分、正門付近（MP-6 付近）での放射線レベルは 11,930μSv/h であった。

この時期の放射性物質の放出挙動については、安全部会セミナー報告書[L-2]に次のように記載されている。私は、現時点では最も信頼できる解釈だと思っている。

「3 月 14 日の多分夕刻には 2 号機で炉心溶融が起こっているが、その後のベント操作は失敗している。この時期、2 号機のドライウェル（DW）圧力は、14 日夕刻から 15 日朝まで 700kPa［abs］を超える高圧で、それ程変動していない。これは、原子炉内で発生した蒸気や水素の一部が、多分ドライウェルから、原子炉建屋を経て環境中に漏洩したことを示唆している。そして、2 号機では、1 号機の水素爆発によって原子炉建屋のブローアウトパネルが開いてしまっており、格納容器から原子炉建屋に漏洩した水蒸気、水素、放射性物質は、容易に環境中に放出されたと推定される。これにより敷地内の放射線量が上昇し始める。この放出の影響は折からの北風に乗って浜通りを南下、3 月 15 日 0 時にはいわき市で空間線量が上昇し（0.57μSv/h）始め 4 時には最大 23.72μSv/h を検出している。その後、放出プルームはさらに南下し、茨城県北茨城市でも 0 時 20 分には空間線量が上昇（0.144μSv/h）し 5 時 50 分に最大 5.575μSv/h を検出した。東海村の原子力機構でも 15 日 1 時前頃からすべてのモニタリングステーション、モニタリングポストで同時に線量率が上昇し始め、同日 7 時過ぎにピークとなった。その後、関東各地でモニタリングポストの値が上昇し、静岡県まで到達したと考えられる。また、15 日早朝のいくつかの事象により敷地内の南西側では 9 時に約 12mSv の線量率を測定している。

2 号機においては、（略）DW の圧力は 15 日 7 時 20 分に 730kPa［abs］であったものが、次に指示が得られた 11 時 25 分には 155kPa［abs］まで低下している。圧力抑制室（S/C）圧力は 15 日 6 時過ぎに衝撃音とほぼ時を同じくして 0kPa［abs］となっているが、これは計器の故障と考えられており、参考にならない。このことは、15 日のこの時間帯に、それまで

格納容器内にあった気体、その後に格納容器内で生じた気体のほとんどが、大気中に放出されたことを示唆している。そして、現在では上述の「衝撃音」は4号機の水素爆発の音を誤認したものと推定されていることから、この時点でS/Cに損傷が起きたとも考えられない。そうすると、過去のシビアアクシデント研究の結果からは、S/CよりもDWで大漏洩が起きた可能性が高い。」

要約すれば、ドライウェルの圧力が高圧のまま変動していない期間は、原子炉内で発生した蒸気や水素に匹敵する量がドライウェルから原子炉建屋に漏れ出ており、ドライウェルの圧力が顕著に低下した期間は、発生量以上の蒸気や水素が原子炉建屋に漏れ出たということである。

それから、一般に水素の漏洩経路と放射性物質の漏洩経路は同じである。原子炉建屋のブローアウトパネルが開いていて、水素がそこから大気中にそのまま出て行った（だから2号機では水素爆発が起きなかった）ということは、放射性物質も容易に大気中に放散されたということである。

ドライウェルからの放射性物質漏洩は、ドライウェルベントを行ったのと同じことである。ただ、ドライウェルベントならタイミングを選べたかも知れず、それはそれで大事なことだったと思う。

3月15日未明に、格納容器に意図的に開口部を作ることを、もっと強硬に進言すべきだったのかどうか、私は事故後も思い悩んだ[L-9]。しかし、ずっとあとに私自身が下した結論は、そうしたことはすべきでなかったということである。

あの時点で開口部を作ることは、ひょっとして、全体としては、放射性物質による土地汚染等の影響を小さくしたのかも知れない。しかし、安全部会のセミナー報告書[L-2]でも本書でも繰り返し述べているが、事故を知れば知るほど、私を含め規制側機関には大事な情報が伝わっていなかったことが明らかである。例えば、繰り返し述べるが、私が「津波によって直流電源が喪失した」のを知ったのは4月に入ってからだった[L-9]。事故の最中には、こんな重要な情報さ

12. 福島第一原子力発電所におけるシビアアクシデント

え伝わっていなかったのである。

多くの原子力安全の問題、特に、重大な事故時の判断に関わる問題には、多くの分野の知見や情報を総合化しなければならないが、事故を見る限り、そういう仕組みは極めて脆弱だった。安全な原子力のためには、平常時も事故時も、関係者が知見・情報を共有する仕組みを強化することが必要だと思っている[L-9]。

「2号機の圧力抑制室付近での衝撃音」の問題は、国際社会への情報伝達がうまくいかなかった例でもある。

福島第一事故から1年半経過した2012年9月、私は多国間設計評価プログラム（MDEP）関係の仕事で中国に出張した。この出張では、北京での会合の後、三門の原子力発電所訪問が入っていた。北京から三門に近い寧波への飛行機の中で、たまたまフィンランドのMDEP代表と隣り合わせに座った。彼は、NEAの「福島事故のインパクトに係るCNRA上級タスクグループ（STG-FUKU）」の委員長でもあり、私もそのグループのメンバーだった。飛行機の中で、「2号機の圧力抑制室の破損はどうなった？」と聞かれて、私は、こういう重要な情報が、国際社会の中で福島第一事故分析のとりまとめ役をしている人にまで、正確に伝わっていないことを知った。

私自身にも責任の一端のある問題であるが、日本が福島第一の情報を十分には国際社会に伝えていなかったことを示すものであり、申し訳なく思った。

さて、3月17日0時00分から3月27日6時00分までの期間におけるドライウェル圧力と圧力抑制室圧力のトレンドは以下のとおりである。ドライウェル圧力は約0.10MPaa（ほぼ大気圧）に保たれている。ドライウェルもしくは圧力抑制室に大きな漏えいが生じていると推測される。原子炉圧力とドライウェル圧力を比べてみると、これらはこの期間ほとんど同じである。原子炉圧力容器はどの時点かで溶融貫通したと思われる。

12.5.3 3号機の原子炉における事故進展

地震後に得られた3号機の原子炉圧力、原子炉水位、格納容器ドライウェル圧力及び圧力抑制室圧力を図 12-7 及び図 12-8 に示す[M-1]。

3号機は、3月11日14時47分04秒、地震計からの地震加速度大信号により原子炉がトリップし、次いでタービンがトリップした。外部電源が喪失したことから非常用ディーゼル発電機（D/G）が自動起動し、非常用母線が復電した。

3号機でも主蒸気隔離信号が発生し、主蒸気隔離弁（MSIV）が閉止し、原子炉が締め切り状態となって原子炉圧力が上昇した。その後は逃し安全弁（SRV）の自動開閉により、原子炉圧力は7.1～7.4MPagの間で上昇・下降を繰り返している。

なお、3号機では津波で直流電源が喪失することがなかったため、D/Gやポ

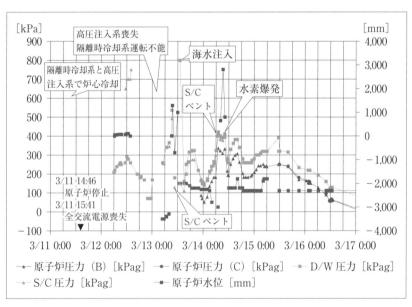

図 12-7　3号機における主要パラメータトレンドチャート(1)
（3月17日0時00分まで。資料 M-1 から）

12. 福島第一原子力発電所におけるシビアアクシデント

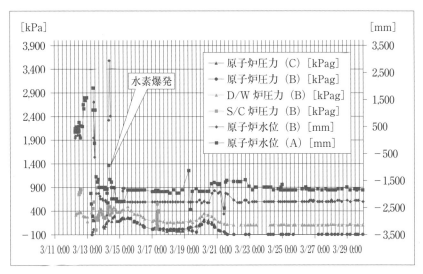

図12-8 3号機における主要パラメータトレンドチャート(2)
(3月30日0時00分まで。資料M-1から)

ンプが次々トリップしていく状況もプロセス計算機印字記録に残されている。

　3月11日、3号機でも、津波のあと、D/Gの喪失による全交流電源喪失事故になったが、直流電源は利用可能であったため、原子炉の炉心は交流電源を必要としないタービン駆動冷却系であるRCIC及びHPCIによって冷却された。

　私は、「3号機では一定期間直流電源が生きていた」ということを、かなりあとに知った。前述のように、「直流電源の喪失」を知ったのは、4月初めの安全条約サイドイベントの時であったが、この時は1号機−4号機のすべてで直流電源が喪失したと思っていた。しかし、その後JNES内で事故分析を進めていくと、3号機ではつじつまの合わないところが出てきた。それで、3号機では少なくとも一部の直流電源は生き残ったのではないかと思っていた。

　これについては、5月末にIAEAのミッションが来日する直前になって、保安院と東電から、3号機では直流電源が生きていたとの情報が示された。

さて、3月11日19時30分以降、3月12日12時10分まで、原子炉圧力は7.10MPag以上の高圧に保たれている。一方、ドライウェル圧力はこの間、0.145MPaaから0.390MPaaへとほぼ単調に上昇している。

　3号機の炉心は、最初は2号機と同様RCICによって冷却された。しかしながら、3号機でもやはり最終ヒートシンクがないので、圧力抑制プールの水温と圧力は次第に高まっていったはずである。

　3月11日11時36分にRCICがトリップした後、原子炉水位は水位低（L2）高さまで低下し、12時35分にHPCIが自動起動して炉心を冷却した。HPCIもまたタービン駆動であり、交流電源がなくとも作動可能である。

　HPCI起動後、それまで7.2MPag以上であった原子炉圧力は急低下し、その後は3月13日2時00分まで1.00MPag以下の低圧に保たれた。

　この間、ドライウェル圧力は0.36MPaa前後、圧力抑制室圧力は11時20分から13時58分にかけて0.80MPaa前後であった。ドライウェルと圧力抑制室の間のこのような大きな差圧はまったくもっておかしい。ここでも圧力の測定には何らかの故障もしくは誤りがあったと思われる。

　なお、発電所長は、3号機に対しても、3月11日17時12分に代替注水の準備をするよう指示し、また、3月12日17時30分には格納容器ベントの準備をするよう指示した。3号機でも、炉心注水に利用できるポンプは消防車のポンプであったが、前述のように1〜4号機で利用できる消防車は当初は1台だけであり、それは1号機の海水注入に用いられていた。のちにがれきの撤去等によって構内道路の通行が可能になってから、5、6号機用の消防車を1〜4号機側に移動した。

　3月13日2時42分、HPCIが停止した。RCICは原子炉圧力が低くて駆動蒸気が利用できず、作動しなかった。このあと、原子炉圧力は、3時38分には4.10MPag、5時00分には7.38MPagと急上昇し、その後は8時00分まで7.2MPag以上に保たれた。しかし、ディーゼル駆動消火系ポンプ（Diesel Driven Fire Pump：DD-FP。吐出圧0.61MPag）が起動されたが、原子炉圧力が高いため、実際には水を送れなかった。発電所長はTV会議で「3号機のHPCIが2時44分に一旦停止。炉圧が低いのでRCICを使っていないでDDの消火

ポンプを使おうとした。しかし、ポンプが 0.61MPa くらいで注入できず。」と言っている。

　その後、タービン駆動である RCIC 及び HPCI の再稼働による原子炉注水が図られたが、この時はもうバッテリーは枯渇しており、どちらも起動できなかった。

　炉心への注水流量が確認できなかったため、5 時 10 分に、非常用炉心冷却装置注入不能による原災法第 15 条事象の発生と判断された。

　この時期は格納容器ベントも試みられている。3 号機においても、電動作動弁（MO 弁）を開けるためには現場で手動で操作せねばならず、空気作動弁（AO 弁）大弁を開けるためには圧縮空気を用意する必要があった。3 月 13 日 4 時 50 分ごろ、圧力抑制室からのベントラインの AO 弁を開けるために、仮設の小型発電機からの電源を用いて、当該弁の電磁弁を強制的に励磁させた。しかし、その後運転員が当該弁の開度を確認したところ、全閉であった。これは、弁を駆動させるための空気ボンベの圧力が足りなかったためであり、5 時 23 分にボンベを交換してやっと当該弁が開となった。8 時 35 分頃には MO 弁の方を現場で手動にて 15% 開状態とした。

　8 時 41 分に、ラプチャーディスクを除くベントライン構成が完了した。ただし、この時点ではまだ、ドライウェル圧力がラプチャーディスク作動圧（0.427kPag）より低かったので、まだベントはなされなかった。

　9 時 00 分現在のプラント状況に関する東電のプレス発表では、格納容器ベントが実施されたことが報じられている。8 時 56 分には、敷地境界放射線量異常上昇により原災法第 15 条の事象になったと判断されている。

　消防車ポンプによって炉心への注水を行うためには、原子炉圧力をポンプ吐出圧以下まで低下させる必要がある。そのためには、SRV を手動で開けることが必要であるが、それには直流電源が必要である。しかし、所内のバッテリーは 1、2 号機の計装のために集めた後であった。このため 3 号機のためには、従業員の個人自動車のバッテリーを取り外して中央制御室に運び込み、SRV

駆動電源として用いた。

9時08分にSRVの開放により原子炉の急速減圧がなされた。

ドライウェル圧力の方は、9時10分の0.637MPaaから9時24分の0.540MPaaと低下したことから、9時20分頃にベントがなされたとの判断がなされた。

東電の報告によれば、原子炉圧力が消防車ポンプの吐出圧を下回ったことから原子炉への注水が可能になった。9時25分、防火水槽（淡水）にほう酸を溶解し、原子炉への注水が開始された。10時30分に発電所長は海水注入も視野に入れて対応するようにとの指示を出した。12時20分、防火水槽の淡水が枯渇し、13時12分、逆洗弁ピットにたまっていた海水の注入が開始された。

しかし、以下に述べるように、ちょうどこの期間に、原子炉水位の指示値は単調に低下して炉心有効長以下まで下がっている。炉心水位がどこまで信頼できるかはわからないが、水位の低下傾向はあてになると考えるなら、それほど有効な炉心注入にはなっていなかったと思われる。

9時10分、原子炉水位の指示値AはTAF+1800mmと示されていたが、低下し始め、10時35分にはチャネルA及びBの指示がそれぞれTAF-200mm及びTAF-700mmと炉心頂部以下となり、その後も低下を続けて、13時00分にTAF-1400mm及びTAF-2000mm、14時10分にTAF-1800mm及びTAF-2200mmとなった。

水位の指示値がある程度信頼できるとすれば、炉心は3月13日昼過ぎ頃に溶融に至ったと推測される。

12時00分現在のプラント状況に関する東電のプレス発表では、格納容器ベントを実施したこと、SRVを手動で開いて原子炉圧力を下げたこと、ほう酸を原子炉に注入したことが報じられている。

13時52分、1号機北西の敷地境界（MP-4）での放射線レベルは1558μSv/hに達し、14時12分まで500μSv/h以上の高い値を示した。敷地境界放射線量はいったん下がっていたが、14時15分には、MP-4で測定した敷地境界放射線量異常上昇による原災法第15条の事象になったと判断されている。

3号機の中央制御室では、3月13日15時28分、放射線量が12mSv/hと高

12. 福島第一原子力発電所におけるシビアアクシデント

くなってきたことから、当直長は運転員を4号機側の制御室に退避させた。

3月14日11時01分、原子炉建屋付近で水素爆発が起きた。この爆発で従業員11名が負傷している。
　この水素爆発により、消防車やホースが損傷し、原子炉への注水が停止した。また、逆洗弁ピットはがれきにより使用できない状態になった。
　後になって海から直接海水を取水して原子炉に注水するよう系統を構成し直し、3月14日16時30分頃になって消防車ポンプによる海水注入が再開された。

　図12-7のトレンドチャートは以下のような状況を示している。3月19日0時頃から3月20日4時頃にかけて、格納容器圧力は上昇している。これは、この期間、格納容器には大きな漏えいがなかったことを示している。しかしながら、ドライウェル圧力は3月20日4時以降、圧力抑制室圧力は3月22日0時以降、それぞれ低下し始めている。ゲージ圧はともにほぼゼロである。これは、格納容器から原子炉建屋に、ある大きさ以上の漏えいが存在していることを示唆している。
　原子炉圧力と格納容器圧力を比較してみると、3月21日の0時頃まで両者はほとんど同じである。これは、3月15日の0時以前に、原子炉容器に一定規模以上の漏えい（原子炉圧力容器の溶融貫通の可能性も含む）が起きていたことを示唆している。

12.5.4　4号機の使用済み燃料プールにおける事故の進展

　「使用済み燃料プール（Spent Fuel Pool：SFP）においても、長期間冷却がなされないと、崩壊熱による燃料棒温度の上昇により、原子炉と同様の事故が起きると考えられる。ただし、崩壊熱が低いため、プール内での水位低下の速度は原子炉に比べてはるかに遅い。
　福島第一には、各号機の原子炉に付随するSFPが原子炉建屋内最上階（オペレーションフロア）にある。この他に、再処理施設に送り出す前の使用済み燃料を一時的に保管するための共用使用済み燃料プールがある。

これらのSFPの中では、4号機のそれが一番心配された。4号機は原子炉シュラウドの交換のため、すべての燃料集合体は原子炉からSFPに移されていて、崩壊熱レベルが特に高かったためである。

　1号機から4号機までの各SFPにおいて燃料棒が露出するまでの時間は、燃料棒内で生じる崩壊熱とプール内の水量とから、JNESによって推定されている。温度上昇及び沸騰も4号機のSFPで最も速いと計算されている。それによれば、4号機のSFPで燃料棒が露出するであろう日は、幾つかの仮定に基づいた評価であるが、3月20日ないし3月21日となっていた。こうした評価結果から、事故直後にSFP内の燃料棒が事故直後に露出する可能性は小さいが、SFPの漏えい等によって水量が減り、燃料棒が露出する可能性も危惧された。

　4号機のSFPにおける事象について説明すると、3月15日6時14分、4号機原子炉建屋5階屋根付近に損傷が確認された。この時は、SFP内の燃料棒が露出したことにより温度が上昇し、ジルコニウム－水反応で水素が発生し、それが爆発したのではないかとの推測もあった。

　同日の9時38分には原子炉建屋4階に火災が発生したが、その後自然に鎮火した。3月16日5時45分には再度火災が発生したが、6時15分には火災が起きていないことが東電によって確認されている。

　4号機のSFPについては、その後4月12日にプール水が採取され、ヨウ素131とセシウム137が検出されたため、SFP内の燃料が破損したのではないかとの意見も聞かれた。しかしながら、私は次の理由により、むしろSFP内の燃料は少なくとも過熱による大規模な損傷はなかったと考えた。

　採取された水の中の放射性物資の濃度及び核種の分析の結果、放射性物質の濃度はごく薄いものであり、これがSFP内の燃料の損傷によって放出されたものとすると、ごく一部の燃料棒が損傷したことになる。

　一方、SFPでも水位が十分低くなると燃料頂部付近でジルコニウム酸化反応が激しくなる。その後は化学反応熱が支配的であることから燃料棒が溶融落

12. 福島第一原子力発電所におけるシビアアクシデント

下する可能性がある。溶融燃料からの熱で水の沸騰量が増えるとジルコニウム酸化反応のための水蒸気供給量が増えるから、反応を加速すると考えられる。「ほんの一部の燃料棒が破損し、その直後に再び冠水して燃料が冷却された」というのは極めて可能性の小さいことである。

このほか、ヨウ素 131 とセシウム 137 の比（I-131/Cs-137）も、プール水の分析結果は 1～3 号機の原子炉中のインベントリ比や、溜まり水等で観測された、炉から放出されたと見られる放射性物質のインベントリ比と類似の値であった。これに対して、4 号機 SFP の燃料中に存在したはずのインベントリ比はまったく違うのである。インベントリ比を見ても、プール水中の放射性物質はどこかの原子炉から放出されたものが空中を浮遊して 4 号機プール中に入り込んだと考えることが妥当と思われた。

すなわち、4 号機の SFP 中の燃料棒は、事故期間中一度も露出しなかった可能性が高い。4 月 28 日に東電が実施した 4 号機の SFP 内の水中カメラによる撮影の結果、燃料ラック等に有意な損傷が見られなかったことも、これを裏付けている。

なお、4 号機の原子炉建屋付近における爆発の原因については、その後東電の調査・分析により、3 号機と 4 号機で共用している格納容器ベント配管を通じて、3 号機で発生した水素が流れ込んだためと結論づけられている。「隣接号機で生じた水素が流入して爆発」などという事態は、これも関係者がまったく想定していなかったものである。

12.5.5　5 号機、6 号機の原子炉における事故の進展

東北地方太平洋沖地震が発生したとき、福島第一では、5 号機及び 6 号機は定期検査による停止中であった。

12.1.2 項の「(2)　福島第一原子力発電所の敷地及び設備の高さ」のところで説明したが、福島第一の敷地地表レベルは、1 号機～4 号機は O.P.+10m、5 号機と 6 号機は O.P.+13m である。これに対して、襲来した津波の到達高さは、敷地内での津波の痕跡から、1～4 号機ではほぼ敷地全面で約 O.P.+14～15m、

5号機及び6機側のエリアでは、O.P.+13m〜14mと推定されている。すなわち、1〜4号機では浸水深さ約4〜5mという深刻な浸水であり、5、6号機では浸水深さ0〜1mというわずかな浸水であった。

非常用ディーゼル発電機（D/G）は、2、4、6号機のB系D/G（空冷）を除き、タービン建屋または原子炉建屋の地下1階に設置されているが、2、4、6号機のB系D/Gは、別建屋1階（2、4号機は共用プール建屋（設置高さO.P.+10.2m）、6号機はディーゼル発電機建屋（設置高さO.P.+13.2m））に設置されていた。

直流電源装置（充電器盤およびバッテリ）は、1〜6号機ともタービン建屋または制御建屋の地下階に設置されていた。

海水ポンプは海岸側の整地面O.P.+5.0mに位置する取水ピット内に設置されており、その設置レベルは全号機でO.P.+4.5mで、電動機の設置レベルは、1号機と2号機がO.P.+5.6m、3号機〜6号機がO.P.+5.7mであった。

この結果、6号機では1系統のD/Gが生き残った。5号機では発電所停電事故（SBO）が発生したものの、後に6号機の空冷D/Gからの電源融通により非常用電源を確保することができた。5号機及び6号機の海水ポンプも津波による浸水により一時的な最終ヒートシンク喪失となったが、その後3月20日まで、SRVによる減圧及び6号機D/Gの給電による復水貯蔵タンクからの注水を繰り返し、原子炉圧力と水位を制御した。3月20日、仮設の海水ポンプを設置することにより停止時冷却系が復旧され、原子炉は冷温停止に成功するとともに、使用済み燃料プール（SFP）の冷却機能も回復された。

なお、「11. 福島第一の事故が起きて」で述べたように、地震と津波によって影響を受けた福島第一以外の原子力発電所、すなわち、福島第二、女川、東海第二の各原子炉で起きた事象については安全部会セミナー報告書[L-2]に記載してある。

13. 深層防護の各レベルで判明した欠陥

　福島第一の事故では数多くの「想定外」が見られた。「11. 福島第一の事故が起きて」に述べたように、私見では、これらは深層防護の各レベルにおける瑕疵によるものである。以下、本章では各レベルでどのような「想定外」が起きたのかを列挙する。ここで挙げる問題それぞれについては、14章から16章にかけて順次説明する。

13.1　第1のレベル：設計での想定を超える津波

　最初の「想定外」は、深層防護の第1のレベル「異常・故障の発生防止」で起きている。

　まずは、「3.3.2　安全設計」の「**図3-2　原子力発電所における深層防護(1)：安全設計**」とその説明とを見返して欲しい。深層防護の第1のレベルについて、次のように説明している。

> 　「第1のレベルは、そもそもの発端となる異常や故障等のトラブルの発生を防止することである。そのためには、実証された技術に基づいて十分裕度のある設計を行うこと、必要に応じ地震や飛来物等の外的誘因に対する防護設計を行うこと、高い品質管理システムに基づいて保守管理を行うこと等が図られる。」

　ところが、福島第一では、地震動と津波という外的誘因事象によって異常状態と多数の機器の同時故障が起きてしまった（ただし、安全上重要な故障はほとんど津波によるものである）。

　図13-1は、外的誘因事象の典型である自然現象に対する防護を考える上で、従来、どのような根拠に基づいて設計の基準とする誘因事象を定めてきたかと、福島第一を実際に襲った地震動及び津波の関係をまとめたものである[L-5]。図

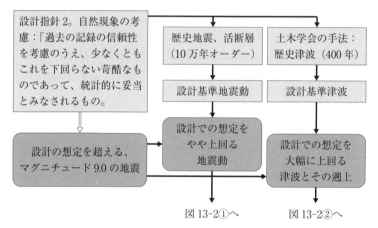

図 13-1 福島第一での事故で見られた「想定外」（その 1）
設計での想定を超える津波の襲来[L-5]

中、黒の矢印は必然的な因果関係を表し、白抜き矢印は想定外で起きたことを表している。

図の上半分は原安委の「発電用軽水型原子炉施設に関する安全設計審査指針」（以下、「設計指針」）とその下位基準を示している。設計指針には安全設計においてどのような自然事象を考慮すべきかが示されており、それに応じて地震や津波への具体的な設計がなされる。

ところが、図の左下に示すように、設計では想定していなかった大地震が起きた。それによって福島第一にもたらされた地震動はおおむね設計基準のレベル、場所によってはそれをやや上回る程度のものだった。しかし、同発電所を襲った津波は、設計基準をはるかに上回る高さのものであった。また、その津波は福島第一のサイト内で更に遡上して、発電所の安全に関わる設備を襲った。

13.2　第 2 のレベル：福島第一事故とは関係していない

福島第一の事故では深層防護の第 2 のレベル「異常・故障の事故への拡大防

13. 深層防護の各レベルで判明した欠陥

止」は関係しない。

第2のレベルは、これも3.3.2項の記述を転載すれば、次の通りである。

> 「第2のレベルは、トラブルが起きた場合にそれを直ちに検知して対応することにより、それが事故に発展するのを防ぐことである。具体的には、運転パラメータがある許容範囲を超えた時に制御棒を自動挿入して原子炉を停止すること等である。」

しかし、上述記述直後の「ただし書き」に記載したように、「『事故』の中には、軽度なトラブルが発展して事故になるものの他、原子炉冷却系配管の破断のように、初めから事故のものがある」のであり、福島第一では幾つもの機器の同時故障の結果として、最初から厳しい事故状態になってしまっていた。したがって、深層防護の第2レベルに相当する状況は生じなかった。

13.3 第3のレベル：設計基準の想定を超える長時間SBOと直流電源喪失

2番目の「想定外」は深層防護の第3レベル「事故の影響緩和」に係わるものである。

第3のレベルは、これも3.3.2項の記述を転載すれば、次の通りである。

> 「第3のレベルは、万一の事故に備えて、その影響の緩和を図ることである。例えば、原子炉冷却系の配管が破断し、冷却水が流出して炉心が空焚きになるような事故（冷却材喪失事故。Loss-of-Coolant Accident：LOCA）に対して非常用炉心冷却系（Emergency Core Cooling System：ECCS）を用意しておくこと、また、放射性物質の環境への放出を防ぐために頑丈で機密性の高い格納容器を用意しておくこと、格納容器が内圧によって破損するのを防止するために格納容器冷却系を用意すること等がこれに対応する。」

そして、安全設計の妥当性を確認するためには、「6.3.2　設計指針と評価指針」で解説したように、「設計基準事故」を想定し、保守的な手法、特に「単一故障の仮定」を設けてその解析を行い、結果が判断基準を満足することを確認する。

図 13-2 は、設計指針における SBO 対策の考え方と、福島第一で実際に起きたことをまとめたものである[L-5]。この図でも、黒の矢印は必然的な因果関係を表し、白抜き矢印は想定外で起きたことを表している。

外部電源は、はじめから安全上重要な設備とは考えられていない。図 13-1 に示した「設計での想定をやや上回る地震動」の結果として外部電源が喪失したことは、もちろん望ましいことではないが、設計において想定されていたことである。

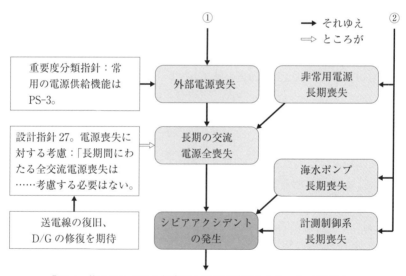

図 13-2　福島第一での事故で見られた「想定外」（その 2）
　　　　設計基準の想定を超える長時間 SBO と直流電源喪失[L-5]

13. 深層防護の各レベルで判明した欠陥

こうした外部電源の喪失に対しては、非常用ディーゼル発電機（D/G）が立ち上がって給電することになっている。そして実際、福島第一ではすべてのD/Gが設計通り立ち上がって安全関連設備に給電している。ところが、その後、図13-1に示した「設計での想定を大幅に上回る津波とその遡上」によって、ほとんどのD/Gが喪失してしまったのである。津波はまた、同時にすべての海水ポンプも喪失させた。

すなわち、地震動による「外部交流電源の喪失」という発端事象と、津波による「非常用交流電源の喪失」という安全機能の喪失の結果として発電所停電事故（SBO）が起き、更には「最終ヒートシンクの喪失」が同時に起きてしまって、一層厳しい事故状態になった。加えて、号機によっては、バッテリーが水に浸かってしまって、「直流電源の喪失」まで起きてしまい、プラントの状態把握や制御が著しく困難になった。ECCSも格納容器冷却系も作動せず、炉心が溶融するシビアアクシデントが起き、格納容器が破損して大量の放射性物質が環境に放出されてしまった。

私の判断では、こうしたことが起きた原因は、外的誘因事象に対して、設計そのものも設計指針の要求も不十分だったことにある。設計指針における外的誘因事象対策は原則論しかなく、具体的でなかった（ただし、安全についての第一の責任は事業者にあり、事業者は、設計指針に具体的要求が示されているか否かにかかわらず、当然外的誘因事象対策をしていなければならない）。外的誘因事象への対処設計の問題については、14章で解説する。

設計基準事故の想定に関しては、原安委の安全審査指針では「長期間にわたる電源喪失は……考慮する必要はない」と断言されている。しかし、福島第一では極めて長時間のSBOが起きてしまった。これらの問題については「14.7.1 設計基準事故の想定の妥当性」で解説する。

13.4　第4のレベル：想定通りには実施できなかったアクシデントマネジメント策

3番目の「想定外」は深層防護の第4のレベル、シビアアクシデントの発生

防止・影響緩和のためのアクシデントマネジメント（AM）に係わるものである。ここでも、用意していた AM 策が実施できなかった、あるいは実施困難であったという「想定外」があった。

「3.3.3 アクシデントマネジメント」で述べたように、わが国でのシビアアクシデント対策は電力会社の自主保安の一環として整備された AM である。これは、「わが国においてはシビアアクシデントの発生の可能性は十分小さいので、アクシデントマネジメントは電力会社が自主保安の一環として実施するものであると位置づけ」たからである。

「1. はじめに」の最後に記述したことであるが、私は過去に、「原子力発電所のシビアアクシデント―そのリスク評価と事故時対処策」なる技術的報告書[A-1]を書いている。同報告書の第 5 章は「我が国におけるアクシデントマネジメントの整備」であり、そこにはわが国における AM 整備の経緯とともに、旧通商産業省（通産省）顧問会・シビアアクシデント対策検討会の場で電力会社が提案した AM 策の概要をまとめてある。

そこからの抜き書きであるが、1990 年代初期においてわが国の原子力発電所においては、「TMI 2 号機の事故の教訓を反映して既に整備済みの AM 策がある。これに加えて、今回は、PSA を用いてより系統的な方法で、今後整備すべき AM 策を同定し検討した」のである。

なお、AM に関する主要な用語については本書付録 B に簡単な説明をつけてある。

福島第一の事故では、用意されていた AM 策の多くが試みられた。成功したものもあったが、失敗したものもあった。また、当初予定されておらず、臨機応変で実施されたものもあった。

AM 全般についての説明や課題については 15 章で述べることとする。各号機における AM 策の成否については「安全部会セミナー報告書」[L-2]にまとめてあるので参照されたい。

13. 深層防護の各レベルで判明した欠陥

13.5　第5のレベル：緊急時対応とINES評価に係る問題

深層防護に係る次の問題は、第5のレベル、原子力防災についてのものである。また、関連して「国際原子力・放射線事象評価尺度 (International Nuclear and Radiological Event Scale：INES)」の問題にも触れておくことにする。

福島第一の事故では防災やINES評価でも多くの問題があった。しかし、私はこれらを「想定外」と呼びたくはない。むしろ、「想定していたとおりに」問題点が明らかになったと思う。

原子力防災については、福島第一事故よりずっと前から、多くの関係者に、「わが国の原子力防災には実効性がない」という認識があったと思う。

私自身は、施設内でのシビアアクシデントの進展解析を専門としてきた立場から、事故の真っ最中に計算コードで事故進展とソースターム（重大な事故時の施設からの放射性物質放出量。より正確には、核種ごとの時間依存の放出量）を予測して、それに応じて緊急時対策を選択することは不可能と言い続けてきており、保安院に在籍中も、2004年10月には「原子力防災におけるERSSとSPEEDIの弊害について」なる文書（本書付録Eに添付）を国内の防災関係者に配布し、2005年12月にはIAEAで原子力防災に係る国際基準の成案が得られた機会を捉えて、わが国の防災を変更することを提案している。

一方、本間は環境影響評価を専門にしてきた立場から、たとえソースタームが一定精度で得られたとしても、リアルタイムの線量評価評価そのものの問題から、やはり計算コードでの計算結果に基づく防災には問題があると指摘しており、そうした主張を「安全部会セミナー報告書」[L-2]等にまとめている。

福島第一事故では、懸念していた問題がそのまま表面化した（本書付録Fに記載）。ただ、現実には、「想定通りに」計算コードが動くことはなく、防災に係る判断は施設の状況等に基づいてなされたため、防災計画の不適切さが事故の影響を著しく大きくすることはなかった[L-2]。

こうした問題は「16. 原子力防災とINESに係る問題」の中で記述する。ただし、私は防災そのものについては専門でないので、ここで扱うのは「施設側

から見ての原子力防災」に限られる。

　INESについては、福島第一事故の前年の2010年10月に、IAEAのINES20周年記念会合において、「INESは重大でない事象を重大でないと説明するには適切な枠組みであるが、本当に重大な事故が起きた時にそのレベルを短時間に報告するのは困難である」との議論がなされている。この議論は、私自身が記念会合で報告した、中越沖地震による柏崎刈羽原子力発電所の被災についてのINES評価を契機としてなされたものである。

　また、INESレベル7の評価はソースタームの量によってなされるが、事故後1ヶ月時点でシビアアクシデント解析コードによるソースターム評価は実質的にまともな答えを出せていない状態であり、その時点でのINES評価のプロセスには疑問が残る。

　こうした問題は、「16.2　INESについて」で記述する。

14. 安全設計、特に外的誘因事象対処設計についての規制

14.1 外的誘因事象に対する規制のあり方

13章で列挙したように、福島第一の事故では多くの「想定外」があった。これらひとつひとつの「想定外」の多くは、事前に適切な対策を採っていれば防げた可能性があったものである。したがって、これからの事業者による安全確保や規制者による安全確認での対象は多岐にわたる。

しかしながら、私の判断では、その中でも特に重要なことは、従来の設計及び規制では外的誘因事象への具体的な対応を十分には考えてこなかったことではないかと思う。

福島第一事故が露わにした問題はなんだったのかについては、安全部会の福島第一事故セミナーで徹底議論された。セミナー報告書の結論は以下の通りである[L-2]。

① 外的誘因事象、特に、自然現象に対する防護が、十分でなかった。
② アクシデントマネジメント（AM）の信頼性が十分ではなかった。地震動及び津波や、その結果として起きたシビアアクシデントがもたらす環境条件を十分には考慮していなかったため、実際の事故条件下でのAM実施が困難であった。
③ 「想定を超える事象」への「柔軟な対応策」が欠如していた。例えば、可搬式の安全設備などを用意しておけばよかった。

すなわち、前段及び後段の深層防護と、外的誘因事象に係る問題である。

それでは、外的誘因事象については、具体的に、規制のどこに問題があったか。まず、旧原子力安全委員会（原安委）の「発電用軽水型原子炉施設に関する安全設計審査指針（以下、「設計指針」）」[B-4]を見ていこう。

なお、以下、原安委の指針については厳しい批判をしていくが、これは決して、第三者の立場で原安委を批判するものではない。私は旧原子力安全・保安院勤務の前も後も、かなり長いこと原安委の原子力安全基準・指針専門部会（以下、「基準部会」）の委員を務めている。しかし、設計指針に以下に述べるような問題があることには気付かずにいた。私自身も当事者の一人である。

基準部会はその時々のテーマについて議論はするが、基準のどこに改善の余地があるかを継続的に吟味するような体制にはなっていなかったと思う。基準という規制にとって一番大事な問題を、少人数の原安委委員及びその事務局に預けてしまって、それで良しとしてきた、日本の原子力規制の体制そのものの問題だったと思っている。

さて、設計指針の冒頭には、外的誘因事象に関しての対処要求が並んでいる。「指針2. 自然現象に対する設計上の考慮」では、安全機能を有する構築物、系統及び機器（Structures, Systems and Components：SSC）はその安全機能の重要度等を考慮して、「適切と考えられる設計用地震力に十分耐えられる設計であること」、また、「地震以外の想定される自然現象によって原子炉施設の安全性が損なわれない設計であること」、重要度の特に高い安全機能を有するSSCは「予想される自然現象のうち最も苛酷と考えられる条件、又は自然力に事故荷重を適切に組み合わせた場合を考慮した設計であること」が要求されている。

また、その解説には次のようにある。

- 「予想される自然現象」とは、敷地の自然環境を基に、洪水、津波、風、凍結、積雪、地滑り等から適用されるものをいう。
- 「自然現象のうち最も苛酷と考えられる条件」とは、対象となる自然現象に対応して、過去の記録の信頼性を考慮の上、少なくともこれを下回らない苛酷なものであって、かつ、統計的に妥当とみなされるものをいう。

14. 安全設計、特に外的誘因事象対処設計についての規制

「指針3．外部人為事象に対する設計上の考慮」では、安全機能を有するSSCは、「想定される外部人為事象によって、原子炉施設の安全性を損なうことのない設計であること」、また、「原子炉施設は、……第三者の不法な接近等に対し、これを防御するため、適切な措置を講じた設計であること」が要求されている。

また、その解説には次のようにある。

・「外部人為事象」とは、飛行機落下、ダムの崩壊、爆発等をいう。

「指針4．内部発生飛来物に対する設計上の考慮」では、安全機能を有するSSCは、原子炉施設内部で発生が想定される飛来物に対し、原子炉施設の安全性を損なうことのない設計であること」が要求されている。

「指針5．火災に対する設計上の考慮」では、「火災により原子炉施設の安全性を損なうことのない設計であること」が要求されている。

本書第1部では、「5.2.3項　内的事象と外的事象」において、「外的誘因事象とは、SSCの外部からの特定の衝撃であり、内的誘因とはそういう特定の衝撃でないランダムな原因である」と定義した。この定義によれば、設計指針に出てくる、地震、洪水、津波、風、凍結、積雪、地滑り等の自然現象も、飛行機落下、ダムの崩壊、爆発、第三者の不法な接近等の外部人為事象も、火災、浸水や施設内部の飛来物も、すべて「外的誘因」である。したがって、本書第1部の定義を用いれば、指針2〜5はすべて、外的誘因に対してのSSCの設計要求である。

そういうこともあって、私は外的事象を第1部のように定義していた。しかし、「11．福島第一の事故が起きて」の「(3)「第2部の構成及び記載内容」で述べたように、事故後の議論での一般的定義に合わせて、第2部では、第1部の定義と矛盾するが、施設内での誘因事象を「内的誘因事象」、施設外での誘因事象を「外的誘因事象」と呼ぶことにした。

実は、「機器はランダムに故障する」という仮定を離れて「個別の誘因事象

によって機器が故障する」と考えるなら、内的誘因事象であろうと外的誘因事象であろうと、かなりの問題は共通である。この共通の問題はあとで「17. 個別誘因事象に対する深層防護について」であらためて整理することとし、本章では外的誘因事象に重点を置いて問題を記述していくこととする。

さて、設計指針に戻って、「指針6. 環境条件に対する設計上の考慮」では、安全機能を有するSSCは、その安全機能が期待されているすべての環境条件に適合できる設計であること」が要求されている。

また、「指針9. 信頼性に関する設計上の考慮」では、安全機能を有するSSCは、「その安全機能の重要度に応じて、十分に高い信頼性を確保し、かつ、維持し得る設計であること」、「重要度の特に高い安全機能を有する系統については、……多重性又は多様性及び独立性を備えた設計であること」、「前項の系統は、その系統を構成する機器の単一故障の仮定に加え、外部電源が利用できない場合においても、その系統の安全機能が達成できる設計であること」が要求されている。

これに対して本書では、「6.3.2 設計指針と評価指針」において、「設計指針及びその下位指針等は、原子力施設を構成する個々の構築物・系統・機器（SSC）が、それらが供用期間中に受けると考えられる環境条件、荷重条件（通常運転の状態のみならず、想定される異常状態を含む）下で、それらの安全上の重要度に応じ、所定の機能を果たすべきことを求めている[F-8]」と解説している。

すなわち、設計指針及びその下位指針等は、原子力施設を構成する個々のSSCが、それらが供用期間中に受けると考えられる「外的誘因まで対象に含めての」環境条件、荷重条件（通常運転の状態のみならず、想定される異常状態を含む）下で、それらの安全上の重要度に応じ、十分な信頼性をもって所定の機能を果たすべきことを求めている[F-8]ものであり、個々の指針の記述はおおむね適切なものである。

それでは何が問題かというと、私は次の3点を指摘したい。

14. 安全設計、特に外的誘因事象対処設計についての規制

1）安全に影響し得るそれぞれの外的誘因に対しては、設計基準ハザードを定めて各 SSC はそれに耐えるように設計されるが、設計基準ハザードが過小評価になっているものがあった。
2）それぞれの外的誘因は深層防護の各レベルに影響し得るが、そうした影響が後段レベルでは考慮されていなかった。
3）地震 PSA の結果として、外的誘因のリスクは重大になる可能性があると示唆されていながら、地震以外の外的誘因についての個別プラント PSA（Individual Plant Examination of External Event：IPEEE）がなされていなかった。

ここで 1）の問題は指針そのものの問題であり、前掲した、指針 2 の以下の「解説」と密接に関係する。

・「自然現象のうち最も苛酷と考えられる条件」とは、対象となる自然現象に対応して、過去の記録の信頼性を考慮の上、少なくともこれを下回らない苛酷なものであって、かつ、統計的に妥当とみなされるものをいう。

この「解説」がもたらした結果として、過去に十分信頼性のある記録が少なく、統計的な妥当性が確認できない外的誘因事象については、ごく短期間の記録だけに基づいて設計基準ハザードが定められてしまう結果になったということである。
　私は、規制側にとって福島第一事故の最大の責任要因は、設計基準津波の過小評価にあったと思っている。この問題は次節「14.2　外的誘因事象に対する設計基準設定の妥当性について」で説明する。

　2）の問題は、基本設計の問題ではなく、後段規制の問題である。例えば地震動という外的誘因を考えれば、それは発端事象となる機器故障や安全機能を有する SSC を故障させるだけでなく、AM にも防災にも影響するということ

である。しかしながら、それぞれの外的誘因が原子力安全に及ぼす諸問題は、外的事象 PSA では扱われているものの、規制では包括的には扱われていなかった。この問題は「14.4　外的誘因事象が深層防護の各レベルに及ぼす影響」で説明する。

なお、深層防護のどの層が重要かについては、福島第一事故後の国際会合では数多く議論されている。これについては、私が見ている範囲では、であるが、事故前は後段は軽視されていて、事故後はどちらかというと後段に重きが行っている。これに対して私は、以下のようにコメントしたことがある。

「私自身は専門がレベル2 PSA だから、これまでずっと、後段の重要性を指摘してきた。しかし、実際に事故が起きれば、後段の対策がどんなに難しいかも明瞭になった。まずは、シビアアクシデントを起こさないこと。これが決定的に大事である。」

3) の問題はリスク情報活用の一環であるので、「18.1　リスクインフォームド規制の確立」で説明する。

14.2　外的誘因事象に対する設計基準設定の妥当性について

14.2.1　津波に対する設計基準

福島第一の事故は、外的誘因の一つである津波について、設計基準が過小であったことを示した。ここではまず、津波を対象として設計基準の妥当性について論じ、次項（14.2.2項）で外的誘因事象一般について設計基準のあり方を論じることとする。

原安委の設計指針[B-4]では、繰り返しになるが、「指針2. 自然現象に対する設計上の考慮」において、「予想される自然現象のうち最も苛酷と考えられる条件……を考慮した設計であること」を要求しており、その解説では、「予想される自然現象」に津波が入っていることが明記されている。その上で、「予想される自然現象のうち最も苛酷と考えられる条件」とは、「過去の記録の信頼性を考慮のうえ、少なくともこれを下回らない苛酷なものであって、統計的

14. 安全設計、特に外的誘因事象対処設計についての規制

に妥当とみなされるものをいう」とある。

津波については、「12.1.2 耐津波設計」に記載したように、2002年2月に策定された土木学会の「原子力発電所における津波評価技術」がある[B-24]。私は津波については専門知識を持ち合わせていないから、JNESの専門家からその内容を教えてもらった。以下はそれを私の理解の及ぶ範囲でまとめたものである。

土木学会の手法では、日本近海に津波を起こし得る断層領域（津波波源）を設定し、それらの断層で起き得る地震の最大マグニチュードを評価する。マグニチュード評価の基になっているのは、1611年〜1978年の歴史津波（記録として残っている津波高さ：既往津波）である。すなわち、歴史津波のデータに合うように、各領域のマグニチュードが決められている。なお、869年の貞観津波は参照されていない。

土木学会の手法では、使用する解析手法が「歴史津波」のデータに合うことを確かめて行うことになっている。それぞれの領域の断層は別個に動くと仮定し、幾つかの領域が同時に動くことは考えない。各領域内の断層の位置や方向等のパラメータには、ばらつき（不確実さ）を考慮する。確率論的な考察はなされておらず、決定論的に、それぞれの領域で最大のマグニチュードで地震が起きると仮定し、それから評価地点の津波高さを計算する。評価点の最高津波高さは、各領域での地震によってもたらされる津波の最高値である。評価地点としては、発電所敷地の海岸面の取水口及び放水口などが位置する海岸線での津波高さで評価する。

この方法で求められる津波高さは、ほぼ、1611年〜1978年の歴史津波の最高高さに匹敵することになるが、実際には波源のパラメータ等が保守的に評価されるため、歴史津波の最高高さよりは高く評価されると考えられる。

福島第一でも、この手法を用いて設計用津波高さをO.P. 5.4〜O.P. 5.7mと評価し、それに合わせて自主的に津波対処設計の強化をしていた。

しかしながら、3月11日に福島第一を襲った津波は、当日の写真映像や敷

地内の建屋周辺等に残された痕跡からは、到達高さとしてそれよりはるかに高い15mに達した津波であり、それによって多数の安全設備が短時間内には回復できない損傷を受けた。

このことは、①原則として「過去の記録」に重点を置いての設計基準で十分か、という問題と、②ある外的誘因事象が設計基準ハザードを超す場合に備えてシビアアクシデントを防止する対策を考えるべきではないのか、という問題を提起している。

2002年の土木学会の報告書では、「想定津波の基準断層モデルは、これらの領域及び既往最大マグニチュードをもとに設定される」とあり、また、「既往津波」の年代としては、1611年～1978年の津波が記載されている。この手法は、原安委の設計指針の「予想される自然現象のうち最も苛酷と考えられる条件」とは、「過去の記録の信頼性を考慮のうえ、少なくともこれを下回らない苛酷なものであって、統計的に妥当とみなされるものをいう」を、津波について忠実に具体化させたものと言える。

土木学会の手法にどれだけの裕度が含まれているかは別途検証が必要であるが、同手法の基本的な考え方は、過去400年間の津波の最高高さ程度の津波を想定することと思われる。ある程度の裕度が含まれているとしても、千年に1度（10^{-3}／年）程度の津波を想定津波とし、それを超す津波については対策を考えていなかった。これでは、「8.2.4　原子力発電所を対象としての性能目標案」[1-6]で紹介した。

・　炉心損傷頻度　　　（CDF）：10^{-4}／年
・　格納容器破損頻度（CFF）：10^{-5}／年

なる性能目標を満足することはまるでおぼつかない。「6.4　決定論的ルールと確率論的安全評価の関係」のところで、「本来、設計指針・評価指針といった決定論的なルールが十分適切なものであれば、原子力施設が公衆に及ぼすリスクは、合理的に、十分小さく保たれるはずである。」と書いたが、耐津波設計に係る要求は不十分であった。

14. 安全設計、特に外的誘因事象対処設計についての規制

なお、土木学会の手法は、前述のように取水口位置での津波波高を評価するためのものである。津波を敷地内に浸入させないための敷地高さや防波堤の設計のためにはこの手法は適切であろうが、万一津波が堤防を乗り越えた場合にどのような高さに達し得るかは別の手法でないと評価できないはずである。

今回の津波では当初「15m 程度の津波が襲来した」と言われたが、この時点では敷地内の建屋付近の到達高さしかわかっていなかった。取水口位置にどれほどの波高の津波が来たのかはずっと後になって東電によって 13m 程度と評価された[L-2]。

新耐震指針[B-6]では、10 万年に一度の地震の随伴事象も考えることとされていた。しかしながら、たとえそういう方針で考えていたとしても、10 万年に 1 度の津波の高さなど、ほとんど想像によるしかない。設計基準としての津波高さの想定について、安全審査時には 3.1m としていたものを（敷地内の建屋位置での到達高さとして）15m とできたかどうかには疑問があるし、また、15m なら十分かという疑問も残ったであろう。一方で、外的ハザードについての設計基準の考え方を検討することが必要であろうが、他方で、たとえ設計基準を上回る外的ハザードに見舞われたとしても、何とかシビアアクシデントを避けられる設計対応を考えることが必要であろう。

14.2.2 外的誘因事象一般についての設計基準

外的誘因事象に対する安全設計の基本的な考え方は共通であり、考えられる外的誘因ごとにまずはハザードの評価を行い、それが有意であれば対処設計を行うことになっている。

この考え方自体は、はるか以前から原子力安全の関係者間で共有されてきものであるが、必ずしも文書化されていなかった。このため、規制委の「核燃料施設等の新規制基準に関する検討チーム」第 17 回会合でわざわざ発言して議事録に残した[M-9]。

しかしながら、一般的な考え方は確立していても、どこまでのハザードを考えるべきかとなると、従来のわが国の規制では外的誘因ごとに異なっていた。

津波については、これは目標とすべき発生頻度が考慮されずに、結果として

千年に1度（10^{-3}／年）程度の発生頻度のものが設計基準になってしまった。これに対し、地震については、新耐震指針[B-6]により、おおむね10万年に1度（10^{-5}／年）の地震動に耐えられることが要求されている。また、事故による航空機落下については、施設への落下頻度が1000万年に1度（10^{-7}／年）以上であれば対処設計が必要とされていて[B-13,14]、六ヶ所村の原子力施設は航空機落下に対する防護設計がなされている。

ただし、航空機落下についての判断基準は、「6.5 確率論的安全評価と決定論的安全評価の関係」に述べたように、単に、以前から安全審査の中で「切り捨て基準」として非公式に使われてきた10^{-7}回／炉・年という数字を用いているものであり、安全目標との関係が位置付けられていない。今後は、安全目標も考慮しつつ、あらゆる外的誘因に共通の設計基準ハザードの定め方を検討することが必要であると思われる。

その場合、歴史地震、歴史津波などの記録は、一定の期間しかないことを思い起こす必要がある。記録のない期間については、専門家の工学的判断によって発生頻度を評価してそれに見合うハザードを設計基準とすることとか、設計基準を超す事態に対してもあらかじめ準備するとか、そうしたことが必要になると思われる。この問題については「18.1 リスクインフォームド規制の確立」のところでも触れることとする。

なお、福島第一の事故では、主たる施設被害は設計での想定を大きく上回る津波によって引き起こされているが、福島第一と女川では地震動も設計での想定を上回っている。前述の設計指針2の解説にあるように、従来の指針でも「過去の記録の信頼性を考慮の上、少なくともこれを下回らない苛酷なもの」を想定することが必要であった。規制委の新規制基準でも当然にそういうハザードが想定されることになった。

14.3 安全設計における多様性について

地震や津波、あるいは航空機落下といった外的誘因事象は共通原因故障（Common Cause Failures：CCF）をもたらす代表例である。そして、共通原因故障を防ぐ最大の手立ては設計における多様性（Diversity）である。福島第一の

14. 安全設計、特に外的誘因事象対処設計についての規制

事故を見たとき、安全設計において十分な多様性が用意されていたかという問題がある。

　福島第一の事故では、同一の安全機能を果たす多重の設備がほとんど同一の高さに設置されていたため、津波によって同時に喪失した。一方で、2号機と3号機では電動の炉心注入設備がすべて失われた後、炉心はタービン駆動の炉心注入設備によって一定期間冷却された。「多様性の重要性も再認識された」と言える。

　多様性とは、原安委の設計指針[B-4]に「同一の機能を有する異なる性質の系統又は機器が2つ以上あること」と定義されているように、従来、異なる原理の設計を指していた。しかしながら今回の事故は、「据え付け位置の多様性」も重要であることを示している。

　福島第一における各安全設備の据え付け位置については、「12.1.2　耐津波設計」の「(2)　福島第一原子力発電所の敷地及び設備の高さ」のところで紹介したとおりであるが、各号機において、非常用ディーゼル発電機（D/G）や海水冷却ポンプはほとんど同じ高さに置かれている（対称性を有する「美しい設計」を求めるとこうなるのであろう）。しかしながら、6号機の2台目のD/Gは、あとから増設したため他と同じ位置にはスペースがなくて置けなかったからなのであるが、ずっと高い位置に置かれていて津波被害を免れた上、空冷であったため冷却能を失うこともなかった。このD/Gは5号機にも電源融通することになって、6号機のみならず5号機もシビアアクシデントになるのを防いだのである。「据え付け位置の多様性」が有効であった典型例である。

　なお、設計において単一の外的誘因事象のみを対象として据え付け位置を考えるのは適切でない。津波だけ考えれば単純に「高い所に置いた方がいい」という結論になるが、航空機落下を考えればまったく異なる結論になる。

　共通原因故障をもたらす代表例である外的誘因事象に対しては、繰り返しになるが、多様性が一番の対策である。しかし、外的誘因事象は一つではないということを銘記して対応を考えるべきである。

多様性については、「設計の妥当性を判断するための具体的基準がない」という問題もある。

設計指針での多様性についての記述は、例えば設計指針の「指針 26. 最終的な熱の逃し場へ熱を輸送する系統」の解説を見ると、「多重性又は多様性及び独立性を必要とする」という一般的な要求しか示されていない。私が JNES の福島第一事故分析チームの結論として書いたことであるが、「多重性については、単一故障指針によって要求内容が具体的になっているが、多様性については、どのようなものであれば十分か、今後検討が必要と思われる」。

14.4　外的誘因事象が深層防護の各レベルに及ぼす影響

「3.3.2　安全設計」で説明したように、設計指針[B-4]では安全上重要な SSC は外的誘因事象に対しても高い信頼性を有することが求められている。これについては、図 3-2 を用いて「必要に応じ地震や飛来物等の外的衝撃に対する防護設計を行うこと」が図られると書いた。

また、外的衝撃は、異常過渡や事故といった発端事象や、事故防止系、事故緩和系の機能喪失をもたらし得ることも説明した。

しかしながら、「3.3.3　アクシデントマネジメント」及び「3.3.5　立地及び防災」のところでは、「事故が外的衝撃によって起きるならば、その衝撃はAMや防災にも影響し得る」ということを書かないでしまった。

地震動は AM 設備を故障させるし、防災にも影響する。津波も、航空機落下も同様である。そして、そういう衝撃は、外的誘因事象それぞれで異なるものである。

原安委の安全審査指針は、「基本設計の妥当性の審査」を目的としたものであるから、外的誘因事象について、設計指針が設計以外の要求事項を記述していないのはやむを得ない。しかしながら、後段規制においては、外的誘因事象の及ぼす影響はほとんど省みられなかったと言っていい。

「3.6　原子力安全研究」のところに書いたように、「我が国の原子力発電所について実施された PSA の多くが、わが国では地震によるリスクが内的事象のリスクよりはるかに大きいという結果を示し、『発電用原子炉施設の耐震設

14. 安全設計、特に外的誘因事象対処設計についての規制

計審査指針（耐震指針）』[B-6]の強化を促す理由となった」のである。このこと自体は、安全研究の成果あるいはリスク情報を規制に適切に反映した例である。

しかしながら、地震動という外的誘因事象が原子力安全に影響し得ると知ったのに、AMや防災への反映は遅れていた。

例えば、AMのために使用される設備については、3.3.3項で説明したことに関係するが、AMが自主保安であって規制の対象外であるとの理由で、耐震要求がない。これは、バックフィット問題というやっかいな議論を引き起こすものだから、私も含め、関係者は常に検討を後送りしてきたのである。

防災訓練にしても、地震によって原子力施設でシビアアクシデントが起きるなら、周辺施設も重大な影響を受けるはず、という、単純な類推さえしないできた。地震を対象としたレベル3 PSAでは通例、「地震によってシビアアクシデントが起きる場合は道路も橋梁も被害を受けていて防災対策は有効に働かない、したがって避難はなされないものとする」といった仮定をしている。つまり、誰もが知っていたにもかかわらず、である。これも、道路や橋梁は使えない可能性があるなどと言えば「これまでの防災訓練は何だったんだ！」と地方自治体等から猛抗議を受けるであろうから、関係者は黙してきたのだと思う。

福島第一の事故の過程では、現に、AMも避難も地震や津波の影響を受けている。東電が2011年10月に公開した「東北地方太平洋沖地震に伴う福島第一1号機における事故時運転操作手順書の適用状況について」なる報告書[K-4]には、AMの実施が困難になった状況が多数示されている。幾つか例を挙げると次のようなものである。

- 代替注水のためのラインを構成しようとしたが、地震と津波によって交流電源も直流電源も喪失していたため、中央制御室からの操作でラインを構成することはできず、暗闇の中で手動で弁を開けてラインを構成した。
- 発電所に配備してあった消防車による代替注水を試みたが、多くの消防車が、津波によって消防車自体が使用不能になったり、道路の損傷や津

波による瓦礫の散乱で必要な場所に移動させることが困難になったりした。
- 格納容器ベントのために弁操作をしようとしたが、交流電源全喪失で電動弁については手動で開かねばならなかった。
- 代替交流電源のために発電所に電源車を送ったが、道路被害や渋滞のため思うように進めなかった。

大切なことは、津波は一例に過ぎないということである。福島第一の事故の教訓は、「津波への対処をきちんと考えていなかったから事故になった」ではない。「外的誘因事象への対処をきちんと考えていなかったから事故になった」である。

新規制基準では、外的誘因事象については、後段規制まで含めての対応が求められるようなった。今後は、一方で全外的誘因に共通の考え方が明文化されて確立するとともに、それぞれの外的誘因がもたらす影響をひとつひとつ検討して具体的対策を打ち立てることになろう。

14.5　外的誘因事象によるシビアアクシデントへの対策について

(1) 設計基準ハザードを超す事態への対処

シビアアクシデントが起きてしまえば、それからの回復は極めて困難である。まずはシビアアクシデントの発生防止が重要である。これまで述べてきたように、外的誘因事象については従来の防護が脆弱であった。今後どのような防護を行うべきかについてまとめる。

耐津波設計については、設計基準津波を十分な裕度をもって定めねばならないのは当然であるが、極低頻度のものまで考えると青天井のものになりかねない。過去に起きていない事象の発生の可能性について議論することは大事であるが、それ以上に、設計基準を上回る津波が来たとしても、シビアアクシデントには至らないような対策を考えておくべきである。

津波に限らず、外的事象全般について、あるレベルを超えた外的ハザードに襲われたときにその先は安全確保策がない（いわゆる、クリフエッジ）といった

14. 安全設計、特に外的誘因事象対処設計についての規制

状況がないかサーベイし、そうした状況をなくすような対応が必要と考える。その場合、例えば、設計基準内では単一故障の仮定への適合性まで含めて安全の確認、設計基準を上回る津波には、単一故障の仮定を満たさないまでも、対処設計、その更に先に、シビアアクシデントが起きてしまった場合の対処設計、といった、連続的な対策を考えるべきである。

なお、「設計基準ハザードを超すような誘因事象が生じたときに、原子炉でシビアアクシデントが起きないようにすること」と、「原子炉で設計の想定を超えた事態が生じたときに、それがシビアアクシデントに発展するのを防止したり、シビアアクシデントが起きてしまってもその影響を緩和したりするのを防止すること」は、どちらも「設計基準を超える（Beyond Design Basis）」ではあるが、内容はまったく異なることである。両者は厳密に区別して対処すべきである。

(2) ストレステスト等

福島第一事故への対応として欧州諸国が実施した「ストレステスト（Stress Tests）」は、もっぱら外的誘因事象を対象として、"Robustness of Defence in Depth Approach"、すなわち、深層防護の頑健性を評価するためのものであり、評価に当たっては、

> 「何重もの防護が連続的に失われることを、そうした事象の発生確率と無関係に、決定論的アプローチで仮定すること」
> （sequential loss of the lines of defence is assumed, in a deterministic approach, irrespective of the probability of this loss）

と明記している[F-22]。また、米国 NRC デントン元局長は、

> 「リスク評価とリスクガバナンスが安全の決定論的正当化に代わる手段となってはならない」（インサイド原子力、2011 年 4 月 25 日号）

と発言している。こうしたアプローチや考え方を参考にして、どうすれば外的誘因事象に対して深層防護をより確実なものにできるか検討すべきである。

14.6　複合外的誘因事象の適切な考慮について

原安委の設計指針[B-4)]では、「指針2．自然現象に対する設計上の考慮」の解説において、「予想される自然現象のうち最も苛酷と考えられる条件」を考えるにあたっては、「必要のある場合には、異種の自然現象を重畳させるものとする」ことを要求している。また、耐震指針[B-6)]では、「7．荷重の組合せと許容限界」の項で、発生頻度が一定以上の場合は、地震によって生じる荷重と、地震前に起きる事故（例えば、LOCA）で生じて長時間継続している荷重とを組み合わせることが必要としている。

すなわち、設計指針では、「必要のある場合には異種の自然現象の重畳」を、耐震指針は「地震荷重と事故時荷重」の組み合わせを要求している。

福島第一の事故後になされた国内外の議論では、地震とその後の津波の来襲のような外的誘因事象の重畳（複合外的誘因事象）を考えることが必要とされていて、そのこと自体は重要である。ただ、ここまで縷々述べてきたように、わが国では「外的誘因事象に対する規制」が一部（地震動など）を除いて具体化されていなかったのである。

今後考えるべきは、

① 「自然事象」だけでなく、「有意なあらゆる誘因事象」（施設外部からの衝撃だけでなく、内的火災、内的浸水、タービンミサイル等、プラント内部で生じるSSCへの衝撃も含めての誘因事象）を対象として、重畳する可能性とその発生しやすさまで考慮に入れた上で、複数の誘因事象と事故の重畳を考えること
② 「重畳」としては、「荷重」の重畳だけでなく、「影響（Consequence）」の重畳も考えること

ではないかと思う。

14. 安全設計、特に外的誘因事象対処設計についての規制

ここでより重要なのは影響の組合せである。例えば、福島第一で見られたような、地震で外部電源が失われた後に津波で D/G が失われるといったことは、当然併せて考えるべき事項となる。

荷重の組合せについては、地震荷重と事故による荷重の組合せは、既に従来規制でなされていることである。他の誘因事象による荷重と事故による荷重の組合せ、あるいは、異種誘因事象の荷重の組合せも検討対象には違いないが、荷重が同時にかかる場合とはどういう状況なのかを判断してその生起確率を推定した上で、必要な場合のみ規制要件とすべきである。

14.7 安全設計に関するその他の検討課題

14.7.1 設計基準事故の想定の妥当性

原安委の設計指針[B-4]では、「指針27. 電源喪失に対する設計上の考慮」において、「原子力施設は、短時間の全交流電源喪失に対して、原子炉を安全に停止し、かつ、停止後の冷却を確保できる設計であること」を要求している。そしてその解説では、「長期間にわたる全交流電源喪失は、送電線の復旧または非常用交流電源設備の修復が期待できるので考慮する必要はない」としている。

しかし、この「期待」は、送電線の復旧や非常用ディーゼル発電機（D/G）の修復にかかる従来の経験データに基づいたものであり、今回の事故のように津波で復旧や修復、あるいは代替電源の運び込みが長期間不可能になることを想定したものではなかった。

「13.3 第3のレベル：設計基準の想定を超える長時間 SBO と直流電源喪失」では、外的誘因事象の設計基準ハザードを定めるのに「信頼できる歴史記録」だけしか用いず、結局過小基準になってしまったことを指摘したが、これも同根の問題である。

今後、統計で得られていない範囲まで含めて外的ハザードを広く検討して、設計基準事故における想定について見直すことが必要である。この問題も「18.1 リスクインフォームド規制の確立」のところでもう一度触れることとする。

なお、これは設計に関することではないが、アクシデントマネジメント（AM）や防災のために従来想定されてきた事故も、発電所停電事故（SBO）を例にとれば、交流電源のみが全喪失、かつ、それらはある時間後には回復するとの前提であった。福島第一の事故もSBOであるが、従来想定していたものに比べてずっと厳しい事故であった。すなわち、①非常用ディーゼル発電機（D/G）の早期回復が期待できなかったこと、②海水冷却系も早期回復が見込めなかったこと、③直流電源の大部分が喪失し、プラントの状態把握も制御も困難になったことである。AMや防災を考えるための事故想定も見直す必要がある。

14.7.2 複数基立地サイトにおける共用施設に対する考慮

原安委の設計指針[B-4]では、「指針7. 共用に関する設計上の考慮」において、「安全機能を有する構築物、系統および機器が2基以上の原子炉施設間で共用される場合には、原子炉の安全性を損なうことのない設計であること」を要求しており、その解説では、「原子炉の1基が関与する異常状態において他の原子炉の停止及び残留熱除去が達成可能であること」とある。

福島第一原子力発電所においては、非常用ガス処理系（Stand-by Gas Treatment System：SGTS）の排気管が、隣接原子炉2基で共用されており、さらに、強化ベントの排気管が、このSGTS排気管に接続されている。

福島第一事故では、3号機の原子炉の格納容器からアクシデントマネジメントの一環であるベントを行った際に、格納容器内の水素が、共用されている排気管を通じて4号機に流入し、当該原子炉建屋での水素爆発を引き起こしたと考えられている。共用している施設については、通常系、安全系、静的機器、動的機器を問わず、1基の原子炉の異常状態及び事故対処手段が他号機の安全を損なうような状況の有無についても検討する必要がある。

14.7.3 相反する要求についての安全設計

1979年3月に米国スリーマイル島2号機（TMI-2。加圧水型炉）で起きたシビアアクシデント[D-1]～[D-3]の直接的な原因は、加圧器逃し弁（Pressurizer Relief

14. 安全設計、特に外的誘因事象対処設計についての規制

Valve：PRV）の吹き止まり失敗による冷却材の喪失であった。PRVの最も重要な機能は、1次系の圧力が設定値を上回ったときに確実に開いて、圧力を下げることである。同事故の教訓として、「確実に開くことを目的とした弁は閉止が必要な時に閉止しない、すなわち、吹き止まりに失敗しやすい」ことが挙げられている。

福島第一の事故では、低圧の消火水ポンプで炉心に注水をする必要があったが、そのためには耐圧強化ベントラインを通じて格納容器圧力を下げることが必要な局面もあった。しかし、格納容器の最も重要な機能は確実な閉じ込めであり、ベントラインにはラプチャーディスクが入っていた。

ラプチャーディスクは完全に受動的な設備であり、運転員の操作によっては開けない。そして、設計基準内の事象においては格納容器が確実に閉じているように、その破裂設定圧は格納容器最高使用圧よりも高くなっている。

3.3.3項でアクシデントマネジメント計画案のレビューをするに当たって、「評価結果の不確実さや、耐震設計や設計基準事象への悪影響の有無等を考慮しつつこれらの報告書をレビューした」と書いたが、従来の設計基準内での安全機能を維持することが第一で、AMはそれに悪影響を与えない範囲での対応だったからである。これが、今回の事故時に、ベントラインの開放が必要な時に開放できない原因のひとつになった。

一般化して言えば、設計において、開くことを優先すれば閉じにくい、閉じることを優先すれば開きにくいという相反性をどう考えるかという問題である。また、受動的設備は誤操作の防止はできても必要な時に操作できないという問題である。

「相反性」についてもうひとつ例を挙げよう。「3.3.2 安全設計」で紹介した「フェイルセイフ」の問題である。

後に「19.3 情報共有に関する問題」のところでも採り上げるが、直流電源が喪失した時に、1号機の非常用復水器（IC）の弁は自動閉になる設計（フェイルクローズ）であり、2号機の炉心隔離時冷却系（RCIC）の弁は電源喪失前の状況から変わらない設計（フェイルアズイズ）であった。

289

1号機のICのフェイルクローズは、万一IC配管に破損が起きているような場合に、それが冷却材喪失事故（LOCA）にならないための対策ではないかと思われる。しかし、これは、直流電源喪失直後はICによる炉心冷却能を失うことを意味する。
　なお、どうして1号機のICはフェイルクローズで2号機のRCICはフェイルアズイズなのかも、設計者に確かめたい問題である（わき道であるが、実はこの一文は福島第一事故の直後に書いたものである。それから2年少し経った2013年11月25日に規制委で開催された「東京電力福島第一原子力発電所における事故の分析に係る検討会」第5回会合で、出席者からまったく同じ疑問が投げかけられている）。

　フェイルセイフについては自分としての反省もある。「3.3.2　安全設計」に書いてある文章を拾うと次の通りである。

　　「フェイルセイフ：異常動作が起こっても常に安全側へ作動する設計のこと[B-15]。例えば、沸騰水型炉（Boiling Water Reactor：BWR）では、制御棒駆動装置を働かせる電源は常時ONの状態になっており、なんらかの理由で電源が失われた場合には自動的に制御棒の挿入が行われること。」

　安全設計についての説明で、フェイルセイフは常にこのような単純な例で紹介されてきた。制御棒の自動挿入など、実に分かりやすい例である。しかし、事故を経験してみれば、格納容器ベントといいIC隔離弁といい、フェイルセイフは実際はとても難しいものである。もっと深入りして考えるべき問題であった。

　なお、「相反性」に関して看過できない問題がある。
　「12.5.2　2号機の原子炉における事故進展」で述べたが、3月13日11時01分、3号機で水素爆発があり、この衝撃で2号機の原子炉建屋ブローアウトパネルが開いた。で、その結果2号機では、開きっぱなしになったブローアウトパネルから水素が放出され、原子炉建屋での水素爆発が起きなかったと考え

14. 安全設計、特に外的誘因事象対処設計についての規制

られている。この問題、「良かった」と言えるのであろうか。

ブローアウトパネルの不意図的開放は、2007年7月16日の中越沖地震の際に、柏崎刈羽原子力発電所の3号機でも起きている。地震動で開いてしまったのである（柏崎刈羽に係る問題については、付録Cに私が同発電所を訪問した際の感想をまとめてある）。

事業者はずっと、原子炉建屋も放射性物質閉じ込めのための多重の障壁のひとつであると説明してきたのではないか。ブローアウトパネルが開いてしまったということは、振動とか衝撃とかいった単純な原因で、多重の障壁のひとつが失われたことを意味している。

福島第一の事故のあとには、水素爆発に対する新たな対策として、原子炉建屋の屋上に穴を開けておいて、漏れ出した水素を外部に放出するというとんでもない提案までなされている。

TMIの事故のあとにも、拙速な「改善」がいろいろなされ、その中には後に別のトラブルの原因となったものもあった。「13.3　安全設計における多様性について」では津波と航空機落下の両方を同時に考えよと述べたが、ひとつの事故だけに拙速な対応をすることは新たな危険をもたらす可能性があることを重々考えて欲しいと思う。

14.7.4　事故時計装制御の見直し

福島第一の事故では、計装計の喪失あるいは誤指示も問題になった。問題は大別すれば次の2点である。

- バッテリーが水没して直流電源が失われた結果、プラントパラメータの指示値やモニタリングポストの指示値が失われた。
- 原子炉水位や圧力の指示値には誤りがあった。

直流電源喪失時の計装制御はどうすべきかは、困難な検討課題である。ひとつの案としては、直流電源についても、設備要求、オンサイトの対応、オフサイトの対応という連続性のある直流電源確保策を用意することかも知れない。

その場合には、福島第一の事故で車のバッテリーを持ち込んで直流電源を回復させた経験が参考になろう。

もうひとつの問題は、水位計の原理からして、炉心が露出してしまった後では原子炉水位が正確に測定できなくなるということである。既に新たな水位計の開発に向けての取り組みは始まっており、その成果が実機に反映されることが期待される。

14.7.5 使用済み燃料貯蔵設備に対する規制

福島第一の事故は、原子炉に直結しない施設の脆弱性もあらわにした。

安全審査において使用済燃料貯蔵設備については、燃料の臨界防止と設備の除熱能力が確認されている。しかし、これはいずれも、定常状態における安全の確認であり、事故の発生を考慮していない。

福島第一の事故の過程では、使用済み燃料プール（Spent Fuel Pool：SFP）、特に4号機のSFPでの燃料溶融が懸念された（実際には、燃料溶融は起きなかった）。このため、SFPについてのアクシデントマネジメント（AM）の整備が必要ではないかとの議論があった。

12.2節で紹介した「冷却材ボイルオフ事故」はSFPでも起きる可能性がある事故であるし、福島第一ではそれが現実にも起き得る事故であることを示した。したがって、SFPを含め、使用済み燃料貯蔵設備についての規制のあり方を再検討することが必要であろう。

ただし、その場合、いきなりシビアアクシデント対策、AMというのはおかしいと思われる。こうした設備についてはそもそも設計基準事故（DBA）が定義されていないのだから、まずはDBA設定の必要性から議論すべきであると考える。当然、どのような事故を想定するのか、単一故障の仮定等をどう適用するかなどが主要な検討課題になると思われる。その上で、どこまでの必要性があるかを考えた上で、代替注水等のAMについて考えるのではないかと思われる。

そういう検討の過程においては、一方でこうした設備に置かれる燃料は崩壊熱レベルが低くなっているから事故が起きるまでには時間的余裕があること、

14. 安全設計、特に外的誘因事象対処設計についての規制

他方で、BWR の SFP や共用使用済み燃料プールは格納容器の外に置かれていることから万一の事故時には大きな影響を及ぼし得るものであることなど、設備の特徴を踏まえることが必要である。

なお、SFP については、航空機落下への対策も重要である。2001 年 9 月 11 日の米国での同時多発航空機テロのあと、米国 NRC は SFP の安全問題を重視するようになったが、不明にして私は、SFP がなぜそれ程重要なのか理解できていなかった。福島第一の事故に鑑みて、BWR の SFP の航空機テロに対する防護のあり方も検討されるべきと考える。

それから、原子炉の隣にある SFP と原子炉から離れたところにある共用の SFP とで、安全設計あるいはマネジメントに係る要求事項が同じでいいかという問題もある。SFP そのものだけ見れば、崩壊熱レベル等は異なるにしても、同様目的、同様設計の施設である。

しかしながら、福島第一事故が明らかにしたのは、前者の SFP は「原子炉の事故時には接近が困難になる」ことである。施設そのものだけを切り離して見れば同様の安全要求でいいのだが、当該施設が別の施設の事故から影響を受ける可能性があるなら、別途の検討が必要になるはずである。

この問題は「17.5 個別誘因事象対策についてのまとめ」で再度採り上げる。

15. シビアアクシデント対策の確立

15.1 福島第一事故時のアクシデントマネジメント

本節では、福島第一の1～3号機に適用された主要なアクシデントマネジメント（AM）策とその成否を紹介していく。幾つか特定の検討課題については次節で採り上げる。

電源の重要性は十分認識されていたからであろうが、交流・直流とも、AM策として様々な代替電源の利用が図られていた。
まず「代替交流電源」であるが、AM策として整備されていたものとして、次がある。

① 非常用ディーゼル発電機（D/G）の手動起動
② 電源喪失長時間継続時操作
③ 高圧母線についての隣接プラントからの電源融通
④ 低圧母線についての隣接プラントからの電源融通
⑤ 発電所内での電源融通

このうち、①及び②は、D/Gが水没して適用できなかった。③の隣接号機からの交流電源融通はずっと以前から用意されていたAM策である。福島第一事故時には、1、2号機間、3、4号機間の交流電源融通は、両方のプラントで交流電源が喪失してしまった結果として、意味を持たなかった。しかし、5、6号機については、「14.3 安全設計における多様性について」で述べたように、6号機の2台目のD/G（空冷）だけは生き残り、このD/Gから5号機への電源融通によって、6号機のみならず5号機もシビアアクシデントになるのを防いでいる。
それから、オンサイトのAM策としては用意されていなかったが、敷地外

15. シビアアクシデント対策の確立

から電源車を運び込んでの交流電源供給も試みられた。しかしながら、電源盤が被水してしまっていて配電ができなかった。

次に「代替直流電源」についてであるが、1、2、4号機では、交流電源の全喪失に加えてほとんどの直流電源まで喪失し、プラントパラメータの表示がなくなってプラント状態が把握できなくなった。照明まで失われた暗闇の中で、運転員は、事故が起きてからの臨機の判断で、乗用車のバッテリーなどを原子炉監視計器に取り付けてプラントパラメータの取得を図っている。この臨機の対応自体は高く評価されるべきものである。しかし、最終的にはそうした努力にも限界があってシビアアクシデントに至ってしまった。

次は炉心冷却のための「代替注水」について。

AM策として、ディーゼル駆動消火系ポンプ（Diesel Driven Fire Pump：DD-FP）等による代替注水が用意されていた。また、低圧の非常用炉心冷却系（ECCS）ポンプの活用ができるよう、手動・自動の原子炉減圧がなされることになっていた。

事故時には、DD-FPによる代替注水は、燃料切れ等の理由で必ずしも成功しなかった。実際の事故では、あり合わせのポンプであり合わせの水を入れる以外にシビアアクシデントを防ぐ手立てはない。事故時に現場にあったのは、ポンプは吐出圧がそれほど高くない消防車のポンプだけであり、水源は少量の純水を除けば海水だけであった。運転員の臨機の対応で消防車のポンプによる代替注水がなされた。しかしながら、原子炉圧力を下げるのが困難な場合が多く、吐出圧がそれほど高くない消防車のポンプでは、十分な水量を炉心に送るのが困難だった。この問題は次の「15.2.1　減圧して低圧ポンプで炉心に注水」で論じる。

格納容器を護るために格納容器内気体を排出する「格納容器ベント」も、直流電源と圧縮空気が必要なところ、直流電源の喪失等でうまく開けなかった。

格納容器ベントにはそのほかにも幾つか問題があったので、これについては「15.2.2　格納容器ベント」で採り上げることとする。

15.2 アクシデントマネジメントに関する幾つかの問題

15.2.1 減圧して低圧ポンプで炉心に注水

重要な AM 策として、原子炉圧力が高いままで炉心溶融のおそれが生じたときのために、「原子炉を減圧して低圧ポンプで炉心に注水」という AM 策がある。しかし、この AM 策を実行することはたやすくない。純水を入れる場合でさえ、減圧操作をすればその直後には冠水している炉心を露出させる可能性が高い。まして、海水を入れればもはや施設は使えなくなる。そういった状況下で、運転員の判断だけで AM 策を実施することは困難なはずである。

こうした極端な状況下での意思決定のあり方、あるいは、迷わなくて良い AM マニュアルの整備も検証される必要がある。

ここで、シビアアクシデント時の「原子炉減圧」は、①比較的低圧のポンプ（DD-FP 等）による代替注水を可能にする、②原子炉が高圧なままで原子炉容器の溶融貫通が起きるのを防ぐ、の 2 つの面で重要である。

これらの AM 策では、逃し安全弁（SRV）を開くことが必要であるが、福島第一事故時には、「SRV の解放には直流電源でアキュムレータの弁を開かなければならないが、直流電源を津波で喪失あるいは長時間の高温待機運転中に直流電源が枯渇してしまったことから、SRV による減圧が遅延してしまった」[L-2]。

②は、万一シビアアクシデントが起きてしまった場合の必須の対応である。原子炉が高圧で破損すると、格納容器直接過熱（Direct Containment Heating：DCH）等の最悪のシナリオになる可能性がある。ここで DCH とは、原子炉容器の溶融貫通が起きた時に溶融炉心に高い背圧がかかっていると、それが格納容器気相部に散り散りになって吹き飛ばされ、細片化された炉心融体から格納容器内気体に瞬時に熱が伝わって、格納容器の内圧が急上昇する現象である。DCH が生じると格納容器が破裂的な破損を生じる可能性がある。

このため、設計段階からシビアアクシデント対策を考えている最新の炉では、当然のこととして原子炉減圧機能を強化している。例えば、欧州加圧水型炉

(European Pressurized Reactor：EPR) では、原子炉容器溶融貫通後にペデスタルに落下した溶融炉心を冷却するためのコアキャッチャーばかり注目されるが、その前に、原子炉を減圧する機能が強化されていて、「能書きとしては」であるが、高圧での原子炉容器破損を事実上考えなくて良くしている。

福島第一の事故ではどの号機でも原子炉減圧は十分には成功していない。しかしながら、どの号機でも幸い DCH には至っていない（私自身は、「12.5.2　2号機の原子炉における事故進展」のところで記述したように、2号機で DCH が起きる可能性を心配した）。

なお、「減圧して低圧ポンプで炉心に注水」と「格納容器ベント」に関しては、福島第一の事故では新たな問題が明らかになっている。原子炉圧力は常に格納容器圧力よりも高い。シビアアクシデント時に代替注水を可能にするためには、格納容器圧力が高い局面下では、逃し安全弁（SRV）を開くだけでなく、格納容器ベント弁も開くことも必要であったということである。

こうした作業を暗闇かつ高放射線レベルという環境下で行うのは極めて困難であったと思われる。言いかえれば、「減圧して低圧ポンプで炉心に注水」という AM 策は、たとえマニュアルで用意はされていたとしても、それを実際の事故時環境下で高い信頼性で実施できるような対応は採られていなかったと考えられる。

15.2.2　格納容器ベント

福島第一の事故では、1号機及び3号機では圧力抑制室からのベントがなされ、2号機では必ずしも成功していないがドライウェルからのベントが試みられている。そして、これらのベント操作はいずれも「シビアアクシデントが起きてしまってから」なされている。

格納容器が過圧破損するのに比べれば、ベントによって放射性物質を含む気体であろうと環境に放出してしまうのはまだましであるから、事故の最中にベントを行ったこと自体は決して間違いではない。しかしながら、ベントについて事前にどれだけの検討がなされていたかについては、省みる必要がある。

「1. はじめに」に記述したことであるが、私は過去に、「原子力発電所のシビアアクシデント―そのリスク評価と事故時対処策」なる技術的報告書[A-1]を書いている。同報告書の第5章は「我が国におけるアクシデントマネジメントの整備」であり、そこにはわが国における AM 整備の経緯とともに、旧通産省顧問会・シビアアクシデント対策検討会の場で電力会社が提案した AM 策の概要をまとめてある（そして、この報告書はその後しばらく、通産省内での教育訓練用資料として使われたと聞いている）。以下、そこからの抜粋である。

> 「通産省も、我が国においては『シビアアクシデントの発生の可能性は工学的には考えられない程度に小さい』ので、アクシデントマネジメントは電力会社の自主保安の一環として実施するものであると位置付け、従って現時点においては、電力会社の提案するアクシデントマネジメント策に対し、その妥当性に関するレビューは行うものの、『アクシデントマネジメントに関連した整備がなされているか否か、あるいはその具体的内容の如何によって、原子炉の設置又は運転などを制約するような規制的措置を要求するものではない』としている。」

そして、BWR 代表プラントについての AM 策として提案された「耐圧強化ベント」については次のように記述している。

> 「『耐圧強化ベント』に関しては、ベント時にはまだ炉心損傷が起きていないので、原子炉冷却系の気体中には僅かの放射性物質しか存在しない。その上、その気体もいったん圧力抑制プールの中の水を通してから放出するので、水によって気体中の放射性物質が除去されてしまう（『プールスクラビング』と言う）。このため、ベントにより環境中に放出される放射性物質の量は十分小さくなる。」

すなわち、私が当時取りまとめた限りにおいて、ではあるが、通産省のシビアアクシデント対策検討会に提案された AM 策は、ベントは格納容器が炉心

15. シビアアクシデント対策の確立

溶融に先立って過圧破損するような特殊な事故シーケンスを念頭に、「シビアアクシデントの発生以前にのみ、圧力抑制室からのラインによってのみ、実施する」ものであったはずである。

ベントについては「3.3.3 アクシデントマネジメント」で以下のように記載した。

> 「少し裏話をすると、当時私は通産省の技術顧問として電力会社のアクシデントマネジメント計画をレビューする委員会のメンバーであった。そこでは通産省もレビュー委員も、電力会社に対して、『こういうアクシデントマネジメント策を採用すべきだ』との意見は一切言っていない。例えば、欧州ではアクシデントマネジメント策のひとつとして、格納容器破損を防ぎ、環境への放射性物質の放出量を制限することを目的として、フィルタードベント（シビアアクシデント時に格納容器の内圧が高くなったときに、格納容器内の放射性物質を含む気体をフィルターを通して外部に放出する設備）なども考えられていたが、規制側からはそういうものの採用は一切勧告しなかった。」

結果としては、シビアアクシデントが起きた後であってもベントしたことは、また、圧力抑制室からのベントが成功しなかった時点でドライウェルからのベントを試みたことは、どちらも、その時点ではリスクを小さくする方法であり、私としては妥当な行為と思う。しかしながらこれらは、「12.5.2 2号機の原子炉における事故進展」のところで述べたように、「意図的に放射性物質を環境に放出する」行為である。大変な判断が必要であったと思う。

規制委による新規制基準では、格納容器にフィルタードベント（もしくは代替設備）がつけられることになった。格納容器ベントに係る大きな問題はなくなったと言えるが、AM策が実際の事故状況下で確実に実施できるかは今後きちんと確認されねばならないと思う。

15.2.3 原子炉建屋内での水素爆発

福島第一の事故では、格納容器の設計漏洩率からだけでも当然とも言えるが、ドライウェルの圧力がその最高使用圧力を超えるような事態になれば、格納容器内の水素は容易に原子炉建屋に漏洩し、そこで水素爆発を起こす可能性があることが示された。「BWR の原子炉建屋内での水素爆発」も検討課題である。

水素対策は、従来は格納容器を守るためのものであった。福島第一事故で問題になったのは、格納容器の外での水素爆発が、その後の事故処理を困難にしていることであり、新たな問題である。

なお、PWR の水素問題についても、従来の対応で十分かどうか、この機会にあらためて検討すべきと考える。

それから、「原子炉建屋内での水素爆発」は多くの確率論的安全評価（PSA）で考慮されていなかった。この問題は「18.1.2 確率論的安全評価における不確実さ・不完全さを考慮した利用について」でも採り上げる。

15.2.4 中央制御室の居住性

福島第一の事故は、事故時の実際の環境下では AM 策の実施が困難になる場合があることを示した。ここで「事故時の環境」とは、ひとつには事故の原因やシナリオによっては電源や制御用空気が失われるという設備上の問題であり、もうひとつには事故をもたらす地震や津波、あるいは、事故がもたらす高放射線場などが、運転員の事故対応を困難にするというマネジメント上の問題である。本項では後者の問題を採り上げる。

2004 年 8 月 9 日の関西電力美浜発電所 3 号機の 2 次系配管破損事故では、事故時に破損箇所近くにいた作業員のうち 5 名が亡くなり 6 名が負傷した[D-7], [D-8]。この事故で一番問題になったのは、もちろん、死傷をもたらした直接原因である配管の経年劣化である。しかし、この事故は次の 2 つの安全問題も提起した。

ひとつは、「3.6 原子力安全研究」で触れたが、配管保温材の広範囲の散乱である。これは、保温材がサンプスクリーンに詰まってサンプ閉塞を起こし、

15. シビアアクシデント対策の確立

非常用炉心冷却系（ECCS）の再循環機能喪失をもたらすおそれである。
　もうひとつは、2次系から放出された蒸気の制御室への漏れ込みである。これは、事故時の制御室居住性に関わる問題である。
　保安院はもちろん、これらの問題に直ちに対応した。配管の劣化については事業者に肉厚管理の厳格化を求め、サンプ閉塞については設計変更を求めた。制御室居住性については、国内の原子力発電所に漏洩の程度を調べさせたところ多くの発電所で過大な漏洩率が観測されたので、密閉性の強化を求めるガイドラインを策定した。

　美浜事故での制御室への蒸気漏れ込みを聞いたとき、私はほとんど叫んでしまった。「通産省のシビアアクシデント対策検討会での検討は、なんだったの？　実際に事故が起きたら、制御室では防護マスクをつけて AM を行うの？」
　そして、福島第一事故では実際、運転員は制御室でマスクをつけて AM を含む運転を行うことになった。
　福島第一の事故では、電源喪失によって中央制御室の照明維持が困難になり、さらに、中央制御室入口付近の高い線量率によって、退避する必要が生じたこともあった。前述のように、中央制御室居住性の評価ガイドラインは既に整備されているが、その有効性については必ずしも検証されていない。シビアアクシデント時にも中央制御室において確実に運転操作ができるようにするとともに、免震重要棟やオフサイトセンターも含めて、どのような状況になったら何をどこでするのか、十分に検討しておく必要があろう。

　この問題に関しては、関連する事例も挙げておく。
　2005 年 7 月 16 日の中越沖地震では、柏崎刈羽原子力発電所で、緊急対策室のドアが塑性変形して開かなかった。本書付録 C に私が同年 10 月に同発電所を訪問したときの感想を添付してあるが、そこには次のように記載している。

　「緊急対策室が地震時に使えなかったということは、地震によって重大

301

な事故が起きた場合の防災対策の実効性に疑問を生じさせる事象である。」

次は良好事例である。「安全部会セミナー報告書」[L-2]には、地震や津波に襲われながらシビアアクシデントを免れた原子力発電所についても紹介した。そこには次のように記述してある。

「防護設計に関しては、例えば女川では、中央制御室に手すり棒をとりつけ、地震時にも安定した状態で監視・制御ができるようにしていたこと、津波に対しては海水ポンプ室をピット化して大きな引き波があっても取水が可能にしてあったこと等のように、『考え得ることは徹底して考えてきめ細かい対策をする』ことが大事である。第6回セミナーでの外部参加者からは、「『今日の話を聞いた個人の感想だが、女川は必然的に被害を免れたと感じた。』との発言があった。」

地震動や津波と言った外的誘因事象に襲われたとき、あるいは、重大な事故が起きてしまったとき、実際にどのような状況が生じるであろうか。そういうことを徹底して考えて対策をすることがとても大切であることを示している例であると思う。

15.3　シビアアクシデント対策の規制要件化について

繰り返しになるが、わが国でのシビアアクシデント対策は電力会社の自主保安の一環として整備されるアクシデントマネジメントであった。これに対し、「3.3.4　シビアアクシデント対処設計の規制要件化」に記述したように、シビアアクシデント対処設計を規制要件化することは既に国際的検討課題になっていた。

3.3.4項に書いたことの繰り返しになるが、IAEA安全基準では、ずっと以前から次の要件が示されている。

「設計は、その目的のひとつとして、設計基準事故及び選定されたシビ

15. シビアアクシデント対策の確立

アアクシデントの結果としての放射線被ばくの発生を防止し、それに失敗したときは、影響を緩和すること。」

　また、近年では、多国間設計評価プログラム（MDEP。わが国も参加）と、欧州地域における西欧原子力規制者会議（WENRA）の2つの国際活動で、シビアアクシデント対処設計を含め、今後の発電用原子炉に対する規制要件が広く議論されている。そこでは、

・　ある範囲のシビアアクシデントには設計で対処すること
・　そうした設計の妥当性は規制当局が確認すること

が必要とされている。
　こうした状況を踏まえて、国内でも、この課題について検討がなされてきたが、福島第一の事故でこれは新規制基準に採り入れられた。

　さて、「規制の対象とする」という意味であるが、これは、安全にかかわる機器に設計要求を課すということを含む。シビアアクシデントが規制の対象となれば、シビアアクシデント時に安全機能を果たすべき主要な機器は、外的誘因事象がもたらす荷重条件（及び環境条件）に耐えねばならないことになる。その荷重とは、設計基準地震動、設計基準津波、設計基準航空機落下……といった「設計基準ハザード」がもたらす荷重である。なお、設計基準ハザードを決めてそれに耐えることは要求されるが、設計基準ハザードを超えたところでも健全、が要求されるわけではない。
　次には、そういう設計基準ハザードに耐えるための設計のあり方が問題となるが、設計法を決める前提は安全重要度分類である。「安全にかかわる機器」何から何まで一緒くたにして同じような設計要求を課すのは意味がない。そうなると、「外的誘因事象を考えたときの安全重要度分類」の在り方を定めることが必要になる。この問題は「17.4　個別誘因事象を考えての安全重要度分類」で論じることにする。

ところで、「11. 福島第一の事故が起きて」で紹介した佐藤一男の『原子力安全の論理』セミナーにおいて、同氏は、「規制はバイナリーデシジョンをするプロセスである」とも述べている[L-6]。私は佐藤の「論理」を伝えていくことが大事と思ってきたから、ずっとそれを守ってきたつもりである。

しかしながら、シビアアクシデントはバイナリーデシジョンが困難な分野である。わが国の安全目標[I-5]の数字が「およそ」になっているのも、それを参考にしての規制改善の「試行期間」が設けられていたのも、そのためである。

もちろん、シビアアクシデント規制でも、バイナリーデシジョンは中枢のことである。例えば、個々の設備の設計要求はマルバツで判断されねばならない。施設全体についての安全評価についても、これは「試行」をしながらだと思うが、少しずつバイナリーデシジョンが可能な範囲を作っていくのだと思う。ただ、シビアアクシデントの解析評価は、一般にきわめて大きな不確実さを含むものである。簡単にマルバツで判断できるような問題だけではない。

シビアアクシデント対策を規制対象に含めたことにより、日本の規制は、新たな段階に入ったのだと思う。これからの規制は、手探りで考えねばならない。やっと、安全目標の言う「試行期間」が始まるのだと思う。

それから、シビアアクシデント対策を規制対象に組み込んだことは、「連続性のある規制」になったことも意味する。

米国では長時間にわたる全交流電源喪失事故（Prolonged SBO）に対して次のような連続性のある対策を採るとしている。

- 交流電源の設計要求は8時間。
- 炉心及びSFPの熱除去は敷地内（On-Site）の設備だけで最低72時間。
- それを超える期間に対しては敷地外（Off-Site）の設備も利用。
- シビアアクシデントマネジメント指針（Severe Accident Management Guideline：SAMG）と拡大被害マネジメント指針（Extended Damage Management Guideline：EDMG）とを一体化してオンサイトのガイドラインとする予定。

15. シビアアクシデント対策の確立

　欧州のストレステストでも、例えばSBOについて、短時間は規制要求の設計、長時間はオンサイト及びオフサイトの設備で対応することなどが確認される。
　すなわち、ある重大な事象が起きた場合への対策として、まずは、当該ユニットの恒常設備で、次いでオンサイトの対応で、そのあとにはオフサイトの対応で、となっている。わが国でも新規制基準でこのような連続性のある対策を用意しておくことが要求事項になったと言える。

16. 原子力防災と INES に係る問題

16.1 施設側から見ての原子力防災

16.1.1 従来の原子力防災の問題点

「従来の原子力防災の問題点」という大上段の表題にしてしまった。私は、日本の原子力防災体制についてははるかに昔から批判してきているが、防災そのものは専門ではない。「計算コードに頼る防災」がおかしいと思うから批判してきたのである。福島第一事故を見れば、防災は仕組み全体が事故時に実効的に機能するかという観点から論じるべきであり、計算コードの問題ではない。

こうした問題は、本来、事故の起きる前に真剣に検討されるべきであったが、そうした検討のないままに福島第一事故が起きてしまった。

防災についての多くの教訓は、「安全部会セミナー報告書」[L-2]の「7.4節 原子力防災に関する課題」にまとめられている。例えば、

- 緊急事態は起こると考えて事前に準備すること
- 線量予測によらず、施設の状態に関してあらかじめ定めた判断基準に基づくべきこと
- 緊急事態対応のための各組織の役割や、全体の調整・原子力以外の防災との統合化が重要なこと

などである。

そして、セミナー報告書の「8章 まとめ」では、福島第一事故時の原子力防災について以下のようにとりまとめている。

(3) 原子力防災

福島第一事故直後の緊急時対応では、多くの混乱があった。

一方、緊急防護措置の実施は予測システム（ERRS+SPEEDI）による勧

16. 原子力防災と INES に係る問題

告ではなく、プラントの状態に基づいて、3、10、20 km と避難区域を順次拡大されていったこと等により、結果的には避難・屋内退避の実施は効果的な対応となった。

緊急防護措置の実施は、IAEA の防護戦略を尊重するべきであり、十分な事前準備が必須である。この国際基準は、スリーマイルアイランド原子力発電所事故、チェルノブイリ原子力発電所事故等の過去の経験に学んで制定されてきた。このような事故の分析に基づく基準化こそ、最も尊重されるべきである。

緊急時管理では、最終目標である住民の健康を護るため、時間軸に応じた責務の明確化が重要である。段階的な指揮命令系統、役割分担の明確化が必要であって、緊急時管理と運営の確立、緊急防護措置の実施、公衆への指示と警報の発令のためには、情報を集めて専門家が判断を行うとともに公衆への情報提供を行う双方向的なクライシスコミュニケーションのスキームが重要である。

私は、「安全部会福島第一事故セミナー」[L-1] で繰り返し同じ言葉で述べたのだが、わが国の防災は「技術的に論外、国際通念ともかけ離れている」。事故が起きてしまった後ではあるが、せめてはこうした反省の上に立って、実効性のある原子力防災の確立が図られなければならない。

さて、上述のような前提の下に、わが国の「計算コードに依存する防災」について述べていく。

日本の原子力防災は、ERSS/SPEEDI という計算コードに依存するものだった。しかし、原子力防災は本来、実際に事故が起きた場合のことを多角的に想定して、制度として確立しなければならないものであり、過度に計算コードに頼る防災はむしろ危険でさえある。そして、国の防災関係者の多くは、実は、ERSS/SPEEDI が防災には役に立たないことを知っていたと思う。

日本には防災対応の避難計画などを事前計画に基づき、管理運営する予防的な計画がなかった。そして、事故が発生した時点で、ERSS と SPEEDI という、

およそ現実には役に立たない計算コードがあって、それで予測解析をし、その結果に基づいて避難や屋内退避を判断するという。こうしたでたらめを非専門家が盲信し、専門家は見て見ぬふりをしてきた。そのために、原子力防災がいつまでたっても進歩しなかったのである。

ERSS/SPEEDIによる防災の実効性については、はるかに以前から議論があった。国の防災訓練でも弊害が目立った。こうした状況から、私自身は、保安院に国際原子力安全担当審議官として在籍中の2004年10月に、注意喚起を目的として「原子力防災におけるERSSとSPEEDIの弊害について」なる文書をまとめ、国内の防災関係者に広く配布した（付録Eに添付する）。

この時期には、IAEAの安全基準委員会（CSS。「3.7 国際的な原子力安全への取り組み」参照）において、原子力防災に関する国際基準案（ガイド。DS105）策定も進行しており、国際担当であった私はそこでの議論に参加していた。DS105の最終ドラフトでは、防災における計算コードの利用について次の記述があった。

「過去における緊急事態を伴う経験や検討の結果は、計算モデルは、放出の大きさとタイミング（ソースターム）、プルームの移行、沈着とその結果としての被ばくを、緊急時に初期のただちの防護措置を定める上での唯一の根拠とするに十分なほど、迅速かつ正確に予測することはできない。

このことは特に、放出の前もしくは直後に始められねばならないような緊急事態において防護措置を有効にする上で特に重要である。」

(Past experience with emergencies and studies demonstrate that computer models cannot predict the size and timing of a release (source term), movement of plumes, deposition and resulting doses sufficiently fast or accurately enough during an emergency in order that they be the sole basis for initial urgent protective actions.

This is particularly true for those emergencies for which protective actions that must be initiated before or shortly after a release to be effective.)

16. 原子力防災と INES に係る問題

要約すれば、「初期の防護策を決定するに十分な速さ・精度をもって、緊急時に予測される線量を計算コードで評価することは不可能である」というものである。

各国は国際基準の案に対して異見があれば訂正要求のコメントを送る。私はもちろん最終ドラフトの文章に賛成だったから、通例は同意する文章にはコメントしないのであるが、わざわざ「この文章を強くサポートする」との、保安院としての国コメント案を用意しておいた。一方文部科学省（以下、「文科省」）は、「この文章は削除すべき」との、国コメント案を持ってきた。合議の結果、この部分には日本からコメントしないことになった。

CSSでの討議結果はわが国にとっても重要なものであったから、会合の結果は原安委にも報告するのが習慣となっていた。私は、DS105が成案になった2005年末に原安委に報告し、そこで「今後はこのガイドを参考にして我が国の緊急時対応策を一層国際基準に適合したものにしていくことが期待される」と表明した[F-20]。

原安委はこれを受けて、2006年4月に「IAEAの考え方」に沿っての防災指針を改訂する計画を立てた。しかし、これに対して保安院は、同年5月に、「立地地域及び地域住民に多大な社会的な混乱を惹起する」として、原安委に改訂を中止するよう申し入れた。

この時の話は、岡本幸司著『証言　班目春樹　原子力安全委員会は何を間違えたか』[M-6]に載っている。記載については必ずしも正確でないところがあり、この申し入れのために「保安院の幹部連中が大挙して原安委に押しかけた」とあるが、実際は、原安委委員長室で開かれた原安委と保安院の定例昼食会の話であり、原安委の招待を受けて保安院幹部が委員長室に赴いたのである。しかしながら、保安院（の私）が持ちかけた話を保安院がつぶしたという問題はその通りである。

この時のことについては、私は2012年6月5日に毎日新聞から電話取材を受けている。前週外国出張していて、JNESに出てきたら、いきなり取材であった。この直前に保安院は新聞社からの情報開示請求を受けて情報開示してい

たとのことであるが、私には伝わっていなかった。先方は、保安院の中での議論についてのメモも手にしての質問であったが、私には6年も前のことで、記憶もおぼろげであったものを、あたふたと答えた。以下はその時の私の説明である（取材直後に JNES に報告するために作成したメモによる）。

- わが国の防災が技術的な観点で問題だというのは、私個人の 15 年以上前からの主張。
- 保安院で IAEA 基準を担当し、防災基準の改訂を担当したときも、個人としての意見も持って対応しているが、実際に国として意見を述べるに当たっては、保安院・文科省・原安委の合議に基づいて述べるのも当然。
- その結果、IAEA 防災基準の原案 DS105 は、わが国の修正も入れ、わが国も賛成して決まったもの。
- その結果は前年 11 月の原安委で CSS 報告の一環として報告。わが国としても IAEA 基準に沿って防災指針見直しを考えるべきと言ったように記憶（注：あとで調べたら原安委での報告は 12 月であった）。
- ただし、IAEA 基準を国の規則として取り入れるかどうかは各国の独自の判断。
- （毎日の持っていたメモによれば保安院の中での議論で）私以外はみなネガティブだったとのこと。
- 私は、防災については、極めて技術的な問題と、自治体との関係も含めて行政的な問題があり、私以外の関係者が行政的な観点でネガティブだったのはありえることと思う。
- しかし、最終的には保安院は院長の判断で物事が決まる（そのこと自体は極めて適切）組織であり、院長裁定でそうなったら仕方のないこと。
- （解析コードによる防災については、）事故後 1 年経っても正確な事故進展解析・精度良いソースターム評価は困難なわけで、事故の最中に ERSS/SPEEDI で解析してその結果で防災対策を実施、などというのは技術的にはまったくの間違い。

16. 原子力防災と INES に係る問題

　私は常々、組織はその中でフランクな議論ができること、しかし、意見が分かれたら最終的には長なる者の判断で決し、異論があってもそれに従うことは当然と思っている。まったく別の文書でであるが、以下のように書いたこともある。

　　「組織の内部では下の者が上の者に自由にものを言える雰囲気がなくてはならない。しかし、たいていの場合は、下の考えることより上の考えることの方が正しいはずである。私は若い頃よく、A さんや B さん（いずれも原研時代の私の上司）に意見を述べに行った。小さな問題では、大抵そのまま肯いてもらった。大きな問題になると、多くの場合、より良い答えを教えてもらって納得して席に帰った。あるいは、良くは分からなくとも、単に信用して席に帰った。小さなスコープでの最適化よりも、大きなスコープでの最適化の方がいいに決まっているからである。」

　防災の問題では、私は技術的な観点で間違いだと主張したが、地方自治体との関係づくりに腐心してきた他の幹部が行政的な観点から同意しなかったのも肯ける。当時も今も、決定そのことについては仕方のないことだと思っている。
　防災については地方自治体が責任を負っており、地方自治体は「ERSS/SPEEDI の計算結果に基づいて対応する」ことになっていた。付録 E に当時の防災訓練の実情を書いたが、緊急時の現地対策本部に招集される防災責任者だけでなく、原安委の緊急技術助言組織のメンバーでさえ、計算コードの結果を読み上げるだけであった。地方自治体にシビアアクシデント時の避難や退避について、計算コードに頼らずに適切な判断をせよと言うのはどだい無理である。国として、制度や組織を根本的に見直さねばならないはずである。
　ERSS/SPEEDI に頼る防災をやめれば混乱が起きるのは当然に予測された。しかし、そうした混乱が起きるのを恐れた結果として「技術的に論外で国際通念とかけ離れた防災」が福島第一事故まで継続することになった。

　私は保安院を退職して以来防災に係る機会はほとんどなくなったが、最近

(2013年10月)になってこの分野の専門の方から教えてもらった話によれば、DS105の最終版では前述の最終ドラフトと同様の趣旨で、

「初期の防護策を決定するに十分な速さ・精度をもって、緊急時に予測される線量を計算コードで評価することは困難であり、防護措置は施設の中で重大な事故が起きたとわかった段階で決定されるべきである。」

と記述されているとのことである。

それから、CSSでは2013年末現在原子力防災に係る国際基準を再改訂中であり、そのドラフトDS457では、DS105の記述に沿って、次の提案がなされているとのことである。

「緊急時の意思決定に関わる人たちは、計算コードの利用に限界があることを理解しなければならず、計算コードを意思決定に組み込む場合であっても、それによって意思決定が遅れることがあってはならない。」

私自身がERSS/SPEEDIについて批判してきたのも、同じような観点からである。技術的問題点は付録Eに記載してあるが、特に大事なのは以下の事項である。

- シビアアクシデント解析コードの性能からして、SPEEDIの前提である、「事故時にソースタームが精度よく推定できる」などということはありえない。
- たとえシビアアクシデント解析コード及び放射性物質環境中移行解析コードに一定の性能があったとしても、事故時の情報には欠落・誤りがあることを前提とすべきであるが、そうなっていない。

問題点を単純化して述べれば、ERSS/SPEEDIによる防災とは、ある地域のある時刻の放射線量 R を次式で計算して避難や退避の判断の参考にするとい

16. 原子力防災と INES に係る問題

うものである。

$$R = S \times T \tag{16-1}$$

ここで、
　S：ERSS で計算するソースターム
　T：SPEEDI で計算する、単位ソースターム放出時のある地域のある時刻の線量

である。

しかし、私自身はこの分野を専門にしていたから断言するが、少なくともソースターム S は、事故の最中に定量化するのは困難だし、定量化できたとしても不確実さは極めて大きい。したがって、R の定量化は事実上不可能である。

この問題については、単位ソースターム放出時の線量 T の定量化だけでも何らかの役に立つと主張する人はいる。しかし、では、今この瞬間、どこかの原子力発電所で T を計算したらどういう意味を持つのであろうか？それだけでは何の意味も持たないことは明白であろう。防災に関する意思決定は、「安全部会セミナー報告書」[L-2)]に書かれているように、「緊急事態は起こると考えて事前に準備すること」、そして、「線量予測によらず、施設の状態に関してあらかじめ定めた判断基準に基づくべきこと」が大事なのである。

16.1.2 福島第一事故で顕在化した欠陥

原子力防災に係る以前からの懸念は、福島第一事故で顕在化した。ここで、福島第一事故時に起きたことを振り返ってみよう。

津波による直流電源の喪失（1、2、4号機）等により、プラント状態の把握が困難になった。ERSS の中で必須部分である SPDS (Safety Parameter Display System) は津波以前に機能喪失した。したがって（私から見れば幸いなことに、）ERSS の事故進展予測機能も使われることがなかった。したがって（これはも

っと幸いなことに、) SPEEDI も予定通りに使われることはなかった。

　福島第一事故においては、国は施設の状態（原子炉冷却不能、格納容器圧力上昇、複数基の同時災害のリスク）に基づいて、避難（3km, 10km, 20km）、屋内退避（20-30km）を実施した[L-10]。結果として、放射線被ばくによって重大な健康影響が生じることはなくて済んだのである。

　福島第一事故時の情報の欠落や誤りについては、「12.5　福島第一の各号機における事故の進展」の中で個別に述べ、それをまとめた結果を「付録D　福島第一事故時のプラントパラメータの伝達に係る問題」に示してある。ここで、ERSS/SPEEDI に直結する問題だけまとめておくと、次の通りである。

- 原子炉水位：私が水位の測定値がおかしいと気づいたのは3月12日15時36分の1号機の水素爆発の後。東電が水位の間違いを公表したのは5月12日。
- 直流電源喪失：私が直流電源喪失について知ったのは4月4日。3号機の直流電源は生きていたと知ったのは5月末。
- 津波来襲前のプラントパラメータの存在：私がこれに気づいたのは、たぶん4月の下旬。
- 2号機圧力抑制室付近での衝撃音：3月15日6時過ぎに、「衝撃音と2号機の圧力抑制室圧力の急低下」。当時はほとんどの人が、2号機は圧力抑制室で破損発生と認識。これが東電によって訂正されたのは事故後半年ほど経過してから。

　ここに書いたのは、私に情報が伝わったタイミングであるが、2011年4月から5月にかけて私はJNESで事故分析グループの責任者を務めており、そこでの分析結果は6月に国がIAEAに提出した報告書に反映されたのである。保安院の責任ある人たちに情報が伝わったタイミングと大きくずれてはいなかったはずである。

　そして、このように情報が伝わらなかった状況下で何が起きたか。事故対応

16. 原子力防災と INES に係る問題

そのものに多くの問題が生じたことは 12 章以降書いてきたが、ここでは、ソースタームの定量化に係る問題をまとめておく。

まずは、INES でのレベル 7 の評価である。以下は、2013 年 3 月の大阪での日本原子力学会春の年会で報告した内容である[L-3]。

- BWR のシビアアクシデント解析に取り組んだ人なら誰も知っていることであるが、格納容器からのリークパスがドライウェル経由か圧力抑制室経由かで、ソースタームは大まかには 2 桁違う（圧力抑制室経由だと、プール水によるスクラビング除去が期待できる）。
- INES レベル 7 の評価は、事故後 1 か月経ってなされた。レベル 7 評価の基準のひとつはソースタームの量であり、SPEEDI で測定線量から逆算で求めた結果を横目で見ながらも、正式には、シビアアクシデント解析コードで計算されたソースタームでレベル 7 と評価したのである。
- ところで、「安全部会セミナー報告書」[L-2] にも記載してあるが、今我々は、ソースタームの総量に一番大きな寄与を占めているのは 2 号機からの放出量だと確信している。しかし、事故後 1 ヶ月時点では、12.5.2 項「2 号機の原子炉における事故進展」のところに書いたが、ほとんどの関係者が、2 号機では圧力抑制室が破れたと思っていたのである。
- その時点での理解に基づいて計算したのであれば、事故解析コードでまともなソースターム計算ができたはずはない。こういう評価に使うなら、(SPEEDI によるものも 1 例だが、) 線量から逆算した結果を参照すべきなのである。

私はもう 20 年近く前から SPEEDI を批判し続けており、ひどい悪口であるが、「だいたい、SPEEDI などという名前がミスリーディングである。それが役に立つタイミングを考えれば、(当時 "A Day After" という映画があったからなのだが、) "A Week After" とか "A Month After" とかいう名前の方がふさわしい」と言っていた。

そして、SPEEDIは実際、事故開始からちょうど1か月経過したときの、逆算によるソースターム推定には一定の役割を果たした。SPEEDIは防災には有害無益だが、再現解析ならば、むしろ有用なものと思っている。

さて、INESは単に事故後の評価だけの話であるから周辺住民への影響はないが、防災に係る判断は人命に関わる問題である。もし、まともにERSSが動いていたら、そして、仮にERSSはすばらしい精度を持っており、かつ、事故解析に必要なすべてのデータはリアルタイムで十分な精度で得られていたらどうなったか。これも2013年3月の大阪学会で報告した内容である[L-3]。

「ERSSは、ひとつのデータ（リークパス）を間違えただけで、前述とまったく同じ理由で、ソースタームを2桁小さく計算したはずである。それをSPEEDIに入れて予測線量を計算し、それに基づいて避難・退避を決めていたらどうなったか。恐ろしい話である。」

しかし、多分、実際には、こういうことにはならなかったろう。国の防災関係者の多くは、ERSS/SPEEDIによる防災を眉唾ものだと疑っていたからである。

事故開始後1か月経過時のINES評価で、ERSSではソースタームをまともに計算できなかったはずである。それどころか、事故後3年を経過しても、ERSSを含め、シビアアクシデント解析コードでソースタームを定量化することは困難なままである。まして、事故の真っ最中、防災に関する判断に迫られていた数日の間に、ソースタームを一定精度で評価することなど、できたはずがない。一方SPEEDIは、ソースタームが与えられなければ線量予測ができないのである。

福島第一事故時のSPEEDIの使用状況と、そこで明らかになった問題は、原安委の「文部科学省　緊急時迅速放射能影響予測ネットワークシステム（SPEEDI）を活用した試算結果」なる資料に正確にまとめられている[M-7]。そして、これらの問題は、私が付録Eで示した懸念が現実のものになったこと

16. 原子力防災と INES に係る問題

を示している。本書の「付録 F　懸念が現実になった福島第一事故での SPEEDI の使用」では、原安委資料と付録 E から該当部分を抜粋して比較しているので参照されたい。

　緊急時の対応には本来高い技術力が必要であるが、ERSS と SPEEDI が存在することにより、原子力防災訓練は技術的知見が十分でない担当者がこれらの計算コードの結果を読み上げることに終始してきた。これが、現実的な防災体制の整備を遅らせた主たる原因になっている。

　ではなぜ SPEEDI の支持者がいるか？私が思うには、それぞれの人にとって都合がいいからである。

　国や地方自治体の防災担当者の多くは、シビアアクシデントがどういう事故か、十分な知識を持ち合わせていない。当然、事故への対処も避難・退避の判断もできない。その時に、ERSS/SPEEDI が実際に何ができるのかは見ないまま、「SPEEDI があるから大丈夫」と言っていればよい。

　SPEEDI の関係者は、防災の実務や実際のシビアアクシデントを知らない（これは、意図的に知らないことにしているのかも知れない）。防災に役に立たないと知っていても、それを公言しない限り、巨額の開発・改良費や SPEEDI 関連設備の保守費が入ってくるのである。

　そして、プレス。技術的問題点を理解するのはめんどうである。「隠した、隠した」と騒ぐだけなら簡単にできる。しかし、「隠した」と騒ぐには、隠したものが役に立つものでないといけないのである。

　この節の最初に述べたように、私は防災そのものは専門でない。しかし、素人目から見ても、わが国の原子力防災には、SPEEDI 以外にも多くの問題があったと感じられる。

　例えば、福島第一の事故は、地震と津波の影響によって起きた。また、わが国で実施された PSA の結果は、常に、地震によるリスクの寄与度が大きいことを示している。しかしながら、福島第一の事故の前までは、防災訓練は地震で大事故が起きるという想定ではなされることはほとんどなかった。地震や津

波を含め、想定されるあらゆる状況下で現実的な原子力防災を考えるべきである。

16.1.3　原子力災害対策指針

「16.1.1　従来の原子力防災の問題点」のところで、原安委が防災指針の改訂を図ったことを述べた。従来の防災の脆弱さを重々認識していたからと思う。福島第一事故以降、原安委では防災の見直しが検討され、それを引き継いだ規制委は発足直後の 2012 年 10 月末に「原子力災害対策指針」を決定している[B-28]。そこには原子力防災全般のあり方が示されているが、ここまで私が批判してきた問題については次のように記述されている。

まず冒頭の「第 1　原子力災害」の項で、「原子力事業者が、災害の原因である事故等の収束に一義的な責任を有すること及び原子力災害対策について大きな責務を有していることを認識する必要がある」と、事業者の責任を明確にしている。

「第 2　原子力災害事前対策」では、緊急事態の初期対応段階の防護措置の考え方を以下のように示している。

> 「IAEA 等が定める防護措置の枠組みの考え方を踏まえて……施設の状況に応じて緊急事態区分を決定し予防的護措置実行するとともに、観測可能な指標に基づき緊急時防護措置を迅速に実行できるような意思決定の枠組みを構築する。」
>
> 「原子力事業者が判断するための基準として、原子力施設における深層防護を構成する各層設備の状態、放射性物質の閉じ込め機能の状態、外的事象の発生等の原子力施設の状態等に基づき緊急時活動レベル（Emergency Action Level。以下「EAL」という）を設定する。」

前述のように、安全部会の「セミナー報告書」[L-2]には、「緊急防護措置の実施は予測システム（ERRS+SPEEDI）による勧告ではなく、プラントの状態に

16. 原子力防災と INES に係る問題

基づいて、3、10、20km と避難区域を順次拡大されていったこと等により、結果的には避難・屋内退避の実施は効果的な対応となった」と記載してある。

　国の指針も、実際の事故状況下では得られそうにないソースタームや線量の計算値ではなく、施設の状況の判断結果に基づいて意思決定するという、国際的に合意されたやり方に直すということである。重大な事故を経てやっと、「技術的に論外、国際通念ともかけ離れている」防災から現実的な防災への転換が図られることになったのである。

　ただ、私が指針の検討経緯を把握していないからだと思うが、指針の文面だけからはわからない問題もある。指針のあちこちに、原子力事業者や国の役割が定められているが、例えば次のような記述がある。

　　「原子力事業者は、施設敷地緊急事態に該当する事象の発生及び施設の状況について直ちに国及び地方公共団体に通報しなければならない。国は、施設敷地緊急事態の発生の確認を行い、遅滞なく、地方公共団体、公衆等に対する情報提供を行わなければならない。」

　しかし、通報そのものは、事故前でも当然ながら仕組みとしてあったものである。それが、「付録Ｄ　福島第一事故時のプラントパラメータの伝達に係る問題」にまとめてあるが、事故状況下では機能しなかった。情報伝達のどこに問題があったのかを同定して改善しなければならないはずであるが、そういう具体策はどこまで確立したのであろうか。

　それから、「国は、施設敷地緊急事態の発生の確認を行い」とあるが、「確認」とは何をすることなのか。単に、「こういう通報を受けました」なのか、国としても適切な技術力をもって事態を把握することなのか。後者のためならば、そういう技術力をもったチームを維持し、緊急時には招集しなくてはならないはずであるが、そういう仕組みはあるのか。

　また、一口に「国」とまとめられているが、国とは具体的にどこの省庁を指すのか、省庁間の連絡・協力はどうなるのか。

指針だけからは、こうした具体的な対応策が判然としない。

それから、福島第一事故以前からの問題についてはどこまでの検討がなされているのだろうか。例えばJCOの事故では、東海村にサナトリウムがあることにも関係して、「災害弱者」への対応も問題になった。福島第一事故まで、こうした問題にも十分な対応がなされていなかったが、新指針ではカバーされたのだろうか。

私が非専門だから本書では疑問点のままで残してしまっているが、防災の専門家には今後も、「実効性のある防災」全般のあり方について検討して欲しいと願っている。

16.2　INESについて

16.2.1　INESの役割と関係組織

「3.7　国際的な原子力安全への取組み」で述べたように、原子力あるいは放射線の利用において事故や故障が起きた時に、その安全上の重要性をただちに国内の公衆に知らせ、また、主要なものについては国際原子力機関（IAEA）にも通報する仕組みとして、「国際原子力・放射線事象評価尺度（International Nuclear and Radiological Event Scale：INES）」[F-14]がある。INESはIAEAとOECD/NEAが共同で運営しており、運転経験の重要性を分かりやすい尺度で公衆に直ちに知らせるためのものである。

これも3.7節に述べたが、INESは2010年に設立20周年となり、IAEAにおいて記念会合が開催されている。INESの20年間の歩みと現状については日本原子力学会誌にまとめてあるので、参照されたい[F-15]。以下、そこでの記述を引用して、ごく簡単にINESの役割についてまとめる。

原子力施設で、あるいは放射線の利用でなんらかのトラブルが起きれば、それをただちに公衆に伝えるのは事業者や規制当局の当然の義務である。しかし、こうしたトラブルの内容は往々にしてわかりやすくない。「何だかわからないけど何かが起こった」というのでは、必要以上の不安感をもたらすことがある。このため、各国の規制当局は事業者から事象発生の連絡を受けると、ただちに

16. 原子力防災と INES に係る問題

その重要性を国際共通の尺度である INES で評価し、地震時のマグニチュードや震度階と同様、「この事象はレベル幾つの事象である」と公表することとなっている。

INES は**表 16-1** に示すように、「安全上重要でない (no safety significance)」事象であるレベル 0 (尺度以下) にはじまって、その上に「異常な事象 (incident)」としてレベル 1〜3、「事故 (accident)」としてレベル 4〜7 に分けられている。レベルの決定については、「人と環境（放射性物質による公衆・従事者への被害）」、「施設における放射線障壁と管理（放射性物質の閉じ込め機能の喪失度合い）」及び「深層防護（安全機能の作動性、発端事象の発生頻度等）」の 3 基準により評価されることとなっており、どの国も同じ評価ができるよう、評価のための詳細な「INES ユーザーズマニュアル」[F-19] が整備されている。

幾つか過去の事例と INES のレベルとの関係を紹介すると、レベル 7 は、1986 年に旧ソ連のチェルノブイリで起きた事故（原子力発電所が大破損して環境中に大量の放射性物質を放散させた）に相当する最悪の事故である。レベル 5 は、1979 年に米国スリーマイル島で起きた事故（原子炉炉心は溶融したが、事故時に環境中への著しい放射性物質の放出はなかった）に相当する。福島第一事故より前のわが国の事例で最悪のものは、1999 年の JCO 臨界事故で、これはレベル 4 である。

INES を運営する組織について述べると、IAEA の事故・緊急時センター (Incident and Emergency Centre：IEC) が INES により評価された加盟国のトラブル情報を集約・共有・発信する国際統括組織となっている。

各国は INES 担当官 (National Officer：NO) を定めなければならないが、わが国の場合、福島第一事故以前は、原子力エネルギー利用に係る規制は保安院、研究炉や加速器、あるいは、放射線利用に係る規制は文科省が担当していたので、両省庁でそれぞれ NO が指名されていた。規制委・規制庁発足以後は、規制委の事故対処室が NO を担当している。

トラブルが起きると、NO は INES 暫定評価を行い、その結果を事象の内容とともに公表する。レベル 2 以上の事象の IAEA への報告も NO の責務である。評価結果の妥当性は、事故以前は、保安院、文科省それぞれに設置された

表 16-1　INES における事象のレベル分け[F-15]

レベル	基準1 人と環境		基準2 施設における放射線バリアと管理		基準3 深層防護	
事故 7 (深刻な事故)	・計画された広範な対策の実施を必要とするような、広範囲の健康および環境への影響を伴う放射性物質の大規模な放出。	旧ソ連・チェルノブイリ発電所事故 (1986年)				
6 (大事故)	・計画された対策の実施を必要とする可能性が高い放射性物質の相当量の放出。					
5 (広範囲の影響を伴う事故)	・計画された対策の一部の実施を必要とする可能性が高い放射性物質の限定的な放出。 ・放射線による数名の死亡。	イギリス・ウインズケール原子炉事故 (1957年)	・炉心の重大な損傷。 ・高い確率で公衆が著しい被ばくを受ける可能性のある施設内の放射性物質の大量放出。これは、大規模臨界事故または人災から生じる可能性がある。	アメリカ・スリーマイルアイランド発電所事故 (1979年)		
4 (局所的な影響を伴う事故)	・地元で食物管理は外の計画された対策を実施することになりそうもない軽微な放射性物質の放出。 ・放射線による少なくとも1名の死亡。	JCO臨界事故 (1999年)	・炉心インベントリーの0.1%を超える放出につながる燃料の溶融または燃料の損傷。 ・高い確率で公衆が著しい大規模被ばくを受ける可能性のある相当量の放射性物質の放出。	フランス・サンローラン発電所事故 (1980年)		
異常な事象 3 (重大な異常事象)	・法令による年間限度の10倍を超える作業者の被ばく。 ・放射線による非致命的な確定的健康影響(例えば、やけど)。		・運転区域内での1Sv/時を超える被ばく線量率。 ・公衆が著しい被ばくを受ける可能性は低いが設計で予想していない区域での重大な汚染。		・安全設備が残されていない原子力発電所における事故寸前の状態。 ・高放射能密封線源の紛失または盗難。 ・適切な取扱い手順を伴わない高放射能密封線源の誤配。	スペイン・バンデロス発電所火災事象 (1989年)
2 (異常事象)	・10mSvを超える公衆の被ばく。 ・法令による年間限度を超える作業者の被ばく。		・50mSv/時を超える運転区域内の放射線レベル。 ・設計で予想していない施設内の区域での相当量の汚染。		・実際の影響を伴わない安全設備の重大な欠陥。 ・安全設備が健全な状態での身元不明の高放射能密封線源、装置、または、輸送パッケージの発見。 ・高放射能密封線源の不適切な梱包。	美浜発電所2号機蒸気発生器伝熱管損傷事象 (1991年)
1 (逸脱)					・法令による限度を超えた公衆の過大被ばく。 ・十分な安全防護層が残ったままの状態での安全機器の軽微な問題。 ・低放射能の線源、装置または輸送パッケージの紛失または盗難。	「もんじゅ」ナトリウム漏れ事故(1995年) 敦賀発電所2号機1次冷却材漏れ(1999年) 浜岡発電所1号機余熱除去系配管破断(2001年) 美浜発電所3号機2次系配管破損事故(2004年)
尺度未満 0 (尺度未満)	安全ではない事象				0+ 安全に影響を与える事象 0− 安全に影響を与えない事象	
評価対象外	安全に関係しない事象					

注) INES が正式に運用される以前に発生したトラブルについては、推定で公式に評価されたレベルもしくは試行で評価されたレベルを表記。

16. 原子力防災とINESに係る問題

INES評価のための委員会において、専門家の検討によって確認され、正式な評価となる仕組みであった。規制庁になってからはこうした委員会は設置されず、事故対処室が最終評価まで担当している。

各国で発生した主要なトラブルについては、IAEA/IECが運営するNEWSネットワークシステムにINESの評価結果とともに掲載される。

INESの運営については、2年に1回、IAEAにおいてINES技術会合が開催される。これは、各国のNOが一堂に会する会合であり、INESユーザーズマニュアルの承認等、重要な決定は実質的にすべてこの会合でなされる。

IAEAでのINES活動を技術的に支えるのはINES諮問委員会（Advisory Committee：AC）である。AC会合は通例年に1〜2回開催され、INESユーザーズマニュアル案の作成をその典型例として、技術会合の検討事項ほとんどについてその準備をする。ACのメンバーは、地域と専門を考慮して選ばれている。私自身は2004年初めから2014年初めまで、ちょうど10年間ACのメンバーを務めた。

16.2.2 福島第一事故でのINES評価

福島第一の事故ではINES評価が4回にわたってなされた。これは、事故の全容の把握が困難な中で「各時点でわかったことに基づいて評価」したためであるが、評価のたびにINESのレベルが上がったことに対して、危険を小出しにしたのではないかとの批判もあった。

最初の評価は3月12日の0時30分頃になされた。福島第一サイトの1、2、3号機における事象は、「深層防護」基準に基づき、すべての熱除去能喪失があったとして、いずれもINES 3と評価された。なお、福島第二サイトの1、2、4号機に対しても同様の評価がなされた。

2度目の評価は3月12日の夕刻になされた。福島第一サイトの1号機における事象は、「放射能・放射線に係る障壁と制御」基準に基づき、INES 4と再評価された。16時16分に福島第一サイトの敷地境界での放射線レベルが上昇し、これは、1号機からの放射能放出と判断されたことによる。

3度目の評価は3月18日になされた。福島第一サイトの1、2、3号機の事

象は、「放射能・放射線に係る障壁と制御」基準に基づき、INES 5 と再評価された。これは、以下のような状況が観測されたことに基づき、高い可能性をもって原子炉炉心の溶融が起きたと判断されたことによる。

- これらの原子炉においては、原子炉水位が有効炉心頂部以下であった時期があり、燃料棒温度が上昇したと考えられること。
- 水素の燃焼によると思われる爆発があったこと。
- 敷地の内外で放射線レベルの上昇があったこと。

4度目の評価は4月12日になされた。INES には3つの基準のひとつとして、「人と環境」基準が用意されている。これは、人の被ばく線量と放射性物質の環境放出量に関する、以下のような考えに基づいての基準である。

「何人の人がどれほど重大な被ばくを受けたか」は最も単純な尺度であるが、それだけで評価すると、防災対策が効果的に実施されれば、施設の事故としては重大であるのに被ばく線量は十分小さくなり、評価結果が事故の重大性を表さなくなる。このため、「どれ程の量の放射性物質が環境に放出されたか」も基準として導入されている。この、放射性物質放出量に関する基準はレベル4以上の事象の判断に用いられる。

4月に入り保安院は、JNES が行ったシビアアクシデント解析コードを用いての試算により、また、原安委はモニタリングからの逆算により、大気中への放出量をヨウ素131と等価になるよう換算した値として、それぞれ37万テラベクレル、63万テラベクレルと定量評価した。これらの値は大きな不確実さを有するものではあるが、いずれも INES レベル7の判断基準である「ヨウ素131 換算で数万テラベクレル以上」を上回るものである。このため保安院は、(3月18日までの INES 評価は号機ごとになされたが、)施設全体としてレベル7の事象であったと評価した。

INES7 は、放射性物質の環境への放出量（ソースターム）によって決定されるが、INES-AC のメンバーを含め、シビアアクシデントにある程度の知識の

ある者は誰も、実際に環境放出のあった事故のソースタームは、事故解析コードの結果は信頼できず、測定値からの逆算値の方がはるかに信頼できると知っている。

また、事故解析コードにある程度の精度があるにしても、INES レベル 7 を評価した時点においての事故状況の推定はあとから見れば必ずしも正しくない。事故進展中の敷地境界でのモニタリング値は、3 月 15 日朝 6 時 10 分の 2 号機での「爆発音」の少しあとにピーク値を示しているが、2011 年 6 月の政府報告書の見解は次の通りである。「2 号機においては、……15 日 6 時頃、圧力抑制室（S/C）付近において水素爆発によるものと思われる大きな衝撃音が確認された後、S/C の圧力は急減した。」[M-2)

「16.1.2 福島第一事故で顕在化した欠陥」で述べたように、これは当時得られていたデータからだけでも、踏み込み過ぎの推定である。当時でさえJNES の事故分析グループの結論では「この爆発音は 2 号機の圧力抑制室で水素爆発が起きたためとの推定もあったが、これは 5 月末時点になっても定かでない」としている。当時は、格納容器からの主たるリークパスがドライウェル経由なのか圧力抑制室経由も明らかでなく、これが異なればソースターム評価がまるで違うものになってしまうのも自明である。

最終的な INES 評価については、原因究明が行われ再発防止対策が確定した後でなされるのかも知れない。INES の最終評価では、①計算コードによるソースタームの評価値を測定値からの逆算値に置き換える、②それも、最新の情報で評価し直す、③例えば、福島第二での測定値等を反映する、などがなされるべきと考える。

なお、過去にはチェルノブイリの事故が同じレベル 7 と評価されているが、福島第一事故での放出量はその 1 割程度と見込まれている。また、東電は 4 月 21 日に、4 月 1 日から 4 月 6 日にかけて海洋に流出した放射性物質は 4,700 テラベクレル程度であったと発表している。

16.2.3 INES 評価に係る課題とそれへの対応

福島第一の事故では、INES 評価（暫定評価）が迅速になされないことにも批

判があった。しかし、重大な事故時に事象のレベルを迅速に公衆に伝えるのは決して容易でない。2007年7月の新潟県中越沖地震で柏崎刈羽原子力発電所の原子炉が複数機停止した事例では、地震動による被害について、短期間内には十分な把握ができなかったことから、保安院による暫定評価がなされなかった。

柏崎刈羽の地震被災については、ずっとあとになってであるが、私は現地を訪問し、その感想を付録Cのようにまとめている。そこでINES評価については次のように書いている。

> 「公衆に事象の重大性を即時に伝える手段として、IAEAのINESがある。しかし、我が国ではINESは必ずしも定着していない。また、今回は、『実際に何が起きたかは時間をかけて調べてみないと分からない』という事情があって、保安院による暫定評価もなされなかった。INESの有用性や将来の改善については今後議論が必要である。」

2010年10月のINES20周年記念会合では、私はINES諮問委員会（INES-AC）のメンバーのひとりとして日本におけるINES利用の状況を紹介した[F-15]のだが、その中でINES評価が困難だった例としてこの柏崎刈羽の例を紹介した。これを契機に会合では、「INESは重大でない事象を重大でないと説明するには適切な枠組みであるが、本当に重大な事故が起きた時にそのレベルを短時間に報告するのは困難である」との議論がなされている。

INESの評価は、事故の大きさを「判明した事実」に基づき迅速に公表することが求められるが、事象の進展が継続中の場合は、その進展に応じて尺度を変更せざるを得ない。福島第一の事故では、結果として評価の信頼性を損なうものとなった。

また、福島第一の事故に対するINES評価の結果が、放射性物質の放出量が大きく異なるにも係わらず、チェルノブイリの事故と同じレベル7となったことに関して、INESの評価基準についての議論も起きている。

17. 個別誘因事象に対する深層防護について

17.1 深層防護の考え方の再整理

17.1.1 深層防護についての福島第一事故の教訓

　福島第一の事故は、深層防護のあり方、特に、個々の誘因事象（地震や津波などの自然現象、航空機落下などの人為事象、火災や浸水、タービンミサイルのような施設内事象を含む）に対しての深層防護のあり方について国際的な議論を呼んでいる。

　私は、福島第一事故直後にJNES内で事故全体を分析する責任を負ったが、「11. 福島第一の事故が起きて」の「(2)『第2部』で書きたいこと」で述べたように、そのとりまとめ報告の中で次のように書いている。

　　「それぞれの具体的教訓や課題に先立って、まず述べておきたいことがある。それは、今回の事故の最大の教訓は、『Defence in Depth（深層防護）の重要性が再認識された』ということである。（中略）『深層防護の思想』あるいは『深層防護の考え方』とはしばしば言われる。この思想あるいは考え方の重要性は事故で再認識されたと思われる。しかしながら、各段の具体的な対応が不十分であれば、深層防護は何の役にも立たない。以下、このような認識を念頭に、深層防護の段階に沿って教訓・課題を記述する。」

　すなわち、事故直後から事故を深層防護と関連づけて考えている。ここで「深層防護」とは何かについては、IAEAの基本的安全原則（Fundamental Safety Principles）」[F-2]に次のように記載されている。

　　「事故の影響を防止し緩和する主たる手段は『深層防護』である。深層防護は、多くの連続かつ独立の複数レベルの防護—ひとつひとつの防護は

人や環境への有害な影響の防止に失敗し得る—を組み合わせることで履行されるものである。万一あるレベルの防護あるいは障壁が失敗あるいは喪失したとしても、次のレベルの防護あるいは障壁がある。適切に履行されさえすれば、深層防護は、いかなる単一の技術的、人的、組織的失敗も有害な影響につながらないこと、また、有意な有害影響につながるような複数の失敗の組み合わせが起きる確率を極めて低くすることを、保証するものである。異なるレベルの防護が独立の有効性を有することは深層防護における欠くべからざる要素である。」

(3.31. The primary means of preventing and mitigating the consequences of accidents is 'defence in depth'. Defence in depth is implemented primarily through the combination of a number of consecutive and independent levels of protection that would have to fail before harmful effects could be caused to people or to the environment. If one level of protection or barrier were to fail, the subsequent level or barrier would be available. When properly implemented, defence in depth ensures that no single technical, human or organizational failure could lead to harmful effects, and that the combinations of failures that could give rise to significant harmful effects are of very low probability. The independent effectiveness of the different levels of defence is a necessary element of defence in depth.)

すなわち、多層かつ独立の防護層を用意することにより、「万一あるレベルの防護もしくは障壁が破れたとしても、次のレベルの防護もしくは障壁が用意されている」から、「単一の失敗では有害影響をもたらさず、有害影響を起こすような多重の失敗の可能性は極めて小さくなる」というものである。
日本原子力学会・原子力安全部会（以下、「安全部会」）の「福島第一原子力発電所事故に関するセミナー報告書」[L-2]（以下、「安全部会セミナー報告書」）には、私自身がドラフトを書いた箇所であるが、深層防護について次のように記載した。

17. 個別誘因事象に対する深層防護について

　「安全確保の最大の目的は、原子力施設の周辺における公衆を、放射線災害から護ることである。その基本となる考え方は深層防護（Defence in Depth）である。深層防護とは、ひとつは多段の安全対策を用意しておくことであり、もうひとつは、各段の安全対策を考える時には他の段で安全対策が採られることを忘れ、当該の段だけで安全を確保するとの意識である。即ち、ある段の対策を考えるに当たっては、後段の対策があるとは思わずに（後段を否定して）高い信頼性のある対策を用意する。一方で、それにもかかわらず後段の対策を考える時は、前段の対策がどのように厳重なものであってもそれが突破されると想定して（前段を否定して）対策を用意することである。

　これをリスク論的な言葉で言い換えれば、多段の安全対策を用意する、各段の安全対策はそれぞれ高い信頼性をもって実施されることを確認する、その結果、全体として十分に高い信頼性をもった安全対策になるというものである。

　ところで、「後段否定」という言葉には国内で時々批判を受ける。「そんな言葉はIAEAの安全基準に載っていない」という理由でである。この言葉は私の造語だから、たしかに、IAEAの安全基準の中に出てくる言葉ではない。なお、私は、不勉強で、「前段否定」という言葉がIAEA基準にあるかどうかも知らない。佐藤一男の『原子力安全の論理』[A-2]には出てきたと記憶しているが、これも定かに記憶しているわけではない。

　なぜ「前段否定」は安全屋の常識になっていて「後段否定」はそうなっていないか考えてみたことがある。ある段の対策を考える時、後段の対策が不要になるほどに十分に高い信頼性を目指すのは当たり前である。「後段否定」はあまりにも当たり前だから記憶されないのだと思う。これに対して「前段否定」は、「それにもかかわらず」なのである。「逆接のあとに主題あり」という言葉があるが、「前段否定」は「にもかかわらず」だから「特別のこと」として記憶されているのだと思う。

さて、福島第一では、地震動と津波という施設外からの衝撃により、深層防護の幾つものレベルに同時に影響が及んだ。これについては既に「14.1 外的誘因事象に対する規制のあり方」の冒頭で概略を述べたが、安全部会セミナー報告書[L-2]では、福島第一の事故の問題の中で特に重要なものとして次の3つを挙げている。

1）外的誘因事象、特に、自然現象に対する防護が、結果から見れば十分でなかった。津波高さの予測法が未熟であり、低頻度事象まで考えても十分な裕度をもった「設計基準ハザード（Design Basis Hazard：DBH）」を設定すべきところ、津波については十分な想定がなされていなかった。

2）シビアアクシデント対策として用意されていた「アクシデントマネジメント（AM）」の信頼性が十分ではなかった。「設計基準」を超える事態が発生した場合には、AMにより、シビアアクシデントの発生を防止し影響を緩和することになっていたが、地震動及び津波やその結果として起きたシビアアクシデントが、施設内及び施設周辺にもたらす環境条件等を十分には考慮していなかったため、実際の事故条件下でのAM実施が困難であった。

3）「想定を超える事象」への「柔軟な対応策」が欠如していた。事前にどんなに考えたとしても、安全対策には想定漏れがあり得ることを考えれば、最悪の事態を避けるために、例えば、可搬式の安全設備などを用意しておけばよかった。米国では既にそうした対応もなされていたが、わが国ではなされていなかった。

ここで、第1項と第2項は「後段否定」に関わるものである。いずれも、ある事象が深層防護の後段に発展するのを防ぐための対策であったが、十分な信頼性がなかった。特に第2項は、「3.3.3 アクシデントマネジメント」のところで述べたように、1990年代に、それ以前には設計基準事故までの対策がほとんどでシビアアクシデントに対する対策は少なくとも包括的なものではなかったところ、「前段を否定して」包括的な対策を用意した。しかしながら、事

17. 個別誘因事象に対する深層防護について

業者も規制者も多分に「わが国においてはシビアアクシデントの発生の可能性は十分に小さい」と考えていたからであろうが、実際の事故条件下で本当にそれが高い信頼性を持って機能するのかを十分には確かめないでいたと思われる。

第3項は「前段否定」に関わるものである。これについては、米国では2001年9月11日の同時多発航空機テロを契機として想定し難い重大な事故への対策を考えたのに対し、わが国ではそういう発想に至らなかった。また、津波対策に関しては、2003年12月26日にスマトラ島沖で起きた地震によるインド洋大津波でインドのマドラス炉で浸水事例が起きた。これも、設計の想定を超える事態が生じ得ることを示唆するものであったが、これも見過ごされた（「18.2.2 福島第一事故の前兆事象」参照）。

ところで、上述の3項はいずれも、「個別誘因事象に対する深層防護」のあり方に関係するものである。本項のはじめに、IAEAの基本的安全原則での深層防護に係る記述を紹介したが、機器の故障がランダムに起きるのであれば、たしかに、多層かつ独立の防護層を用意することで、「有害影響を起こすような多重故障の可能性は極めて小さくなる」。しかし、ひとつもしくは複数の誘因事象が複数機器の同時故障を引き起こす場合には、「レベル間の独立性」は本質的に困難なものになる。深層防護の具体化をもう一度考え直す必要がありそうである。

この問題は福島第一事故以降国内外で重視されている。原子力規制委員会（規制委）の発電炉と核燃料施設等についての新規制基準の策定の過程でも、徹底した議論がなされた。また、2013年9月の原子力学会・秋の大会では安全部会が、「外的事象に対する深層防護と安全確保の事例検討」なる表題での企画セッションを開催している[L-1]。安全部会は更に、同年10月に同じ表題で「フォローアップセミナー」を開催して議論している[L-1]。

ところで、私は事故直後から、「福島第一事故は『深層防護の考え方』へのチャレンジである」として、様々な場面で説明してきた。JNESでの事故分析、国際社会での説明、福井県での講演、安全部会セミナー、上述の規制委での新

規制基準策定や安全部会の企画セッション等々である。

しかし、私は今、この問題は更にさかのぼって考えるべきではないかと感じている。真に挑戦を受けているのは「ランダム故障の仮定」だと思う。「深層防護の考え方」も安全評価における「単一故障の仮定」も、ずっと以前から国際的に共通のアプローチとして認識されてきたものであるが、これらの基盤にあるのは「ランダム故障の仮定」である。

確率論的安全評価（PSA）では、第１部で述べたように、機器がランダムに故障すると考える場合と個々の誘因によって故障すると考える場合とで、異なる取り扱いをする。安全確保でも、既にそれぞれの誘因事象に対する防護を考えているし、規制もそれへの対応を強めている。個別誘因事象に対する安全の問題を考えるに当たって、従来通り深層防護の枠組みを用いるのは、どうもしっくり来ない。

ただ、今のところ深層防護に代わるアプローチは確立していないし、国際社会も「深層防護の考え方そのものは福島第一事故の後でも有効である。問題は深層防護の適用のあり方である。」でとどまっている。

以下、こうした現状を踏まえて、深層防護の枠組みの中で、諸課題についての整理を試みる。

17.1.2　安全設計及びマネジメントと深層防護の関係

原子力発電所についての深層防護の全体像を図 17-1 のようにまとめてみた。これは、原子力学会 2003 年秋の大会における安全部会企画セッション[L-1]での議論用に作成したものであるが、福島第一事故で起きたことを念頭に置いている。以下、どのような観点でこの図を用意したのか説明する。

まず、最初に述べたいのは、この図は 2 次元だということである。縦軸は深層防護の「レベル」を示しており、横軸は安全設計とマネジメントを示している（「レベル 1」の扱いについては後述）。

「深層防護」というと、「原子力安全」の関係者には金科玉条の最上位の概念ととらえられることがあるが、そうではない。例えば、前述した IAEA の基

17. 個別誘因事象に対する深層防護について

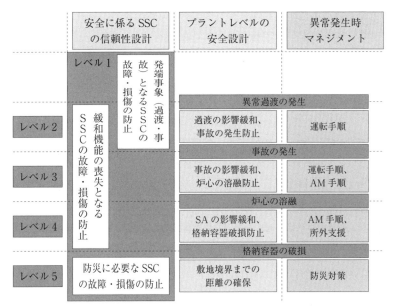

図 17-1 深層防護についての再整理（原子力発電所の場合）[L-1]

本的安全原則[F-2]には 10 の原則が書かれており、それはおおむね重要な順に並んでいるのだが、深層防護はこれら 10 の原則そのものには現れず、「原則 8：事故の防止—事故の発生防止及び影響緩和の努力がなされねばならない」の説明文の中に現れるだけである。

　私自身は原子力安全屋だから、「3.3.1 深層防護の考え方」において、「安全確保の最大の目的は、原子力施設の周辺における公衆を、放射線災害から護ることである。その基本となる考え方は深層防護（Defence in Depth）の思想である。」と書いている。だから、IAEA の安全基準委員会（CSS。「3.7 国際的な原子力安全への取組み」参照）において安全基本原則の案が示された時、深層防護の扱いの小ささに驚いた。

　しかし、よくよく考えれば、確かに他の原則、例えば、「原則 1：安全に対する第一の責任は、放射線リスクをもたらす施設もしくは活動に対して責任を有する個人もしくは組織にある」よりはずっと小さいものである。プラントシ

333

ステム全体として高い信頼性を有するようにするための、設計手法と言うこともできる。なるほど、と了解したものである。

さて、「3.5.1　事業者の責任」では、まずはこの「原則1」を紹介し、続いて次のように記述している。

> 「ところで、安全は何によって確保されるかといえば、安全設計（及び立地）と安全管理である。安全設計と安全管理の両者が適切であって、はじめて安全が担保される。（立地は一般には安全設計の範疇外であるが、内容的には、放射性物質及び放射線に対して、たとえば敷地境界までの距離を十分大きくとるといったように、適切な障壁を用意することであり、広い意味では安全設計の一部とも言える。）」

その上で、安全設計の妥当性を判断するために設計指針と評価指針があり、

> 「私の解釈では、設計指針とは施設を構成する構築物・系統・機器（Structures, Systems and Components：SSC）それぞれについての容量（Capacity）や信頼性（Reliability）を判断するためのものであり、評価指針は、そういうSSCで構成された施設が、全体として（プラントシステムとして）十分な安全性能を有する設計であることを判断するためのものである。」

とも書いてある。

なお、この「解釈」は、私が「原子力安全条約」第4回レビュー会合のための日本国報告書[F-8]のとりまとめ責任を負ったからでもあるが、同報告書にもこの旨記載されて、福島第一事故以前に国としての見解にもなっていた。

「安全管理」については、この言葉だと日常の管理だけのイメージになるが、ここではより広く、深層防護の後段、事故時対応や防災なども含むものとして使っている。こうした場合には、「マネジメント」という言葉の方がふさわし

17. 個別誘因事象に対する深層防護について

いので、本節では以下、「安全管理」ではなく「マネジメント」という言葉を使う。

今後、福島第一の事故の教訓を踏まえて安全向上策を考えていく上では、「深層防護の各レベル」において、「安全設計の問題（これは更に、SSC の信頼性の問題とプラントレベルのシステム設計の問題に分けられる）とマネジメントの問題」を扱っていくことになる（多分、マネジメントも個々の要素の信頼性の問題と全体としての有効性の問題とあると思うが、ここでは分けていない）。特に、深層防護の後段（レベル 4 やレベル 5）になると、安全部会セミナー報告書[L-2]等で指摘しているように、設計以上にマネジメントの問題が大きくなる。そういう観点から、2 次元の図を用意したものである。

このような図を描いてみると、「レベル 1」を示しにくくなってしまった。
INSAG-10[F-21]は深層防護についての説明文書であるが、そこでのレベル 1 の定義は次の通りである。

   "Level 1：Prevention of abnormal operation and failures"
   （レベル 1：異常な運転状態や故障の防止）

この定義は WENRA も同じである。これはこれでいいのだが、その解釈には戸惑ってしまう。

「5.2.1　確率論的安全評価の手順の概要」の図 5-2 の説明に書いたように、「機器の故障・損傷の中には、発端事象になるものもあるし、停止系や炉心冷却系等、炉心溶融を防止するための安全系の機能喪失につながるものも、格納容器冷却系統等、格納容器破損を防止するための安全系の機能喪失につながるものもある」。したがって、上述のレベル 1 の定義は、単純に「安全に係る SSC の故障・損傷の防止」と書くこともできるし、より丁寧には「発端事象となる SSC の故障・損傷の防止、（防災も含めて）緩和機能の喪失となる SSC の故障・損傷の防止」と書くこともできる。すなわち、レベル 1 は「安全に係る SSC の信頼性を確保すること」であり、図では横軸の方に移ってしまった

のである。

　前節で述べたように、深層防護の考え方は、外的誘因事象には必ずしもぴたりとは当てはまらない。故障がランダムに起きると考える限り（すなわち、各故障間に従属性がないと考える限り）、深層防護前段での故障時に、後段での防護設備は健全である可能性が高い。この場合は、層の数を増やせば、防護策全体としての信頼性は間違いなく顕著に高くなる。しかしながら、外的誘因事象による事故の場合は、前段・後段の防護設備が同時に故障する可能性がある。

　図 17-1 において重要なのは、深層防護のレベル 1 において、特定の誘因事象によって「発端事象となる SSC の故障・損傷」が起きた時に、同じ誘因事象によって、「緩和機能を担う SSC の故障・損傷」が起き得ることである。

　幾つか具体的な問題を挙げておく。
　わが国の従来の規制では、アクシデントマネジメント（AM）専用の設備には規制としての耐震要求はなかった。これは、「3.3.3 項　アクシデントマネジメント」で述べたように、「PSA の結果等から、わが国においてはシビアアクシデントの発生の可能性は十分小さいと推定できたこと」から、「そもそもアクシデントマネジメントは電力会社の自主保安として実施する」とされたからである。
　しかし、そこで挙げていた PSA はランダム故障の PSA であり、当時既に、わが国の原子力発電所ではランダム故障のリスクよりも地震のリスクの方がずっと大きいとの結論が得られつつあった。そして、地震が原因で SSC が故障・損傷するのであれば、設計基準の対象となっていて厳しい耐震性が要求される SSC が故障・損傷する場合に、耐震要求のない AM 用機器が健全であるとは想定しにくいのである。論旨には矛盾がある。
　ただ、誤解が生じるといけないので言及しておくが、福島第一の事故は地震動によって起きたものではない。地震動については設計段階で十分な安全裕度があったことから、安全上重要な SSC はほとんど故障していない。事故は津波によって起きたものであり、津波に対しては、結果から見れば、十分な対処がなされていなかったのである。

17. 個別誘因事象に対する深層防護について

　規制委による新規制基準では、後段の防護設備（例えばフィルタードベント）にも高い耐震性を要求している。そのこと自体は適切なものであろうが、「個別誘因事象に対する深層防護」には、まだ完全には整理のついていない問題が残っているようにも思われる。

　私見では、「深層防護の考え方」は必ずしも美しい体系ではない。レベル 1 は SSC の信頼性確保であり、レベル 2 以降はプラントレベルでの事象進展に沿っての対応である。そして、レベル 4 とレベル 5 については、レベル 4 で失敗したらレベル 5 というものではなく、むしろ、炉心が溶融するような事態になったら施設内と施設外で同時並行で対策が進められるものである。

17.1.3　深層防護におけるレベル分け

　深層防護のレベル分けについては、原子力発電所については 5 レベルが国際通念になっている。しかしながら、これは他の原子力施設に当てはまるわけではない。また、原子力発電所の場合も、それぞれのレベルの中を更に「サブレベル」に分けたりする。

　私は元々、深層防護のレベルは、放射性物質を閉じ込めるための多重の障壁と関連づけるのが適切と思っており、「付録 A　原子力安全に関する私自身の主張」(3)には次のように書いている。

> 「放射性物質を閉じ込めるための多重の障壁と、深層防護（Defence in Depth）の考え方は、従来「別物」として説明されることが多かった。が、私はこの 2 者はむしろ同一のもので、それぞれの障壁を守ることが深層防護のそれぞれのレベルだと思う。」

　そして、「6.3.4　評価指針と立地指針における事象分類と判断基準」で、安全評価のために想定される事象が、発生頻度によって「運転時の異常な過渡変化」、「事故」、「重大事故」、「仮想事故」に分類されること、各分類に属する事象に対しては、発生頻度が高いものほど厳しい判断基準が適用される、と述べた上で、判断基準としては、放射性物質に対する障壁の健全性確保に関する判

断基準と、公衆の被ばく線量に関する判断基準から成ることを示している。

　福島第一事故のあとでは、このように深層防護を多重障壁と重ねて定義するのは一般化してきたように思う。例えば、WENRA の Reactor Harmonization Working Group は、"Safety of New NPP Designs"[F-23] においてレベル分けの修正を提案している。

　INSAG-10 と WENRA の深層防護のレベル分けを比較すると**表 17-1** のようになる。両者で異なるのはレベル 3 とレベル 4 の境界である。INSAG-10 がレベル 3 とレベル 4 の境界を従来の設計基準からの逸脱としているのに対し、WENRA は、「炉心溶融の発生」としている。

　ここで WENRA のレベル分けでの、レベル 3 及びレベル 4 の事故状態を整理しておくと次のようになる。

表 17-1　INSAG-10 と WENRA の深層防護レベル分けの比較

	INSAG-10	WENRA	
レベル 1：Prevention of abnormal operation and failures			
レベル 2：Control of abnormal operation and detection of failures			
	レベル 3：Control of accidents within the design basis	レベル 3：Control of accident to limit radiological releases and prevent escalation to core melt conditions	レベル 3.a：Single initiating events
	レベル 4：Control of severe plant conditions, including prevention of accident progression and mitigation of the consequences of severe accidents		レベル 3.b：Multiple failure events
		レベル 4：Control of accidents with core melt to limit off-site releases	
レベル 5：Mitigation of radiological consequences of significant releases of radioactive materials			

17. 個別誘因事象に対する深層防護について

- 3.a) 従来からの定義による「設計基準事故」の状態
- 3.b) 多重故障が起きて設計基準を逸脱した状態であるが、炉心溶融には至っていない状態
- 4) 炉心溶融が起きた状態

　これについて、INSAG-10 では 3.b をレベル 4 の一部としている。

　すなわち、INSAG-10 は、従来の設計基準の考え方（単一故障までを考える）に基づいて、WENRA の 3.a) のみをレベル 3 とし、それ以降については、多重故障が起きればそれが炉心溶融に至らなくともレベル 4 としている。これに対し WENRA は、炉心溶融事故発生後の防護をレベル 4 とし、それ以前の事故状態については、単一故障であろうと多重故障であろうと、炉心溶融の防止を目的としたものであるとの理由で、レベル 3 と整理している。なお、福島第一事故後の INSAG では「外的事象に対する深層防護」についての議論が進められているが、そこで用意されているドラフト文書は WENRA の整理と整合したものである。

　わが国ではどうかといえば、「3.3.3　アクシデントマネジメント」で記述したように、AM は「万一設計の想定を超えた事象が発生し、あらかじめ設計で考えていた安全系の設備だけでは事故の拡大が困難な場合には、安全系以外の既存設備を有効利用することによって、あるいは、新たにつけ加える設備によって、炉心が損傷するのを防止しようとすること」と、「炉心が損傷したあとであっても、その拡大を防止し、影響を緩和するための、様々な対処策」からなる。これは INSAG-10 の整理に準じるものである。

　福島第一事故の後では、規制委により発電炉に対する「重大事故対策」が加えられた。これは、炉心損傷の防止と格納容器破損防止のための対策を明瞭に規制要件化したものである。「設計基準事故」は従来どおりの定義になっているが、全体としては WENRA と同じような発想に立っていると考えられる。

　私個人は前述のように、深層防護のレベルと多重の障壁とを関連づけて整理しているので、WENRA と同じ整理である。また、福島事故以降は日本も他

国も、シビアアクシデントに設計で対処することを進めているから、「設計基準事故」の定義も変わらざるを得ないと思っている。図 17-1 はそのような認識の下で作成したものである。

17.1.4 深層防護各レベルの目的

図 17-1 には深層防護各レベルの目的もキーワードのみ書き込んだ。これを表 17-1 の INSAG-10 及び WENRA の整理結果と比較しながら説明する。ただし、レベル 3 及びレベル 4 は WENRA とのみの比較である。

レベル 1 は、私の図では他のレベルと同一線上に並んでいないが、内容は変わっていない。前述したことの繰り返しになるが、INSAG-10 及び WENRA で "Prevention of abnormal operation and failures" とあるのを、「安全に係る SSC の故障・損傷の防止」あるいは「発端事象となる SSC の故障・損傷の防止、(防災も含めて) 緩和機能の喪失となる SSC の故障・損傷の防止」としている。

レベル 2 〜 レベル 4 は、WENRA の記述は少し簡略化した書き方をすれば "Control of abnormal operation"、"Control of accident without core melt"、"Control of accident with core melt" である。私はこれを、「過渡事象の影響緩和」、「炉心溶融に至っていない事故の影響緩和」、「炉心溶融事故の影響緩和」としている。その上で、「3.3.2 安全設計」で記述したように、「深層防護のあるレベルでの一番大事な影響緩和は、次のレベルの事象の発生防止」だと思うので、レベル 2 の目的は事故の発生防止、レベル 3 の目的は炉心溶融の発生防止、レベル 4 の目的は格納容器の破損防止であるとしている。

レベル 5 は、INSAG-10 及び WENRA では "Mitigation of radiological consequences of significant releases of radioactive materials" である。「次のレベル」がないのだから、ここは当然、影響緩和だけである。私はレベル 5 の目的は「放射性物質の発生源と周辺公衆との離隔」(これも障壁と考えることができる) と考えるから、設計 (敷地設計は設計の一部である) においては敷地境界まで十分な距離を確保すること、マネジメントにおいては重大事故時に適切な防

17. 個別誘因事象に対する深層防護について

災対策を実施することにより離隔を図ること、と整理している。

レベル5の問題は、安全目標や立地評価事故についての今後の議論に関わることなので、私の意見を述べておく。

「6.3.1 主要3指針とそれらの間の関係」で述べたことに関係するが、「立地評価事故」は元々、敷地境界までの距離の妥当性を確認するものである（その意味では「敷地評価事故」と言った方がいい）。

わが国では今後、原子力発電所の格納容器にはフィルタードベントがつけられて（あるいはそれに匹敵する代替策によって）、たとえ炉心溶融事故が起きても、格納容器の健全性が保たれるとともに、放射性物質の放出は「制御された放出」になる。今後の議論になるが、こうした事故については、敷地境界における最大線量が十分小さいことにより避難の必要がないことや、土地汚染が広範かつ長期にはわたらないことが確かめられることになるのではないかと思われる。

しかし、深層防護の考え方に立てば、それでも更に防災対策は用意すべきである。その場合は、どんなに可能性が小さくなるとしても、格納容器が破損するような極端な事故を考えなければならない。安全部会のセミナー報告書にあるように、従来の防災は「格納容器が健全であれば、避難等の緊急防護措置が必要となる可能性は十分低いのに、そのような前提で防災を考え緊急事態への備えを怠ってきた」ために実効性が低かったのである。

まとめれば、深層防護レベル5については、具体的な事故想定は今後の議論に任せるとして、

① 炉心溶融は起きているが、フィルタードベント等により格納容器が破損あるいは大漏洩することはないという事故を立地評価事故として想定して、敷地境界までの距離の妥当性や土地汚染の防止を確認する。
② 格納容器が破損して大量の放射性物質が放出される事故を想定して、防災対策を考える。

という2つの要求になるのではないかと考える。レベル5のところに、①と②という2つのサブレベルを設ける、①は設計対応、②はマネジメントという考え方である。

17.2 深層防護のレベル間の独立性

規制委の更田委員は、日本原子力学会の2013年秋の大会における原子力安全部会企画セッションにおいて「深層防護に関する議論は、概ね、①各層の定義と②各層間の独立性に行き着くのではないか」と述べている[L-7]。「各層の定義」については前節で述べたので、この節では「深層防護のレベル間の独立性」について、これまで私が関わった議論をとりまとめておく。

(1) IAEA安全目標と我が国のPSAで得られた条件付き格納容器破損確率の関係

第1部の「7.4 確率論的安全目標に関する国際的経緯」に述べたように、国際原子力機関（IAEA）は、米国や英国の安全目標を参考にして、原子力発電所に対する安全目標を示している[H-3]（日本の安全目標[I-5]、性能目標[I-6]と対比するなら、これは性能目標に相当する）。第1部では単純に、「公衆へのリスクを十分小さく押さえるために将来の原子力発電所が到達すべき目標として、炉心が損傷するような苛酷な事故の発生頻度は1原子炉当たり10万年に1回以下、また、その事故で格納容器が破損して大規模な核分裂生成物の放出に至るような更に苛酷な事故の発生頻度は100万年に1回以下」と書いたが、もう少し正確に記述すると、

- 炉心損傷発生頻度（Core Damage Frequency：CDF）は
  既設炉について、10^{-4}／年以下
  将来炉について、10^{-5}／年以下
- アクシデントマネジメントにより、大規模放射能放出の条件付き発生確率 10^{-1} 以下

17. 個別誘因事象に対する深層防護について

である。ここで「大規模放射能放出の条件付き発生確率」は、大まかには「条件付き格納容器破損確率（Conditional Containment Failure Probability：CCFP）」と同じと考えて良い。

　この安全目標については、1990年代のアクシデントマネジメント整備当時、日本では戸惑いがあった。当時実施していたのはランダム故障についてのPSAが中心であったが、安全機能を強化してもそれは炉心損傷の防止と格納容器破損の防止の両方に使い得る。多くの水源は炉心冷却と格納容器冷却に共通に使えるものなので、事故シナリオによっては、炉心が冷却できないなら格納容器も冷却できないことになるからである。だから、CDFについては将来炉の目標 10^{-5}／年以下を満足し、加えて、絶対値としての格納容器破損頻度（Containment Failure Frequency：CFF）は 10^{-6}／年以下となったとしても、CCFPの 10^{-1} 以下を満足することは困難だったのである。当時実施されたPSAは、ランダム故障についてのPSAであってもCCFPがなかなか小さくならないことを示している。まして、地震などによる共通原因故障を考えるならCCFPを小さくすることは一層困難である。

　こうした問題を反映してのことと思うが、わが国の福島第一事故以前の性能目標は以下のように定められていた[1-6]。

- CDF：10^{-4}／年以下
- CFF：10^{-5}／年以下
  （この両方を同時に満足すること）

(2) In-Vessel Retention の有効性

　シビアアクシデントが起きてしまった後でも、それが原子炉内で収束すれば、格納容器直接加熱（Direct Containment Heating：DCH）や融体―コンクリート反応といった複雑かつ制御困難な現象の発生を防止できる。そのため、炉心冷却ができない場合のAM策として、「炉心損傷後の原子炉容器の溶融貫通防止（In-Vessel Retention：IVR）」があり、その研究もなされている。私も、「3.3.3 アクシデントマネジメント」の「図3-3　原子力発電所における深層防護(2)：

343

アクシデントマネジメント」に示したように、いつも「そういうAM策が考えられている」ことは紹介している。

しかし、IVRという概念が本当に成立するものかどうかは極めて疑問である。私が福島第一事故の少し前に日本原子力学会誌に寄稿した解説「多国間設計評価プログラム（MDEP）とその影響」[C-10]で指摘していたことであるが、炉心損傷時にIVRが成功する条件付き確率は一般にそれほど大きくない。水がないから炉心損傷になるのであり、水がなければIVRもできないからである。

IVRの概念が成立するのは、炉心が溶融し始めるまでは冷却水がなく、そのあと原子炉容器の溶融貫通が起きるまでの比較的短い時間の間に冷却水が得られるようになるか、あるいは、IVRのための専用の水源を用意しておく（炉心が溶融するのを防止するのには使わないで炉心溶融後までとっておく）場合に限られる。こういう可能性については、PSAの専門家に協力を求めれば、すぐに答えを出してくれる。

福島第一の事故では、予想通り、IVRは何の役にも立たなかった。この問題についてはあとで「18.3.1　安全研究のあり方」でも採り上げる。

(3) MDEPとWENRAの安全目標

「3.3.4　シビアアクシデント対処設計の規制要件化」で記述したことであるが、「多国間設計評価プログラム（Multinational Design Evaluation Program：MDEP）」も西欧原子力規制者会議（WENRA）も、それぞれの参加国の新設炉が満足すべき安全目標をまとめている。

MDEPでは、前述の学会誌解説[C-10]にまとめてあるが、新設炉に対する「安全目標（Safety Goals）」を提案している。ただし、ここで言う「安全目標」はいわゆる確率論的安全目標ではなく、新設炉が満たすべき安全要件のうち高次のものであり、大部分は決定論的な要件である。そこでは確率論的安全目標とその利用法について紹介するとともに、新設炉に求めるべき安全要件としてこういうものがある、それらの相互関係はこうである、という要件全体の枠組みを提案している。

WENRAは、WENRA参加国の新設炉が満足すべき「安全目標（Safety

17. 個別誘因事象に対する深層防護について

Objectives)」をまとめている$^{C-9)}$。これは、IAEA の基本的安全原則（Fundamental Safety Principles)$^{F-2)}$ の各項を再検討して新設炉に対する要件として具体化したものであり、やはり定性的あるいは決定論的なものである。

MDEP と WENRA の安全目標はほとんど類似であるが、1 点顕著な違いがある。WENRA の安全目標には、目標 (Objective) O4 として「防護レベル間の独立性」が挙げられているが、MDEP の安全目標には入っていない。

WENRA の目標 O4 は、IAEA の基本的安全原則$^{F-2)}$ の「原則 8：事故の発生防止」の記述に忠実に対応するものである。実は、私自身の失策であるが、IAEA の安全基準委員会（CSS）で基本的安全原則の議論をした時に、この記述を見過ごしてしまった。MDEP で安全目標について議論した際にこの問題に気づき、前述の日本の PSA での問題や IVR の問題を示しつつ、「水があるのに、それが炉心損傷の後のためのものであるからという理由で、炉心損傷の防止に使わないのはおかしい」と主張した。MDEP ではこの主張が通って、「防護レベル間の独立性」を安全目標に含めないことにした。

(4)「レベル間独立性」に関するフィンランドの考え方

フィンランドは、MDEP で安全目標を議論したメンバーであると共に、WENRA のメンバーでもある。そして、フィンランド規制当局自身は WENRA の「レベル間独立性」を要求事項に挙げている。このため、この問題についてはいろいろな国際会議の機会にフィンランドの代表と議論した。

何年間かにわたって時々議論した結果であるが、フィンランドの考え方は次第に明瞭に示されるようになった。以下、私がまとめた結果であるが、要点は次の 2 つである。

① 合理性のある範囲において「レベル間独立性」を考える。例えば、計測制御系については、設計基準事故 (DBA) 対応とシビアアクシデント対応のものの間で、レベル間独立性を要求する。

② 水源については、安全評価上は DBA 対応とシビアアクシデント対応のものの間で、レベル間独立性を要求する。しかし、実際に事故が起きた

ら、シビアアクシデント用の水も用いて炉心損傷防止を図る。

この内容であれば、私の理解と大差ない。①は福島第一事故の教訓そのものであるし、②も事故時対応としては当然である。②についてのフィンランドの説明はややトリッキーであるが、私個人としてはやっと納得できる結論に達したと思っている。

(5) 外的誘因事象を考えた時の「レベル間独立性」

ここまでずっと、故障の原因となる事象のことはさておいて、「レベル間従属性」についての問題を論じてきた。しかし、「外的誘因事象」（機器の外部から与えられる衝撃）を考えると、はるかに大きな問題がある。

ある外的誘因事象が、安全に関わる2つのSSC、A及びBの同時故障を起こすことを考えた時、AとBは独立ではない。従属性を有するのである。本節の冒頭で、規制委・更田委員の原子力学会での発言を引用したが、同委員はその場で次のようにも述べている[L-7]。

> 「層間の独立性は深層防護の重要な精神（要素）そのものではあるが、ここで、各層の"完全な独立"はあり得ない。（中略）知識、データがより限られている低頻度高影響事象に対してこそ、深層防護はより重要な戦略である。」

私が図17-1において、レベル2—レベル5のための安全関連機能を担うSSCの故障をすべてまとめて「深層防護レベル1の問題」と整理したのも、外的誘因事象によって生じる「レベル間従属性」の問題をクリアに示すためである。

この問題にどう取り組むかは、国内外でまさに議論が進行中である。次の2つの節では外的誘因事象に対する防護設計の問題と安全重要度分類に関わる問題について解説する。

17. 個別誘因事象に対する深層防護について

17.3 外的誘因事象に対する防護設計

17.3.1 グレーデッドアプローチ

原子力施設に対する安全規制の目的は、原子力利用に伴うリスクを適切に抑制することである。福島第一事故の前の安全確保策や安全規制は、SSCのランダム故障によって起きる事故が主たる対象であったが、事故の後では、個別の誘因事象によって起きる事故に対して防護を強化することが課題になっている。しかし、具体的な防護を考える際にはリスクを無視したやみくもの対策でいいはずはない。「グレーデッドアプローチ」を前提にすることが必要である。

IAEAの「基本的安全原則（Fundamental Safety Principles）」[F-2]には、原則5「防護の最適化」（Principle 5：Optimization of protection）に次の表現がある。

> 「安全のために設置者によって投入されるリソースや、規制の対象範囲および厳格さとその適用は、放射線リスクの大きさとその制御可能性に見合ったものでなければならない。」
>
> (The resources devoted to safety by the licensee, and the scope and stringency of regulations and their application, have to be commensurate with the magnitude of the radiation risks and their amendability to control.)

すなわち、グレーデッドアプローチ」とは、リスクの度合い（グレード）によって対応すべしという考え方である。

グレーデッドアプローチは、基本的安全原則での扱いにも現れているように、多分、深層防護より上位に来る概念であるが、ここでは以下、個別誘因事象、特に、そのハザードの人為的制御が困難な施設外誘因事象（いわゆる外的事象）に注目して、防護設計と重要度分類への適用の問題を記述する。

17.3.2 外的誘因事象に対する防護の手順

本項ではまず、外的誘因事象に対する防護設計を考える時の一般的な手順を説明する。

(1) 外的誘因事象のハザードの定量評価が可能な場合

外的誘因事象のハザードの定量評価が可能な場合における防護設計のあり方については、従来から一般的な考え方が存在していたが、必ずしも文書化はされていなかった。このため私は、規制委の発電用軽水型原子炉の新安全基準に関する検討チーム会合において従来の考え方を説明して議事録に残した[M-9]。以下、そこで説明した内容を再整理して示す。

地震動や津波、航空機の事故的な落下等、過去に経験のある外的誘因事象については、精度はまちまちであるが、そのハザードを定量評価することが可能である。この場合の手順は次の通りである。

- まず、施設に影響を及ぼし得るあらゆる外的誘因事象について、そのハザードを評価する。ここでハザードとは、地震動の強さごとの発生頻度や津波の高さごとの発生頻度を言う。
- 発生頻度の評価結果が切り捨て基準（10^{-7}/年）以上だったら防護設計が必要と判断する（基準の例として、保安院の審査内規であった航空機落下評価基準[B-13,14]がある。この基準は規制委による新規制基準としても採用されている）。
- 防護設計が必要となった場合は、ハザードのレベルに応じての防護設計を行う（基準の例として、設計基準地震動を定めての耐震設計、設計基準津波を定めての耐津波設計がある）。
- ただし、設計基準ハザードは切り捨て基準の頻度に対応するハザードではない。そのような極低頻度のハザードを想定することは極めて困難である。一般には、外的誘因事象によって異なるが、10^{-3}/年～10^{-5}/年ほどの頻度のハザードを設計基準ハザード（Design Basis Hazard：DBH）とする。
- DBHに対し、大きな安全裕度を持つ設計をすることで十分な（例えば安全目標・性能目標に見合うような）安全性を確保する。

17. 個別誘因事象に対する深層防護について

これは、深層防護第1レベルの対策であり、ハザードについてのグレーデッドアプローチである。

ただし、外的誘因によっては、ハザード評価に大きな不確実さが伴うことを忘れてはならない。福島第一事故は、歴史地震や歴史津波といった経験データだけからのハザード評価には極めて大きな不確実さがあることを示している（このため規制委の新規制基準では、過去の最大ハザードを超えるハザードまで考えて施設を設計することを要求している）。経験を超える領域でのハザード評価は、専門家の判断に大きく依存することにも留意する必要がある。

(2) **外的誘因事象のハザードの定量評価が困難な場合**

福島第一事故までは、テロによる意図的な航空機落下への防護は十分には考えられていなかった。これに対し、規制委の新基準では、テロを含め、ハザードの定量評価が困難な場合であっても防護設計を要求することになった。

そこでは、そのような外的誘因により重大事故が起きたと想定して、その影響（Consequence）を評価する。そして、影響があるレベルを超えるなら、原則として、何らかの防護を用意することとしている。これは、事故の影響についてのグレーデッドアプローチである。

ここでの対策は、「何が起きるかわからない」ことから、事故を起こさない対策よりは、過大影響を起こさないための対策が中心である。これは、深層防護第4レベルの対策であり、例えば、「特定重大事故対処施設」の設置などが該当する。

(3) **「航空機落下」について防護設計が必要になる条件**

「航空機落下」という外的誘因事象を例にとって、どのような場合に対処が必要なのかをまとめると、**表 17-2** のようになるのではないかと思う[L-8]（注：事故的な航空機落下への防護設計は、従来の規制の対象内であり、安全関連機器の損傷防止のためのものである。これに対し、意図的な航空機落下への対処は、設計時の想定をはるかに超える厳しい状況下で最悪の事態を避けるためのものである）。事故時の影

表 17-2　新規制基準における航空機落下対策の要否[L-8]

		航空機落下の頻度		
		事故的な 航空機落下	事故的な 航空機落下	意図的な 航空機落下
		（発生頻度 10^{-7}/年未満）	（発生頻度 10^{-7}/年以上）	（発生頻度 定量化不能）
航空機落下が起きた時の影響	発電炉	×	○	○
	再処理施設	×	○	○
	MOX 加工施設	×	○	○
	事故時の影響が 中程度の諸施設	× × ⋮ × ×	○ ○ ⋮ × ×	○ ○ ⋮ × ×
	高レベル廃棄物 埋設施設	×	×	×
	低レベル廃棄物 埋設施設	×	×	×

響が大きな施設については、対処が必要であり、そうでない場合は対処不要である。事故時の影響が中程度の諸施設についてどうするかは必ずしも明瞭でない。

(4) 今後の検討課題

　種々の誘因事象に対する防護設計の問題に関しては、上述のような整理を試みたものの、検討課題はまだ残っている。

　誘因事象によってはハザード評価に極めて大きな不確実さがある。これにどう対処するかは特に大事な検討課題である。例えば、

17. 個別誘因事象に対する深層防護について

- ハザード評価の方法論は多くの誘因事象について確立しているか？
- 過去の最大ハザードを超えるハザードはどこまで考えれば良いか？
- それにしても青天井の設計はあり得ない。外的事象により設計の想定を大幅に上回る事態が生じた時の対処はどうあるべきか？
- 専門家の判断が異なる時はどう対処すべきか？

といった検討課題がある。

そして、一般に外的誘因事象のハザードを（定量的にでも定性的にでも）評価できるのは、原子力安全の専門家ではなく、当該誘因事象についての専門家である。安全部会セミナー報告書[L-2]の結論では、福島第一事故の反省点として以下を挙げている。

> 「もう一つの重要な指摘は、設計基準津波の基盤となるリスクについて、専門分野間の共通認識を得るためのコミュニケーションが不足していた点である。これは原子力安全を確保するという目標を共有していなかったことと言い換えることができよう。原子力安全の側から、津波に関する専門家に対して、設計基準ハザードを定量的に示しこれに対応する津波の高さ等についての深い情報交換を進め、これに基づいた基準の改訂等を進めることが必要であった。」

この問題については、安全部会の幹事会で議論している。その要点は次のとおりである。

福島第一事故の原因は、10^{-3}／年レベルのハザードに対して何の防護もなかったことであるが、津波の専門家が数百年の歴史津波データに基づいて想定津波高さを決めたのを不適切とは言えず、ただそれを、本来は原子力安全の観点から性能目標と比べてどうかという検討をすべきところ、そういうことはまったくなされなかった（ほとんどの人が、事故前には、想定津波高さの評価式など、知らないでいた）。このように、本来異なる分野の専門家が一緒に検討すべき問題だったのに、そうされなかったことこそが事故の元凶である。

それから、ハザードと事故発生頻度の定量化に係る問題については、私は以下のように思っている。

　実際には、ある誘因事象の発生頻度が 10^{-7}／年以上かどうかという判断は容易でないが、10^{-7}／年は十分すぎるほど小さな数字である。それを切り捨て基準にしている限り、頻度評価が多少違っても問題ない。

　10^{-3}／年～10^{-5}／年程度の DBH に対して防護設計をした時に、それが確かに性能目標に合致するかの判断も難しいし、有意な誘因事象は幾つかあるから、必ずしも個々の誘因事象が性能目標に合致すればいいということではないが、PSA の精度を考えれば、一つでも複数でも、まあいい。

　こういうことを考えながら、規制のためには、設計指針のような決定論的ルールを作ることになろう。津波を例にとれば、防潮堤、水密扉、(内的浸水対策との共通性も考えての)施設内対策、可搬式設備などが、「津波に対する」深層防護になる。要すれば、「有意なあらゆる誘因事象に対して多層の対策を用意する」ことだと思われる。

　今後国内外でこうした検討課題について議論が進むことが期待される。

17.3.3　多様性の追求

　従来、共通原因故障への最も有効な対策は多様性(Diversity)であることが知られている。そして、外的誘因事象は典型的な共通原因である。外的誘因事象への対策を考えるにあたっては多様性の検討が必須である。

　多様性については、既に「14.3　安全設計における多様性について」にまとめてあるので、ここではごく簡単に述べる。

　「3.3.2　安全設計」のところで紹介したように、原安委の設計指針[B-4]に次の定義がある。

　　「多様性」：同一の機能を有する異なる性質の系統又は機器が2つ以上
　　あること。

　これは例えば、非常用の冷却系に電動のものとタービン動のものを用意する

17. 個別誘因事象に対する深層防護について

ことにより、単一の原因である機能を果たす複数の系統が同時に故障する可能性を低下させることである。このように、多様性として従来は作動原理の違いだけに注目してきている。

しかしながら、福島第一の事故を見れば、より広い意味での多様性を考える必要がある。以下、記憶すべきことを列挙しておく。

- 発電所停電事故（SBO）が起きた時でも、タービン駆動の冷却系があれば一定時間は炉心の冷却が可能である。したがって、設計において「作動原理が異なる安全系を用意する」ことは、従来同様重要である。
- 5号機ではSBOが起きたが、6号機では1基の非常用発電機（D/G）が生き残った。このD/Gから5号機への電源融通によって、5号機もシビアアクシデントを免れた。6号機のD/Gが生き残った理由は、それが空冷式であることと、高所に置かれていたことによる。すなわち、冷却方式や配置位置の多様性が有効であった。
- アクシデントマネジメント（AM）策として用意されていたディーゼル駆動消火系ポンプ（DD-FP）が不作動であった時に、消防車のポンプによる炉心冷却がなされた。固定された安全設備だけでなく、可搬式の設備があると有用である。事故後の規制委での検討の結果、可搬式の安全設備をその置き場所も考慮して用意しておくことになっている。

なお、多様性の検討では、単一の誘因事象について考えるのではなく、いろいろの誘因事象が起き得ることを考えることが必要である。例えば機器設置位置については、津波だけ考えれば高いところに置けばよいが、航空機落下を考えればそれでは不適当である。

それから、多様性をどこまで考えるべきかという問題もある。これも14.3節で問題提起したことであるが、多様性については、どのようなものであれば十分か、今後検討が必要と思われる。

17.3.4 設計の想定を大幅に上回る事態への対処

外的事象への対処については、設計基準を超す状況に対してすべて「設計の強化」だけで対応するのは不合理であるとして、サイトに用意する可搬式機器やサイト外からの支援等を組み合わせた「柔軟な対応」が合理的であると考えられている。

しかし、「柔軟な対応」のためには準備が必要である。「柔軟な対応」が設備の用意だけでよいはずがない。想定を上回る「不測の事態」についても、どのような状況が生じ得るのか想像力を働かせることは必要である。その上で、「何をすべきか」、「何をしておけばよいのか」について戦略を立て、戦略に沿って設備の用意や教育・訓練が必要である。

そもそも、外的誘因事象についての「安全設計」から「柔軟な対応」までの一連の対応は、十分に整理された概念になっているであろうか？ これを考えることは、「深層防護」そのものの再検討につながるようにも思われる。効果的・効率的な「柔軟な対応」のためには、今後何を考えていけばよいのか、福島第一事故の教訓の反映で、まだ不十分な問題は残っていないか等含めて、まだまだ検討する課題がありそうである。

17.4. 個別誘因事象を考えての安全重要度分類

17.4.1 安全重要度分類の位置づけ

「6.3.2 設計指針と評価指針」に示したように、原安委の安全審査指針において、安全設計の妥当性は設計指針（及びその下位指針。耐震指針を含む）と評価指針（及びその下位指針）によって確認されてきた。6.3.2項の記述を繰り返せば、設計指針及びその下位指針・下位基準は、安全審査において、安全確保の観点から設計の妥当性について判断する際の基礎を示すためのもの[B-4]であり、評価指針及びその下位指針等は、設計指針を満足するような信頼性の高い機器・構造物で構成される原子力施設が、全体として十分安全な施設となっていることを安全評価によって確認するためのものである[F-8]。

そして、以下、「3.2 原子力施設における基本的安全機能と放射性物質放出

17. 個別誘因事象に対する深層防護について

防止のための多重の障壁」の記述を繰り返せば、次の通りである。

　設備の中には安全の観点で重要度が高いものも低いものもあるから、「発電用軽水型原子炉施設の安全機能の重要度分類に関する審査指針」(以下、「重要度分類指針」)[B-5]が定められている。

　安全機能を有する構築物・系統・機器 (Structures, Systems and Components：SSC) はまず、安全機能の性質に応じて2分類される。ひとつは原子炉冷却材を閉じ込めている圧力バウンダリや原子炉冷却材の循環のための設備等、「その機能の喪失により、原子炉施設を異常状態に陥れ、もって一般公衆ないし従事者に過度の放射線被ばくを及ぼすおそれのあるもの」である。これらは「異常発生防止系 (Prevention Systems：PS)」と呼ばれる。もうひとつは、異常状態発生時に原子炉を緊急停止させる設備や原子炉炉心を緊急冷却する設備等、「原子炉施設の異常状態において、この拡大を防止し、又はこれを速やかに収束せしめ、もって一般公衆ないし従事者に及ぼすおそれのある過度の放射線被ばくを防止し、又は緩和する機能を有するもの」である。これらは「異常影響緩和系 (Mitigation Systems：MS)」と呼ばれる。

　私は、「17.1.4　深層防護各レベルの目的」に述べたように、「深層防護のあるレベルでの一番大事な影響緩和 (Mitigation) は、次のレベルの事象の発生防止 (Prevention)」と考えるから、PSという呼称には抵抗があるが、ともかく、このような分類がなされている。そして、PS及びMSのそれぞれに属するSSCは、「その有する安全機能の重要度に応じ、それぞれクラス1、クラス2及びクラス3に分類」される。

　以上述べたことをまとめると、「安全機能を有するSSCは、その安全上の重要度に応じた信頼性設計がなされる」のであるから、「安全重要度分類はSSC設計の根源をなす」ものである。

17.4.2 一般的な安全重要度分類と個別誘因事象についての重要度分類
(1) 従来の安全重要度分類と耐震重要度分類

安全重要度はシステム安全の観点から各安全機能をクラス分けするものであり、耐震重要度を含め、個別誘因事象に対する設計でのクラス分けは、安全重要度に準じてなされる。

原安委の重要度分類指針[B-5]では、前述のように、安全機能を有するSSCをまずPSとMSに大別する。その上で、「PS及びMSのそれぞれに属するSSCを、その有する安全上の重要度に応じ、それぞれクラス1、クラス2及びクラス3に分類する」。PS-1～PS-3、MS-1～MS-3の定義はそれぞれ次の通りである。

・PS-1：
その損傷又は故障により発生する事象によって、
 (a) 炉心の著しい損傷、又は
 (b) 燃料の大量の破損
を引き起こすおそれのあるSSC

・PS-2：
 1) その損傷又は故障により発生する事象によって、炉心の著しい損傷又は燃料の大量の破損を直ちに引き起こすおそれはないが、敷地外への過度の放射性物質の放出のおそれのあるSSC
 2) 通常運転時及び運転時の異常な過渡変化時に作動を要求されるものであって、その故障により、炉心冷却が損なわれる可能性の高い構築物、系統及び機器

・PS-3：
 1) 異常状態の起因事象となるものであって、PS-1及びPS-2以外のSSC
 2) 原子炉冷却材中放射性物質濃度を通常運転に支障のない程度に低く抑えるSSC

17. 個別誘因事象に対する深層防護について

- MS-1：
    1) 異常状態の起因事象となるものであって、PS-1 及び PS-2 以外の SSC
    2) 異常状態発生時に原子炉を緊急に停止し、残留熱を除去し、原子炉冷却材圧力バウンダリの過圧を防止し、敷地周辺公衆への過度の放射線の影響を防止する SSC
- MS-2：
    1) PS-2 の構築物、系統及び機器の損傷又は故障により敷地周辺公衆に与える放射線の影響を十分小さくするようにする SSC
    2) 異常状態への対応上特に重要な SSC
- MS-3：
    1) 運転時の異常な過度変化があっても、MS-1、MS-2 とあいまって、事象を緩和する SSC
    2) 異常状態への対応上必要な SSC

一方、原子炉施設の耐震設計上の施設別重要度は、原安委の「発電用原子炉施設に関する耐震設計審査指針」（以下、「耐震指針」）[B-6] において、「地震により発生する可能性のある放射線による環境への影響の観点から」「耐震重要度分類」として定められている。

耐震指針では、原子炉施設を構成する SSC を耐震安全上の重要度に応じて、S クラス、B クラス、C クラスに分類している。分類の基準は次の通りである。

- S クラス：
    自ら放射性物質を内蔵しているか又は内蔵している施設に直接関係しており、その機能そう失により放射性物質を外部に放散する可能性のあるもの、及びこれらの事態を防止するために必要なもの、並びにこれらの事故発生の際に外部に放散される放射性物質による影響を低減させるために必要なものであって、その影響の大きいもの
- B クラス：
    上記において、影響が比較的小さいもの

・Cクラス：
　Sクラス、Bクラス以外であって、一般産業施設と同等の安全性を保持すればよいもの

(2) **安全重要度分類、耐震重要度分類に係る従来の指針の問題点**

　福島第一事故に照らして安全重要度分類、耐震重要度分類に係る原安委指針を見直せば、幾つか問題がある。以下、特に重要な問題2点についてまとめてみる。

　原安委指針の最大の問題は、これは全審査指針に関わることであるが、各指針がアドホックのグループによって作られて、必ずしも全体の整合性がとれていなかったことではないかと思う。個別の指針はそれなりに適切であっても、通して読むとおかしなことがあちこちにある。そして、安全重要度分類と耐震重要度分類はその典型例である。

　当然のことながら、安全重要度分類が上位概念である。それなのに、発電炉の指針では、「どのようなものが安全上重要か」が耐震指針に書いてあって、具体的なクラス分けが重要度分類指針に書いてある。核燃料施設等の指針では、安全重要度についてほとんど記述されていないのに、いきなり耐震重要度が現れる。規制委による新規制基準の検討の過程で、数多くの基準を一気に整備した結果、こうした欠陥が如実に明らかになったと思う。

　それから、現行重要度分類は「事故」に注目して書かれており、深層防護の全レベルを網羅するものになっていない。
　「6.3.4　評価指針と立地指針における事象分類と判断基準」では、「表6-1に安全審査指針での「評価指針・立地指針における事象の発生頻度と判断基準に係わる記述」[B-3), B-7)]についてまとめてある。そこでの「事故」についての判断基準、言い換えれば深層防護第3レベルの目的は、「炉心は著しい損傷に至ることなく、かつ、十分な冷却が可能」となっている。
　一方、重要度分類指針によれば、前述のように、「PS-1：その損傷又は故障

17. 個別誘因事象に対する深層防護について

により発生する事象によって、(a)炉心の著しい損傷、又は(b)燃料の大量の破損を引き起こすおそのあるSSC」となっている。

要すれば、両指針において、重要度は設計基準事故という深層防護第3レベルにのみ注目しているのである。

従来、規制の対象は第3レベルまでであり、そのレベルで防護ができることが最大の目的であったから、こうした指針になっていたことはある意味納得できる。しかしながら、今後重大事故まで対象として安全設計や重要度分類を考えるならば、「深層防護の各レベルにおいて、そのレベルでの防護目的を果たすのに必要なSSCであるか」を考えて「それぞれのレベルでの安全重要度や設計要求」を考え、幾つかのレベルで安全機能が要求されるものについては、「各レベルで定義される安全重要度の最高のものをそのSSCの安全重要度」とすべきであると考える。

「17.1.4 深層防護各レベルの目的」に示したように、第2レベルから第4レベルまでの各レベルで護るべき障壁として、被覆管、ペレット、格納容器があり、それを十分な信頼性を持って護ることが深層防護である。

まずレベル2については、「運転時の異常な過渡変化の判断基準のひとつは燃料被覆管の健全性が保たれること」である。だとすれば、被覆管は障壁そのものであるから、これは安全上最重要のもののはずである。このように考えていくと、燃料被覆管については、全くの私案であるが、その安全機能が例えば次のように深層防護のレベルごとに記述されるべきものと思われる。

L-1) 「通常運転時において、ごくわずかのピンホール等がまれに発生することを除き、密閉性を保つこと」

L-2) 「運転時の異常な過渡変化時において、機械的に破損することがないこと」

L-3) 「設計基準事故時において、ふくれや破裂があったとしても、self-standing であって燃料集合体内流路が失われることがないこと」

L-4) 「重大事故時においては、要求される安全機能なし」

その上で、第2レベル（L-2）においては当然に被覆管は最重要 SSC のひとつになり、したがって、「被覆管の安全重要度は PS-1」となると思う。
　これと同じことは、レベル4のフィルタードベントにも言える。フィルタードベントは、従来の規制の対象であった第1レベル（L-1）～第3レベル（L3）では何の安全機能も要求されない。強いて言えば、「誤って開くことがないこと」であろうか。そして、第4レベル（L-4）で「格納容器という、そのレベルで護るべき障壁」を護るために、初めて安全機能が要求されるものである。だとすれば、多分、

　　　L-4）「重大事故時において……」

という記述になるはずである。
　なお、格納容器（という SSC）については安全関係者は誰も、それが本当に必要になるのは重大事故の時であると認識している。従来の安全重要度分類は前述のように深層防護レベル3にのみ注目していたので、本来このレベルではさほど重要でない格納容器を無理矢理重要度高としてきたが、「格納容器はレベル4で重要」とすれば実にすっきり落ち着いたものになる。

　以上まとめれば、要は、重要度分類は「事故」にのみ注目して考えるのではなく、深層防護の各レベルにおける安全機能の重要性に沿って記述すべきこと、特に、L-2）～L-4）については、それぞれ、被覆管、ペレット、格納容器という障壁の健全性を護ることに注目して記述すべきことであると思われる。

(3) **安全重要度と個別誘因事象に対する防護に係る重要度の整合性**
　原安委の耐震指針は平成18年に改訂されているが、その改訂のために設置された分科会においてある委員が次のような問題提起をした。

　　　「なぜ耐震重要度分類は安全重要度分類と同じではないのか。」

17. 個別誘因事象に対する深層防護について

　私の記憶では、この問題提起に対して議論はなされなかったように思うし、私自身もこの問題を正確には把握できないでいた。しかし、福島第一事故によって、この問題には一定の答えが示されたように思う。

　すなわち、システム安全の観点からは、「安全上の重要度」あるいは「安全機能の重要度」は一般には機能喪失の原因事象と関係なく決定されるはずであり、耐震指針のS、B、Cのクラス分けも、「機能喪失」がどのような影響を及ぼし得るかのみによる分類である。原則は、安全重要度分類と耐震重要度分類は一致すべきである。

　しかしながら、安全上重要なSSCを特定の誘因事象から防護するために設置されるSSCもある。津波に対する防潮堤や水密扉が典型例である。この他、地震動の影響を緩和するのに免震を採用した場合の免震床や、航空機落下の影響を緩和するのに防護壁を採用すればその防護壁は、その設計の根幹とするために安全重要度を定める必要がある。

　また、従来は、「設計基準事故を超す状態に対応する設備」は少なくとも規制の直接対象とはなっていなかったが、新安全基準ではそうした設備も要求しており、であれば、それらの設備の設計のために安全重要度が定められる必要がある。

　さて、2012年9月に発足した規制委は「新規制基準」の策定に取り組んだ。まずは同年10月に発電炉の新基準を検討する会合が発足し、翌年4月からは核燃料施設等の新基準を検討する会合も発足した。私はこの両会合のメンバーになった。

　安全重要度は安全設計の根幹であるし、福島第一事故は地震と津波によって起きているから、耐震重要度も重要である。したがって、新基準検討の過程では当然に安全重要度や耐震重要度に係る問題も提起された。私自身が整理したものであって規制委が公式に示しているものではないが、会合では次のような合意がなされた[L-8]。

- 安全重要度が耐震重要度の上位概念であり、各SSCについては、まず安全重要度が定められ、原則としてそれに準じて耐震重要度が定められる。
- 発電炉は約50機あり、その安全審査には共通の基準が用いられるので、安全重要度分類・耐震重要度分類は基準の中に書き込まれる。
- 発電炉においては、安全重要度の考え方についての再検討も必要であるが、これは当面のバックフィットの対象には含めない。
- 個々の誘因事象に対する防護設備は設計基準ハザードに耐えねばならないし、ひとつの誘因事象で設計基準を超える事故が発生する場合には、そういう事故（B-DBA）に対するアクシデントマネジメント設備は少なくとも設計基準ハザードに耐えるような強度を持たなければならないはず。新基準ではこうしたSSCに対する安全重要度は定めないが、これらのSSCが十分な耐力を有する（あるいは、あらかじめ当該ハザードの影響を受けにくいように対策しておく）ことは安全審査の中で確かめる。
- 核燃料施設等はほとんどが一品生産のものであるので、安全重要度・耐震重要度に係る基本的要求事項は規制委が示すものの、各SSCの安全重要度・耐震重要度は事業者が安全審査において提案し、規制委がその妥当性を確認する。
- 核燃料施設等については、全施設について共通の「安全機能を有するSSC」が定義され、それは「安全上重要なSSC」と「それ以外」に区分される。耐震重要度分類のクラス分けもそれに準じてなされる。ただし、従来のプラクチスとのつながりもあって、安全重要度が2分類で耐震重要度が3分類といったものもある。
- 核燃料施設等における「安全上重要な施設」とは、その機能喪失により、一般公衆及び従事者に過度の放射線被ばくを及ぼすおそれのあるSSCと、設計基準事故時に一般公衆及び従事者に及ぼすおそれのある過度の放射線被ばくを防止または緩和するためのSSCをいう。

17. 個別誘因事象に対する深層防護について

17.4.3 安全重要度分類の対象とするSSCの範囲についての再検討

安全重要度分類と、それに基づく設計要求については、その対象とすべきSSCの範囲についても再検討が必要である。例えば、外的誘因に対する防護設備や、防災に必要な設備などである。以下、思いつくものを挙げてみる。

1) 航空機落下に関しては、「5.3.3 わが国での確率論的安全評価のこれまでの応用」で紹介したように、「原子力施設へ航空機が落下する確率が評価され、その結果が判定基準を上回る場合は『想定される外部人為事象』として、設計上の考慮が必要とされる。」航空機落下への対処設計が必要な場合は、その設計要件が必要になる。
2) 津波に対して堤防を作るなら、その安全重要度を定め、それに応じた設計要件を定める必要がある。
3) 2007年7月16日の中越沖地震の際には、柏崎刈羽原子力発電所で、緊急対策室のドアが塑性変形して開かなかった（原子炉建屋のブローアウトパネルも開いてしまっており、深層防護が2重に損なわれたことになる）。こうした設備についての設計要件を見直す必要がある。
4) 福島第一の事故では、免震重要棟が事故時対策で重要な役割を担う一方、オフサイトセンターは被災して想定どおりの役割を果たせなかった。制御室、緊急対策室、重要免震棟、オフサイトセンターの役割を再度明確化するとともに、これらの施設の設計要件も見直す必要がある。
5) 「16. より実効性のある原子力防災の確立」の章で縷々述べたように、私は原子力防災にERSSやSPEEDIといった計算コードを多用するのは間違いだと思うが、もし何らかのソフトウェアを事故対応で用いるなら、それらを動かす設備についても安全重要度と設計要件を定める必要がある。福島第一の事故では、ERSSのための諸設備が地震動で故障して、何のデータも送れなかった。
6) 政府事故調中間報告には、東電内の緊急時対応情報表示システム（Safety Parameter Display System：SPDS）も津波による電源喪失で使用不能になり、東電本店では福島第一の各号機のプラント状態の把握が困

363

難になったことも記されている（私個人は以前から、ERSS の機能の中で SPDS は必須の機能と主張してきた）。従来、ハードウェアは設置してもそれを有効に用いるためのソフトウェアの不備が指摘されてきたが、福島第一の事故ではソフトウェアを有効に用いるためのハードウェアの信頼性（特に、外的誘因事象に対する信頼性）が不十分であったことが示された。

17.5　個別誘因事象対策についてのまとめ

福島第一事故は、外的誘因事象（特に、自然現象）に対して、深層防護各レベルの防護が不十分であったことを示した。このため、事故後には国内外で、個別誘因事象への対策が再検討されている。本書でも本章でこの問題について論じてきた。ここではその要点をまとめておく。

(1)　「深層防護」の再整理

繰り返し述べているが、安全は安全設計と安全管理（マネジメント）によって担保される。そして、原子力施設の安全を確保するための基本的な考え方として「深層防護」がある。

原子力発電所についての深層防護は、従来、5つのレベルに分けられていた。その中で前段の3つのレベル（異常・故障の発生防止、異常・故障の事故への拡大防止、事故の影響緩和）は、主に安全設計による対処である。これに対し、深層防護の後段（アクシデントマネジメント、防災）は、「設計基準を超えるところ」であるから、当然にマネジメントの役割が重要である。

そして、「3.2　原子力施設における基本的安全機能と放射性物質放出防止のための多重の障壁」や「6.3.4　評価指針と立地指針における事象分類と判断基準」のところで述べたように、また、本章でも繰り返したように、深層防護各レベルの目標は、それぞれのレベルに対応する障壁を護ることと、次のレベルの事態の発生を防止することである。

そうであれば、安全設計であれマネジメントであれ、各レベルの障壁そのものは当然に最重要である。被覆管は、深層防護レベル2の障壁として最重要である。ペレットの溶融防止はレベル3において最重要である。格納容器はレベ

17. 個別誘因事象に対する深層防護について

ル3の障壁としては重要でなく、レベル4の障壁として重要である。防災対策はレベル5の障壁として重要と位置づける。また、こうした障壁を護る上で直接的に影響する安全機能には高い安全重要度を割り当てることになる。

　障壁そのものと、それを護るための安全機能を果たすSSCあるいはマネジメント策は、安全重要度に応じた信頼性を有することが必要である。障壁やSSCといった安全設計については、それらが機能を果たすことを求められる条件下で所定の性能を有することと、運転期間を通しての荷重条件・環境条件下で健全性を保つことが要求される。各マネジメント策については、それらが機能を果たす条件下で確実に実施されることが要求される。

(2) 新規制基準での安全重要度の扱い

　2012年9月に発足した規制委は、同年10月以降発電炉について、また、翌年4月以降燃料サイクル施設について、新規制基準の策定を図り、基準そのものはいずれも2013年中に確立した。ただし、安全重要度については、発電炉では基準の中で定めたものの、その再検討が必要とされた。また、サイクル施設には多様な施設があることから、安全重要度区分の基本的な考え方は基準に示されたが、各安全関連SSCの重要度は事業者が提案し、規制委がその妥当性を安全審査の中で確認することとした。

　規制庁とJNESはその後安全重要度について検討を重ねてきたが、そこではまず、従来の重要度分類指針が、深層防護第3レベル（設計基準事故）にのみ注目して重要度を定めていることを指摘した。これは、深層防護の考え方とは一致しないものである。しかし、従来の規制が設計基準事故までを対象としてきたことを考えれば、「設計基準事故対策で重要なものが公衆の安全にとって重要である」と考えてきたことも、また、第3レベルまでは原則として設計で対処するのであるから、「安全重要度とは安全設計の重要度である」と考えてきたことも自然なことである。

　しかしながら、新規制基準ではシビアアクシデントも規制の対象に含めることになった。安全重要度は、レベル3以外のレベルでも考えなくてはならなくなり、例えば「フィルタードベントの安全重要度はどう定めべきか」といった

問題が出てきた。また、安全設計だけでなくマネジメントの重要度も考えなくてはならなくなり、シビアアクシデント状態下で実施されるAM策については、それらをシビアアクシデント状態下、例えば、電源のない中、あるいは、高放射線場において実施する上で、どれほど高い信頼性を要求するかを示すことが必要になった。

(3) 安全機能のていねいな定義が重要

　安全重要度を定めるには、安全機能をていねいに定義する必要がある。例えば、冷却系におけるポンプなどは、冷却材バウンダリとしての安全機能と冷却系としての安全機能のように、複数の安全機能を有する。こうしたものについては、安全機能ごとに重要度を定めることが必要になる。

　幾つか例を挙げれば、「崩壊熱を除去できること」は安全機能の十分な定義ではない。「長期的に崩壊熱を除去できること」はほとんどの場合最重要な安全機能であるが、「短時間内に崩壊熱を除去できること」は特定の設備でのみ最重要となる安全機能である。「長期的に崩壊熱を除去できること」は設計でなくとも可能なことが多いが、「短時間内に崩壊熱を除去できること」は設計で担保しなくてはならない。

　「バウンダリが健全であること」も安全機能の十分な定義ではない。「一時に大量の放射性物質の放出に至るようなバウンダリの破損が起きないこと」と、「少量の放射性物質の放出に至るようなバウンダリのひび割れがおきないこと」の重要度も当然異なるはずである。

(4) 深層防護の各レベルで重要度を定めることが必要

　深層防護の幾つかのレベルで安全機能を要求される設備については、レベルごとに重要度を定めることが必要になる。例えば被覆管は、深層防護レベル2の運転中の異常な過渡変化に対しては、密閉性を保つことが必要である。レベル3の設計基準事故に対しては、ふくれ・破裂は許容されるが、自立性を保ち流路を閉塞させないことが必要である。レベル4のシビアアクシデントに対しては少なくとも今のところは何の要求事項もない。

17. 個別誘因事象に対する深層防護について

(5) 「多様性」による共通原因故障の防止

福島第一事故は外的誘因事象に対する防護が脆弱であったことを示した。したがって、今後の検討では、個々の誘因事象（施設内誘因事象である火災や浸水も含む）への対策が特に重要である。ここでこれらの誘因事象は共通原因故障をもたらす原因事象の典型である。そして共通原因故障への対処の第1は多様性であることが知られている。

多様性については、「14.3 安全設計における多様性について」で論じた。従来は原安委の設計指針において安全系の作動原理の違いだけが挙げられていたが、今後はこの他に、据え付け位置の違いや、設計とマネジメント、恒久設備と可動性設備の組み合わせなど、様々なものを考えるべきである。

(6) 安全機能の重要度と個別誘因事象に対する設計の重要度の関係

次に考えるべきは、安全重要度と個別誘因事象に対する設計の重要度の関係である。

安全重要度とは安全機能の重要度である。これに対し、耐震設計や耐津波設計での重要度はそれを設計において担保するための重要度である。当然に、安全重要度は耐震重要度よりも上位概念である。

従来の原安委指針では、安全重要度と耐震重要度で不一致のものがあったが、多くは「安全機能を丁寧に記述すれば一致する」ものである。例えば、「形状維持機能」は多くの場合重要度が高い。一例を挙げれば、使用済み燃料プールにおいては臨界を防止することが重要であるが、そのためには形状維持が重要であり、そのためには耐震重要度が高くなる。

それから、安全重要度と個別誘因事象に対する設計の重要度を定めるSSCの範囲については再検討が必要である。従来の重要度分類指針の対象は安全機能を直接担う設備に限られていたが、計測制御系統にも安全重要度が高いものがあるはずである。また、津波に対する防潮堤や水密扉、航空機落下に対する防護壁など、「安全機能を直接担保するSSCを護るためのSSC」については、それぞれの誘因事象への対処設計での重要度と設計要件を定めることが必要である。

(7) 近隣の SSC あるいは施設からの影響を考慮することが必要

　次の問題は、ある安全重要度に見合う安全設計あるいはマネジメント策を考える上では、当該の設計あるいはマネジメント策だけでなく、それに影響を及ぼし得る因子についての考慮が必要ということである。

　まず設計については、各 SSC の重要度は、原則としては当該 SSC の機能の重要性で定められる。しかしながら、ある SSC が近隣の別の SSC によって影響を受けるような場合は、そういう影響下にあっても重要度に見合った信頼性を有することが必要である。

　従来も、原安委の重要度分類指針[B-5]には「安全機能を有する SSC は、他の SSC との間において、相互に影響を及ぼすことが考えられる場合に、一方の影響によって同位の重要度又は上位の重要度を有する他方に期待される安全機能が損なわれてはならない。このためには、安全機能を有する SSC は、同位又は下位の重要度（安全機能を有しないものを含む。）の SSC の影響により所要の機能が阻害されないように、機能的な隔離もしくは物理的な分離又はこの両者の組み合わせが適切に考慮された設計であることが求められる。」とある。ここで「機能的分離」とは、例えば、タイラインを有する系統間を弁の構成によって隔離することなど、「物理的隔離」とは、例えば、適切な配置を保つことや物理的障壁を設けることなどと示されている。

　外的誘因事象についての設計原則に照らせば、タービンブレードが破損してミサイルになる可能性が一定値以上になるならば、ブレードが飛ぶ可能性のある方向には安全関連 SSC がないことを確かめるか、防護壁を置くこととなる。また、炉心の上部にクレーンを設置する場合は、クレーンの損傷が燃料に影響を及ぼさないよう、十分信頼性の高い設計とすることとなる。

　それから、福島第一の事故では、系統間の相互影響だけでなく、ユニット間の相互影響も問題になった。また、設計基準事故の範囲内での相互影響だけでなく、シビアアクシデント状態に至った場合の相互影響も問題になり、その場合は単にハードウェアに及ぼす影響だけでなく、水素爆発や高放射線場といっ

17. 個別誘因事象に対する深層防護について

た状況が他のSSCの操作性に及ぼす影響も問題になった。

シビアアクシデントまで考えての「ユニット間の機能的分離」に係る事例としては、例えば、3号機で生じた水素が4号機に導かれて原子炉建屋内で爆発している。こういう経路をなくす設計にする必要がある。また、シビアアクシデント時のSSCの操作性に関する事例としては、高放射線場においてアクシデントマネジメントのための弁操作が困難であった。個々のマネジメント策が実際の事故条件下で重要度に見合った高い信頼性で実施可能かどうかにアクセス性の問題等を考えておく必要がある。

使用済み燃料貯槽（SFP）については、各ユニットのSFPも共用SFPも、本来、安全重要度も安全設計要求も同程度であるはずである。しかしながら、炉に付随するSFPについては、「原子炉が事故を起こしている場合はSFPへの接近も困難になる」という問題も考えておかねばならないことになる。

すなわち、たとえ2つの設備が同じ安全重要度を有していたとしても、その重要度に相当する信頼性を確保するためには、周辺のSSCや施設で起き得る事象の影響を考慮すべきであり、その結果は設計あるいはマネジメントにおける要求事項が大きく異なる場合があり得るということである。

18. リスク情報、運転経験、安全研究の反映

18.1 リスクインフォームド規制の確立

「3.6 原子力安全研究」で、特に、「図3-10 安全研究の位置づけ」での説明で述べたように、確率論的安全評価（PSA）の結果として得られる「リスク情報」や、原子力施設で実際に起きた事故や故障（運転経験）の分析・評価によって得られる教訓、また、安全研究の成果は、それぞれ、規制をよりよいものにしていくのに有用な知見を与えるものである。

その関係を図18-1に示す[L-2]。運転経験データや安全研究の成果は、直接的に設計、管理、規制に有用なものもあるし、また、PSAの基盤情報となるものもある。代表的な例を挙げれば、機器等の故障率のデータはレベル1 PSAにとって、シビアアクシデント時に起き得る現象についての知見や地震の発生メカニズムや地震動距離減衰にかかる知見は、レベル2 PSAや地震PSAにとって、それぞれ不可欠の情報である。

PSA、運転経験、安全研究から得られる知見は、福島第一の事故の前もより適切に活用されるべきであったし、事故のあとでは、事故の反省も踏まえて、

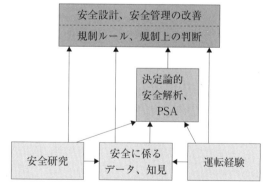

図18-1　PSA、運転経験、安全研究の活用プロセス[L-2]

18. リスク情報、運転経験、安全研究の反映

より適切かつ広範に活用されるべきである。

本書の元々の目的（すなわち、第1部の目的）は、原子力施設がもたらすリスクを確率論的安全評価（PSA）によって把握して、それに対する適切な規制（リスクインフォームド規制）を打ち立てる道筋を示すことであった。したがって、本節ではまずPSAに係る課題をまとめ、次いで18.2節及び18.3節で運転経験及び安全研究に係る課題について述べることにする。

本節では、以下、PSAの方法論の妥当性、PSAの不確実さと不完全さ、わが国でのPSAの実施状況、PSA結果の規制への反映、安全目標に関する課題という、5つの項目について私見を述べる。

18.1.1 確率論的安全評価の方法論の妥当性について

まず、「5.2.1 確率論的安全評価の手順の概要」で紹介した、「図 5-2 原子力発電所の確率論的安全評価の手順（その1）」及び「図 5-3 原子力発電所の確率論的安全評価の手順（その2）」を見返していただきたい。

図 5-2 は、機器の故障が、機器に内在する原因によっても機器の外部から与えられる衝撃によっても起きること、また、機器の故障・損傷の中には、発端事象になるものもあるし、停止系や炉心冷却系等、炉心溶融を防止するための安全系の機能喪失につながるものも、格納容器冷却系等、格納容器破損を防止するための安全系の機能喪失につながるものもあることを示している。そして、発端事象と安全系の機能喪失が炉心溶融や格納容器破損につながることを示している。

図 5-3 は格納容器が破損するような重大な事故によって公衆が健康影響を受けるまでのシナリオを示している。そこでは、放射性物質が環境中に放出されること（その核種と量、放出のタイミングが「ソースターム」）、放出された放射性物質は気象条件に左右されながら環境中を移行していくこと、公衆の被ばく線量は避難や退避といった緊急時対策の成否によって異なること、最終的には被ばく量から公衆の放射線影響を評価することになることが示されている。

この2つの図と、福島第一で実際に起きたことを比べてみれば、PSAの全体としての考え方が、シビアアクシデント時にプラントの中で、あるいは敷地

の外で起きるであろうことをいかに正確に予測していたかが理解されよう。

　PSA の発想は、「5.1　確率論的安全評価の概念」に記述したことであるが、1975 年に公表された米国の「原子炉安全研究（Reactor Safety Study : RSS）」[G-1] によって確立したものである。あらためて、先駆者の炯眼に敬服するところである。

　PSA の手法には、第 1 部で繰り返し述べたように、不確実さも不完全さもある。しかしながらこの手法は、原子力施設が公衆に及ぼすリスクを直接的に評価する、現在のところ唯一の安全評価手法である。そして、手法の全体としての妥当性は、不幸なことであるが、福島第一の事故で確認されたと言える。

　今後は、この手法が一層成熟すること、特に、地震以外の様々な誘因事象の評価に拡大して、PSA の不完全さが少しでも改善されることが期待される。

18.1.2　確率論的安全評価における不確実さ・不完全さを考慮した利用について

　PSA の不確実さ・不完全さと、それを考慮に入れての規制への PSA 結果の利用については、第 1 部で繰り返し述べた。ここでもこの問題を繰り返しておく。

　PSA の精度については、私は以前から、PSA の最大の不確実さ要因として次の 3 項を挙げている（例えば、規制委発電炉新規制基準検討会合でのコメント[G5-2]、安全部会セミナー報告書[L-2]）。

① 　外的事象のハザードの不確実さ
② 　シビアアクシデントの進展解析とソースターム評価の不確実さ
③ 　運転員のマインドセット

　私自身は原研で PSA 研究に従事した時に、まずはシビアアクシデントの進展解析コードを作り、次いで地震リスクの評価コードを作っている。どこにどれほど大きな不確実さがあるかは身に染みて知っている。以下、私が直接係わった①、②の問題について具体的な例を挙げておく。

18. リスク情報、運転経験、安全研究の反映

(1) 外的事象のハザードの不確実さについて

まず、福島第一事故の後に JNES 耐震部が公表した資料[G5-3]から抜粋して示す。

- 3.11 津波の知見を考慮したハザードでは、同津波の再現解析による水位（約 19 m）を超える頻度は 1.5×10^{-3} 程度（約 670 年に 1 回）である。
- 同様に、想定津波水位（約 5.7 m）を超える頻度は 8.0×10^{-3} 程度（約 125 年に 1 回）である。
- 3.11 以前の情報に基づく場合では、想定津波水位（約 5.7 m）を超える頻度が 3.0×10^{-3} 程度（約 330 年に 1 回）である。

津波の再現解析の精度についての評価はさておき、この結果は、歴史津波データを単純に統計処理した場合は、津波データ 1 件が加わればハザードが大きく異なることを示している。ここで、「もし 3 月 11 日の津波の前にあのような高い津波の発生頻度を専門家が寄ってたかって評価したとすると、」その結果は専門家個人の判断で大きく異なったのではないだろうか。

この問題については、2011 年 12 月の原安委基準・指針専門部会の速記録[G5-4]も抜粋しておこう。I 委員、T 委員は、地震・津波の専門家である。

> 私：10 万年にいっぺんの津波を本当に考えるんですか。ドライサイトということになれば、そこまで考えないといけないわけですよね。
> I 委員：津波に関して頻度の概念、今回の検討では入れておりません。それはなぜかと言うと、今回起こった地震もそうですけれども、例えば 1960 年のチリ地震もそうですし、最近だったら 2004 年のスマトラ沖地震ですね。要するに地震規模、マグニチュード 9 を超えるような地震というのは、これまで起こったのは全て史上初だったんです。史上初の事象で大きな被害がもたらされているわけです。今回の地震も、基本的には日本における歴史記録から言えば、史上初なわけです。

そうすると、まず頻度という概念というものが成立しない。マグニチュード9を超える地震に対して、頻度どれくらいかということ自体が科学的な合理性を失ってしまう可能性があると我々は考える。そういう意味で、まずここで強調しているのは、国内のみならず世界の事例で津波の発生機構やテクトニックな背景の類似性を考えてどういう地震を考えるべきかを評価しなさいということにしているのはそこにあります。

T委員：私も頻度については、I先生と同じ意見です。要は自然科学として、マグニチュード9の地震がどういうふうな頻度で起こるかというところは議論できるようなところにないと。小さい地震については、発生頻度というのは議論できる。やはりまだサイエンスとしてそこまで達していないというところがあって、決定論的に扱うのが妥当かと思います。

私としては、極めて有用な意見をいただいたという認識である。これを基に、津波に対するリスクインフォームド規制を考えると次のようになる。

- 歴史地震、歴史津波について、設計指針にあるように「統計的に妥当とみなされるもの」（＝サイエンスとして頻度が推定できるもの？）だけ扱ったのは不十分である。これは既に、広く合意されていると思う。
- それを超えるものについて、「専門家の工学的判断」（私はリスク屋だから、これを「確率論的考察」と呼んでいる。PSAは確率論的考察のひとつの方法）で何らかの定量評価をしなければ「設計基準ハザード」が定まらない。
- しかし、このとき、（原安委の基準部会の先生という）一番の専門家が、「頻度概念は成立しない」と言っている。
- こういうときPSAでは、「専門家意見の集約」とか言って、力ずくで確率論的ハザードの定量評価をする。そのための方法論もある。
- 私見では、「頻度概念は成立しない」でも、「力ずくで確率論的ハザード評価をする」でも、どっちでもいい。大事なのは、定量的に何らかのことを考えるのは必須だけれど、そういう定量結果は本当に大雑把なものでしかないと理解することである。

18. リスク情報、運転経験、安全研究の反映

- 原安委での耐震指針[B-6]の策定過程では地震PSAの直接的な応用についての提案が見られたが、それと同じように、「津波PSAをやって定量化されたリスクを安全目標・性能目標と比べて判断」などという提案が出てこないことを祈る。リスクの絶対値をそのように使うのは、そもそも間違いだし、また、「規制を考える」ことをやめてしまう結果につながる。
- むしろ、どういう対策を採れば、ハザードに大きな不確実さがあってもリスクが十分小さくなるかを考えることが大事である。
- そして、その結果を「決定論的ルール」にすること。私も結論は「決定論的に扱うのが妥当」ということである。

(2) シビアアクシデントの進展解析とソースターム評価の不確実さ

シビアアクシデントの進展解析とソースターム評価のための計算コードを開発するにあたって、シビアアクシデント時に起きる可能性のある個々の現象・事象については多くの場合何らかのモデルがあるが、複数の現象・事象が同時にあるいは前後して起きたらどうなるかなどについてはほとんど想像に頼っているはずである。また、見逃しや考え落としもあると思われる。

例えば、「格納容器から漏洩した水素が原子炉建屋に漏洩」という現象は、シビアアクシデント研究者には広く知られていたが、「原子炉建屋に漏洩した水素がそこで爆発」は多くのPSAでモデル化されていなかった。まして、「3号機で生じた水素が4号機原子炉建屋に漏洩してそこで爆発」については、こういう漏洩経路があることにほとんど誰も気がつかないでいた。「2号機の圧力抑制室で爆発音がして圧力抑制室の圧力がゼロになった」時には多くの関係者は2号機の圧力抑制室が破損したと誤解した。どれも、我々の想像力が不十分であった証拠である。

PSAは元々、シビアアクシデントはどのくらいの発生頻度で起きそうか、シビアアクシデントに至る事故シーケンスで重要そうなのはどれか、シビアアクシデントが起きたときには事故はどのように進展しそうか、といった問題について「おおまかに」示すためのものである。PSAの結果そのものは規制の

直接対象にはしにくいものと思う。PSA の結果を原子力施設の安全対策や規制に用いるには、このような大きな不確実さがあることを常に意識することが必要である。

　以上、PSA における不確実さについて2つの例を挙げた。外的誘因事象のハザード評価やレベル2 PSA の評価技術には今でも大きな不確実さがある。このことは事故によっても明示された。しかし、福島第一事故の前は、慣れ親しんだ計算コードを使い続けている間に、計算コードの作り上げている世界が現実の世界のように思えてきて、「いつの間にか不確実さを忘れている」[L-9]状態にあったのではないか。

　残念なことに、事故後でさえ、詳細コードを整備すれば精度良い解析ができるといった現状無視の主張がなされている[L-9]。あるシビアアクシデント解析コードであるが、「総合コード、詳細コード」という触れ込みである。しかしながら、このコードは元々、パーツをつなぎ合わせたものである。システム設計のないつなぎ合わせのコードでは、精度が良くなるわけでも、計算速度が速くなるわけでもない。「実用」という意味はまったくない。一昔前に米国 NRC が、同じようにパーツのつなぎ合わせによって「Source Term Code Package：STCP」を作ったが、こういうコードはもはやだれも使っていない。

　ある大学の先生がこのコードを評して、「理論的、機構論的な物理モデルで構築しているので、解析結果はユーザに依存しない」と書いていた。しかし、これは、私流に解釈すれば、「このコードは使い物にならない」という意味である。軽水炉で実際に起きたシビアアクシデントは、TMI で1例、福島第一で3例あるが、いつまで経っても精密にはわからない事故である。そういう事故について、「結果がひとつしか出ない」のは、この分野の計算コードとして落第である。燃料の溶融落下という事象一つだけとっても、これは「わからない事象」だとして、幾つもの溶融落下モデルで計算してみて、結果がどれくらいばらつくかを理解すること、およそどんなことが起きたかを理解することの方がずっと大事なことである。

18. リスク情報、運転経験、安全研究の反映

　実際のシビアアクシデントについて本当に「理論的、機構論的な物理モデル」でものがわかるなら、福島で何が起きたかわかるはずである。
　「ほら吹き男」というイソップ寓話がある。古代競技のある選手が、ロドス島で大跳躍をしたという自慢話をして、「ロドス島に行けば誰もそれを証言してくれる」と言った。それを聞いた一人が、「そんな証言はどうでもいい、ここがロドスだ。ここで跳べ」と言ったという話である。
　「理論的、機構論的な物理モデル」でものがわかるなら、「ここがロドスだ。ここで跳べ」と言いたい。

　2011年11月30日に保安院で、炉心損傷状況推定ワークショップなる会合が開かれ、東電が1号機について、ドライウェル底部に落ちた炉心融体がコンクリートをどれほど浸食したかの解析結果を示した。会合に出席していた私は、会合終了後NHKのインタビューを受けた。この計算結果は正しいか、という質問である。これに対しては、次のように答えている。

>　「間違っているとは思わないが、まだ第一歩だと受け止めている。解析結果は一つだけでは答えを導き出すことができないからだ。今後はいろいろな解析結果を積み重ねて、事故の実態を分析していく必要がある。」

　正確にわからないことについては、ひとつの解析結果を鵜呑みにすることなく、「おおむねこういうことが起きたのか」と理解することが大事だと思う。

　「不確実さをなくす」ことは研究の一大目的である。そうした研究は推奨されるべきである。しかし、多くの不確かさは簡単には小さくならない。そういうとき、実際には存在する不確かさを忘れて（あるいは忘れたふりをして）「こんなに役に立つ」と主張するのは危険きわまりない。また、実際には不確実さを低減するのが困難な問題について、（多くは研究予算を獲得するためであるが）「こんなに不確実さが小さくなる」と宣伝するのは嘘でしかない。
　一方で、どういうところは不確実さを低減できるかを見極めた上で、それに

着実に貢献できる研究を提案・実施することが必要であると共に、他方で、どこまで不確実さを低減することが必要なのか、また、不確実さの残る情報はどう使えば適切なのかを考えていくことが大事である。この当たり前のことが認識されなければ、解析結果は単にミスリーディングなものになり、場合によっては安全を損なう結論に至りかねないことを心に留めるべきである。

18.1.3 確率論的安全評価の実施状況について

PSAについては、我が国では内的事象（正確には、ランダム故障）と地震については はるか昔から実施されているものの、地震以外の外的事象（津波を含む外的浸水、内的浸水、外的火災、内的火災、航空機落下等）についてのPSAは、福島第一の事故まで、まったくと言っていいほどなされてこなかった（航空機落下については、「5.3.3 わが国での確率論的安全評価のこれまでの応用」のところに書いたように、それへの対処設計の必要性を判断するために保安院がハザード評価手法に係る内規を定めている[B-13], [B-14]）。

「3.3.3 アクシデントマネジメント」のところに記載したが、日本は米国に倣って、個々のプラントについてのPSA（Individual Plant Examination：IPE）[C-2]を実施してプラント特有のリスク寄与因子を同定し、それに基づいてアクシデントマネジメントを整備した。しかし、重要な違いは、米国では「IPEはまず内的事象（内的浸水を含む）だけを対象として開始された」のに引き続いて、「外的事象（内的火災、強風、外的浸水、地震等）を対象としてのIPE（IPE of External Event：IPEEE）も……1990年に開始された」のに対して、我が国では、地震を除けば、IPEEEがなされなかったことである[L-2]。

この問題については、規制委の更田委員も2014年3月の原子力学会・春の年会で次のように述べている[L-11]。

> 「地震や津波などの外的誘因が重要な我が国では外的誘因に関する個別プラント評価（IPEEE）実施の意義が相対的に大きいが、外的誘因に関するPRA（注：PSAと同義）技術は、それが重要と考えられる我が国において十分に強化されなかった。外的誘因に関するPRAの結果には大きな不

18. リスク情報、運転経験、安全研究の反映

確かさが伴うが、こういった PRA の実施は、少なくとも対象とする誘因への『思考停止』を防ぎ、機器の重要度などに関する有益な情報を与えたものと考えられる。」

これは研究者の問題でもある。研究者は慣れ親しんだ手法の詳細化には取り組んでも、新しい分野に挑戦しようとしない。

2001 年 4 月 6 日の原安委第 2 回安全目標専門部会で、私は「確率論的安全評価の概要と安全目標設定に係る検討課題」なる表題で、PSA の有用性と限界について説明したが、そこでは特に、PSA の結果には常に不完全性と不確実さがあることを述べた[1-7]。

ここで不完全さについては、①例えばジェイシーオー臨界事故でのバケツの使用など、われわれが気がつかない（想定しない）、したがって PSA を実施したとしても評価の中に含まれない不完全さもあるし、②はじめから限定したスコープで PSA を実施することによる不完全さがあることを説明した。

一方、PSA 結果の不確実さについては、当然、PSA が対象としたスコープの中での話ではあるが、前兆事象評価（実際に起きたトラブルがどれほど炉心溶融事故に近づいたかの評価）の結果等から見て、絶対値まで含めて、実際とかけ離れた結果を出すものではないことを紹介した。

不完全さについては、それから 10 年を経ても、PSA の対象が相変わらずランダム故障と地震動だけにとどまっていて、他の外的誘因事象に広がっていないと感じている。

それから、PSA 結果の絶対値（炉心溶融発生頻度や格納容器破損発生頻度など）の意味するところについては、私は「ある程度信頼できる」と感じている。

例えば、世界の既設の原子力発電所の炉心溶融頻度はおおむね 10^{-4}/炉・年（我が国の性能目標に相当）程度と評価されているが、そうであると、世界には約 500 基の原子炉があるのだから、20 年に 1 度くらいは世界のどこかで炉心溶融事故が起きることになる（だから私は、世界のどこかでは炉心溶融事故が起きる可能性があるとは思っていたが、それが日本で起きるとは、不明にして思っていなかった）。

また、これはもちろん福島第一の事故のあとでの評価であるが、1000年に1度の津波に対して何の防護もなされていないと、我が国には約20か所のサイトに約50基の原子炉があるのだから、ひとつのサイトについて言えば50年に1度くらい、ひとつの原子炉について言えば20年に1度くらい、炉心溶融事故、格納容器破損事故が起きることになる。

　事業者、規制当局、安全研究者の不作為により、地震以外の外的誘因事象がもたらすリスクは評価されないままに福島第一事故に至っている。私は、「2. 安全とは何か、リスクとは何か」で、「様々な危険を定量化して、そのいずれもが十分小さければ安全であると言う」と述べたが、PSAによるリスクの定量化は部分的にしかなされていなかった。
　私自身は、自分で手掛けてきたPSAではあるが、正直のところは「津波PSAをやっていたら福島第一の事故は防げた」とはとても言いきれない。しかしながら、様々な外的誘因事象について、手法は未熟なままであっても、PSAを実施してみること、それを基に、安全確保に欠陥はないか、どうすればより安全の向上が図れるかを、考え、議論することは、なされていなければならなかったことだと思っている。こういうことが、更田委員の言う「思考停止の防止」につながるのだと思う。

18.1.4　確率論的安全評価の結果の規制への反映について

　「9.『リスク情報』を活用しての規制」で述べたように、PSAの結果として得られる、リスクの絶対値、リスクへの寄与因子、代替策採用時のリスク変化量など（「リスク情報」と呼ぶ）は、事業者にとっては合理的に安全を確保するために、また、規制当局にとっては科学的・合理的な規制を確立する上で極めて重要な参考情報である。このため、多くの国で事業者及び規制当局による「リスク情報」の利用が進められている。
　ここでは規制側のPSA利用（「リスクインフォームド規制」：Risk Informed Regulation：RIR）にだけ注目すると、我が国でも、原安委の「安全目標中間とりまとめ」[1-5]において、定量的安全目標の案を示している。そして、安全目標

の利用法としては、「8.3　安全目標の適用」で紹介したように、「安全目標は、まずは規制体系の合理性、整合性といった各種規制活動の全体にわたる判断の参考として適用」する、言いかえれば、「リスク情報」は深層防護の具体化である決定論的規則の合理性を図るのに用いるとの方針が示されている。

　しかしながら、我が国ではこれまで、この方針に沿ってのRIRはほとんどなされていない。リスクの絶対値を安全目標と比べて善し悪しを判断するとか、リスクへの寄与度が大きい機器に対しては無条件に検査を強化するとか、数値のみの利用としか提案されていないのが現状である。リスク情報のこうした利用は、より良い決定論的規則について考えるという本来の目的に沿っていない。これも、「思考停止」の代表例であり、規制当局と研究者の両者に責任のある問題である。

　ほとんどの仕事は、「あるもの（インプット）」から、「ある手段（メソッド）」で、「別なもの（アウトプット）」を作り出すことである[E-2]。例えば、車作りは、鉄板その他の材料がインプットで、いろんな工夫をして、自動車というアウトプットを作ることである。そして、「車作りの専門家」は当然、アウトプット作り、すなわち車作りに携わっている人であって、インプットである鉄板作りに携わっている人ではない。

　RIRもこれと同じで、PSAの結果である「リスク情報」をインプットのひとつとして、いろんな工夫をして、より良い規制というアウトプットを作ることである。

　ところが不思議なことに、我が国ではRIRの専門家とは規制の専門家ではなくてPSAの専門家であると誤解されている。その結果、規制当局が自らの工夫で「リスク情報」を活用することが遅れている。

　RIRについての旧保安院の委員会の委員構成を見てみるといい。PSAの専門家ばかりであって、規制の専門家はいないのである（これは、耐震等、他の分野でも共通の現象である）。私はこうした活動を統括する立場にあったので、そうならないようにリードすべきであったのだが。

　規制者が、「規制のことは自分たちが一番知っている、委員会は単にインプ

ット情報について教えてくれればいい」ということでそうしているのならいいのだが。

　一方PSAの専門家側を見れば、これは研究者の通例として、自分の専門でない分野には興味が起きないのである。その結果は、前述のように、「リスクの絶対値を安全目標と比べて善し悪しを判断する（単純に言えば、2つの数字のどちらが大きいかを判断する）」ことをもってRIRであるなどと言っている。前述のように、こういうのは単に思考停止をもたらしているだけである。

　今後はRIRのあるべき姿に戻って、規制当局が「リスク情報」を決定論的規則の改善に用いることを進めるべきである。

18.1.5　安全目標の再検討

　わが国の確率論的安全目標については、「8.2.1　安全目標案の概要」で紹介した。定量的安全目標の指標としては、「原子力施設の事故に起因しての公衆の個人の平均急性死亡リスク及び平均死亡リスクは、年あたり百万分の1程度を超えないように抑制されるべきである」とされており、個人の死亡リスクのみが採り上げられている。その理由は、8.2.1項でも安全目標専門部会報告書[1-5]の1文を引用したが、次のとおりである。

　　「事象の影響としては、事故による個人の直接的あるいは後遺的死亡リスク、集団の直接的あるいは後遺的死者数、事故による経済的損失、等々さまざまなものがある。安全目標はこれらのリスクのうち『個人の死亡リスク』だけを取り上げた。したがって、安全目標の対象は、リスクのすべてではないが、最も重要でかつ定量化可能なリスクである。そういう意味で、今回の安全目標は、『始まりの第一歩』である。」

　福島第一の事故では、津波で2万人以上もの死者・不明者が出ているのに対して、少なくとも現在までに放射線に起因しての公衆の個人の死亡はひとりもいない。安全目標だけから言えば、今回の事故は許容される事故になってしまう。

18. リスク情報、運転経験、安全研究の反映

しかし、「2. 安全とは何か、リスクとは何か」に述べたように、「原子力の危険」では、「放射線被ばくによる従事者や周辺公衆の健康影響が主たる注目点であるが、大規模な事故が起きた時の土地汚染や、あるいは、何の根拠もなしに起きる風評被害等の経済的影響もある」のである。実際、福島では、放射能による土地汚染、それに伴う周辺住民の生活の破綻、風評被害を含めての経済的損失など、事故の影響は極めて大きい。今回の事故を許容できる事故だと思う人はひとりもいないであろう。

原子力の安全を考えるとき、第一に考えるべきは人の生命・健康に対する危険である。そのこと自体は、福島第一の事故によっても変わらないであろうが、より広い危険を対象としての安全目標が必要であった。

本書にしても、「3.1　本書の対象とする安全問題」において、「原子力施設でも、以下のような様々な危険がある」と危険の列挙をしながらも、結局のところは「本書ではこれ以後、特に断らない限り、『原子力施設で重大な事故が起き、施設周辺の公衆が放射線被ばくし、健康影響を生じる』という危険だけを対象にして論を進める」としてしまっている。

私自身、原安委の安全目標専門部会の委員を務め、現行安全目標案のドラフト作成委員のひとりであった。当時の検討が不十分であったと思うとともに、本来「始まりの第一歩」であったはずのものが、その後十分な適用もされないままに専門部会さえなくなってしまったことを残念に思う。安全目標については、指標についても利用法についても再検討が必要と思われる。

福島第一事故で米作りを断念せざるを得なくなった農家の方が、テレビのインタビューに答えてこう言っていた。「田んぼを背負って逃げることはできない」と。

安全目標を再検討する場合、土地汚染そのものか、あるいはその原因となる放射性物質の環境放出量を指標に加えることも一案と思われる。現に、国際原子力・放射線事象スケール（INES）では、レベル4以上の事象の判断に放射性物質の環境放出量を用いている。

18.2 運転経験の反映

18.2.1 運転経験分析評価の重要性と分析体制

1979年の米国スリーマイル島（TMI）2号機でのシビアアクシデントを契機として、原子力プラントで現実に起きている異常事象（運転経験）の経験を系統的に収集・分析・評価して、そこから得られた教訓を規制や運転にフィードバックすることが重要であるということは、国際的共同認識になっている。しかし、福島第一の事故を見れば、この認識が必ずしも十分な安全対策につながっていなかった。

運転経験の反映が重要になった経緯は次の通りである。

TMI事故以前に、古くはスイスのウェスチングハウス社製PWRであるベツナウ炉で、また、TMI事故の1年半前の1977年9月には米国のB&W社製PWRであるディビスベッシー2号機で、炉心損傷には至らなかったものの、TMIと極めて類似のシーケンスとなった事例が起きている。しかも、後者の事例に対しては、当時Tennessee Valley Authority社（TVA：米国の電力会社）の運転部長だったマイケルソンが、事例の分析を行った結果として、TMIのような重大な事故が起きる可能性があるとの報告書を出していて、それはNRCにも届いている。それにもかかわらず、教訓がまったく反映されず、TMI事故が起きてしまったのである。

こうした反省から、NRCは運転データ分析評価局（Office for Analysis and Evaluation of Operational Data：AEOD。今はもう存在しない）を新設し、上述マイケルソンを局長に迎えて、運転経験の系統的な収集・分析・評価とその規制への反映を目指した。米国ではまた、電力会社側も、原子力安全解析センター（Nuclear Safety Analysis Center：NSAC）と原子力安全運転協会（Institute of Nuclear Power Operations：INPO）を設立し、同様の評価及び反映を図った（NSACの活動はその後INPOに吸収された）。わが国においても電力中央研究所や規制側機関において同様活動は開始されたし、国際的にも、「3.7 国際的原子力安全への取組み」のところで述べたように、OECD/NEAとIAEAが事象

18. リスク情報、運転経験、安全研究の反映

報告システム（Incident Reporting System：IRS）を運営している[F-13]。また、NEAの原子力規制活動委員会（Committee on Nuclear Regulatory Activities：CNRA）傘下の運転経験ワーキンググループ（Working Group on Operational Experience：WGOE）が各国の運転経験を共有し、その分析をしている。

18.2.2 福島第一事故の前兆事象

運転経験が重要であるという認識については上述したとおりであるが、福島第一の事故を見たときに、このような活動が形骸化していなかったかという反省がある。安全部会のセミナー報告書[L-2]には、私自身、次のように書いている。

> 「運転経験の反映」も不十分であった。自国の施設だけでなく、他国の施設で起きた運転経験を規制に反映することの重要性は以前から認識されていた。しかし、インド洋大津波時のインド・マドラス炉の浸水があった事例そのものは、わが国の規制関係者にも把握されていたに係わらず、「これはインドで起きた事故であってわが国では関係ない」で終わっていた。前述の、同時多発航空機テロも、わが国の規制には反映されなかった。もっと謙虚に、事例に学ぶことが必要であった。

インドでは従前から、津波とサイクロンによる高潮への対処が考慮されていたが、2004年12月のインド洋大津波では、マドラス炉で浸水事象が起きている。わが国では産業界も規制側もその分析をしている。フランスでも、高潮による浸水の事例が報告されている。我が国はまた、IAEAに特別拠出金を提供して津波ハザードの知見をまとめる国際プロジェクトも実施している（「18.3.1 安全研究のあり方」の項で述べる）。しかしながら、そうした知見が実プラントに反映されることはなく、事故の防止につながらなかった。

門田隆将著『死の淵を見た男』[M-8]は、福島第一の事故現場で吉田所長や運転員がどう振る舞ったかのドキュメンタリーであるが、その「あとがき」に、次のようにある。

> 「現場で奮闘した多くの人々の闘いに敬意を表すると共に、私は、やはりこれを防ぎ得なかった日本の政治家、官庁、東京電力……等々の原子力エネルギーを管理・推進する人々の『慢心』に思いを致さざるを得なかった。」

そして、それに続けて、「この事故を防ぐことの出来る『最後のチャンスが2度あった』」として、上述の同時多発航空機テロ後の米国の対応とスマトラ沖地震が挙げられている。私自身も批判されるべきひとりであるが、その通りであると思う。

ある国際会合で、事象報告システム、IRS[F-13)]の議長からは、「運転経験の反映が重要なのは誰も認識しているが、実際には情報の分析・共有はしても対策の実施（Implementation）はしていない」との指摘があり、参加者からも強い同意が示された。運転経験は学習するだけで終わっている傾向があるのではないかと思われる。学習するだけでなく、教訓を実際の規制に反映することまでしなければならないということを、もう一度思い返すことが大事である。

18.3　安全研究に関する課題

18.3.1　安全研究のあり方

国が行う安全研究の位置付けについては、「3.6　原子力安全研究」のところで、「規制当局あるいはその技術支援機関が行う安全研究は一般的な意味での『原子力の安全に関する研究』ではなく、『規制に役立つ研究』あるいは『規制を支援する研究』である」ことを説明した。ただし、「規制当局にとっての最大のニーズのひとつは、常に規制当局を支援する技術者集団が存在することである。そのためには、短期的な規制ニーズだけでなく、施設の維持を含め、基盤的な研究も含め、研究活動が一定規模以上で継続されることも不可欠である」ことも説明した。以下は、こういう原則を前提として、福島第一事故に照らしての安全研究の在り方について論じたい。

原子力安全研究は科学的・合理的な規制のためのものであり、それによって原子力施設の安全が確保されることを目的としている。しかしながら、これま

18. リスク情報、運転経験、安全研究の反映

での安全研究の中には「規制に役立つ」とは能書きだけであって、実際には必ずしも規制の役に立たなかったものもあるのではないか。

以下、今回の事故に直接関係する、津波ハザード評価、アクシデントマネジメント、防災、廃棄物の分野から気がかりな例を挙げる。

(1) 津波ハザードに関するIAEA特別拠出金研究

津波に関しては、我が国がIAEAに特別拠出金（Extra Budgetary Program：EBP）を提供しての大規模な国際共同研究まで実施された。福島第一の事故によって、この研究自体は安全上重要な問題に取り組んだと判明した。しかしながら、その研究の成果は、津波についての安全規制に必ずしも反映されていない[L-9]。

このEBPは、私が保安院の国際原子力安全担当審議官であった時にJNESが提案したものである。IAEAへのEBPであるから、私の承認が必要であった。最初持ち込まれた計画は、単に津波ハザードの評価を行うだけのものであった。これに対して私は、「原子力」安全基盤機構が国際「原子力」機関に持ち込むEBPが原子力と無関係なのは不適当、と承認しなかった。JNESはその後計画を改定し、フェイズ1として津波ハザードの評価を行う、フェイズ2として津波の原子力施設への影響を評価することとした。今度は私も計画を承認した。しかし実際にはフェイズ1のみで終わってしまった。

私がこの計画の責任者に、なぜフェイズ2を実施しなかったのかと尋ねたのに対し、答えは「津波があるレベルを超えればどうせシビアアクシデントになるから、原子力施設への影響評価はやらなくてもいい」とのことであった。どうも、初めからフェイズ2はやるつもりがなかったようである。しかし、福島第一の事故で「クリフエッジ（Cliff Edge）」という言葉が国際的に広まったが、まさにそういうことを示唆する説明であった。

そして、これは私自身の反省であるが、私はその説明を聞いた時に、「では、リスクはどれくらいになったのか」と尋ねないでしまった。

こうした会話がなされたのは東北地方太平洋沖地震の1週間か2週間前のことであったから、そこで何かわかったとしてもそれが規制や安全確保につなが

ったわけではない。しかし、私自身としては、いかにも中途半端に問題を見過ごしてしまったと思っている。

　事故後には多くの「地震・津波の研究」が当然のように提案されている。そして、常に「地震・津波」はいっしょくたに優先度高と提案される。しかし、これはおかしいのではないか。福島第一の事故では、地震で何か問題があったのか。津波は見逃したことが大問題であるが、研究として何があるのか。提案されている研究は多くの場合大雑把過ぎる記述内容で、予算獲得のためという意図ばかり透けて見える。技術能力維持のための継続的研究は必要であるが、本当に解決しなければならない問題は何なのかと思う。

(2)　炉心損傷後の原子炉容器の溶融貫通防止研究

　「17.2　深層防護のレベル間の独立性」で論じたことであるが、シビアアクシデントが起きてしまった後の AM 策として、「炉心損傷後の原子炉容器の溶融貫通防止（In-Vessel Retention：IVR）」があり、その研究もなされている。しかし、炉心損傷時に IVR が成功する条件付き確率は一般にそれほど大きくない。水がないから炉心損傷になるのであり、水がなければ IVR もできないからである[C-10, L-9]。

　IVR の熱流動研究は、JNES の前身である旧原子力発電技術機構（NUPEC）によってなされた。当時は、国の予算で新規研究を始めるにあたっては、第三者による評価が前提であった。私は評価委員の一人だったのだが、研究の開始には次の条件を付けた。「IVR は熱流動の観点からは成立すると仮定した上で、PSA の観点からも有効であることを確認すること。その PSA は PSA の専門家（NUPEC の安全解析所）によってなされるべきこと。」

　ところが、IVR 研究の提案者は自ら単純なイベントツリー（「5.2.4　レベル 1 の確率論的安全評価」参照）を作成し、シビアアクシデント時にも水はあると仮定して、IVR は有効としてしまった。

　福島第一の事故で IVR は何の役にも立たなかった。

(3) ERSS と SPEEDI

　我が国の従来の原子力防災については、「16.1.1　従来の原子力防災の問題点」で厳しく批判した。規制あるいは安全確保にとって役に立たない以上に、有害だからである。

　SPEEDI は、ソースターム（重大な事故時の施設からの放射性物質放出量）が与えられることを前提として、環境中の放射線量の時間変化を計算するコードであるが、事故の最中に ERSS によってソースタームが迅速かつ高精度で計算されるなどというのは、まあ、あり得ない[L-9]。

　環境中の線量の予測はソースタームの予測以上の精度はないのであるから、どんなにがんばったところで、オーダーレベルの推定しかできないわけで、それならごくごく簡単なプログラムで十分である。

　「付録 E　原子力防災における ERSS、SPEEDI の弊害について」に記載してあるが、SPEEDI はその開発責任者が、「SPEEDI は防災に直接役立つことを意図したものでなく、環境中の物質の移行をより精緻にモデル化することを目的としたものである」、「SPEEDI が当初目的を逸脱して直接的に防災で使われているのは、使用している側の誤りである」と言っている計算コードである。そして、「16.1.2　福島第一事故で顕在化した欠陥」に記したように、SPEEDI を用いる防災の危険性は実証されている。

　第2部のプロローグには、幸田露伴の「経験をしてから謙虚になるのでは愚かだ」という言葉を引用しているが、せめては経験した後であっても謙虚になって欲しい。

(4) 廃棄物処分に係る「土の研究」

　次は廃棄物処分研究について。廃棄物関係者は従前より地層処分のために土の性質を調べる実験研究ばかりやってきている。私は「6.6　高レベル放射性廃棄物地層処分のリスクについて」に述べたように、そもそもそういう発想ではおかしいと思っており、このような研究を「土の研究」と言ってきた。原子力の安全とは無関係な研究という意味である。

　また、国際的にも、例えば、以前 IAEA の安全基準委員会（CSS。「3.7　国

際的な原子力安全への取組み」参照）に出席していた時、英国代表だったウェイトマン（後に英国規制当局のトップになっている）は、「Geological Disposal（地層中処分）という言葉はやめよう、Geological Management（地層中管理）と呼ぼう」と言っていたし、フランス ASN はラコスト委員長の時に、Reversibility（可逆性）や Retrievability（回収可能性）を明確に示したと記憶している。

　この問題については、規制委のサイクル施設等についての新規制基準策定時に議論され、次のように極めて現実的な方針が示されている（第二種廃棄物埋設施設についての基準であるが、高レベル放射性廃棄物埋設にも当てはまるはずである）。

　廃棄物の処分については、「処分」という言葉自体が適切かどうかと言う問題があるが、極めて長期間の管理が必要ということから、安全設計以上に安全管理が重要である。規制委が示した考え方[B-26]によれば、規制の対象をまず次の3つに峻別している。

① 施設の安全設計に関するもの
② 長期の安全管理に関するもの
③ 最終的に規制の対象から外していいかどうかの判断に関するもの

　その上で、これは私が発言して確認[B-27]したことであるが、以下の方針が示されている。

- 安全設計については、その時点での最善技術（Best Available Technology：BAT）を用いること、また、人間の行動についてもその時点で考え得るものをすべて考えること。
- 人間の接近については、長期間には接近技術が著しく変化することが想定されるから、定期安全レビュー（Periodic Safety Review：PSR）で評価をし直すこと。
- 規制の対象から外していいかどうかは、意図的な接近があり得ることも考えて判断すること。

18. リスク情報、運転経験、安全研究の反映

　高レベル廃棄物処分施設において、意図的な接近まで考えても十分安全などと言うことはあり得ない。したがって、この最後の項は、事実上「高レベル廃棄物処分施設が規制の対象から外せることはない」ことを意味している。すなわち、永久管理である。

　それから、これも引き続きその場で確認したことであるが、廃棄物について大事なのは、「人工バリアの状況をモニタリングして、これまたPSRであるが、人工バリアが劣化していれば何らかの対策を採る」ということである。これについては、規制庁の説明者が次のように発言している[B-27]。

　「埋められていて、それは減衰していって、若干漏れたとしても、大丈夫なレベルまで行くまでは、きちっとそこは人工バリアの建設者は監視しなきゃいけないと、こういうふうに考えています。」

　規制がこのように明確になったときに、どうして「土の研究」の継続が必要なのか、研究者はもう一度考え直す必要があろう。

　もう一方で、福島第一事故では、土壌も地下水も放射能で汚染されてしまった。汚染水の問題を含め、「ガラス固化体の中に整然と納められていない高レベル廃棄物を、極めて長期間にわたって、地上もしくは浅地層中で管理すること」を必然の問題としてしまったのである。こういう状況を改善するためには、どのような専門家のどのような知識が必要か。言うまでもなく、「土の研究」をやってきた人たちである。こういう重要かつ緊急のニーズがあるところ、当面の廃棄物研究は福島第一対策に特化してなされるべきと思う。私はこれまで、「土の研究」を原子力安全には何の役にも立たない研究と批判してきたが、ここで是非、これまでの研究成果を役立たせて欲しいと思っている（ちなみに、シビアアクシデント研究は不幸なことに役に立ってしまったのである）。

　以上、4つの研究分野について例を挙げたが、共通の問題がある。ひとつは、安全研究を計画するに当たっては、その成果が最終的に規制にどう用いられる

かを常に意識することが必要ということである。また、研究が有効に活かされるためには、規制者と研究者の間で、あるいは異なる分野の研究者間で、共通の認識と協力とが必要ということである。

18.3.2 安全研究の難しさと本質的な矛盾

2007年3月の原子力安全委員会・安全研究フォーラムで私が述べたことであるが、「安全研究は本来難しい研究である」[E-2]。安全研究で何が難しいかというと、「実用にならないといけない」ということである。ここで実用とは安全規制での利用のことである。規制は、実際に動いている原子力発電所の安全を確認するためのものである。

ところで、「安全」にとって何が大事かというと、「弱点をなくす」ことである[L-2]。"A chain is no stronger than its weakest link."（鎖の強さは、その一番弱い輪で決まる。）という言葉がある。福島第一の事故は、津波に対する防護が弱かったことによる。

一方「研究」はと言えば、"Something new"（何か、これまでにはなかった新しいもの）がない限り、研究成果として認められない。研究の広さはなくとも、高さにおいては「世界で一番」でなければならないのである。勢い、研究者は自分の「一番強いところを更に強める」ような研究に走ることになる[L-2]。あるいは、研究者によっては、厳しい言い方になるが、先人のやったことをほんの少し変えて得た結果を、"Something new"であるとして発表したりするだけである。

原子力安全規制にとっての課題は山ほどある。したがって、研究課題も山ほどある。ただ、その多くは、単一の技術で解決できる課題ではない。複数の技術を合わせて解決しなければならないものばかりである。

私が係わってきたPSAの分野で、複数の技術の知見を合わせなければ解決できないものの例として、「5.3.2　確率論的安全評価の特長」では、「図5-9　地震PSAにおける専門家の知見の反映」を用いて、レベル3の地震PSAにおいて、どのような分野の専門家の知見が反映されるべきかを示した。で、地震PSAは今、確立した技術になっているし、既に耐震指針の強化にもつなが

っている。そして今、この分野に係わっている人も多い。

しかし、今、より重要なのは、火災や浸水、あるいは航空機落下に係るPSAの手法を確立すること、それを用いてPSAを実施することではないか。あるいは、「規制の専門家」と一緒に、リスクインフォームド規制を確立することではないか。

研究のテーマそのものは同じでも、研究への取り組み方で、より有用な研究になることもある。「4.1.2　解析の『時制』」では、防災支援のための「リアルタイム解析コード」について、「原子力防災では「リアルタイム解析」コードが使われているが、これらは単に、元々事前解析用に作られた計算コードを少しばかり手直ししただけ、あるいは、リアルタイム用と銘打っていても実際には事前解析と同じ発想で作られただけのものである」と批判した上で、「この解析のためには、何かことが起きる時にどのようなデータがどのような順序で入ってきそうか、入ってくると思っていたデータが入ってこなかった時はどうするか、データには誤りがあり得るがそれを瞬時にどう見極めるかといったことをあらかじめ広範囲に検討しておくことと、そうしたばらばらのデータに基づいて、短時間内にどうやって最善の現状分析と将来予測を行うかという技術が求められる。」と、研究の方法論を変えての新たな展開を期待している。

安全研究者が、従来の殻から飛び出して、規制にとってより必要な研究に取り組んで欲しいと願っている。

18.3.3　今後懸念される技術基盤喪失への対処

まず、以下は、原子力安全部会のセミナー報告書[L-2]に私自身が書いたことである。

> 「安全研究自衛隊論」というのがある。極端に言えば、安全研究は普段は役に立たなくて良い、事故時に役に立てばいい、というものである。すなわち、福島第一での事故のような重大な事故が起きたときに、あるいはそれよりマイナーであっても何か複雑な事象が起きたときに、安全研究に

従事している一定規模の研究者がいて、研究の実施を通じて得られる専門知見で規制当局を支援することこそが一番必要なことというものである。

　実際、福島第一事故の最中に、あるいは事後に、事故の分析をし、事故対応に必要な技術的助言をしたのは、JNES や JAEA の職員、中でも、スリーマイル島やチェルノブイリの事故のあとにシビアアクシデント研究や PSA 研究に従事した人たちである。原子力利用を進める上で、様々な関連技術分野それぞれに、一定の人数の専門家がいることは不可欠である。

　しかしながら、原子力の専門家の数は顕著に減少している。そして、それとともに、原子力の技術基盤全体が揺らいでいる。原子力関係機関は当然こうした状況を憂慮しており、例えば保安院はその設立以降、基盤の維持に係る検討を続けてきたし、最近では日本原子力学会が「軽水炉に係る基礎基盤研究の検討特別専門委員会」を設置して基盤技術の維持に提言することを図っている。

福島第一の事故に直接関係しても、技術基盤の劣化を懸念させる例は幾つも見られた。私は解析屋だからどうしても計算コードによる解析の報告が気になるが、読んでもまるで面白くない。「計算してみたらこうなりました」との報告ばかりで、実際の事故にどこまで迫ったかがほとんど伝わってこない。

「4.1.2　解析の『時制』」のところで、事後解析（過去に起きたことの分析のための解析）について次のように説明した。

「事後解析はすでに起きたことの再現であり、事故とか実験の結果が厳然としてあるのだから、一般には高精度の解析結果が得られる。すなわち、間違った解析結果に対しては、『それはおかしいよ』と常にチェックする先生がいるのである。しかしこれは逆に、より高い精度の解析を要求されることでもある。そしてまた、精密に計測される実験は別として、事故時に観測されたデータには多くの欠落がある。ポイントデータに基づいて欠落部分を埋め、全体を再現することは容易でないことが多い。」

18. リスク情報、運転経験、安全研究の反映

中途半端な解析は、検討すべき問題があるのにそれを見えなくしてしまっている。

「昔は」というのは禁句かも知れない。しかし、昔の原研の熱水力の能力はすさまじかった。

平成3年2月9日、関西電力美浜2号機（加圧水型炉）で蒸気発生器伝熱管破断事故が起きた。このとき、炉心が露出したのではないかとか、シビアアクシデント一歩手前だったのではないかとか、いろんな意見を述べる人もいた。これに対して原研は、ROSA-IV 計画の大型非定常試験装置（Large Scale Test Facility：LSTF）を用いて、事故を寸分の狂いもなく再現し、この事故が決してそのような状況にいたったものではないことを明らかにした。

計算コードでパラメータを調整して結果を合わせるのではない。1回の大型実験でぴたりと合わせたのである。これほどすばらしい事故の再現実験は世界のどこを探しても見当たらない。私は、ROSA 関係者の能力の高さにただただ敬服するばかりだった。そういうものは、もう、どこにもないのであろうか。

福島第一の事故で、原子力安全研究にも批判が起きるであろう。役に立たない研究が淘汰されるのはむしろいいことである。しかしながら、本当に必要な研究がなくなってしまうと、もはや原子力利用を進める資格さえない国になってしまう。

技術は現場にしか残らない。軽水炉安全の基盤技術の低下が心配されているところ、わが国の研究体制の強化を図らないと、将来の原子力に展望はない。

19. その他の検討課題

19.1 規制行政庁のあり方

19.1.1 日本 IRRS での指摘

「3.7 国際的な原子力安全への取組み」で紹介したが、各国の規制が IAEA 安全基準に照らして適切であることを確認するためには、2種類の枠組みが用意されている。

ひとつは、「原子力の安全に関する条約」[F-5]及び「使用済み燃料管理及び放射性廃棄物管理の安全に関する条約」[F-6]という2つの条約である。もうひとつは、「総合規制レビューサービス（Integrated Regulatory Review Service：IRRS）」[F-7]である。これは、ある IAEA 加盟国の原子力安全規制が IAEA の国際基準に照らして適切なものかどうかを、他の規制当局の上級規制者がレビューワーになって確かめるミッションであり、招致国の規制について詳細にわたるレビューがなされる。レビューの結果、不十分と思われる事項があると、それはIRRS ミッション報告書の中に、勧告（Recommendation）あるいは助言（Suggestion）として記載される。

原子力安全・保安院は、2007年6月に IRRS を招致し、自らの規制の改革を図った。このミッションのチームリーダーは、フランス規制当局（ASN）のラコスト委員長である。私は2007年3月末に保安院を退職するまで、国際担当として IRRS の受け入れ準備をした。退職後も、IRRS チームが来日していた期間は、一時的に保安院の臨時職員として引き戻され、IRRS チームとの議論に参加した。

日本 IRRS は、2006年12月にプレミッションを受け入れ、そこで一通りの議論をし、その結果を整理した後に本ミッションを受け入れるという、2段階で実施した。保安院は、チームからできるだけ多くの勧告や助言をもらって、それを規制改革の梃子にしようと考えていた。プレミッションの直後に、私は

19. その他の検討課題

保安院内の IRRS 関係者にプレミッション受け入れの感想を配っているが、その中に次のように書いている。

> そもそも IRRS を招致したということは、そこで得られた教訓（例えば、本ミッションのあとで報告書に記載される Recommendation や Suggestion）を保安院の規制行政に反映することであり、それがないとこうしたミッションを受け入れた意味がありません。
>
> そう考えますと、実は、私たちは、IRRS プレミッションの準備を通して、あるいは、プレミッションでの議論を通して、既に当事者として（うっかりするとレビューワー以上に）多くの教訓を得ているのではないかと思います。そういうことから、以下、私が準備作業とグループ B の議論で感じた検討課題を記述します。
>
> こうした検討課題は、本ミッションでこちらから誘導して報告書に記載してもらってもいいでしょうし、あるいは、当事者として理解しているだけでもいいと思います。ただ、いずれにしても、そうした検討課題については、それをどう解決するかについてアクションプランを作り、それに沿ってより良い規制行政を目指して改善努力を続けることが必要と思います。

「IRRS を受ける側が誘導して報告書に勧告や助言を記載してもらう」などとは不謹慎であるが、組織の弱点を一番よく知っているのも、それをなんとか改善したいと思っているのも組織内部の人である。ここに行き着くまでにいろいろきさつはあったが、保安院は、少なくともプレミッション時点では、自らの改革のために IRRS を使おうとしており、弱点を隠すことなく説明することにより、積極的に勧告や助言を書いてもらうという意識になっていた（ただ、実際は、本ミッションの翌月に起きた日本海中部地震とそれによる柏崎刈羽原子力発電所の被災で、こういう改革運動は吹き飛んでしまった）。

IRRS の報告書は、保安院の期待通りに記載してもらったものと、保安院の意図に反して記載されてしまったものからなる。後者の代表例が、資源エネルギー庁との関係と原子力安全委員会（原安委）との関係であり、具体的には、

①保安院の「形まで含めての」独立性がないことと、②規制機関である保安院が自ら安全審査指針を作っていないこと、の2点であった。以下、この2つの問題について IRRS の指摘と私の理解するところを述べる。

19.1.2 規制の独立性について

まず独立性の問題であるが、IRRS の指摘は次のとおりである[F-24]。

　「S1助言：原子力安全・保安院は実効的に資源エネルギー庁から独立しており、これは、GS-R-1（注：IAEA の国際基準）に一致している。かかる状況は、将来、より明確に法令に反映させることができ得るものである。」

　(S1 Suggestion : NISA is effectively independent from ANRE, in correspondence with the GS-R-1. This situation could be reflected in the legislation more clearly in future.)

保安院が「資源エネルギー庁の下に置かれた特別な機関」であることには、保安院の中でも抵抗感があった。

3.7節で紹介した IAEA の「基本的安全原則（Fundamental Safety Principles）」[F-2]の原則2「政府の役割」（Principle 2 : Role of government）は、副題として「独立の規制当局を含め、安全のための実効的な法的政府枠組みが確立し持続すること」（An effective legal and governmental framework for safety, including an independent regulatory body, must be established and sustained.）とあり、その下には次の記述がある。

　「規制当局は、関係組織からの不当な圧力を受けないために、設置者及び他のいかなる組織からも実効的に独立していること」

　(The regulatory body must : ... Be effectively independent of the licensee and of any other body, so that it is free from any undue pressure from interested parties.)

19. その他の検討課題

したがって保安院は、資源エネルギー庁の下にあっても常に、内部的には「実効的に独立」する枠組みを作ってきたし、外部にもそのように説明してきた。しかしながらIRRSでは、実効的な独立が達成されていることは確認されたものの、「形としてもより明確な独立」を助言されたのである。

なお、独立性とは、推進側からの独立性だけではない。上述のIAEAの「基本的安全原則にあるように「他のいかなる組織からも」独立していること、特に、あらゆる政治的思惑から独立していることが必要なのである。
2011年9月6日の朝日新聞朝刊にASNラコスト委員長（当時）の次の談話が掲載されている。

「独立性を論じる場合、原発業界からの独立と、政府からの独立という2つの側面がある……我々は、政治の圧力に左右されずに、国民を保護するために適切な決定を下すには、独立性が欠かせない。」

米国NRCは以前よりそうした組織であり、フランスもASNを設置して政治からの独立性を確保している。

隣国韓国では、2011年7月にIRRSミッションを招致している。これは福島第一の事故後最初のIRRSであるとともに、韓国規制当局の組織改編の最中に受けたミッションである。そこでは、韓国原子力安全委員会（Nuclear Safety Commission：NSC）の委員について、「新NSCのメンバーの選定基準を用意すること」という示唆（Suggestion）を受けている。こういう示唆は、IAEA安全基準のどこを参考にしたものかといぶかるが、多分これは、韓国自身が、IRRSを有効に用いて独立性の高い規制当局を設立しようとしている現れではないかと思う。

わが国では経済産業省とは無縁の形で原子力規制委員会（規制委）が設置されたことで、推進側からの「形まで含めての」独立性は達成された。しかし、政治家が介入することも排除することが必要である。

399

政治家だけではない。原子力学会においてもおかしな主張が見られる。例えば、原子力学会誌 ATOMOΣ の 2013 年 11 月号では、巻頭の対談記事で「規制委にはミッションの誤認がある」との仰々しい見出しの下で、元通商産業省の課長だった方が「規制委員会は自分たちの任務が、原子力施設の安全の確保の実施に関することだけだと考えているのではないか。」と批判し、次のように主張している[M-10]。

「経済的資産である原子力発電所というものを動かすことを前提として、安全の確保がどのようにどの程度までなされていればいいのかという工学的発想が入らない状況になっている。」
「まずは官僚が案をつくって、政治を動かしていくということしかない。原子力についての政策体系をもう一度つくり直すということだ。」

全体通して、推進と安全をバランスさせよという主張であり、その中核を担うのは官僚であるべきとの論である。しかし、この主張には基本的な誤りがある。

私は元々リスク屋であることもあり、私個人の生活上の判断を含め、ほとんどの判断は、ベネフィットとコスト、あるいはベネフィットとリスクの比較に基づいてなされるもの、なされるべし、と思っている。それが常識だと思う。
しかし、原子力安全だけはそうではない。万一の事故時にはとんでもない結果を招きかねない（そして実際に招いた）巨大エネルギーについては、「そのベネフィットを忘れて、安全か否かだけを判断する」規制当局が必要。これが、原子力安全の常識である。いわば、一般社会での非常識が、原子力安全の分野では国際的に一致した常識になっている。
私も、一般社会人である時は、ベネフィットとリスクを同じテーブルに載せて考える。しかし、職業人として振る舞う時は、原子力のベネフィットは忘れて、安全か否かだけを考えるように努めている。規制委も同じはずである。
対談の内容は、全文通して、この「原子力安全の常識」と外れている。通産

省の課長を務められた方が、対談記事にあるような理解では困る。こうした記事がおかしな誤解を招かないように記述しておくが、少なくとも、私が保安院に在職していた時に、保安院の幹部でこのようなことを主張する者はひとりとしていなかった。

エピソードをひとつ書いておく。保安院在職中に、イギリス規制当局の長が来日され、同氏と保安院長と、国際担当だった私と、3人で食事したことがある。その時私は、「たとえ自分が原子力の推進に賛成であっても、規制当局に勤務している間はそれを忘れなければならないと思う」と述べた。それに対しての同氏のコメントは、「そういうことを考えることさえ不適切だ」であった。院長と私は帰り道、「厳しいなー」、「そうですねー」と話をした。

ただし、規制の独立性は大事であるが、それが「孤立」であってはならない。この問題については、安全部会の福島第一事故セミナーで規制委の更田委員を交えて議論している。以下、セミナー報告書[L-2]からの抜粋である。

> 「福島第一事故後は、規制側が産業界と話し合うのはよくないことのように思い込む風潮がある。しかしながら、産学官が協力することと、規制が独立性を保つことは、両立させなければならないことである。」

これについては、第8回セミナーでの参加者の発言に、問題点が実に正確に指摘されていると思うので、それをそのまま記載しておく[L-2]。

> 「阿部部会長の話の中に、産学官の協力と規制の独立の話があったが、この辺の微妙さをきちんと書けるのは原子力学会だけではないか。今、規制側と、メーカーや事業者が、全部談合してやっているという具合に、何か非常な純粋さを求められて独立性が問われている所があるが、実際には、ポンプの設計、ポンプがいかに運転されるかも分からずに、ポンプの官庁検査などできない。さらに、実際に発電所がどのような体制で、運転員が

どのようなモチベーションで動いているかということの理解なくして、本当の安全性が担保されるわけではないと思う。例えばノーリターンルールとか、非常に純粋さを保つような形で進められる方向性が今は出ていて、私はこれが本当の意味で安全性を担保することにはならないと思っている。」

なお、この意見に対しては規制委の更田委員から、次のような発言があったことも付記しておく。

「規制当局というのは独立でなくてはいけないが、孤立してはいけない。しかも安全性が確保されたり向上したりするのは現場であり、規制はそれを監視するだけであって、実際に安全を守るのは現場で、現場の知識抜きに安全を語るなどということはあり得ない。したがって、当然、規制当局と産業界はきわめて密接に意見交換であるとか情報交換とかができなければいけない。」

「世論が非常に厳しい目で見ているなかで、まだ手探りで仕組みを作ろうとしている段階にあると思う。透明性は確保しなければならないが、今のような状況でずっといいとは思っていない。申請者との間での良い意味での接点が少なすぎる。これは徐々に改善していかなければいけない。ただそのときの透明性の担保の仕方については慎重に考えているので、お時間を下さいという答えにはなってしまう。接点の重要性は産業界も感じているだろうし、我々もあるいはそれ以上に感じている部分がある。」

問題そのものは、多くの関係者に正確に認識されている。今後はこの問題についても、規制委が適切に対応していくことが期待される。

19.1.3 規制当局による判断基準の策定について

次に、日本IRRSのもう一つの重要指摘、「規制機関である保安院が自ら安全審査指針を作っていない」について。IRRSの指摘は次のとおりである[F-24]。

19. その他の検討課題

「R1 勧告：規制機関である原子力安全・保安院と原子力安全委員会の役割、特に安全指針の策定に関して、明確化を図るべきである。」

(R1 Recommendation：The role of NISA as the regulatory body and that of NSC, especially in producing safety guides, should be clarified.)

　この勧告は、婉曲な表現ながら、規制当局である保安院が、なぜ安全審査の判断基準を自ら作らないのか、という批判を含んでいる。

　「14.1　外的誘因事象に対する規制のあり方」で述べたように、私は福島第一の事故をもたらした最大の原因は、「従来の設計及び規制では外的誘因事象への具体的な対応を十分には考えてこなかった」ことにあったと思う。しかし、更にさかのぼって根源的な原因を追究すると、原安委は（「規制調査」という保安院の規制を調査して勧告する権限はあったにしても）基本設計だけを担当し、保安院は安全設計の審査はするがそれは原安委の指針に基づくものであり、自ら主体的に対応するのは後段規制であるという、二元的組織構成にもあったのではないかと思う。

　原安委は規制当局ではなく、原安委事務局も自ら職員を採用する組織ではない。事務局スタッフは各省庁からの出向者で構成されるから、安全審査指針全体を管理し改善する力量は持ち合わせていなかった。原子力安全基準・指針専門部会も、私もその一員であったが、すべて事務局が持ち出した特定の問題について議論するだけであった（指針の体系化を検討することはあったとしても）。結果として、近年の指針改訂は、その時々に問題になったことにつまみ食い的に対処することが多かったと思う。

　一方で保安院は、原子力安全技術基盤課という規格基準整備を担当する部署は持っていても、肝心の安全設計の審査のための指針を自らは作らず、原則として原安委の指針をそのまま用いるだけであった。

　結果として、安全設計の指針体系全体を常に見渡して必要な改訂を日常の業務として実施する部署はどこにもなかったと言える。わが国の規制で外的誘因事象対処が脆弱だった原因には、こうした構造的な問題もあったと思う。

2012年9月に原子力安全・保安院、原子力安全委員会等が統合されて、「原子力規制委員会」が組織された。原子力規制行政が一元化されたことになる。規制当局である規制委が自ら安全審査のための基準を作ることになった。これは責任の一元化であり、極めて望ましいことと思われる。なお、17章などで述べたように、規制委は既に、発電炉とサイクル施設に対する規制基準を全面的に改訂している。

19.2 事故調査報告書で同定される課題への対応計画について

1979年の米国スリーマイル島2号機（TMI-2）の事故に対しては約50項目の検討課題が同定され、1999年の東海村ジェイシーオー施設（JCO）での臨界事故に対しては約100項目の検討課題が同定されている[D-6]。しかしながら、両事故のあとでの検討課題への取り組みは対照的なものである。TMI-2事故には対応計画（Action Plan）がついていて、各課題への取り組み責任機関も時間計画も示され、その後の対応状況も継続的に報告されている。これに対して、JCO事故に対しては何の対応計画も示されていない。このため、JCO事故時に同定された問題が福島第一事故でも再現されている。災害弱者への対応の不備などはその典型例である。

課題を並べるだけで対応計画を伴わない事故報告書は、事故感想文に過ぎない。

19.3 情報共有に関する問題

福島第一の事故では、関係機関間で重要な情報が共有されていないという問題も明らかになった[L-9]。その状況は、「付録D　福島第一事故時のプラントパラメータの伝達に係る問題」にまとめてある。私はずっと事故対応の中心になっていたわけではないから、事業者の情報が私のところに情報が届かなかったということは当然あり得るが、どうも保安院幹部にも適時には届いていなかったらしい。

福島第一の事故そのものを理解するためにも、また、それが示した課題を共有するためにも、関係者で情報共有を進めることが急務である。

19.4 原子力安全関係者はどうあるべきか

19.4.1 傲慢さを捨てよう

スリーマイル島（TMI）及びチェルノブイリの事故のあと、わが国では「わが国ではそうした事故は起き得ない」と繰り返し言ってきた。

それから、「18.2.2 福島第一事故の前兆事象」の項で紹介したように、津波や高潮の危険については、インドやフランスの原子力発電所で前兆事象が起きており、その分析までしながら対策は採らなかった。

また、チェルノブイリで土地汚染を経験した欧州諸国では安全目標に土地汚染を入れている国が多いが、日米の安全目標は健康影響についてだけ注目しており、土地汚染を考えていない。事故の当事者でなければ本当の痛みはわからないのかも知れない。

私自身も、「まえがき」に書いたように、福島第一での事故が起きる前まで、日本の原子力は、いろいろ問題はあるにしても、十分安全なものだと思っており、本書第1部はそういう楽観論で書いてある。しかしながら、実際に事故が起きてみれば、安全の確保に必要な個々の活動において、いかに多くの瑕疵があったかが明らかになった。福島第一での悲惨な経験をするまで、見るべきものが見えてなかったのだと思う。

福島第一の事故のあと、原子力安全に関する国際会議に出ると、ほとんどの国は、「福島第一事故を参考にすべきではあるが、我が国では（いろんな理由を示して）このような事故は起きない」との合唱である。日本の代表だけ、うつむきながら、「日本もまさにそう言ってきた。だけど、間違いだったよなあ」とつぶやいている。

第2部プロローグの幸田文の文をもじれば、事故が起きるまで、我々原子力関係者は傲慢だった。めったに起きない事故を経験してはじめて謙虚になるのでは愚かである。しかし、せめては、事故が起きてしまったあとは謙虚でなければならないと思う。

謙虚になって、事故の根本原因をきちんと把握して、それを基に世界一の安全設計、安全管理、安全規制を確立する。それを世界に普及させていく。そういうことがこのような重大な事故を起こした国の責任であると思う。

19.4.2　大事なことを率直に述べよう、付和雷同はやめよう

　日本はネガティヴチェックの社会である。全体としてはプラスになることでも、一部にマイナス要因があれば、社会もメディアもその部分だけを追求する。こういう社会にあっては、新しい改革はしにくい。結局、旧態依然の停滞社会になる。

　原子力利用を進めようと思えば、事故のリスクが生じる。当然である。自分で車を運転すれば、自分が死ぬリスクも他人を殺すリスクも生じる。それと同じように当然である。

　古い発電所は一般に新しい発電所よりリスクが大きい。これも、当然である。そういう時、英国の安全目標[H-2]がいい例であるが、リスクが許容できないほど大きければ対策は必ずしなければならないし、そうでなければ費用を考えて対策を施すのも普通のことである。自分の車なら、排出ガスが多くても、多少燃費が悪くても、なんとかある期間乗れるだけ乗って、次に買うときは性能のいいものにする。それと同じように当然である。

　しかし、ネガティヴチェックの社会では、本当のことを言えば、袋叩きである。言わないで済めばそれに越したことはない。必要な改革のために新たな法規や指針を作るにしても、必ずマイナス面を伴うし、完全には解決できない問題も残る。しかし、そういうものがあれば、その部分にだけ注目されて厳しく批判される。自分の任期中、しなくて済めばそれに越したことはない。そういう社会になっているのではないか。

　原子力に関する「安全神話」についても、そういうものがいったん形成されると、もはやそれに逆らいがたくなる。「今まで絶対安全と言ってきたではないか、あれは嘘だったのか」はネガティヴチェックのひとつである。本当はこれまでより安全になるのなら、その方がいいはずではないか。

自分が大事だと思うことについては、「王様は裸だ！」とはっきりと声に出して言わなければ、その問題は共有されない。聞く方も、ネガティヴチェックは控えて聞かなければならない。問題が多くの人に共有されれば、完全ではなくとも「よりよい」解決策が得られるのではないかと思われる。

福島第一の事故後には、新たな付和雷同が生じているのではないか。原子力あるいは放射線は、どんなに小さいリスクでもどんなに低い放射線レベルでも危険極まりないとの「危険神話」である。ともかく、原子力のダメな点をあげつらえばいい、危険を強調することが正義である、そういう雰囲気が生じているのではないかと思われる。

しかしながら、事故がひとつ起きれば何から何まで変わってしまうものではない。原子力は今でも、「どちらかといえば安全な技術」であると思っている。また、自分の専門の分野について言えば、「リスク情報」を活用して「より合理的な規制」（対象によっては規制を緩めることも含む）を達成することは、今でも大切なテーマだと思っている。

20. おわりに

(1) Integration が大事

　第2部を脱稿して、全編を読み直してみると、私が本書を通して言いたかったことに気づいた。「Integration が大事」ということである。以前に、原子力学会誌 ATOMOΣ 談話室にも「『Integration が大事』。それが私の持論である。」と書いている[F-25]。

　「4.3.5 計算コードの検証」では、将来を占うに当たっては、未来という無限空間の中に、「実験によって少数の点を打ち、その点を意識しながら解析によってより多数の多少あいまいな点を打ち、それらを参考にしながら想像によって更にあいまいに全空間を覆う」と述べた。

　「14.1 外的誘因事象に対する規制のあり方」では、安全部会のセミナー報告書[L-2]の結論として、設計及びアクシデントマネジメントの信頼性が十分ではなかったことを述べた上で、想定を超える事象を広く考えての柔軟な対応策が必要と述べた。

　「18.3.2 安全研究の難しさと本質的な矛盾」では、安全にとって大事なのは弱点をなくすことであるが、研究者は自分の一番強いところを更に強める研究に走る傾向があり、脆弱な部分が残されてしまう危険性について述べた。

　いずれも、中核になる問題に確実に取り組むのに加えて、その周りに広がる問題についても、ある程度対応できるように、あるいは、柔軟に対応できるように考えておくことが大事ということである。

　ひとつの要素で全体を推し量ろうとするのは危険として、幾つも例を挙げた。
　「12.5.1 1号機の原子炉における事故進展」では、測定された原子炉圧力だけに基づいて状態を推定するのでなく、全体を見渡して定性的にはこういうことが言えるとか、そういうことを考えることが大事と述べた。
　SPEEDI についてはあちこちで採り上げたが、「付録E　原子力防災におけるERSS、SPEEDI の弊害について」で、開発の責任者が SPEEDI は「環境中

20. おわりに

の物質の移行をより精緻にモデル化することを目的とした」コードに過ぎないと言っているのに、それが防災全体になっていたことを批判した。

高レベル廃棄物地層処分に係る問題については、「6.6 高レベル放射性廃棄物地層処分のリスクについて」と第2部「18.3.2 安全研究の難しさと本質的な矛盾」で採り上げたが、本来、安全設計と安全管理でリスクを減じるべきところ、そういうことを無視して「放置した場合のリスク」ばかり対象としていることを批判した。

18.3.2節ではまた、In-Vessel Retention (IVR) は熱流動の問題だけでなく水が存在するかどうかを合わせて考えないと意味がないことを述べた。

私自身の問題としても、「12.2 『冷却材ボイルオフ事故』とその進展」と「12.5.1 1号機の原子炉における事故進展」で述べたように、「私自身の過去の研究から、事故の進展に最も大きな影響を及ぼすのは炉心の水位だと知っていた」のに、水位計の構造を知らないままに放置し、事故の状況を誤って判断していた[L-9]。

それぞれの関係者は、多くの場合、必要なことに真摯に取り組んでいる。しかし、それらはパーツである。パーツの寄せ集めは決して全体にならない。あちこちに欠落部分が生じてしまう。たとえパーツは正確・高精度であったとしても、欠落だらけの全体では危険きわまりない。

本書自体も、私という個人からだけ見たときの原子力安全問題である。安全問題全体から見ればごく一部の問題しか扱っていない。一方、私が書いたそれぞれの部分には、はるかに高い専門性を持っている方がいる。

原子力という巨大技術を扱うには、個々人の持っている技術を総合化 (Integrate) しなくてはならないはずである。事業者であれ、規制者であれ、あるいは安全研究者であれ、原子力安全に向けて知識や経験を一層総合化する努力が必要と思う[L-9]。

(2) 新規制基準における PSA の反映

　本書第 2 部は、「原子力安全はどうして失われたのか」という副題にあるように福島第一事故に鑑みて「何が悪かったのか、今後何をすべきか」について、私個人の思うところを事故後 3 年かけて書きためてきたものである。しかし、原子力規制委員会（規制委）による新規制基準は、この間既に「今後何をすべきか」の多くを取り込んでおり、そこでは PSA の概念や結果も広く反映されている。本書を閉じるに当たって、規制委の「実用発電用原子炉及びその附属設備の位置、構造及び設備に関する規則」（「設置許可基準規則」）[B-29] 及びその「解釈」[B-30] を参照して、特に重要な事項のみ紹介しておく。

1) 重大事故対策が規制要件になった。
　従来の規制は、炉心損傷を起こさないための設計の妥当性を確認することが中心だった。新しい規制では、炉心が損傷する事故（重大事故。本書ではシビアアクシデント）の防止・緩和のための対処策（設計及びマネジメント）の妥当性も確認することになった。PSA は元々、安全設計によってカバーされている範囲には大きなリスクはないとして、炉心が損傷するような重大な事故だけを対象としている。新しい規制では重大事故の防止・緩和も対象とすることになった。
　重大事故対策の妥当性を確認するためには、主要な炉心損傷事故シーケンス、主要な格納容器破損モードを対象として「対策の有効性」が審査されることになったが、これらの事故シーケンス・破損モードは過去の PSA の結果を参考にして「必ず想定するもの」が定められると共に、個別プラントの PSA によって追加されるべしとなった。
　重大事故の解析に大きな不確実さがあることも考慮され、「有効性があることを確認する」とは様々な「評価項目を概ね満足することを確認することをいう」と定められた。

2) ランダム故障に対する規制から個別誘因事象への規制に転換されつつある。

20. おわりに

　PSAはランダム故障を仮定してのPSAと、個別誘因事象についてのPSAと2通りある。そして、わが国では福島第一事故以前から、自然現象など、特定誘因によるリスクがより重要との認識があった。しかしながら、従来の規制は、種々の誘因事象への対処は求められていたものの、ランダム故障への対処の妥当性を確認することが中心だった。

　新しい規制では、誘因事象それぞれについての対処の妥当性を確認することになった。これは、規制の発想そのものの転換である。

3) グレーデッドアプローチの考え方が明確に示された。
　「17.3.1　グレーデッドアプローチ」に示したように、規制はリスクに応じてなされねばならないが、この考え方が随所で明確に示された。
　例えば、個々の構築物、系統及び機器（SSC）の設計において、様々な誘因事象への対策が必要かどうかは、当該誘因事象のハザードを評価してそれが一定値を超えれば必要とするというアプローチ自体は以前から確立していたが、この考え方が一層明瞭になった。
　また、航空機落下対策の要否判定や、核燃料サイクル施設の各設備の安全重要度決定に関しては、発生頻度を評価した結果に基づくべきことが示されると共に、発生頻度の定量化が困難な場合には影響を評価した結果に基づくべきことが示された。
　こうしたPSAの利用は、単なるPSA結果の絶対値の利用ではない。PSAの概念を反映するものや、PSA技術の現状に沿ってPSAの全部または一部の手法を柔軟に用いるものである。私が、ずっと目指してきた、あるいは、願ってきたことであるが、PSAを適切に規制に用いることがやっと始まったと思っている。ただ、これは規制におけるPSA利用の端緒である。効果的・効率的規制のためには、今後も、安全重要度、立地評価、防災、廃棄物長期管理等様々な問題で、PSAの適切な利用が期待される。

　なお、「まえがき」に述べたように、本書は2013年末までの情報に基づいており、それ以降の規制については記述していないことを改めてお断りしておく。

(3) 万全を図っても事故は起きる。そう思ってリスクの低減を図らねばならない

最後に。私は2003年11月に保安院に採用されているが、その前月に（当時の院長が私を保安院の職員に紹介する機会を設けてくれたのだと思うが、）保安院の「院内講演会」で「安全目標とリスク情報を活用した規制について」なる講演をしている。「10. 第1部のおわりに」の最後に書いた次の部分は、その講演の最後に述べたことである。

　　人のあらゆる活動にはリスクが付随する。リスクの適切な抑制は当然必要であるが、一方、最小限のリスクを許容しない限り、われわれの社会は成り立たない。原子力利用にも、リスクは存在する、しかしそれは、許容できるほどに十分小さい、ということが前提になっている。
　　しかしながら、万全を図っても、事故は起きる。その時、

　　「許容できるリスクはあるが、許容できる事故はない。」

　　事故を起こしてしまったら、特に、死傷者を出してしまったら、関係者はひたすら詫びるしかない。
　　ただ、飛行機は墜ちた次の日にも飛ぶ。原子力も、事故を起こしてならないのは当然であるが、万一大きな事故を起こしてしまっても、その次の日でも立ち上がれるよう、公衆の強い信頼があって欲しいと願っている。

事故があったあとで書き加えるべきことはあまりないが、以下だけを追記しておくこととする。

「万全を図っても、事故は起きる。」それは今でもそう思う。しかしその時、原子力関係者がなおも信頼されるためには、「万全を図っていた」ことが前提である。
　福島第一の事故は、事業者も、規制者も、安全研究者も、「万全を図ってい

なかった」ことを明らかにした。事故は起こるべくして起きたのである。これでは、公衆からの信頼など得られるべくもない。

　これは、事故が起きた年、2011年の暮れに、福井県の「原子力・エネルギーの安全と今後のあり方を真剣に考える会」に呼ばれて福島第一事故について説明した時の「おわりに」である[L-5]。「事故が起きた後でもなお、『事故は起きる』と言うのか」と、厳しい批判があった。しかし、これが私の率直な気持ちである。
　万全を図っても、どこでか、いつか、どんなかはわからないが、事故は起きる。あるいは、万全を図ったつもりであっても、実際は万全でないことがある。少なくとも原子力に関わる私たちは、常に「事故は起きる」と身構えて、事故をなくす努力、事故の影響を最小限に抑え込む努力を続けていかなければならない。

付録

付録 A　　　　原子力安全に関する私自身の主張

「1. はじめに」で述べたように、本書での原子力安全についての解説は、必ずしも従来のセオリーそのままではない。私自身の主張が混じっている。ここでは、どういうところが私の主張か、まとめておく。

(1) 原子炉の基本的安全機能は、従来、「止める」、「冷やす」、「閉じ込める」の3つであるとされてきた。正確には、原子炉を停止する、炉心を冷却する、放射性物質及び放射線を閉じ込める、である。しかし私は、「閉じ込める」だけが最も基本的な安全機能だと思う。「止める」、「冷やす」は「閉じ込める」機能を達成するための手段である。(3章)

(2) 放射性物質を閉じ込めるための多重の障壁と、深層防護 (Defence in Depth) の考え方は、従来「別物」として説明されることが多かった。しかし、私はこの2者はむしろ同一のもので、それぞれの障壁を守ることが深層防護のそれぞれのレベルだと思う。(3章、6章)

(3) 安全確保のための手段は通例「発生防止 (Prevention)」と「影響緩和 (Mitigation)」から成ると説明される。それはその通りであるが、私は、深層防護のあるレベルでの影響緩和は次のレベルの発生防止と同義とした方が分かりやすいと思う。(3章)

(4) 確率論的安全評価と決定論的安全評価はしばしば同レベルにある手法として扱われ、また、両手法は相互補完の関係にあると言われる。しかし私は、両者は全く別物と思う。少なくともわが国では、確率論的安全評価は知識ベース、決定論的安全評価は規制のためのルール。確率論的安全評価は決定論的安全評価を補完するものではなくそれに根拠を与えるものであると思う。(5章、6章)

(5) 確率論的安全評価の結果として得られる「リスク情報」を安全規制に利用することに関しては、「深層防護かリスク情報活用規制 (Risk Informed Regulation) か」と二者択一的な議論がなされることがあるが、確率論的安全評価はむしろ、深層防護がどれ程適切に達成されているかを測る手法であり、決して対立する概念ではないと思う。(5章、9章)

付録

(6) 原子力発電所に適用される主要安全審査指針として、「立地指針」、「設計指針」、「評価指針」（正式名称は6章参照）の3つがあるが、この3つがどのような相互関係にあるのかについては（私が気づいていないだけかも知れないが）従来説明されていない。また、これらの指針の役割を確率論的安全評価との関係で整理することもなされていない。これについては私なりの解釈と整理を試みた。(6章)

(7) 原子力施設の安全は、施設の安全設計と事業者の安全管理によって確保される。そして規制当局は、安全設計と安全管理が適切であることを確認する。確率論的安全評価とは、こうした安全設計・安全管理とそれへの規制にもかかわらず、なおも残ってしまう「残存リスク（Residual Risk）」を評価することである。したがって、「リスク情報」の利用とは、基本的には、それを参考にして安全設計・安全管理と規制のあり方を見直すことであり、リスクの数字を直接用いることではない。(3章、5章、9章)

(8) 原子力安全委員会が提案している安全目標の適用については、個々の原子力施設について確率論的安全評価を実施した結果を安全目標と比較して当該施設が十分安全かどうかを判断するためのものと誤解している人も見受けられる。しかし、わが国の安全目標案は、安全目標専門部会の「中間とりまとめ」に明記してあるように、現行規制の妥当性を判断するための「よすが」であり、決して個々の施設の安全性の判断に直接用いるものではない。(8章)

この他、確率論的安全評価の専門家にしか関係のない話であるが、この分野の用語に関しては、以下のように定義して用いている。

・英語の Initiating Event は、一般に「起因事象」と訳されており、私も通例はそれに従っているが、元の言葉には原因の意味が全くないので、必ずしも最適な訳ではない。Initiating Event を起こさせる原因を指す Initiator の方が、むしろ起因事象というイメージである。本書ではこれら2つの言葉を区別するために、Initiating Event は「発端事象」と訳し、Initiator の方は「誘因」と訳すこととする。(5章)

付録B　　シビアアクシデント、アクシデントマネジメント、
　　　　　　防災に係る用語の説明

　本書第2部には福島第一原子力発電所（以下、「福島第一」）の事故についての記載がなされているが、本付録は、事故の進展を理解する上での幾つかの主要な事象、現象、法規等について、簡単に説明するものである（注：本資料は事故の1～2か月後に、当時の事故説明の補足のために作成したものである）。

(1)　発電所停電事故（SBO）
　福島第一の各原子炉で起きた事故は、典型的な「発電所停電事故（SBO）」である。
　原子力発電所では、非常時の安全系への交流電源供給のために、多重の非常用ディーゼル発電機（D/G）を備えている。これらのD/Gは、常用の外部電源が喪失した時に自動起動する。「発電所停電事故」とは、外部電源喪失（LOSP）に始まりD/Gが作動しなかった事故、すなわち、全交流電源喪失事故である。
　沸騰水型原子炉（BWR）でSBOが起きると、原子炉炉心は、非常用復水器（IC）、原子炉隔離時冷却系（RCIC）、高圧注水系（HPCI）のような冷却系で冷却される。ICは高所に置かれた受動的冷却系である。炉心で発生した蒸気はICに導かれ、そこで凝縮した水は炉心に戻される。RCICとHPCIはタービン駆動の冷却系であり、炉心で生じる蒸気によって運転され、圧力抑制室の冷水を炉心に導く。これらの冷却系は交流電源を必要としないが、系統を制御するための直流電源は必要とする。
　SBOでは最終ヒートシンクがないことから、ある一定時間内に交流電源と最終ヒートシンクが回復しない限り、原子炉炉心はヒートアップ（温度上昇）し、ついには溶融する。多くの確率論的安全評価（PSA）の結果から、SBOは炉心溶融に至る事故の中で主要なもののひとつであることが示されている。
　SBOはまた、使用済み燃料プール（SFP）の冷却にも影響を及ぼす。プールに対する冷却が喪失する結果、プール水の温度が上昇する。プール中の燃料は炉心の燃料に比べ崩壊熱が低いため、事故の進展速度ははるかに遅いが、長時間交流電源が回復しなければ、プール中の燃料もヒートアップし、ついには溶融する可能性がある。

(2)　燃料棒のヒートアップ
　福島第一の事故では、燃料棒の温度上昇が、1、2、3号機の原子炉で起きている。ま

た、4号機のSFPにおいても、燃料棒のヒートアップが起きたのではないかと懸念された（実際にはSFP中の燃料が冷却水上に露出することはなかった）。

燃料棒は原子炉においてもプールにおいても十分な量の水に浸されており、その水は冷却系によって冷やされる。冷却系のうち、あるものは通常時のものであり、あるものは非常用のものである。そして、こうしたフロントラインの冷却系は最終的には海水によって冷やされる。このような冷却系が喪失すると、水は燃料中の崩壊熱によって温められ、ついには沸騰によって失われるようになる。温度上昇と沸騰の速度は崩壊熱のレベルで決まる。

燃料棒が水位上に露出し、その温度が例えば1,200℃といった高温に達すると、燃料被覆管（ジルコニウム合金）が蒸気と反応し、水素を発生するとともに反応熱も出す。このような状況が続くと燃料棒の溶融も起こりえる。ジルコニウムの酸化反応が激しくなった後は、化学反応熱の方が崩壊熱よりずっと大きくなる。

(3) **アクシデントマネジメント（AM）**

アクシデントマネジメント（AM）とは、シビアアクシデントに至るおそれのある事態が発生しても、それが拡大することを防止し、万が一シビアアクシデントに拡大した場合にも、その影響を緩和するための対策である。1992年に原子力安全委員会がシビアアクシデントに対するアクシデントマネジメントの整備を勧告し、これを受けて当時の規制行政庁であった旧通商産業省は、同年7月に「アクシデントマネジメントの今後の進め方について」を発表した。それによれば、同省は、わが国においてはシビアアクシデントの発生可能性は十分小さいので、アクシデントマネジメントは電力会社が自主保安の一環として実施するものであると位置づけた。東電が福島第一において実施した主なアクシデントマネジメント対策は、代替反応度制御、号機間電源融通、代替注水、耐圧強化ベントの導入等である。ここでは以下に、今回の事故に関連のある電源融通、代替注水設備、耐圧強化ベントについて紹介する。

(4) **号機間電源融通**

複数基立地のメリットを活かして隣接原子炉施設間に低圧のAC電源のタイラインを設置し、電源融通を可能にすることで電源供給能力をことである。外部電源が喪失し、原子炉施設内の非常用ディーゼル発電機の起動にすべて失敗して、かつDC電源が喪失したとしても、電源の融通により低圧のAC電源につながるDC電源用充電器が使用可

能となり、DC母線を充電することができる。このため、このような場合でも非常用ディーゼル発電機を起動することが可能となり、また、原子炉隔離時冷却系等の継続運転も可能となる。

(5) 代替注水

既存の復水補給水系及び消火系を有効活用する観点より、これらの系統から残留熱除去系を介して原子炉へ注水できるように配管の接続等を変更し、代替注水設備として利用できるようにすることで、原子炉への注水機能を向上させるものである。また、同じ代替注水設備によって残留熱除去系を介した格納容器へのスプレイ、ペデスタルへの直接注水を可能にし、発生した蒸気のスプレイによる凝縮、ペデスタルのデブリ冷却といった格納容器への注水機能を向上させる。

(6) 耐圧強化ベント

通常運転状態における格納容器のベントは、原子炉格納施設換気系により行われるが、この設備は設計耐圧が低いため、シビアアクシデント時に格納容器のベントを行うために耐圧を強化した格納容器ベント設備が設けられている。ベントラインとしては、圧力抑制室側からのベントライン（S/Cベント）とドライウェル側からのベントライン（D/Wベント）の2つを備えている。格納容器圧力が極めて高くなると予測された場合には、事業者の緊急時対策本部長の指示によりベント操作を開始するが、S/C水相部での放射性物質のスクラビング効果が期待できるため、S/Cベントラインが水没していない限り、S/Cベントを優先させる。

(7) 水頭圧の低いポンプでの炉心への注水

福島第一の事故では、シビアアクシデントマネジメント（AM）として、水頭圧の低い消防自動車のポンプを用いて原子炉への注水がなされた。

原子炉は通常時及びある種のトランジェント（過渡）時に加圧状態にある。原子炉の圧力をある一定圧に保つために、圧力逃し弁（SRV）がつけられている。

水頭圧の低いポンプ、例えば消防自動車のポンプで炉心に注水を行うときは、自動減圧系（ADS）を作動させる等して、幾つかのSRVを開きっぱなしにして原子炉圧力を下げることが必要である。

ところで、トランジェントや事故の過程において過剰な蒸気が発生すると、それは

SRVを通じて圧力抑制室に放出される。圧力抑制室に放出された蒸気はそこに溜められているプール水によって凝縮されるので、ドライウェルと圧力抑制室の圧力が抑制される。

　最終ヒートシンクを喪失したまま、このような状況が長時間続くと、圧力抑制室のプール水が飽和状態に達し、格納容器は次第に加圧される。あるいは、事故が更に悪化してシビアアクシデントになると、燃料棒被覆管の酸化反応（ジルコニウム－水反応）によって生じる水素により、格納容器が加圧される。

　原子炉圧力は常に格納容器の圧力よりも高いから、格納容器の圧力が高すぎる場合は、格納容器圧力も下げなければ原子炉圧力が下がらない。このような場合には、SRVを開くだけでなく、圧力抑制室もしくはドライウェルのベント弁も開くことが必要になる。

(8)　プラントパラメータの指示

　福島第一の事故では、その最初の段階から、直流電源の喪失により多くのプラントパラメータ指示が喪失した。これにより、プラントを制御することが困難になるとともに、事故進展を正確に把握することも困難になった。

　直流電源まで喪失して真っ暗闇となったプラントで、運転員は乗用車のバッテリー等使えるバッテリーをかき集め、それを原子炉監視系につないで特に重要なパラメータ（原子炉の水位及び圧力、ドライウェル及び圧力抑制室の圧力）を測定するとともに、SRVやベント弁を開こうとしている。これは事前の訓練なく現場で採ったアクシデントマネジメントである。

　今回の事故では、こうして得られたプラントパラメータのうち、特に原子炉水位の指示の正しさに疑問があった。ここで原子炉水位は、TAF+とかTAF-と表される。TAFは有効燃料域の頂部であり、例えばTAF+1000mmとはTAFより1000mm高い、TAF-1000mmとはTAFより1000mm低いことを意味する。実際には、事故時の原子炉水位は正確に測定されていなかったことが判明している。

(9)　水素爆発

　福島第一の事故では、幾つかの号機において、水素の爆発が起きた。

　BWRプラントでは、格納容器（ドライウェル及び圧力抑制室）は、水素燃焼を防止するため窒素で不活性化されている。炉心温度上昇事故で生じた炉心内の水素は、トランジェントシーケンスでシビアアクシデントが起きた場合は、SRVが開いていた時に

圧力抑制室のプール中に放出される。圧力抑制室の気相圧力が、ドライウェルの圧力を上回ると、真空破壊装置（バキュームブレーカー）が開き、水素はドライウェルにも流れ込む。冷却材喪失事故（LOCA）シーケンスでシビアアクシデントが起きた場合は、水素はドライウェルに放出され、その一部はベント管を通じて圧力抑制室のプール中に導かれる。

放射性物質が圧力抑制プールに存在する場合は、水の放射線分解により、水素は圧力抑制プールでも発生する。

極端な場合として、シビアアクシデントが進行して原子炉圧力容器（RPV）の溶融貫通が起きれば、原子炉ペデスタルに落下した溶融炉心はコンクリートを分解して蒸気や二酸化炭素を発生する。これらの蒸気や二酸化炭素は、溶融金属を含む炉心融体を通過するときに、水素や一酸化炭素に変わり得る。これらの可燃性気体はドライウェルに放出され、その一部はベント管を通じて圧力抑制室のプール中にも導かれる。

ドライウェルにおいては、不活性化されているために、水素燃焼は起きがたい。一方圧力抑制室では、水素と酸素が同時に存在し得るため、水素燃焼が起きる可能性がある。

ドライウェルにおいて圧力と温度が極めて高くなると、ドライウェルから原子炉建屋への漏えいが起こり得る（格納容器からの設計漏えい率は1日当たり0.5%である）。この場合は、原子炉建屋内で水素燃焼が起き得る。

使用済み燃料プール（SFP）は原子炉建屋の中で格納容器の外にあり、そこで水素が発生すると原子炉建屋内で水素燃焼が起き得る。

⑽ 放射能の環境への漏えい経路

原子炉炉心内の燃料棒の中にある放射性物質は、燃料棒が高温になって破損すると原子炉冷却系（RCS）中に放出される。そして、水素の場合と同じ経路で圧力抑制室及びドライウェルに放出される。圧力抑制室においては、放射性物質のほとんどは、プール水中に保たれる。一方ドライウェルにおいては、その多くはドライウェルの内壁に吸着されると予測される。

圧力抑制室のベントがなされると、圧力抑制室及びドライウェルの中の放射性物質はスタックを通じて環境中に放出される。ただしこの場合は、圧力抑制プール内でのスクラビング効果により、放出割合は小さくなる。ドライウェルのベントがなされると、ドライウェル気相中の放射性物質、それに、減圧沸騰が起きる場合には圧力抑制プール内の放射性物質も、スタックを通じて環境中に放出される。

付録

　ドライウェルが例えば高圧によって漏えいもしくは破損すると、ドライウェル気相中の放射性物質は原子炉建屋に、そして環境に放出される。圧力抑制室が破損すると、ドライウェルと圧力抑制室の中の放射性物質が環境中に放出されるが、この場合はスクラビング効果が期待できる。

　使用済み燃料プール（SFP）内の燃料棒の中にある放射性物質は、燃料棒が高温になって破損すると、原子炉建屋に、そして環境に放出される。

⑾　原子力災害対策特別措置法（原災法）

　原子力災害対策特別措置法（原災法）は、原子力災害から、国民の生命、身体及び財産を保護することを目的として2000年6月より施行された。

　法第10条は、迅速で正確な情報を把握するために、一定の事象が生じた場合の通報を原子力事業者に義務づけたものである。原子力事業者（福島第一の事故においては東電）は、10条事象に相当する事態が発生した場合には、主務大臣（福島第一の事故においては規制担当大臣である経済産業大臣及び規制担当省庁の原子力安全・保安院）、所在都道府県知事（福島第一の事故では福島県）、所在市町村長および関係隣接都道府県知事に通報しなければならない。

　法第15条は原子力緊急事態宣言に関するものである。事象の推移に応じ、予め定められた異常な事態に至った場合には、主務大臣は直ちに、内閣総理大臣に15条該当を報告し、原子力緊急事態宣言の公示案及び避難のための立ち退き又は屋内への退避の指示案を提出しなければならない。内閣総理大臣は直ちに、原子力緊急事態宣言を発出し、緊急事態応急対策を実施すべき区域を管轄する市町村長及び都道府県知事に対し、避難のための立ち退き又は屋内への退避の勧告又は指示を行うべきこと、その他の緊急事態応急対策に関する事項を指示する。

　原子力緊急事態宣言が発出された場合には、法第16条に従って、内閣総理大臣を本部長とする原子力災害対策本部を設置（官邸）することとしている。さらに、法第20条に基づいて、本部長は、緊急時対応急対策の実施に関する技術的事項については原子力安全委員会に必要な助言を求めることが出来る。

付録 C　　　　柏崎刈羽原子力発電所訪問の感想

以下は、私が中越沖地震のあと、2007 年 10 月 6 日に柏崎刈羽原子力発電所を訪問した時にまとめた感想である。太字は、福島第一事故にも特に共通性が高い事項である。

---

10 月 6 日、柏崎刈羽原子力発電所を訪問しての感想は以下の通り。

- 耐震重要度の高い SSC はほとんど故障や損傷が起きていない。数少ない例外としては、①緊急対策室のドアが塑性変形して開かなかったこと、②原子炉建屋のブローアウトパネルが開いてしまったこと、③原子炉建屋電気貫通部に漏洩があってスロッシングした冷却水が漏出したことが挙げられる。
- 故障・損傷した SSC のほとんどは耐震重要度の低いものであり、耐震重要度によって故障・損傷の発生の有無が明瞭に異なった。耐震重要度によって故障・損傷の割合が異なったことも、耐震重要度の低い SSC に故障・損傷が起きても、耐震重要度の高い SSC が健全であることで「止める、冷やす、閉じ込める」という基本的安全機能が達成されたことも、実に設計どおりと言える。
- 耐震重要度 B、C クラスの SSC も、想定外に大きな地震動が加わったのに、故障・損傷の割合はきわめて小さかったと言える。
- 故障・損傷のほとんどは、システムとシステムの接合部（インターフェイス部）に起きている。ただし、安全重要度が高いシステム同士の場合には、インターフェイス部での故障・損傷はほとんど起きておらず、ここでも、設計により故障・損傷が防げることが示されている。
- 不具合の数は、細かなことまですべて数え上げた結果として、「2,000 以上」となっているが、「安全に関係する機能喪失」の数ははるかに少ない。
- 地震 PSA では、SSC レベルで「安全に関係する機能喪失」の割合を計算するが、今回の地震被害の結果、あるいは、中越、宮城沖、志賀等の過去の大地震で原子力発電所が受けた地震被害（ほとんどなかった）の結果を定量的に分析して、現行の地震 PSA 手法の精度を検証し、必要に応じて改良を図る必要がある。
- 今回の地震の経験で、従業員はむしろ、自分たちのプラントの設計に一層自信を得たようにさえ思われる。
- **ブローアウトパネルの不意図的開放については、単一の故障で原子炉建屋の機密**

性が失われたことを意味しており、看過できない問題である。
- 美浜の2時冷却系配管破断事故では制御室の気密性が問題になったが、今回の地震では原子炉建屋の水密性に疑問が生じている。
- 美浜事故で制御室の気密性に疑問が生じた結果、制御室で行うシビアアクシデント対策の実効性に疑問が生じている。緊急対策室が地震時に使えなかったということは、地震によって重大な事故が起きた場合の防災対策の実効性に疑問を生じさせる事象である。
- 従来、運転経験を分析・評価してそこから得られた知見を設計・運転管理・規制に反映することの重要性は広く認識されている。今回柏崎刈羽で得られた経験は国内外で広く共有される必要がある。
- ただし、今回の地震とそれによる原子力発電所の被害には、特異な内容もある。例えば、今回の地震は原子力発電所敷地の近くの震源によるものであり、そのために発電所及びその近くに被害が集中している。一般的には、発電所の被害は周辺社会の被害より小さくなるというのが常識的である。経験の反映にはそうしたことを考慮に入れなければならない。
- **我が国の原子力防災は、従来から脆弱である。今回の経験を踏まえて総合的な再検討をする必要がある。**
- 火災が起きたときの消火活動を自治体の消防に期待するというのは想定自体が不適切である。一般には、原子力発電所で地震による火災が発生するような状況なら、周辺社会では広範に火災が発生している可能性がある。既に保安院及び事業者によって改善が図られているが、原子力施設での火災は事業者によって消火活動がなされるべきである。
- 今回の地震では、地震後の安全確保活動に当たるべき職員が、マスコミへの対応で時間を取られたと聞いた。緊急時にはその対応に当たる職員はその仕事だけに集中するべきであり、緊急時広報の仕事との分離が必要である。
- このことを含め、重大な地震時、重大な事故時には、特に夜間が問題であるが、「その時現場にいたごく少数の職員」が、短時間内に数多くの仕事をしなくてはならない。今回の地震では、マスコミにより、通報の遅れや幾つかの測定の遅れなどが批判されたが、緊急時には優先度に従って対応がなされるべきである。緊急時にどのような対応が優先的になされるべきか、どのような平常時業務は省略してもいいかは、あらかじめ検討し、規制当局の了解も得ておく必要がある。

- 今回の地震では変圧器の火災という原子炉安全の観点からはマイナーな事象ばかり大々的に報道された。これは内容的には誤報であり、マスコミのあり方について深刻な疑問を投げかけるものである。
- 更に、変圧器の火災の報道のためにマスコミのヘリが多数原子力発電所上空を飛んだとのことであるが、これは原子力発電所への航空機落下という新たなリスクを引き起こすものである。マスコミ各社には猛省を求めたいし、規制当局はこうした事態を防止するための手段を検討すべきである。
- **公衆に事象の重大性を即時に伝える手段として、IAEA の INES がある。しかし、わが国では INES は必ずしも定着していない。また、今回は、「実際に何が起きたかは時間をかけて調べてみないと分からない」という事情があって、保安院による暫定評価もなされなかった。INES の有用性や将来の改善については今後議論が必要である。**

付録

付録 D 福島第一事故時のプラントパラメータの伝達に係る問題
（福島第一事故に関するセミナー第 3 回配布資料）

平成 24 年 6 月 26 日
阿部　清治

1. はじめに

　福島第一の事故では、関係機関間で重要な情報が共有されなかったという問題も明らかになってきた。

　メディアが注目しているのは、SPEEDI の計算結果が公表されなかったという問題である。しかし、ERSS/SPEEDI は元々、実際の事故時には役に立たないシステムであり、そういうことは防災業務に係わっている人のほとんどは、福島第一事故の前から理解している。メディアは、なぜ役にたたないかを理解しようとすれば、技術的内容も理解しなくてはならない。これはかなり難しいことである。一方で、「隠した、隠した」と騒ぐだけならなんの努力もいらない。だからそうしているに過ぎないと勘繰っている。

　ここで問題にするのは、そうしたどうでもいい情報のことではない。事故がどのように進展したかを理解する上で必要不可欠な、プラントパラメータそのもの、あるいはその存在や信憑性に関する情報が、必ずしも適時・適切には関係者に伝わらなかったという問題である。

　私自身はずっと事故対応の中心になっていたわけではないから、事業者の情報が私のところに届かなかったということは当然である。しかし、どうも、保安院にも適時には届いていなかったらしい。以下、私が外から見て推定しているだけではあるが、事故時のプラントパラメータに関する情報の伝達あるいは共有に係わる問題を列挙する。

2. 福島第一事故時の情報伝達に関する事例

(1) 1 号機の原子炉水位指示値の信憑性

　地震が起きたのは 2011 年 3 月 11 日 14 時 46 分、福島第一に津波が到達したのは 15 時半頃である。私個人のメモによれば、JNES 内では 16 時 20 分に「緊急事態支援本部」が設置され、16 時 28 分に始まった会合で最初の事故説明がなされている。そこでは、福島第一で次のようなことが起きていると報告された。

- 全交流電源喪失が起きている。すなわち、外部電源喪失に加えて、1、2、3号機で非常用ディーゼル発電機が喪失している。
- 炉心は RCIC で冷却されている。
- バッテリーは8時間ほどで消耗するであろう。
- 海水ポンプも浸水して不作動になっている。

あとから見れば、この第1報は、号機間の違いも区別していないし、間違いも含んでいる。しかし、この時点での私の理解は、発電所停電事故が起きており、加えて、最終ヒートシンク喪失にもなっているのであるから、いずれシビアアクシデントは避けられないにしても、しばらくは交流電源を要しない RCIC による冷却がなされるであろうとのことであった。

福島第一事故は、熱水力的な観点から見れば「冷却材ボイルオフ事故」である。私自身の過去の研究から、事故の進展に最も大きな影響を及ぼすのは炉心の水位だと知っていたから、ずっと原子炉水位に注意していた。3月12日の午後、1号機の原子炉水位は TAF−1600mm から TAF−1800mm の間で安定しているのを見て、これは崩壊熱で沸騰する量と、RCIC によるのかどうかはわからないが、何らかの炉心注水量とがバランスしていると思った。

実は、この TAF−1600〜1800mm という水位はクリティカルな水位である。これも自分の研究の結論であるが、炉心水位が炉心有効長の約55％（ほぼ TAF−1600mm に相当）以上に保たれていれば、ジルコニウム−水反応が激しくなることはほとんどなく、したがって水素の大量発生も炉心の溶融も起こりがたい。逆に、水位がこれ以下になると、ジルコニウム−水反応が激しくなり、この反応が発熱反応であるためにポジティブフィードバックがかかり、短時間で水素の大量発生と炉心の溶融になり得る。

私は、交流電源も最終ヒートシンクもないのだからシビアアクシデントは避けられそうにないが、水位がずっと TAF−1700mm 前後に維持されていることから、当面急な事故の悪化はなさそうと判断した。「今しかない」と思って、自宅に仮眠をとりに帰った。ところが、現実にはこの直後の15時36分に水素爆発が起きたのである。原子炉水位は正しくなかった。それを知った段階で「原子炉水位のデータは信頼できない」と保安院に通報した。

水位について、東電がはっきりと間違いであったと公表したのは昨年5月12日である。この時は、「1号機の原子炉水位を測りなおしたところ、それまで公開されていた

水位よりもずっと低かった」との報告とともに、それが水位計の基準面器内の水が蒸発していたためとの説明がなされている。

　私自身が水位計の構造や信憑性について理解していなかったことは、安全屋として不十分という批判があってよい。しかしながら、東電にもメーカーにも、水位計の構造や問題点を熟知していた人がいたはずである。早い段階で、水位計の側から見ての説明があって欲しかった。

(2) **直流電源喪失とフェイルセイフに関する情報**

　前述の JNES 内での第 1 報に示すように、最初は「直流電源は生きていて、8 時間後に喪失する可能性」とのことであった。私が、バッテリーまで水没して、直流電源が失われたと知ったのは、昨年 4 月はじめの IAEA での会合に出席したときのことである。

　4月4日から4月14日まで、ウィーンの IAEA 本部で第 5 回安全条約（Convention on Nuclear Safety）レビュー会合が開かれた。その初日 4 日にサイドイベント（条約外のイベントで条約に加盟していない IAEA 加盟国も参加できる）として、日本から保安院の審議官が福島第一の事故について報告することになり、私はそれを補佐するために随行した。

　4月4日は朝から日本代表部に集合して、打ち合わせと資料の最終確認を行った。私はその直前に、やはりサイドイベントに出席することになった東電の方から、プラントパラメータは仮設バッテリーで取得されたと聞いた。それまでまったく知らないでいたからびっくりして、審議官の報告資料の最初に、「本資料のデータの一部は正しくない可能性がある。特に、事故のある期間、すべてのパラメータは失われており、あるパラメータは明らかに相互に矛盾している」と書き加えてもらった。

　しかしこの時は、1、2、3 号機すべてで直流電源が喪失したと理解していた。私は 4 月 15 日にウィーンから帰国し、その後 1 ヶ月半ほど JNES 内での事故の分析作業に責任を負ったのだが、事故情報をつなぎ合わせていくとどうも 3 号機の直流電源は「少なくとも一部は生きていた」と考えないとつじつまが合わなくなった。そういうことを JNES 内で論じていたところ、5 月末の IAEA ミッションの直前になって、3 号機では直流電源が生きていたとの情報が示された。

　さて、直流電源が（実際は 1 号機と 2 号機だけであって 3 号機は違ったが）失われたと知って、次に関心事になったのは当然のことであるが、「では、炉心への注水は直流

電源のない中でなされたか否か」という問題である。事故進展の速さから見て、1号機は非常用復水器（IC）がほとんど不作動であったと思われており、2号機は炉心隔離時冷却系（RCIC）が長期間動いていたことが報告されていた。しかし、なぜそうなったかということである。

　最初に注目したのは、ICとRCICの閉止弁の「フェイルセイフ」の考え方である。これについてあちこち聞きまわったところ、どうも「フェイルアズイズ」である（らしい）とのことであった。したがって、当時の分析では、「1号機では、たまたまICが停止していた時に津波が来て、ICのラインは閉まったままで、短時間で炉心の溶融に至った。一方2号機では、たまたまRCICが稼動していたときに津波が来て、RCICのラインは開いたままで炉心はかなりの時間冷却された」という結論であった。

　あとになって、1号機のICは「フェイルクローズ」であったとの情報が公開された。「たまたまICが停止していたときに津波が来てICのラインは閉まった」でも、「たとえICが稼動していたとしても、フェイルクローズの設定により、直流電源喪失時にICのラインは閉まってしまった」でも、事故の進展自体に変わりはない。しかしながら、事故の原因分析などにとっては大違いのことである。こういう大事な情報は早くから共有されるべきと思う。

(3) **津波来襲前のプラントパラメータ**

　フェイルセイフの問題を考えていて気づいたのは、津波で直流電源が喪失して、それによってICやRCICの弁が動作した、あるいは動作しなかったとするなら、「津波の前は直流電源が生きていて、弁位置情報を示すことも弁の制御をすることも可能だったはず」ということである。それは、「津波以前には通常の計測系による測定データがあるはず」という推測にもつながった。そのため、保安院に連絡して、東電に対してこれらのデータの徴集命令をかけてもらった。

　これについては、東電から保安院に、高い放射線の下、データを取りに行くのが大変であったとの説明があったらしいが、こうした重要なデータがあるということそのことについては、東電から保安院に自発的に伝えて欲しかったと思う。

(4) **2号機の原子炉水位指示値の信憑性**

　2号機については、RCICの弁が開いたままRCICが稼動し続けたらしいと聞いたが、どうして止まらなかったかがわからなかった。特に、原子炉水位がどうしてほとんど一

付録

定の高さに保たれたのかがわからなかった。

ただ、水位がこのように一定に保たれるメカニズムとしては、

① 水位が気水分離器（セパレータ）下部にあって、水はダウンカマに落ち、蒸気はRCIC駆動側配管ノズルに入ってRCICタービンを回し、炉心に注水する。
② 水位がRCIC駆動側配管ノズル部にあって、水と蒸気の2相流がRCICタービンを「水車として」回して、炉心に注水する。

のどちらかであろうと思っていた。

これについては、JNESの中で早くから、水位については圧力補正をしなくてはならないと聞いていた。また、後になって、運転員は誰も知っていることだとも聞いた。しかしながら、単に私には、でしかないのであるが、公表されている測定値が圧力補正をする前の値なのかした後の値なのかはわからなかったし、補正の仕方も知らなかった。

昨年12月末になって、水位については圧力補正すると違った値になるとの情報が公開された。また、本年3月に福井で開催された日本原子力学会の年会で東電がこの件について説明し、圧力補正をするとぴったり上記②の高さになっていることが示された。

本件は、時間はかかったが完全に解決されたと判断している。

(5) 2号機圧力抑制室付近での衝撃音

3月15日13時00分現在のプラント状況に関する東電のプレス発表では、2号機の圧力抑制室の近くで、3月15日6時00分〜10分頃、サイトで衝撃音がしたと報じられた。また、衝撃音に合わせて2号機の圧力抑制室圧力も低下した（別情報によれば、ダウンスケールした、のちの資料によれば、圧力指示値が0.0MPaaを示した）とも報じられた。

この情報は後に完全に否定されたが、事故後しばらくの間は「圧力抑制室に大きな破損口が生じたに違いない」という推定につながり、事故分析に混乱を招いた。

「圧力抑制室で水素爆発が起きたに違いない」、「いや、圧力抑制室気相部は窒素で不活性化されているから、これは過圧破損ではないか」という推論もあった。私自身は、「圧力抑制室破損のあとに敷地境界の放射線レベルが著しく高くなっていることから、「圧力抑制室プール水による放射能のスクラビング除去能が、想定されていたほど有効でなかったのではないか」と推論した。これらの推論はすべて誤りであった。

圧力抑制室の圧力指示値は、事項(6)で説明するが、3月14日の深夜からドライウェル圧力と乖離した値を示していて信頼性が低いし、もとより絶対圧ゼロという状態は存在しない。実際、ドライウェル圧力の測定値は高いままであり、3月15日の5時20分から7時20分まで、0.730MPaaという一定値である。東電は後になって、これは4号機で6時12分に起きた水素爆発を誤認したものとしている。

ドライウェル圧力は衝撃音から5時間以上経った11時25分に再び得られているが、この時には0.155MPaaと明白な低下を示している。格納容器の冷却がほとんどなされないままにドライウェルの圧力が顕著に下がったのは、格納容器内の気体のかなりの量が、大気中に放出されたことを示唆している。6時50分に、正門付近（MP-6付近）の放射線レベルは583.7μSv/hであった。8時25分には、原子炉建屋の5階付近で白煙が見られた。9時00分、正門付近（MP-6付近）での放射線レベルは11,930μSv/h（事故期間中の測定値の最高値）であった。

結局のところ、1号機、3号機とも共通であるが、2号機でも、高温・高圧にさらされたドライウェルに大きな漏洩が生じ、そこから水蒸気や放射性物質が放出されたと考えられる。その時期は、ドライウェルの圧力が顕著に低下した3月15日の7時20分から11時25分の間と推定されるが、これは、「8時25分の原子炉建屋上部での白煙」、「9時00分の正門付近での放射線レベルの最高値」とも一致する。

(6) 計測系の故障と推定されるもの

前述のように、2号機においては、3月14日の深夜からドライウェル圧力と圧力抑制室の圧力指示値が乖離した値を示していて、どちらか（多分圧力抑制室の圧力）は何らかの故障もしくは誤りによるものと思われる。

3号機においては、3月12日11時36分にRCICがトリップした後、原子炉水位はL2高さ（原子炉水位低：TAF＋2950mm）まで低下し、12時35分にHPCIが自動起動して炉心を冷却した。HPCIもまたタービン駆動であり、交流電源がなくとも作動可能である。HPCI起動後、それまで7.2MPag以上であった原子炉圧力は急低下し、その後は3月13日2時00分まで1.00MPag以下の低圧に保たれた。

この間、ドライウェル圧力は0.36MPaa前後、圧力抑制室圧力は11時20分から13時58分にかけて0.80MPaa前後であった。ドライウェルと圧力抑制室の間にこのような大きな差圧が生じるはずはなく、ここでも圧力の測定には何らかの故障もしくは誤りがあったと思われる。

付録

(7) SPDS の喪失

　SPDS（Safety Parameter Display System）は、施設の安全に係る情報を整理してわかりやすく表示するシステムであり、事故時のプラント状態の把握には欠かせないシステムである。SPDS は前述の ERSS における事故状況の推定にも用いられる（私自身はずっと以前から、ERSS は不要だが SPDS は不可欠と主張している）。

　福島第一事故時、SPDS は直流電源喪失で不作動になり、また、後の調査によればデータ送信のための機器も地震動で故障している。

(8) 環境モニタリングの喪失

　福島第一原子力発電所周辺での環境モニタリングシステムは、多分電源喪失により、事故後かなりの期間失われた（代わりに、モニタリングカーによる測定がなされている）。

　一方、福島第二原子力発電所での環境モニタリングシステムは生き残っているし、また、ある期間、航空機による大気のサンプリングもなされている。これらのデータはソースタームの推定等に極めて有用なものであり、活用が期待される。

3. 計測及び情報伝達に係る課題の整理

　以上例示してきたように、福島第一事故では、プラントパラメータの計測に関し、また、その関係者への伝達に関し、多くの問題があった。これらの問題に取り組むには、まず、以下のような異なる問題があることを認識する必要がある。

- 直流電源の喪失で計測不能。これは基本的に計測系の問題ではなく、電源系の問題である。ただし、電源が失われたときの計測については考えておく必要がある。
- 水位の圧力補正。これは、運転員は理解していること。表示される指示値は実水位とは違うが、故障ではない。
- シビアアクシデント時には水位測定値はあてにならないということ。これは水位計の適用範囲の問題であって、故障ではない。しかし、シビアアクシデント時のプラント状態の把握のためには放置できない問題である。
- 2 号機ドライウェル圧力と圧力抑制室圧力の測定値の乖離。これは、多分、計測系における故障である。

431

計測系そのものについては、このように問題を分けて取り組むことが必要である。
　ただ、同時に大事なことは、事故時の情報伝達のあり方である。上述のように、計測系に係る諸問題には本質的に異なるものがある。しかし、計測の専門家以外には問題の区別がつかない。結果として事故時対応や事故後分析における阻害要因となる。関係者に生データを含む情報を遅滞なく伝達することは当然大事であるが、それがどういう性質の情報なのかを適切に説明することも大事である。

付録

付録 E　原子力防災における ERSS、SPEEDI の弊害について

平成 16 年 10 月 3 日

阿部　清治

　私はずっと以前から、ERSS 及び SPEEDI は原子力防災に悪影響を及ぼすものと言い続けて来ておりますが、今回 2 回の原子力防災訓練（9 月 28 日の柏崎刈羽総合防災訓練事前訓練と、9 月 30 日の東海再処理での事故を想定した茨城県総合防災訓練）に参加して、その弊害が看過できないものになっていることを実感してきました。もはや一刻も早くこれらの計算コードを排除しなければならないと思っています。以下、理由を説明します。

1. 安全評価コードと防災支援コードの関係

　計算コードははじめから目的を持って作られます。安全評価コードは、決定論的評価であれ確率論的評価であれ、「事前予測」のためのものです。

　確率論的安全評価（PSA）では、リスクの全体像を示すために、まずはシビアアクシデントに至る事故シナリオの整理をします。これが一番大事な仕事です。そのあとで、各シナリオに沿って、すなわち、シナリオは与えられているとして、事故の進展や放射性物質の放出・移行挙動を解析します。

　決定論的安全評価では、幾つかの代表的な想定事故シナリオを決め、それに適切な保守的仮定を付け加えることにより、有意なリスクをもたらす事故はすべて包絡されると考えます。すなわち、ここでは想定事故シナリオをどう決めるかと、どれほどの保守性を含めるかが決定的に大事な問題です。それが決まれば、あとはシナリオに沿って解析をし、結果を判断基準と比べて合否を決めることになります。

　これに対し、防災支援コードは「リアルタイム予測」のためのものです。そこでは事故シナリオが定まっていません。刻々と入ってくる断片的情報を、その都度最大限に利用して、現在何が起きているか、これから何が起きそうかを推定することが目的です。

　このような計算コードを作るときは、まずは、事故時にどのような情報がどのようなタイミングで入ってくると考えられるかを考え、次には、そうした情報が、ある部分は欠落し、ある部分は誤っていることも考慮した上で、そういう断片情報から最善予測を

することを考えねばなりません。

ところが、ERSS も SPEEDI も、安全評価コードと全く同じように、「シナリオありき」の構造をしているのです。なぜか。そのように作るのが簡単だからです。これでははじめから本来目的に合致するはずがありません。

2. THALES と MAAP について

最初に、私自身の炉心溶融事故研究から紹介します。私は、1979 年 3 月の米国スリーマイル島の事故のあと、炉心溶融事故解析コード THALES を開発し、それと、炉心溶融事故時 FP 放出移行解析コード ART を結合して、THALES-ART コードシステムを作りました。この仕事は私が 1983 年 1 年間米国の電力研究所（EPRI）に炉心溶融事故研究で留学した前後のものです（ちなみに、私は後に、東京大学の近藤駿介先生（当時）のご指導で、「軽水炉の炉心溶融事故解析研究」で学位を得ています）。

この時期米国でも、2 つの炉心溶融事故解析コードが開発されつつありました。ひとつは、NRC のスポンサーシップで開発されたソースタームコードパッケージ（STCP）、もうひとつは産業界によって開発された MAAP コードです。このうち STCP は設計思想なく既存のコードをつなぎ合わせただけのもので、正常に計算を終了させることすら難しく、現在は多分誰も使っていないコードです。

MAAP は、炉心溶融事故についての NRC のルールメーキングに対抗する IDCOR（産業界損傷炉心）計画の一環として開発されたコードです。私が EPRI に留学していた時期は、EPRI が開発を引き継いでいて、その担当者（現在はスエーデンのラジ・セガール教授）は私のすぐ側の部屋にいたのですが、その内容は EPRI 内でも極秘でした。

MAAP の内容が明らかになるのはその 3-4 年後になるのですが、私は説明書を読んで全く驚きました。私の THALES とは、全く独立に作られたコードなのですが、基本構想がほとんど同じであり、性能も極めて似通っていたからです。要すれば、事故時の二相流体の流れがどのようなものになるかについて、多分、ほとんど同じイメージを描きつつ作ったためと思います。その典型が原子炉冷却系のボリューム分割です。MAAP ではなぜこのようにボリューム分割するのか、マニュアルにはひと言も書いてありませんが、私には手に取るように分かりました。私自身が考えたことと同じなのですから。

もちろん、独立に作られた 2 つのコードですから、相違点は数多くあり、ある部分は

付録

THALESの方が、ある部分はMAAPの方が優れていました。その中で、MAAPの最大の優位点は、MAAPは壁に付着したFPの出す熱によりFPが再蒸発するのをモデル化できることでした。これは、私は当初、炉心溶融事故の進展解析だけのためのコード開発を目指していたため、FP放出・移行挙動からのフィードバックを考えなかったためです。

このため私は、THALESとARTを一体化してMAAPに負けないコードにすることとしました。この仕事を実際に担当したのは、当時原研に出向していた梶本さん（現在はJNES）で、完成した一体型コードはTHALES-2と命名されました。

こういう経緯がありますので、THALES（すなわち、私）にとっては、今でも、MAAPは最大のライバルコードであり、かつ、最も高く評価する兄弟コードです。MAAPは何のためのコードなのか、何ができ、何はできないのか。私は、そういうことが一番よく分かっているひとりであると自負しています。

3. ERSSについて

THALESが開発されたあと、原研では、科学技術庁（当時）からの特別会計受託事業として、THALESを使って炉心溶融事故の進展予測をする、防災支援コードCOSTAを開発することが提案されました。私ははじめからこれに反対。前述のように、THALESは安全評価用に作ったコードであり、リアルタイムでの判断を助けるようにはできていないからです。

THALESの開発者である私の反対にもかかわらず、COSTAの開発は始められたのですが、そこではそれなりの工夫はなされました。THALESをそのまま使うのではなく、ものすごい数の計算をしておいて、その結果を簡易関数の形にしておくとか、人工知能を用いた判断プログラムで事故の状況を確信度を含めて推定するとか。

ただ、それでも私は、元の発想がずれていてはまともに役立つものにはならないとして、終始ネガティブな意見を述べ続けました。最終的には、私が原子炉安全工学部長になったときに、私の職権で、COSTA開発を全面的にやめさせました。

ERSSは、時々刻々変化する重要な安全情報を整理して表示するシステムSPDSと、炉心溶融事故の進展を予測するシステムからなります。私は、前者は有益なシステムであると思いますが、後者は全く評価していません。ひと言で言えば、COSTAの物まね、それも、レベルの低い物まねに過ぎません。

ERSSの事故進展予測システムにはMAAPがほとんどそのまま入っています。COSTAでの様々な工夫は反映されていません。ERSSについてはその開発関係者からこれまでに何度も説明を聞きましたが、私の初めからの疑問に対して一度たりともまともに説明できたことはなく、したがって、技術的に見るべきものはないと感じています。

4. SPEEDIについて

SPEEDIは原研が開発したコードですが、これも、目的に合致した手法が採用されていないため、実際問題として防災には使いようがありません。

SPEEDIは、「ソースターム（重大な事故時の施設からの放射性物質放出量。より正確には、核種ごとの時間依存の放出量）が与えられることを前提として、環境中の放射線量の時間変化を計算するコードです。

しかし、実際の事故時に、施設から環境への放射性物質放出が起きる前であろうと後であろうと、「ソースタームが精度良く推定できる」なんてことはあるのでしょうか。PSAで「事故シナリオは与えられている」という前提の下での計算でも、ソースタームの評価結果には2桁3桁の不確実さがあるというのが現状の技術レベルです。何が起きているか定かには分からない状況下でのソースタームの推定はこれより困難です。環境中の線量の予測はソースタームの予測以上の精度はないのですから、どんなにがんばったところで、オーダーレベルの推定しかできないわけで、それならごくごく簡単なプログラムで十分です。

一方で、環境中で線量の測定がなされた後は、それに合うようなソースタームを逆算で求めることも、ある程度は可能であり、SPEEDIにもそうした機能は入っています。しかし、SPEEDIの計算結果はモニタリング結果としての線量値とは一致しません。そんなとき、SPEEDIの計算結果をモニタリングポスト等での測定結果以上に信じる人はいないでしょう。

私が原研の安全性試験研究センター長であったとき、センター長の職責として、安全委員会の安全研究年次計画への原研提案をとりまとめたことがありました。その時、SPEEDIの開発者（環境科学研究部。センター外組織）から、SPEEDIの新版開発を年次計画に提案したいとの話がありました。

私はこれに対して、前述のように、「防災支援コードは、事故時にどのような情報が

付録

どのようなタイミングで入ってくると考えられるかを考え、情報の欠落や誤りも考慮した上で、そういう断片情報から最善予測をすることを考えるべきであるが、SPEEDI はそのようになっていない。」と批判しました。これに対し、SPEEDI の開発者の意見は次の通りです。

① 防災支援コードの満たすべき条件についてはその通りと思うが、我々にはそのような能力も目的もない。そのようなコードが必要であれば、安全性に役立つことを目的としている原子炉安全工学部が作るべきである。

② SPEEDI は防災に直接役立つことを意図したものでなく、環境中の物質の移行をより精緻にモデル化することを目的としたものである。しかし、SPEEDI 開発研究の成果の一部は、上記のような防災目的のコードを誰かが作る場合に役立つ可能性がある。SPEEDI は安全性にも役立つ可能性のある基礎基盤研究であり、そうした研究も安全研究年次計画の範疇であるはずである。

③ SPEEDI が当初目的を逸脱して直接的に防災で使われているのは、使用している側の誤りである。

私はこの説明を受け入れ、その代わりに、③のような誤解を生まないために、②の内容を提案書の冒頭に記載させた上で年次計画への提案を認めました。

5. 大飯の防災訓練での問題点

ERSS と SPEEDI の弊害は大飯の防災訓練（一昨年だったと思います）で特に顕著でした。私はこの時、安全委員会の緊急技術助言組織の一員でプラントグループに属していました。

防災訓練のあとのプラントグループの会合において、訓練に参加した委員から、「事故シナリオでは 30 分で炉心溶融のはずであったが、トラブルで ERSS が 45 分間動かなかったため、その間何の勧告もできなかった」との報告がありました。これに対し私は、「本末転倒。元々 ERSS は脇に置いて参考にする程度の情報しか出さないもののはずであり、手に入る情報だけに基づいてコメントするのが緊急技術助言組織の本来の役割のはず」と批判しています。

訓練参加者からは更に、「ERSS が動いた後は、その結果を SPEEDI に入れて環境中線量を予測し、その結果に基づいて退避や避難の勧告を行った」との報告があり、それに対して私から、「PSA での事故シナリオが与えられた計算でも、ソースタームの評価結果には 2 桁 3 桁の不確実さがあるが、何が起きているか分からない状況下でのソース

437

ターム評価値の不確実さをどのように反映したか」と尋ねたところ、「不確実さについては何も考えなかった」との答えが返ってきました。私も、同席していた早田委員（現安全委員）も、そういう勧告ならしない方がましと、厳しく批判しました。

なお、プラントグループの次の会合では、私の提案によって、「ERSS を用いないで事故進展に係る勧告をする訓練」を行いましたが、私の判断では、この訓練でまともにコメントができたのは早田委員（原研でシビアアクシデント実験研究の創始者）と私の2人だけだったと思います。

6. 今回の防災訓練での問題点

冒頭に述べたように、今回私は、柏崎刈羽総合防災訓練事前訓練と茨城県総合防災訓練とに参加しました。（両方とも副大臣の代理として現地対策本部長を務めてきました。）これらの訓練でも ERSS と SPEEDI の弊害が顕著でした。

柏崎刈羽の訓練は、あらかじめ会話内容を定めない訓練でした。訓練に先立ち、私は、
① 安全委員に対し、ERSS や SPEEDI で計算したらこうなった、といった調子では進めたくない、と申し上げ、
② 東電に対しては、発電所の事故では現場の判断が一番大事なので常に現場としての意見を言って欲しいと頼み、
③ プラント班に対しては、間違っても、ERSS の計算結果はこうなりました、といった説明だけで済ませるようなことはしないように、と釘を刺し、
④ 放射線班の副班長に対しても SPEEDI の計算結果だけの説明で済ませないように、と言っておきました。

しかしながら、実際には、プラント班からは ERSS の計算結果が紹介されただけ、放射線班からは SPEEDI の計算結果が紹介されただけで、それ以外の技術的判断は何もありませんでした。要すれば、計算コードの結果だけがすべてだったのです。

しかも、私からの質問に対しての答えを聞けば、両班の班長が、計算コードの内容はもちろん、計算条件についても、計算結果の意味するところについても、ほとんど理解していなかったのは明白です。典型的な例は SPEEDI の計算条件。確認していませんが、私が別途聞いていたところでは、「排気筒から放射性物質が放出されるというシナリオで、フィルターで 99% 除去され、1% だけが環境中に放出されるという想定だが、そうすると避難の必要がなくなってしまうので、それを 1500 倍した値を用いた」とのこ

と。放射線班の班長は、この1500倍という操作をどうやら何も知らなかったらしく、「ERSSの計算値をそのまま使って計算した」ことを強調していました。

ERSSやSPEEDIといったコードがなまじあるがために、誰でもその結果を報告できるという思い違いが生じ、本当は「その道の専門家」を招集しなければ解決できないはずがあたかも解決可能なような雰囲気を作っているのです。

ERSSとSPEEDIのもたらしているもうひとつの弊害は、防災訓練で扱う事故シナリオが、SPEEDIでの計算が可能なものに限定されること。要すれば、排気筒で放出量が測定されるシナリオでなければならないこと。そのために、無茶苦茶なシナリオ設定がされ、当然ながら、これらのシナリオはリスク上の重要度とは無関係に決まってしまいます。これは柏崎刈羽の訓練でもでも東海再処理の訓練でも見られたことです。

7. 国際的常識

現在、原子力防災に関するIAEA国際基準案（DS105）の検討が進められていますが、そこには以下の記述があります。

> Past experience with emergencies and studies demonstrate that computer models cannot predict the size and timing of a release (source term), movement of plumes, deposition and resulting doses sufficiently fast or accurately enough during an emergency in order that they be the sole basis for initial urgent protective actions.
> This is particularly true for those emergencies for which protective actions that must be initiated before or shortly after a release to be effective.

これが国際的常識です。日本は、ERSSとSPEEDIという、およそ現実には役に立たない計算コードがあって、それを非専門家が盲信し、専門家は見て見ぬふりをしている。そのために、原子力防災がいつまでたっても進歩しないでいると思います。

8. まとめ

要すれば、ERSS、SPEEDIを廃して、もっと真剣に、現実的な防災を考えましょうという提案です。

付録 F　　懸念が現実になった福島第一事故での SPEEDI の使用

福島第一事故では、SPEEDI についての懸念が現実のものになった。

事故時の SPEEDI の使用については、旧原子力安全委員会（原安委）が「文部科学省　緊急時迅速放射能影響予測ネットワークシステム（SPEEDI）を活用した試算結果」なる資料にまとめている。この資料は、原子力規制委員会のホームページからアクセスできる。

http://www.nsr.go.jp/archive/nsc/mext_speedi/

原安委の作成資料であるが、表題にわざわざ「文部科学省」と入れてあり、また、「SPEEDI の運用は、文部科学省により原子力安全委員会事務局の執務室に派遣された（財）原子力安全技術センターのオペレーターによって行われていた。」との注意書きまである。SPEEDI による試計算を原安委のイニシャティブで行ったのではないという主張と思う。

それはともかく、そこに書かれている内容は、私がずっと抱いていた SPEEDI に対する懸念が、福島第一事故で現実のものになったことを如実に示している。以下、この原安委資料における記述と、本書の付録 E「原子力防災における ERSS、SPEEDI の弊害について」における記述を比較して、どのような懸念が現実になったのかを記述する。

まずは、原安委資料からの抜粋である。下線と①～⑥の番号は私が追加したものである。

> 緊急時迅速放射能影響予測ネットワークシステム①（SPEEDI）は、本来は、原子炉施設から大量の放射性物質が放出された場合や、あるいはそのおそれがある場合に、放出源情報（施設から大気中に放出される放射性物質の、核種ごとの放出量の時間的変化）、施設の周囲の気象予測と地形データに基づいて大気中の拡散シミュレーションを行い、大気中の放射性物質の濃度や線量率の分布を予測するためのシステムで、文部科学省によって運用されているものです。しかし、②今回の東京電力株式会社福島第一原子力発電所の事故では、事故発生当初から、放出源情報を原子炉施設における測定や、測定に基づく予測計算によって求めることができない状況が続いています。このため、大気中の放射性物質の濃度や空間線量率の変化を

付録

定量的に予測するという③本来の機能を活用することはできていません。
(1) SPEEDIによる積算線量の試算結果
○ 今回の事故では、原子炉施設における測定によって放出源情報を得ることができないことから、SPEEDIを用いて発電所周辺の放射性物質の濃度や空間線量率の値を計算することができない状態が続いていました。このため、原子力安全委員会では、SPEEDIを開発した（独）日本原子力研究開発機構の研究者の協力を得て、原子炉施設での測定に代わる方法を検討し、試行錯誤を繰り返した結果、④環境中の放射性物質濃度の測定（ダストサンプリング）結果と発電所から測定点までのSPEEDIによる拡散シミュレーションを組み合わせることによって、ダストサンプリングによってとらえられた放射性物質が放出された時刻における放出源情報を一定の信頼性をもって逆推定することができるようになりました。⑤こうして推定した放出源情報をSPEEDIの入力とすることによって、過去にさかのぼって施設周辺での放射性物質の濃度や空間線量率の分布を求め、これによる事故発生時点からの内部被ばくや外部被ばくの線量を積算したもの（積算線量）の試算結果を以下の通り公表しています。

　⑤これらの試算結果は、放出源情報の推定におけるものを始めとして種々の不確かさを含んでおり、実際の測定値と一致するものではありません。⑥原子力安全委員会では、補助的な参考情報と位置づけ、原則として、測定値の傾向を説明するためなどの限定的な目的で利用しています。

次に、付録Eからの抜粋である。ここでも、下線と①～⑥は本資料のために追加したものである。

　SPEEDIは原研が開発したコードですが、これも、目的に合致した手法が採用されていないため、③実際問題として防災には使いようがありません。
　①SPEEDIは、「ソースターム（重大な事故時の施設からの放射性物質放出量。より正確には、核種ごとの時間依存の放出量）が与えられることを前提として、環境中の放射線量の時間変化を計算するコードです。
　②しかし、実際の事故時に、施設から環境への放射性物質放出が起きる前であろうと後であろうと、「ソースタームが精度良く推定できる」なんてことはあるのでしょうか。PSAで「事故シナリオは与えられている」という前提の下での計算で

441

も、ソースタームの評価結果には2桁3桁の不確実さがあるというのが現状の技術レベルです。何が起きているか定かには分からない状況下でのソースタームの推定はこれより困難です。環境中の線量の予測はソースタームの予測以上の精度はないのですから、どんなにがんばったところで、オーダーレベルの推定しかできないわけで、それならごくごく簡単なプログラムで十分です。

　④一方で、環境中で線量の測定がなされた後は、それに合うようなソースタームを逆算で求めることも、ある程度は可能であり、SPEEDIにもそうした機能は入っています。⑤しかし、SPEEDIの計算結果はモニタリング結果としての線量値とは一致しません。⑥そんなとき、SPEEDIの計算結果をモニタリングポスト等での測定結果以上に信じる人はいないでしょう。

2つの資料を比較すれば、次の通りである。

① 　SPEEDIの機能についてはまったく一致している。
② 　実際の事故状況下では、SPEEDI計算の前提となるソースタームを一定の精度で与えることはできない。（技術的に無理だし、情報として得られないこともある。）
④ 　SPEEDIは環境中で線量の測定がなされた後であれば、一定精度でソースタームを逆推定することができる。
⑤ 　しかし、SPEEDIの計算結果は測定結果とは一致しない。
⑥ 　したがって、SPEEDIの計算結果は限定的な目的にしか利用し得ない。
したがって当然に、
③ 　SPEEDIの本来機能とされている防災には使えない。

付録Eは福島事故より7年前のものであるが、当時の懸念が福島第一事故ではそのまま現実のものとなった。

参考文献

A) 基礎的な資料（本書の前身ともいうべき私のレビュー報告書、本書の考え方の基になっている佐藤一男の著作。）

A-1) 阿部清治「原子力発電所のシビアアクシデント ―そのリスク評価と事故時対処策―」JAER-Review 95-006（1995 年 5 月）

A-2) 佐藤一男『原子力安全の論理』日刊工業新聞社（1984 年 1 月）

A-3) 佐藤一男『改訂　原子力安全の論理』日刊工業新聞社（2006 年 2 月）

B) 規制のための指針や基準（原子炉等規正法、原子力安全委員会の安全審査指針類及び原子力安全・保安院の基準、原子力安全・保安院の後段規制に関する説明資料、原子力規制委員会の新規制基準、決定論的安全評価のための計算コードなど。）

B-1)「核原料物質、核燃料物質及び原子炉の規制に関する法律」（昭和 32 年法律第 166 号、平成 18 年 6 月改正）

B-2) 内閣府原子力安全委員会事務局「原子力安全委員会指針集」大成出版社（平成 15 年 3 月）

B-3) 原子力委員会「原子炉立地審査指針及びその適用に関する判断のめやすについて」（昭和 39 年 5 月）

B-4) 原子力安全委員会「発電用軽水型原子炉施設に関する安全設計審査指針」（平成 2 年 8 月原安委決定、平成 13 年 3 月一部改訂）

B-5) 原子力安全委員会「発電用軽水型原子炉施設の安全機能の重要度分類に関する審査指針」（平成 2 年 8 月）

B-6) 原子力安全委員会「発電用原子炉施設の耐震設計審査指針」（平成 18 年 4 月）

B-7) 原子力安全委員会「発電用軽水型原子力施設の安全評価に関する審査指針」（平成 2 年 8 月）

B-8) 原子力安全委員会「軽水型動力炉の非常用炉心冷却系の性能評価指針」（昭和 56 年 7 月原安委決定、平成 4 年 7 月一部改訂）

B-9) 原子力委員会「発電用軽水型原子炉施設周辺の線量目標値に関する指針」（昭和 50 年 5 月決定、平成 13 年 3 月原安委改訂）

B-10) 原子力安全委員会「発電用軽水型原子力施設の安全審査における一般公衆の線量評価について」(平成元年3月)
B-11) 原子力安全委員会、「原子力施設等の防災対策について」(昭和55年6月決定、平成20年3月一部改訂)
B-12) 「発電用原子力設備に関する技術基準を定める省令」(昭和40年通商産業省令第62号、平成20年2月改正)
B-13) 原子力安全・保安部会／原子炉安全小委員会「実用発電用原子炉施設への航空機落下確率に対する評価基準について」(平成14年7月)
B-14) 阿部清治「原子力発電所への航空機落下に関する国の基準の策定について」月間エネルギー (2002年9月)
B-15) 原子力安全・保安院「NISA メールマガジン第40号原子力のいろは」(2006年12月)
B-16) 原子力安全・保安院「定期安全レビュー(原子炉施設の定期的な評価)について」(平成18年4月)
B-17) 日本電気協会原子力規格委員会「原子力発電所における安全のための品質保証規程」GEAC4111-2003 (2003年9月)
B-18) 阿部清治、佐藤一男「SCORCH-B2：LOCA 時の原子炉炉心ヒートアップのシミュレーションコード、BWR 用第2版」JAERI-M 6678 (1976年8月)
B-19) 原子力安全・保安院ホームページ＞原子力の安全＞規制のあらまし (2011年1月現在)
B-20) 山内喜明「原子力安全規制～日本における段階規制の特色～」第50回原子力安全委員会 (2010年8月)
B-21) 「特定放射性廃棄物の最終処分に関する法律」(平成12年法律第117号)
B-22) 「核燃料物質又は核燃料物質によって汚染された物の第一種廃棄物埋設の事業に関する規則」(平成20年経済産業省令第23号)
B-23) 原子力安全委員会「余裕深度処分の管理期間終了以後における安全評価に関する考え方」(2010年4月)
B-24) 土木学会「原子力発電所の津波評価技術」(2002年2月)
B-25) 「原子力災害対策特別措置法」(平成11年法律第156号)
B-26) 原子力規制委員会「第二種廃棄物埋設施設の新規制基準骨子」(2013年7月)
B-27) 原子力規制委員会「核燃料施設等の新規制基準に関する検討チーム・第13回会

参考文献

合速記録」(2013 年 7 月)
B-28) 原子力規制委員会「原子力災害対策指針」(2012 年 10 月)
B-29) 原子力規制委員会「実用発電用原子炉及びその附属設備の位置、構造及び設備に関する規則」(「設置許可基準規則」)(平成 25 年 6 月)
B-30) 原子力規制委員会「実用発電用原子炉及びその附属設備の位置、構造及び設備に関する規則の解釈」(「設置許可基準規則解釈」)(平成 25 年 6 月)

C) アクシデントマネジメント及びシビアアクシデント対処設計規制要件化に関する資料(米国でアクシデントマネジメントを採用したときの経緯、我が国でアクシデントマネジメントを採用したときの経緯、国際的なシビアアクシデント対処設計規制要件化の動向など。)

C-1) USNRC, "Integrated Plan for Closure of Severe Accident Issues", SECY-88-147, (1988 年 5 月)
C-2) USNRC, "Individual Plant Examination for Severe Accident Vulnerabilities – 10 CFR 50.54F", Generic Letter No.88-20, (1988 年 11 月)
C-3) 原子力安全委員会原子力安全基準専門部会共通問題懇談会「シビアアクシデント対策としてのアクシデントマネージメントに関する検討報告書―格納容器対策を中心として」(1992 年 3 月)
C-4) 原子力安全委員会「発電用軽水型原子炉施設におけるシビアアクシデント対策としてのアクシデントマネージメントについて」(1992 年 5 月)
C-5) 通商産業省資源エネルギー庁「アクシデントマネジメントの今後の進め方について」(1992 年 7 月)
C-6) 通商産業省資源エネルギー庁「アクシデントマネジメント検討報告書の受理について」(1994 年 3 月)
C-7) 通商産業省資源エネルギー庁「軽水型原子力発電所におけるアクシデントマネジメントの整備について―検討報告書」(1994 年 10 月)
C-8) OECD/NEA, "Multinational Design Evaluation Programme – Annual Report", (2009 年 6 月)
C-9) WENRA Reactor Harmonization Working Group, "Safety Objectives for New Power Reactors", (2009 年 12 月)

C-10) 辻倉米蔵、他「解説：多国間設計評価プログラム（MDEP）とその影響—Part I. シビアアクシデントを対象とした規制について」原子力学会誌（2011 年 4 月）

D) 原子力関係の事故や故障に関する資料（規制や安全研究に大きな影響を及ぼした事故や故障に関する資料など。）

D-1) J.G. Kemeny et al., "Report of the President's Commission on the Accident at Three Mile Island",（1979 年 10 月）
D-2) M. Rogovin et al., "Three Mile Island – A Report to the Commissioners and to the Public",（1980 年 1 月）
D-3) 原子力安全委員会「米国原子力発電所事故特別委員会第 3 次報告書」（1981 年 6 月）
D-4) 原子力安全委員会事故調査特別委員会「ソ連原子力発電所事故調査報告書」（1981 年 6 月）
D-5) OECD/NEA, "Debris Impact on Emergency Coolant Recirculation",（2004 年 10 月）
D-6) 原子力安全委員会ウラン加工工場臨界事故調査委員会「ウラン加工工場臨界事故調査委員会報告」（1999 年 12 月）
D-7) 阿部清治「美浜原発 3 号機事故ミニシンポジウム—規制の観点から見た美浜事故」「金属」誌 Vol.75 No.3,（2005 年 3 月）
D-8) 原子力安全・保安院「関西電力株式会社美浜発電所 3 号機二次系配管破損事故について（最終報告書）」（2005 年 3 月）
D-9) 原子力安全・保安院「沸騰水型原子力発電所のハフニウム板型制御棒のひび等に関する調査報告書」（2006 年 5 月）
D-10) 原子力安全・保安院「発電設備の総点検に関する評価と今後の対応について」（2007 年 4 月）
D-11) 日本原子力学会「制御棒引き抜け事象調査委員会報告書」（2008 年 3 月）
D-12) 山田知穂「新潟県中越沖地震を受けた原子力安全・保安院のこれまでの対応」日本原子力学界春の大会（2008 年 3 月）

E) 原子力安全研究に関する資料（原子力安全・保安院の安全研究の計画及び成果のレ

参考文献

ビューに関する枠組みの説明資料、個々の安全研究、安全研究の現状やあり方に関する資料など。）

E-1) 総合資源エネルギー調査会原子力安全・保安部会「原子力安全基盤小委員会の設置について」（平成18年7月）
E-2) 阿部清治「安全研究者への期待」原子力安全委員会・安全研究フォーラム（平成19年3月）
E-3) Abe, K., "Selection and Prioritization of Safety Research Projects for Existing Reactors – A New Regulatory Approach in Japan –" The Role of Research in a Regulatory Context, Joint CNRA/CSNI Workshop, (2007年12月)
E-4) Yamamoto, T., "The Interim Report of the Project of Assessment of Cable Aging for Nuclear Power Plants", JNES-SS-0619, (2006年12月)

F) <u>国際原子力安全に関する資料</u>（保安院の国際対応についての説明資料、IAEAの国際基準や条約、IRRSに関する資料、OECD/NEAの活動に関する資料など。）

F-1) 原子力安全・保安院ホームページ＞原子力の安全＞「国際的な原子力安全への取組み」（2010年12月現在）
F-2) IAEA, "Fundamental Safety Principles", IAEA Safety Standards No. SF-1, (2006年11月)
F-3) IAEA, "Legal and Governmental Infrastructure for Nuclear, Radiation, Radioactive Waste and Transport Safety", IAEA Safety Standards No. GS-R-1, (2000年10月)
F-4) IAEA, "Safety of Nuclear Power Plants: Design Safety Requirements", IAEA Safety Standards No. NS-R-1, (2000年10月)
F-5) IAEA, "Convention on Nuclear Safety), (1994年6月)
F-6) IAEA, "Joint Convention on the Safety of Spent Fuel Management and on the Safety of Radioactive Waste Management", (1997年9月)
F-7) IAEA, "Integrated Regulatory Review Service (IRRS)", IAEAホームページ（2008年10月現在）
F-8) 日本国政府「原子力の安全に関する条約—日本国第4回国別報告」（2007年9月）

F-9) 経済産業省「わが国における IAEA・IRRS の実施について」(2007 年 6 月)

F-10) IAEA, "Convention on Early Notification of a Nuclear Accident", (1986 年 9 月)

F-11) IAEA, "Convention on Assistance in the Case of Nuclear Accident or Radiological Emergency", (1986 年 9 月)

F-12) OECD/NEA, "Multinational Design Evaluation Programme", NEA ホームページ (2008 年 10 月現在)

F-13) IAEA, "The IAEA/NEA Incident Reporting System (IRS) Using Operating Experience to Improve Safety", IAEA ホームページ (2008 年 10 月現在)

F-14) IAEA, "INES – The International Nuclear and Radiological Event Scale", IAEA ホームページ (2008 年 10 月現在)

F-15) 阿部清治、八木雅浩「報告：事象の重要性を公衆に伝えてきた INES―20 周年となった国際原子力・放射線事象評価尺度」日本原子力学会誌 (2011 年 5 月)

F-16) 原子力安全・保安院ホームページ＞公聴・広報＞「原子力安全規制情報会議」(2010 年 12 月現在)

F-17) IAEA, "Disposal of Radioactive Waste", IAEA Safety Standards Series No. SSR-5, (2010 年)

F-18) IAEA, "Geological Disposal Facilities for Radioactive Waste", DS334, (2010 年 2 月)

F-19) IAEA, "INES – The International Nuclear and Radiological Event Scale, User's Manual 2008 Edition", (2009 年 5 月)

F-20) 原子力安全委員会「第 79 回原子力安全委員会速記録」(2005 年 12 月)

F-21) INSAG, "Defence in Depth in Nuclear Safety", INSAG-10, (1996 年 6 月)

F-22) WENRA Task Force, "Stress Tests Specifications Proposed by the WENRA Task Force", (2011 年 4 月)

F-23) WENRA/Reactor Harmonization Working Group, "Safety of New NPP Designs", (2013 年 3 月)

F-24) IAEA 原子力安全・セキュリティ局・原子力施設安全部「(仮訳) 日本に対する総合原子力安全規制評価サービス (IRRS)」(2007 年 12 月)

F-25) 阿部清治「談話室：OECD/NEA 原子力施設安全委員会で目指したもの」日本原子力学会誌 (2011 年 1 月)

参考文献

G) 確率論的安全評価に関する資料（PSA 全般の説明資料、PSA の各要素についての説明資料など。）

（PSA 全般に関する手法や解説、PSA 実施手順書、PSA の実施報告に関する資料等）

G-1) USNRC, "Reactor Safety Study : An Assessment of Accident Risks in U.S. Nuclear Power Plants", WASH-1400,（1975 年）

G-2) Hickman, J.W. et al, "PRA Procedure Guide to the Performance of Probabilistic Risk Assessment for Nuclear Power Plants", NUREG/CR-2300,（1983 年）

G-3) 近藤駿介、他「特集：原子力発電所の確率論的安全評価」日本原子力学会誌 Vol.28 No.12（1986 年 12 月）

G-4) Sato, K. et al., "Current Status on PSA-Related Activities in Japan", PSA'89 Intl. Topical Mtg. – Probability, Reliability and Safety Assessment,（1989 年 4 月）

G-5) 阿部清治、村松健「解説：原子力発電所における確率論的安全評価の最近の歩み」日本原子力学会誌 Vol.32 No.3（1990 年 3 月）

G-6) 阿部清治「確率論的安全評価由無し事」（財）原子力データセンター NCC ニュース No.12（1990 年 11 月）

G-7) USNRC, "Severe Accident Risks – An Assessment of Five U.S. Nuclear Power Plants – Final Summary Report", NUREG-1150, Vol. 1,（1991 年）

G-8) 阿部清治「展望：確率論的安全評価の概念と現状」システム／制御／情報 Vol.36, No. 3（1992 年 3 月）

G-9) 平野光将「解説：確率論的安全評価の原子力プラントへの適用事例」システム／制御／情報 Vol.36, No. 3（1992 年 3 月）

G-10) 原子力安全研究協会 PSA 実施手順調査専門委員会「確率論的安全評価（PSA）実施手順に関する調査検討―レベル 1PSA、内的事象―」（1992 年 7 月）

G-11) 原子力安全研究協会 PSA 実施手順調査専門委員会「確率論的安全評価（PSA）実施手順に関する調査検討―レベル 2PSA、内的事象―」（1993 年 10 月）

G-12) 村松健、本間俊充、「解説：確率論的安全評価の現状」保健物理 28（1993 年）

G-13) 阿部清治「原子力発電所の確率論的安全評価の概要」第 30 回原子力発電に関する安全特別セミナーテキスト 原子力安全研究協会（1999 年 2 月）

G-14) 平野光将「軽水炉の確率論的安全評価（PSA）入門(1) PSA 技術活用の経緯と基本的考え方」日本原子力学会誌, Vol. 48, No. 3（2006 年 3 月）

G-15) 田南達也、宮田浩一「軽水炉の確率論的安全評価（PSA）入門(2)リスク情報の活用事例について」日本原子力学会誌, Vol. 48, No. 4（2006年4月）

（レベル1PSA、信頼性データ関連）

G1-1) G.Apostlakis, "Nuclear Engineering and Design" Vol.93, p161（1986年）

G1-2) 飯田式彦「確率論的安全評価の理論と応用に関する短期研究報告書」UTRL-R-0182（1985年）

G1-3) 村松健「軽水炉の確率論的安全評価（PSA）入門(3)内的事象レベル1 PSA」日本原子力学会誌, Vol. 48, No. 6（2006年6月）

G1-4) 福田護、桐本順広「軽水炉の確率論的安全評価（PSA）入門(4)起因事象発生頻度，機器故障率，ヒューマンエラー等のデータベース」日本原子力学会誌, Vol. 48, No. 7（2006年7月）

（レベル2PSA関連）

G2-1) 阿部清治、他「技術報告：炉心溶融事故時熱水力解析コード・システムTHALESの開発、(I)コード・システムと計算モデルの概要」日本原子力学会誌 Vo.27, No.11（1985年）

G2-2) Abe, K. and Nishi, M., "Overview of Development and Application of THALES Code System for Analyzing Progression of Core Meltdown Accident of LWRs", 2nd Intl. Topical Mtg. on NPP Thermal Hydraulics and Operations,（1986年）

G2-3) Watanabe, N., "A New Modelling Approach for Containment Event Tree Construction - Accident Progression Stage Event Tree Method -", 2nd Intl. Conf. on Containment Design and Operation",（1990年）

G2-4) Kondo, S. and Abe, K., "Comparison of Analytical Models and Calculated Results on Source Term Evaluation Codes", CSNI Workshop on PSA Applications and Limitations,（1990年）

G2-5) Kajimoto, M. et al., "Development of THALES-2, A Computer Code for Coupled Thermal-Hydraulics and FP Transfer Analyses for Severe Accident at LWRs and Its Application to Analysis of FP Revaporization Phenomena", Intl. Topical Mtg. on Safety of Thermal Reactors,（1991年）

G2-6) 阿部清治「軽水炉の炉心溶融事故解析研究」東京大学博士学位論文（1994年9

月)

G2-7) 梶本光廣「軽水炉の確率論的安全評価 (PSA) 入門(4)レベル 2PSA」日本原子力学会誌, Vol. 48, No. 8 (2006 年 8 月)

G2-8) 阿部清治「冷却材ボイルオフ時の燃料温度上昇に関する検討」JAERI-M9710, (1981 年)

(レベル 3PSA 関連)

G3-1) 本間俊充「軽水炉の確率論的安全評価 (PSA) 入門(7)公衆のリスクを評価するレベル 3 PSA」日本原子力学会誌, Vol. 48, No. 10 (2006 年 10 月)

(地震 PSA 関連)

G4-1) 柴田碧、他「特集:原子力発電所の地震危険度の確率論的評価」日本原子力学会誌 Vol.28, No.1 (1986 年 1 月)

G4-2) K. Abe et al., "Development of Seismic Risk Analysis Methodology at JAERI", (1988 年 10 月)

G4-3) Shibata, H. and Abe, K., "Discussion of Seismic Risk Analysis Issues in Japan Raised by Recent Research at JAERI", PSA'89 Intl. Topical Mtg. – Probability, Reliability and Safety Assessment, (1989 年 4 月)

G4-4) 阿部清治、他「解説:原子力発電所に対する地震 PSA 研究の動向」、日本原子力学会誌 Vol.36, No.4 (1994 年 4 月)

G4-5) Muramatsu, K. et al., "Development of Seismic PSA Methodology at JAERI", ICONE-3, (1995 年)

G4-6) 蛯沢勝三「軽水炉の確率論的安全評価 (PSA) 入門(6)地震 PSA」日本原子力学会誌, Vol. 48, No. 9 (2006 年 9 月)

(不確実さ関連)

G5-1) 阿部清治「PSA における不確実さの定義・分類や取扱いについての問題提起」、第 6 回 PSA に関する国内シンポジウム (1993 年 1 月)

G5-2) 原子力規制委員会、「第 6 回発電用軽水型原子炉の新安全基準に関する検討チーム会合参考資料 1—検討チーム第 5 回会合 資料 1、資料 2 及び資料 3 に対する検討チームメンバーからの意見」(2012 年 12 月 13 日)

G5-3) 原子力安全基盤機構耐震安全部「確率論的津波評価に基づく設計基準津波作成に関するJNESモデルとその検証―中間報告―」原子力安全・保安院、地震・津波に関する意見聴取会（第15回）（2012年3月28日）

G5-4) 原子力安全委員会「第19回原子力安全基準・指針専門部会速記録」2011年12月

H) <u>他分野の事故やリスクの比較及び受容に関する資料</u>（他分野の事故例やリスクの比較に関する資料、国外の安全目標に関する資料など。）

H-1) USNRC, "Policy Statement on Safety Goals for the Operation of Nuclear Power Plants", (1986年6月)

H-2) Health and Safety Executive, "The Tolerability of Risks from Nuclear Power Stations", (1988年発行、1992年改訂)

H-3) IAEA, "Basic Safety Principles for Nuclear Power Plants", IAEA Safety Series No.75-INSAG-3, (1988年)

H-4) 飛岡利明、他「巨大システムの事故分析」原子力工業 第34巻第4号（1988年4月）

H-5) 辻本忠、草間朋子「放射線防護の基礎」日刊工業新聞社（1989年4月）

H-6) 原子力安全基盤機構「原子力、化学プラント、航空・鉄道、宇宙開発等分野横断的な事故・トラブルから得られた教訓の整理」（2008年7月）

I) <u>わが国の安全目標に関する資料</u>（我が国の安全目標及び性能目標に関する資料など。）

I-1) 原子力安全委員会「専門部会の再編成について（委員長談話）」（平成12年9月）

I-2) 内閣府原子力安全委員会事務局「パネル討論会：リスクとどう付き合うか―原子力安全委員会は語りあいたい―」（平成14年7月）

I-3) 原子力安全委員会安全目標専門部会「安全目標専門部会の調査審議状況」（平成14年7月）

I-4) 阿部清治「我が国における安全目標案の概要」、原子力安全研究協会第36回原子力安全研究総合発表会パネル討論会「安全目標制定活動の現状と今後の課題」（平

参考文献

成 15 年 8 月)
I-5) 原子力安全委員会安全目標専門部会「安全目標に関する調査審議状況の中間とりまとめ」(平成 15 年 12 月)
I-6) 原子力安全委員会安全目標専門部会「発電用軽水型原子炉施設の性能目標について―安全目標案に対応する性能目標について―」(平成 18 年 3 月)
I-7) 阿部清治「確率論的安全評価の概要と安全目標設定に係る検討課題」原子力安全委員会・第 2 回安全目標専門部会 (平成 13 年 4 月)

J)「リスク情報」の規制への利用に関する資料 (国外での「リスク情報」活用に関する資料、我が国の「リスク情報」活用に関する資料など。)

J-1) USNRC, "Regulatory Guide 1.174 – An Approach for Using Probabilistic Risk Assessment in Risk-Informed Decisions on Plant-Specific Changes to the Licensing Basis", (2002 年 11 月)
J-2) K. Abe and K. Muramatsu, "Utilization of PSA with Consideration of Its Limitations", SMiRT 13, (1995 年 8 月)
J-3) K. Abe, "Outlook of Risk Informed Regulation in Japan", IAEA Intl. Conf. on Topical Issues in Nuclear Installation Safety, (2004 年 10 月)
J-4) K. Abe, "Toward More Balanced, Harmonized and Transparent Regulatory System", IAEA Intl. Conf. on Operational Safety Performance in Nuclear Installations, (2005 年 12 月)
J-5) 原子力安全委員会「リスク情報を活用した原子力安全規制の導入の基本方針について」(平成 15 年 11 月)

K) 福島第一事故に関する東京電力の資料 (福島第一の設置許可申請書、事故時の東電からのプレス発表、東電自身の事故分析報告書等。)

K-1) 東京電力、"福島第一原子力発電所原子炉設置許可申請書 (1 号炉本文及び添付書類)" (平成 14 年 4 月) (2 号機~6 号機についても同様資料)
K-2) 東京電力「福島第一原子力発電所のプラント状況について」(平成 23 年 3 月 11 日以降のプレス発表文)「水位・圧力に関するパラメータ」を含む。

K-3) 東京電力第一運転管理部（主管部）「1号機事故時運転操作手順書」(2003年7月1日施行、2011年2月5日改訂)（2号機、3号機についても同様資料）

K-4) 東京電力「東北地方太平洋沖地震に伴う福島第一原子力発電所1号機における事故時運転操作手順書の適用状況について」(平成23年10月)（2号機、3号機についても同様資料）

K-5) 日本原子力文化振興財団「原子力エネルギー図面集2007年版」(2007年2月)

K-6) 東京電力「福島原子力事故調査報告書（中間報告書）」(平成23年12月2日)

L) 日本原子力学会・原子力安全部会及び私自身の資料（原子力安全部会が開催した福島第一事故に関するセミナーの報告書、その後の安全部会の対応等に関する資料、事故前に開かれた佐藤一男講演会資料、私自身の書いた資料等）

L-1) 原子力安全部会ホームページ

L-2) 原子力安全部会「福島第一原子力発電所事故に関するセミナー報告書―何が悪かったのか、今後何をすべきか」(2013年3月)

L-3) 原子力安全部会「福島第一原子力発電所事故に関するセミナー最終報告」原子力学会2013年春の年会・原子力安全部会企画セッション (2013年3月)

L-4) 阿部清治、他「特集：原子力安全部会『福島第一事故に関するセミナー』報告書から（第1報）-（第5報）」日本原子力学会誌（2013年9月、10月）

L-5) 阿部清治「福島第一原子力発電所の炉心溶融事故―なぜ起きたか、何が今後の課題か」原子力・エネルギーの安全と今後のあり方を真剣に考える会福井県越前市福祉健康センター (2011年12月)

L-6) 佐藤一男、原子力安全部会主催「原子力安全の論理」講演会資料 (2010年2月)

L-7) 更田豊志「外的事象に対する深層防護と安全確保の事例検討 (1) 国際動向と新基準における対応」原子力学会2013年秋の大会・原子力安全部会企画セッション (2013年9月)

L-8) 阿部清治「外的事象に対する深層防護と安全確保の事例検討―論点整理」、原子力安全部会フォローアップセミナー (2013年10月)

L-9) 阿部清治「原子力安全における知識・情報の総合化の必要性―安全研究においても、緊急時対策においても」日本原子力学会誌 (2014年3月)

L-10) 本間俊充「緊急事態への備えと対応―国際基準と福島の教訓―」原子力学会

2014年春の年会・原子力安全部会企画セッション（2014年3月）

L-11）更田豊志「東京電力福島第一原子力発電所事故を踏まえた今後の安全規制」原子力学会2014年春の年会・特別講演（2014年3月）

M）<u>福島第一事故に関する東京電力、原子力安全部会以外の資料（政府、原子力安全委員会、原子力安全・保安院、原子力安全基盤機構等の会合資料や事故分析報告書等。）</u>

M-1）原子力安全・保安院、原子力安全基盤機構「2011年東北地方太平洋沖地震と原子力発電所に対する地震の被害」（2011年4月4日）（2011年4月4日のIAEAでの原子力安全条約サイドイベント用資料の和文版）

M-2）原子力災害対策本部「原子力安全に関するIAEA閣僚会議に対する日本国政府の報告書―東京電力福島原子力発電所の事故について―」（平成23年6月）

M-3）原子力災害対策本部「国際原子力機関に対する日本国政府の追加報告書―東京電力福島原子力発電所の事故について―（第2報）」（平成23年9月）

M-4）OECD/NEA, The Fukushima Daiichi Nuclear Power Plant Accident – OECD/NEA Nuclear Safety Response and Lessons Learnt, （2013年）

M-5）原子力安全・保安院「東京電力株式会社福島第一原子力発電所事故の技術的知見に関する意見聴取会」資料（平成23年10月24日〜）

M-6）岡本幸司『証言・班目春樹　原子力安全委員会は何を間違えたか』新潮社（2012年11月）

M-7）原子力安全委員会「文部科学省　緊急時迅速放射能影響予測ネットワークシステム（SPEEDI）を活用した試算結果」原子力規制委員会ホームページ
http://www.nsr.go.jp/archive/nsc/mext_speedi/

M-8）門田隆将『死の淵を見た男』PHP出版（2012年11月）

M-9）原子力規制委員会「発電用軽水型原子炉の新安全基準に関する検討チーム・第17回会合議事録」（平成25年3月8日）

M-10）澤昭裕、澤田哲生「対談・国は、原子力に対する決意を示せ」日本原子力学会誌（2013年11月）

謝　辞

　この本を出版するに当たっては、多くの方にお世話になりました。

　まず、第一法規株式会社の西尾祐飛さんに、とても丁寧な編集をしていただきました。

　例えば、主たる参考文献については現物に当たって適切か否かを確かめていただく等、形・文字の編集を超える仕事をしていただきました。

　西尾さんの上司の板倉秀男さんには、出版のためのあらゆる手続きについてご配慮をいただきました。

　特に名前は挙げませんが、原子力規制委員会及び原子力規制庁の何人かの方には、内容についてコメントをいただき、また、継続的な励ましとご支援をいただきました。

　出版の最終段階では、民間事故調プログラム・ディレクターである日本再建イニシアティブの船橋洋一さんに、身に余る内容で、かつ、私たち関係者がリスク管理に失敗したことを鋭く指摘する推薦文を書いていただきました。

　私はこれまで多くの技術報告書を書いてきましたが、本を出版するのは初めてです。出版に係る作業にとりかかる前は、本を作るのも技術報告書を書くと同様、もっぱら自分だけが責任を持つ仕事だと思っていました。

　しかし、違いました。マラソンの高橋尚子さんにはチームQがついていましたが、本を作るのもチームの仕事だということを学びました。すばらしいチームに恵まれたと思っております。

　お世話になった方々に、心から感謝の意を表します。

2015 年 3 月
阿部　清治

著者略歴

阿部　清治（あべ　きよはる）

昭和 45 年 3 月	東京大学工学部船舶工学科卒業
昭和 45 年 4 月	日本原子力研究所（原研）入所
昭和 58 年 1 月～12 月	米国電力研究所（EPRI）留学（炉心溶融事故解析研究）
平成 2 年 4 月	原研リスク評価解析研究室長
平成 6 年 12 月	東京大学より工学博士号授与（軽水炉の炉心溶融事故解析研究）
平成 10 年 11 月	原研安全性試験研究センター原子炉安全工学部長
平成 14 年 10 月	原研安全性試験研究センター長
平成 15 年 11 月	経済産業省入省、大臣官房審議官（国際原子力安全担当）
平成 19 年 3 月	経済産業省定年退官
平成 19 年 4 月	原子力安全基盤機構（JNES）技術顧問
平成 20 年 4 月	JNES 総括参事
平成 23 年 6 月	JNES 退職、以後、JNES 技術参与、原子力規制庁技術参与

サービス・インフォメーション
―――― 通話無料 ――――
① 商品に関するご照会・お申込みのご依頼
　　TEL 0120(203)694／FAX 0120(302)640
② ご住所・ご名義等各種変更のご連絡
　　TEL 0120(203)696／FAX 0120(202)974
③ 請求・お支払いに関するご照会・ご要望
　　TEL 0120(203)695／FAX 0120(202)973

● フリーダイヤル（TEL）の受付時間は、土・日・祝日を除く
　9：00～17：30です。
● FAXは24時間受け付けておりますので、あわせてご利用ください。

原子力のリスクと安全規制
―福島第一事故の"前と後"―

平成27年3月30日　初版発行

著　者　阿　部　清　治

発行者　田　中　英　弥

発行所　第一法規株式会社
　　　　〒107-8560　東京都港区南青山2-11-17
　　　　ホームページ　http://www.daiichihoki.co.jp/

原子力リスク規制　ISBN978-4-474-03505-8　C3050　(5)